超吸水树脂(SAP)内养生水泥混凝土

郭寅川　申爱琴　吕大伟　著

人民交通出版社股份有限公司
北京

内 容 提 要

超吸水树脂(SAP)内养生水泥混凝土通过湿度补偿介质在浆体内部释放水分以维持其高湿状态,从而抑制湿度收缩裂缝。本书基于作者近年来的科研成果,通过理论分析、大量室内外试验研究以及多省 SAP 内养生混凝土实体工程实施,系统研究了 SAP 内养生材料吸水-释水行为,SAP 内养生混凝土配合比优化设计、水分传输特性及水化特征、收缩及阻裂性能、抗渗性及抗盐冻性能、抗碳化性能及耐酸雨侵蚀性能、疲劳性能等,并从多维度、多尺度、多阶段揭示 SAP 对水泥混凝土耐久性的增强机理。

本书内容新颖、理念先进、实用性强,可作为高等学校公路工程及材料专业研究生或高年级本科生学习参考书,也可供道路、桥梁、隧道等混凝土设计、施工等相关技术人员参考使用。

图书在版编目(CIP)数据

超吸水树脂(SAP)内养生水泥混凝土 / 郭寅川,申爱琴,吕大伟著. — 北京:人民交通出版社股份有限公司,2024.1

ISBN 978-7-114-18942-5

Ⅰ.①超… Ⅱ.①郭…②申…③吕… Ⅲ.①混凝土养护—研究 Ⅳ.①TU528.064

中国国家版本馆 CIP 数据核字(2023)第 155432 号

Chaoxishui Shuzhi(SAP)Neiyangsheng shuini Hunningtu

书 名:	超吸水树脂(SAP)内养生水泥混凝土
著 作 者:	郭寅川 申爱琴 吕大伟
责任编辑:	李 瑞
责任校对:	赵媛媛 魏佳宁
责任印制:	刘高彤
出版发行:	人民交通出版社股份有限公司
地 址:	(100011)北京市朝阳区安定门外外馆斜街 3 号
网 址:	http://www.ccpcl.com.cn
销售电话:	(010)59757973
总 经 销:	人民交通出版社股份有限公司发行部
经 销:	各地新华书店
印 刷:	北京印匠彩色印刷有限公司
开 本:	787×1092 1/16
印 张:	23.75
字 数:	575 千
版 次:	2024 年 1 月 第 1 版
印 次:	2024 年 1 月 第 1 次印刷
书 号:	ISBN 978-7-114-18942-5
定 价:	95.00 元

前言

随着"交通强国"战略的实施,我国基础设施建设如火如荼,投资规模不断加大,公路网建设及服务水平大幅提升。截至 2022 年末,我国公路总里程已达 535.48 万 km,预计在未来五年内公路建设总里程将达到约 574 万 km。随着现代高速公路建设的主战场由平原向山区延伸,以及各城市立体交通的快速发展,桥梁、隧道、通道、空中高架构造物等占比不断增大,对水泥混凝土性能提出了更高要求。但是,由于水泥混凝土材料自身特性及施工、养生工艺等方面的因素,很多公路混凝土构造物在服役早期就出现不同程度的开裂,为外界腐蚀性介质进入结构内部提供了通道,进而引发耐久性病害,增加养护维修费用,严重影响混凝土构造物的使用寿命和安全。因此,如何减小水泥混凝土各类早期收缩、提升服役期抗裂性已是现代公路混凝土构造物设计、施工的关键,也是科研及工程技术人员关注及研究的热点问题。

随着现代材料科学技术的迅速发展,水泥混凝土逐渐向高性能化、绿色化发展,要求混凝土不仅仅要具备良好的力学性能,更重要的是必须具备高耐久性。影响混凝土耐久性的因素较多,除了材料质量、配合比设计及施工等因素外,最重要的是混凝土养护技术。传统养生方式诸如湿制养护(蓄水、洒水、喷雾)及化学养护(喷射养护剂)仅能对表层混凝土进行养生,难以保证水分浸润内部,致使因水分丧失造成的混凝土早期收缩开裂无法根治,并存在混凝土板内、外部强度及耐久性不均匀等问题。添加外加剂(膨胀剂、减缩剂等)和提高粉煤灰掺量等减缩途径又存在减缩不及时、抗弯拉强度降低等弊端。基于上述,唯有在混凝土内部引入水分载体,及时补足胶凝材料水化所需的自由水分,降低水化及水分蒸发所引发的毛细管负压才是消除混凝土早期收缩开裂隐患的根本之策。

水泥混凝土内养生(Internal Curing)是一种减缩抗裂前沿技术,源于美国,其通过湿度补偿介质在浆体内部无间歇式释放水分(早期)以维持其高湿状态,从而抑制湿度收缩裂缝。目前效果较好的湿度补偿介质为超吸水性聚合物(Super

Absorbent Polymer，SAP）。SAP 是一种水溶胀型高分子聚合物，与水之间以氢键、范德华力、憎水（疏水）等弱作用力结合，具有吸液倍率高、释水及时、无污染且造价低廉等优势。将 SAP 与内养生水共同引入混凝土中，吸液后的 SAP"微型水囊"可在浆体湿度下降、孔溶液离子浓度或 pH 值增加时及时释水，从根本上抑制湿度收缩裂缝，并进一步促进胶凝材料水化，优化水化产物结构，提升结构物力学性能及耐久性。

SAP 在养生过程中的吸水-释水特性与其所接触的水泥浆化学微环境密切关联，盐类对亲水基团的解离以及离子浓度、pH 值的增减都会使其内养生效果发生波动。同时，SAP 带入的新的水分传输必然对混凝土内部水分扩散状态及水化进程造成一定程度的影响，使混凝土孔隙和裂隙的尺寸、连通性、晶体取向、界面过渡区（ITZ）宽度等微观结构特征均发生改变，有效应力重新分布，进而影响水泥混凝土力学性能及耐久性。目前，SAP 在混凝土中虽有应用，但相关理论研究相对滞后，多集中于结构混凝土的研究，而铺装混凝土与结构混凝土之间虽有共性，但二者的结构体态、受力状态及功能性存在本质差异，进而内养生需求也不尽相同。

基于上述原因，若要使 SAP 的内养生效果在混凝土中得到充分发挥，首先必须系统研究 SAP 的物理特征、环境等因素对 SAP 吸水-释水特性的动态影响规律，探索 SAP 目数、掺量等因素对混凝土收缩、力学、抗渗等性能的影响显著性，提出内养生混凝土设计方法；探究内养生混凝土水分传输特性及水化特征，明确内养生路面混凝土水分传输特性与收缩变形之间的关系，充分认知离子驱动 SAP 内养生混凝土减缩阻裂机理；深入研究 SAP 内养生混凝土的抗渗及抗冻性、抗碳化及抗酸雨腐蚀性、抗疲劳性能，基于细微观结构研究，揭示 SAP 内养生混凝土性能增强机理。依托实体工程的实施，提出 SAP 内养生混凝土施工控制关键技术。

鉴于此，本书作者自 2015 年至今，历时 8 年，依托国家自然基金面上项目（No.51778061），并先后与广东省路桥建设发展有限公司、广东惠清高速公路有限公司、广东潮汕环线高速公路有限公司、广西崇瑞高速公路有限公司、西安市交通运输局等单位合作，系统地开展了 SAP 内养生混凝土相关关键技术研究，探索了这项技术的设计理论体系，建立了配合比设计方法，深入研究基于内养生水扩散效应的水分传输特性及水化动力学，探索内养生混凝土力学性能、收缩性能以及耐久性，建立细微观结构参数与宏观性能指标之间的定量化关系，从多尺度揭示 SAP 对混凝土耐久性的增强机理。现将这些年与全国多个省、区、市合作项目的研究成果整理成书，旨在为 SAP 内养生混凝土这样一种绿色、环保、经济、有效的新型养护技术在国内的发展提供理论依据及技术支撑，对于延长水泥混凝土使用寿命，推动新材料、新技术、新工艺在公路建设中的发展具有重要的现实意义。

本书共 11 章，第 1 章为绪论，主要概述了目前国内外现代混凝土养护技术现状及存在的问题，内养生技术在混凝土中的应用；第 2 章为 SAP 内养生材料吸水-

释水行为研究,研究了SAP颗粒形态、溶液类型及外界环境对SAP吸水-保水-释水行为的影响;第3章为SAP内养生混凝土配合比优化设计,分别从砂浆及混凝土层面研究了SAP参数对性能的影响,提出了SAP内养生混凝土配合比设计要求及设计流程;第4章为SAP内养生混凝土水分传输特性及水化特征,研究分析了SAP持续释放水分与原有水分传输状态和介质渗透的过程;第5章为SAP内养生混凝土收缩及阻裂性能,研究了不同阶段的混凝土收缩、阻裂试验,分析了SAP抗塑性开裂、养护期抗裂以及服役期抗断裂性能;第6章为SAP内养生混凝土抗渗性能及抗盐冻性能,研究了SAP颗粒目数、掺量等因素对C40、C50混凝土抗渗性能和抗盐冻性能的影响规律;第7章为SAP内养生混凝土抗碳化性能及耐酸雨侵蚀性能,确定基于抗碳化性、耐酸雨侵蚀性的内养生混凝土SAP参数建议值,为内养生混凝土在湿热地区的推广应用提供理论依据;第8章为SAP内养生混凝土疲劳性能,探索SAP粒径与掺量对混凝土疲劳寿命的影响规律,并建立了SAP内养生混凝土疲劳方程;第9章为纳米SiO_2改性SAP内养生混凝土耐久性,基于季冻区特殊的气候环境,研究分析了纳米SiO_2对SAP内养生混凝土各项性能的影响规律;第10章为SAP内养生混凝土性能增强机理,从多尺度、多阶段揭示了SAP对水泥混凝土耐久性的增强机理;第11章为SAP内养生混凝土施工关键技术及效益分析,通过铺筑试验路,系统研究了SAP内养生混凝土的施工关键技术。

《超吸水树脂(SAP)内养生水泥混凝土》一书的顺利出版,作者首先要感谢广东省路桥建设发展有限公司、广东惠清高速公路有限公司、广东潮汕环线高速公路有限公司、广西崇瑞高速公路有限公司、西安市交通运输局等合作单位的大力支持。长安大学多名博士及硕士研究生在项目研究过程中都付出了辛勤劳动,研究成果凝聚着学生们的智慧和汗水,这里要感谢参与课题研究的覃潇、吕政桦、杨景玉等博士以及陈志晖、李德胜及丑涛等硕士,特别要感谢丑涛同学在本书编写及校正过程中的辛勤付出,也感谢任桂萍、谭嘉琪及黄瑞等硕士在资料收集及整理、图表处理过程中付出的辛劳。

由于作者学识及水平有限,书中难免有疏漏及不足之处,敬请各位读者批评指正。

作　者

2023 年 2 月

目录

第 4 章　SAP 内养生混凝土水分传输特性及水化特征

第 5 章　SAP 内养生混凝土收缩及阻裂性能

第6章　SAP 内养生混凝土抗渗性能及抗盐冻性能

第7章　SAP 内养生混凝土抗碳化性能及耐酸雨侵蚀性能

第8章　SAP 内养生混凝土疲劳性能

第1章 绪论

1.1 现代水泥混凝土发展应用现状及特点

水泥混凝土作为当代最主要的土木工程材料之一,以其价格低廉、种类丰富的原料,成熟的工艺以及优良的材料特性被广泛应用于各种土木工程中,如大坝、桥梁、公路、机场及隧道工程等。从水泥在过去 70 多年中产量的变化(表 1-1)可以看出,我国的建筑业正以惊人的速度发展,特别是近 20 年。据统计,截至 2021 年底,全国水泥产量已达 23.63 亿 t。

我国水泥产量的变化   表 1-1

年份	1949	1978	1990	2003	2005	2010	2015	2020	2021
产量/10^6 t	0.66	65	210	823	1060	1882	2348	2377	2363

近年来,随着土木工程的巨型化、施工环境的超复杂化,普通混凝土已不能满足现代工程技术的要求,尤其在大跨径桥梁、高层建筑、海洋工程和军事工程迅速发展的当下,对水泥混凝土提出了更高的要求,例如高强度、高耐久以及超高超远泵送性能等。如何满足现在甚至未来的工程需求,成为水泥混凝土技术发展的一大难题。

1.1.1 水泥混凝土发展变革

19 世纪 20 年代,阿斯谱丁(J. Aspdin)首先取得了生产波特兰水泥的专利权,胶凝材料进入了人工配制水硬性胶凝材料的阶段。

19 世纪 50 年代,法国朗波特(Lambot)发明用钢筋加强水泥混凝土,提高了水泥混凝土的抗拉强度,这是水泥混凝土应用技术的第一次飞跃;在这之后的 1853 年,科伊涅(Coignet)建造了第一座钢筋混凝土结构的四层楼别墅。

水泥混凝土脆性大、抗拉强度低,且有一个很大的缺点——易开裂,即使在钢筋混凝土中,位于受拉区的混凝土也会产生开裂,在外界环境作用下,会加速混凝土内部钢筋的锈蚀,从而减少钢筋混凝土结构的使用寿命。为了提高钢筋混凝土的抗裂性,1886 年美国工程师 P. H. 杰克逊创新性地提出预应力混凝土概念,即预压应力以减小或抵消荷载所引起的混凝土拉应

— 1 —

力,从而将结构构件的拉应力控制在较小范围,甚至处于受压状态,以推迟混凝土裂缝的出现和开展,从而提高构件的抗裂性能和刚度。1928年,法国人弗列希涅(E. Freyssinet)发明预应力锚具,提出了混凝土收缩和徐变理论,使混凝土技术又一次飞跃性发展。预应力混凝土的出现,为钢筋混凝土结构在大跨度桥梁等结构物中的应用开辟了新途径。

19世纪70年代初,日本和德国分别发明萘系与三聚氰胺系高效减水剂,极大地减少了混凝土拌和中的用水量,提高了混凝土拌合物的流动性和密实性。随后出现的泵送混凝土、流态性混凝土等都与高效减水剂的成功研制与应用有关。

进入20世纪以来,随着社会经济的发展,工程结构朝着更深、更长、更高的方向发展,对混凝土的强度提出了更高的要求。20世纪60年代,各种混凝土外加剂不断涌现,特别是减水剂、硫化剂的大量使用,不仅改善了混凝土的各项性能,而且推动了混凝土施工工艺的发展。此后高效减水剂被广泛应用于混凝土中,这为大量掺用矿物掺合料提供了可能性,伴随着水灰比的降低,20世纪80年代高强混凝土得到快速发展。

随着社会的发展,许多特殊工程,如近海和海岸工程、海底隧道、地下空间、核反应堆防护罩等,对混凝土抵抗各种恶劣环境的能力提出了更高的要求,20世纪80年代末以来,出现了施工性和耐久性优异的高性能混凝土,其是在大幅度提高普通混凝土性能的基础上采用现代混凝土技术制作而成,是一种符合国家可持续发展理念的绿色建筑材料,具有广阔应用前景。

20世纪90年代,法国布伊格公司(Bouygues)研发出了活性粉末混凝土,1994年,Larrard等首次提出了超高性能混凝土(UHPC)的概念。随后,法国开展UHPC的标准化工作,到2018年已颁布了完整系列的UHPC材料设计和施工标准。超高性能混凝土如今是中国水泥基材料研究、应用、创新、发展最具活力的领域。混凝土发展变革如图1-1所示。在20世纪90年代以前,混凝土的发展只重视强度的发展,在这之后,混凝土的发展更注重工作性能与耐久性,强度足够即可。

图1-1 混凝土发展变革示意图

1.1.2 现代混凝土研究应用概述

除粗集料、细集料、水泥和水之外,凡含有矿物掺合料和化学外加剂的混凝土材料均称为现代混凝土材料。

现代混凝土以工业化生产的预拌混凝土为代表,以高效减水剂和矿物掺合料的大规模使用为特征,使混凝土结构具有特定品质和特定功能。现代混凝土减少了混凝土强度对水泥强度的依赖,突出混凝土结构的耐久性,其最重要的特征是高均质性,至于是否一定包含某特定组分,要求某个特定的性能,则完全由工程实际需要而定。现代混凝土主要可分为高性能混凝土、自密实混凝土、补偿收缩混凝土、纤维混凝土、超高性能混凝土、纳米材料改性混凝土、内养生混凝土等。

1.1.2.1　高性能混凝土

吴中伟院士明确了高性能混凝土(High Performance Concrete,HPC)的定义:HPC 是一种新型的高技术混凝土,在大幅度提高常规混凝土性能的基础上采用现代混凝土技术,配制时采用低水胶比,选用优质原材料,除水泥、水、集料外,必须掺加足够数量的矿物细料和高效外加剂,而普通混凝土一般不具备这两个组成部分。

HPC 是在高强混凝土的基础上发展起来的,HPC 同时保证了耐久性、工作性、各种力学性能、适用性、体积稳定性和经济合理性,而且在节约能源和资源、改善劳动条件,尤其在利用工业废渣、保护环境方面有着非常重大的意义。

就组成成分而言,普通混凝土是传统的四组分混凝土,而 HPC 则是六组分混凝土,即在普通混凝土四组分基础上增加了化学外加剂和矿物掺合料。HPC 中的矿物掺合料一般有粉煤灰、硅灰、磨细矿渣等,其细度极低、活性高;矿物掺合料的作用是代替水泥,增加混凝土的致密性。根据 HPC 的性能和施工工艺要求,最重要的三类化学外加剂是高效减水剂、泵送剂和引气剂,其中,为了使混凝土获得高工作性,在配制 HPC 时必须采用高性能减水剂。

HPC 具有以下特点:

1)高耐久性能

HPC 中掺加了高效减水剂,使其具有较小的水胶比,相比于普通混凝土,水泥水化后,混凝土没有多余的毛细水,混凝土成型后其孔隙小,总孔隙率低,制成的混凝土结构比较密实,可以确保其具有较高的耐久性能;HPC 中一般掺有矿物质超细粉,使得混凝土中集料与水泥石之间的界面过渡区孔隙量明显减小,而且矿物质超细粉的掺入改善了水泥石的孔结构,使其大于 $100\,\mu m$ 的孔含量明显减少;提高了早期抗裂性能。因此,混凝土的抗冻融、抗碱-集料反应、抗硫酸盐腐蚀以及其他酸性和盐类侵蚀等性能都得到有效提高。

2)良好工作性

坍落度是评价混凝土工作性能的主要指标,HPC 良好的流变性能可以保证其较高的坍落度指标;由于其具有高流动性,振捣后其粗集料下沉慢,均匀性较好;HPC 水灰比低,自由水少,且掺入矿物质超细粉,基本无泌水;其水泥浆的黏性较大,很少产生离析现象。

3)适当的高强度

HPC 具有适当的高强度,但应避免过度追求高早强而引起体积稳定性不良。对于 HPC 来说,随着水灰比的降低,混凝土的抗压强度增大;HPC 采用高效减水剂,可大幅度降低混凝土的用水量,获得较高的强度;掺入的矿物质超细粉可以填充水泥与砂石之间的空隙,改善界面结构,提高混凝土的密实度,从而提高强度。

4)高体积稳定性

HPC 具有较高的体积稳定性,即混凝土在硬化早期具有较低的水化热,硬化后期具有较小的收缩变形;同时,HPC 还具有较低的徐变度,我国已有研究表明,对于外掺 40% 粉煤灰的 HPC,不管是在标准养护还是在蒸压养护条件下,其 360d 龄期的徐变度均小于同强度等级的混凝土。

5)良好经济性

HPC 良好的耐久性可以减少结构的维修费用,延长结构的使用寿命,具有良好的经济效益;其良好的工作性可以减小工人工作强度,加快施工速度,减少成本。

HPC 因其性能优势,应用范围广泛,涵盖工业与民用建筑、桥梁工程和道路工程等领域。

1)HPC 在工业与民用建筑中的应用

经过广大科研工作者和工程技术人员努力,积累了大量关于 HPC 的配合比设计、施工方面的经验,并在很多工程中成功推广应用。如北京首都国际机场停车楼工程、北京海洋馆工程、长春市西郊污水处理厂工程、吉林省自然博物馆工程和山东巨野县龙固矿井工程等。

2)HPC 在桥梁工程中的应用

在大型桥梁和许多离岸结构物的设计和施工中,HPC 因其易于浇筑、力学性能好、韧性高和耐久性好等优点被广泛应用,在延长桥梁使用寿命的同时,可降低工程造价,提高经济效益,因此,在装配式桥、拱桥、索桁桥中得到应用。在装配式桥中,不仅可以将 HPC 应用于肋板,还可以使用 HPC 筑梁,可以增大桥的跨径,降低梁高,使得混凝土桥的截面尺寸和结构自重减小,提高了桥梁结构的跨越能力,减少塔式起重机的工作量,节约了人力,降低材料的使用量和成本;在拱桥中,采用 HPC,主拱圈的抗压强度更高,可以有效地防止拱桥变形;在索桁桥中,将 HPC 应用于索桁桥的上悬杆,减少了传统索桁桥的钢材使用,提高了桥身的抗腐蚀性,降低了后期养护维修的费用,并且 HPC 的抗压能力可以与钢材媲美。

当前国内应用 HPC 较成功的如上海东海大桥,使用"高性能海洋工程混凝土",设计寿命可达 100 年,掺入粉煤灰、矿粉等矿物掺合料,不仅经济环保,而且具有高强度、抗腐蚀和耐久性好等特性。

3)HPC 在道路工程中的应用

HPC 具有良好的施工性、高体积稳定性、高耐久性和足够的力学强度,因此它能长时间承受水冲刷、磨蚀、冰冻、水的渗入和侵蚀等恶劣环境因素的作用,对不同地区的工况环境适应性较强。比如交通运输部推广的一项水泥混凝土新技术——高弯拉强度路面滑模混凝土,即使用高弯拉强度水泥混凝土进行路面滑模摊铺的技术,采用掺入外加剂和粉煤灰的"双掺技术",增强了面板的抗裂性能和力学性能,实测路面平均弯拉强度在 6.5 ~ 7.5MPa 之间;同时其耐久性好,延长了道路的使用寿命;此外,矿物细掺料取代了部分水泥,经济环保。

1.1.2.2 自密实混凝土

自密实混凝土(Self-Compacting Concrete,SCC)是一种具有较高流动性、高填充性、高抗离析性、高间隙通过性和良好均质性的拌合物,有良好的施工性能。它能够在自重的作用下,不采取任何密实成型措施即能充满整个模腔而形成均质的混凝土,达到自密实的效果,尤其适用于一些无法振捣的施工场地,如隧道、地下矿井、矿洞及薄壁结构等,大型项目工程和海上建筑等复杂配筋工程,远距离运输等工程。

硬化自密实混凝土具有适当的强度、较小的收缩、良好的耐久性以及足够的抗外部环境侵蚀的能力。自密实混凝土的力学性能与普通混凝土相似,而其匀质性、耐久性能则明显优于普通混凝土。

就力学性能而言,自密实混凝土表现出良好的匀质性,采用自密实混凝土制作的构件,其不同部位混凝土强度的离散性要小于普通振捣混凝土构件。在水胶比相同的条件下,自密实混凝土的抗压强度、抗拉强度与普通混凝土相似;与相同强度的高强混凝土相比,自密实混凝土具有更高的断裂韧性。

就耐久性而言,自密实混凝土的抗冻性和抗渗性均较好。混凝土抗冻性与混凝土中的含气量存在一定的关系,自密实混凝土的含气量均大于普通塑性混凝土的含气量,所以,自密实混凝土的抗冻性优于普通混凝土;自密实混凝土中氯离子的渗透深度要比普通混凝土的小,主要是由于掺入矿物掺合料后可以避免过大的水化放热,同时由于矿物掺合料起到晶核作用而明显影响自密实混凝土的水化过程。

自密实混凝土在提高混凝土质量、改善施工环境、缩短施工工期、提高劳动生产率和降低工程投资等方面都起到了积极作用。目前,自密实混凝土被广泛应用于各类工业与民用建筑、道路、桥梁、隧道及水下工程中,均取得了较好的技术效益、经济效益和社会效益。而且,根据不同的实际工程需要,已成功开发出不同类型的自密实混凝土,如大体积自密实混凝土、补偿收缩自密实混凝土、自密实钢纤维混凝土、自密实轻集料混凝土、自密实再生集料混凝土、自密实废弃轮胎混凝土等。

1.1.2.3 补偿收缩混凝土

掺入适量膨胀剂或用膨胀水泥配制的混凝土称为补偿收缩混凝土,其机理是膨胀剂在水泥水化和硬化过程中产生体积膨胀,当混凝土的体积受到约束时,膨胀剂体积膨胀而产生的压应力(0.2~0.7MPa)全部或大部分补偿了因水泥硬化收缩而产生的拉应力,相当于提高了混凝土的抗拉强度,从而提高了混凝土的抗裂性。另外,补偿收缩混凝土在提高混凝土抗裂性的基础上,由于膨胀产物对孔隙的填充细化作用,改善了混凝土的孔结构,从而提高了混凝土的抗渗性。

目前,混凝土膨胀剂的应用越来越广泛,品牌繁多,从膨胀剂的膨胀源而言,主要有钙矾石、CaO、MgO、Fe_2O_3 四种。我国根据膨胀源将膨胀剂分为硫铝酸盐类膨胀剂、石灰类膨胀剂、氧化镁类膨胀剂、氧化铁类膨胀剂、复合型膨胀剂。不同膨胀剂的作用机理和应用领域不同,本节主要介绍氧化镁类膨胀剂。

氧化镁(MgO)类膨胀剂具有吸水量少、膨胀源氢氧化镁[$Mg(OH)_2$]物理性质和化学性质稳定、膨胀过程可调控的特点。$Mg(OH)_2$ 通过改善混凝土孔结构,提升混凝土的耐久性,从而使混凝土具有重要的工程应用价值。MgO 类膨胀剂掺入混凝土中的作用机理是 MgO 水化所释放的化学能转变为机械能,使混凝土产生体积膨胀,抵消其膨胀过程产生的体积收缩,以防止产生开裂。MgO 水泥混凝土的膨胀机理,在于方镁石水化生成水镁石晶体并在局部区域内生长发育,使硬化水泥浆体产生膨胀,其膨胀量取决于生成的水镁石晶体存在的位置和尺寸。混凝土的膨胀使得混凝土密实性得以提高,其抗渗性和耐久性也得到显著改善,从而减少了混凝土的开裂问题,进而减少了维修成本。

在水电站工程中,MgO 微膨胀混凝土筑坝技术为我国首创,该技术经过 20 余年的基础理论发展和应用研究,在 MgO 水泥水化机理、混凝土变形性能、大坝温度应力补偿和施工工艺控制等方面已形成了一套完整的理论体系,并在我国 20 多项大中型水利水电工程中应用。实践证明,MgO 微膨胀混凝土筑坝技术是国内外筑坝技术的重大创新和突破。

在地下工程中,可使用过氧化镁(MgO_2)膨胀剂配制补偿收缩混凝土,实现抗渗、抗开裂的目的,MgO 水化所释放的化学能转变为机械能,使混凝土产生体积膨胀,且膨胀速率与混凝土收缩的速率相匹配,抵消其降温过程中的体积收缩,解决了混凝土的开裂问题,而且其抗渗性能比普通混凝土高 1~2 倍。

1.1.2.4 纤维混凝土

普通混凝土制作的结构存在脆性大、抗拉强度低、极限延伸率小等缺点,随着社会的进步,普通混凝土已经不能满足实际工程对工程材料抗拉强度、抗碱性的要求,因此,纤维混凝土应运而生。

纤维混凝土(Fiber Reinforced Concrete,FRC),又称纤维增强混凝土,是以水泥净浆、砂浆和混凝土为原料,以适量的非连续短纤维或连续的长纤维为增强材料,均匀掺入混凝土中,成为一种可浇筑或可喷射的材料,从而形成的一种新型增强建筑材料。与普通混凝土相比,纤维混凝土的抗拉强度、弯拉强度、抗剪强度都显著提高。除此之外,纤维混凝土还可以减少混凝土的早期裂缝,并阻止水泥基原有缺陷(微裂缝)的扩展,有效延缓新裂缝的出现。

纤维混凝土中的纤维主要起到阻裂、增强及增韧作用。国内外学者通过理论分析和细微观分析方法对纤维增强、增韧机理进行了大量的研究,发现纤维可以在混凝土中形成三维网络结构,该结构可以限制混凝土微裂缝的扩展,提高混凝土的冲击韧性。散乱分布在混凝土内部的纤维起到了"加筋"作用,通过纤维与混凝土基体间的摩擦及拉拔作用来消耗基体的能量,最终达到增强、增韧的效果。而且,纤维与混凝土基体有着较好的界面黏结强度,适量的纤维掺入可以降低混凝土内部少害孔、有害孔及多害孔的形成概率,延缓混凝土界面区微裂纹的扩展速度,提高混凝土基体界面的力学稳定性,但过多的纤维掺入反而会加快混凝土界面区微裂纹的扩展速度,进而会降低混凝土的力学强度。

目前,纤维混凝土材料主要分为钢纤维混凝土、合成纤维混凝土和矿物纤维混凝土。其中钢纤维混凝土是当前世界范围内应用最为广泛且用量最大的工程结构材料。钢纤维混凝土除了可以提高混凝土抗裂、抗拉强度以及韧性等外,当钢纤维锈蚀时也不会发生膨胀,这对混凝土基体可产生很好的保护作用,因此钢纤维混凝土有极强的耐久性。钢纤维混凝土被广泛应用于公路路面、桥面、机场道面、工业建筑等领域,另外,其还可应用于桥梁承台、交通隧道及军事工程中,起到支撑和抗冲击作用。

合成纤维混凝土材料的应用范围最广,主要应用于游泳池的底板、桥面板、大坝、屋面刚性防水层、隧洞、防护坡等。聚丙烯纤维混凝土作为合成纤维混凝土的一种,可以增强混凝土的抗裂性、抗渗性。对于抗裂性,首先,在混凝土中乱向分布的纤维可削弱混凝土塑性收缩及收缩时的张力;其次,聚丙烯纤维在混凝土内部形成的乱向撑托体系,可以有效防止细集料的离析,并对粗集料的分离起到一定作用;最后,聚丙烯纤维的存在消除了混凝土早期的泌水,从而减少沉降裂缝的形成。试验证明,与普通混凝土相比,当纤维体积掺量为 0.1% 时,纤维混凝土的抗裂能力可提高近 100%。由此可见,聚丙烯纤维的使用可以有效抵抗混凝土因温差而产生的补偿性裂缝。在抗渗性方面,由于聚丙烯纤维均匀乱向分布于混凝土内部,故微裂纹在发展过程中会受到纤维阻挡,从而阻断裂纹的发展,以起到抗渗作用。聚丙烯纤维可显著减少裂缝的数量,减小长度和宽度,降低混凝土的渗水量,提高混凝土的抗渗性能,因此主要应用于军事防爆结构。

矿物纤维中玄武岩纤维应用最为广泛,研究成果突出。玄武岩纤维是典型的硅酸盐纤维,它与水泥混凝土和砂浆混合时容易分散,新拌玄武岩纤维混凝土体积稳定性好、和易性好且耐久性好,具有优越的耐高温、防裂、抗渗性和抗冲击性。因此,玄武岩纤维混凝土可以在房屋建筑、高速公路、高速铁路、城市高架道路、飞机跑道、海港码头、地铁隧道、沿海防护工程、核电站设施和军事设施等领域起到加固补强、防渗抗裂以及延长构造物使用寿命等作用。

1.1.2.5　超高性能混凝土

超高性能混凝土(Ultra-High Performance Concrete,UHPC)是以水泥、矿物掺合料等活性粉末材料以及细集料、外加剂、高强度微细钢纤维或有机合成纤维和水等为原料,兼具超高抗渗性能和优良力学性能的纤维增强水泥基复合材料。其中,活性粉末混凝土(Reactive Powder Concrete,RPC)作为超高性能混凝土的典型代表,具备高强度、高延性、高耐久性以及良好的施工性能等特性。

UHPC 的抗压强度高于 150MPa,约是传统混凝土的 3 倍以上。UHPC 具有优异的韧性和断裂能,和高性能混凝土相比,UHPC 的韧性提高了 300 倍以上,和一些金属相当。普通混凝土、高性能混凝土和超高性能混凝土的性能对比见表1-2。

普通混凝土、高性能混凝土和超高性能混凝土的性能对比 表1-2

性能	普通混凝土	高性能混凝土	超高性能混凝土
抗压强度/MPa	10 ~ 40	60 ~ 100	170 ~ 230
抗弯拉强度/MPa	3 ~ 6	6 ~ 10	30 ~ 60
弹性模量/GPa	30 ~ 35	35 ~ 45	50 ~ 60

由于 UHPC 优异的性能,其已被应用于公路桥面板、建筑领域以及市政构件中。

我国公路交通的发展,对桥梁结构及材料提出了更高的要求,UHPC 在桥梁中的应用也是中国 UHPC 应用的主要领域之一。截至目前,UHPC 已应用于全球 1000 多座桥梁,其中中国约有 120 座桥梁使用了 UHPC 材料。UHPC 在桥梁工程中的研究与应用主要集中在组合桥结构、全 UHPC 桥梁结构、桥梁加固和桥梁接缝四个方面。钢桥面的 UHPC 铺装是如今 UHPC 最有价值的应用之一,如杭瑞高速公路洞庭湖大桥、云南红河特大桥、宁波中兴大桥、京雄高速公路白沟河特大桥和济南凤凰路黄河特大桥等的桥面铺装均采用了 UHPC 材料,取得了很好的经济效益、环境效益和社会效益。未来,在桥梁工程朝大跨、轻型、耐久耐用方向发展过程中,以及在既有桥梁加固改造中,UHPC 将发挥越来越重要的作用。

在建筑应用研究方面,UHPC 主要应用在轻量化楼梯方向,采用 UHPC 建造的楼梯与钢筋混凝土楼梯相比,同样尺寸和功能的楼梯重量可减小 50% ~ 70%,其有助于建筑构件实现轻量化、高品质、高效率和低资源消耗。在国内,中建西部建设建材科学研究院有限公司、同济大学等多个单位设计研制了 UHPC 楼梯。除此之外,UHPC 还可应用于构件节点连接处,以提高结构可靠性和抗震性。因此,在建筑领域,UHPC 有良好的发展潜力与广阔的应用市场。

在其他领域应用研究方面,如电力设施、轨道交通、市政工程等,也有一些 UHPC 产品或新结构设计与应用,如管廊隔仓板、排水管、永久(免拆)模板、电杆等。

1.1.2.6　纳米材料改性混凝土

纳米材料一般指材料的平均直径为 1 ~ 100nm 的粒子材料,具有颗粒尺寸小、比表面积大、表面能高、表面原子所占比例大等特点,并具特有的四大效应:表面效应、量子尺寸效应、小尺寸效应和宏观量子隧道效应。特殊的分子结构以及化学效应,使得纳米材料在各行各业中被广泛应用。目前,用于水泥混凝土中的纳米材料主要有纳米 SiO_2、纳米 $CaCO_3$、纳米 TiO_2、碳纳米管和氧化石墨烯等。

国内外研究者对纳米材料改性混凝土性能进行了大量研究,结果表明,纳米材料可以改善混凝土的微观结构,降低孔隙率,提高密实度,并可以显著地提高耐久性,从而延长混凝土的使用寿命。现对目前常用的纳米材料改性混凝土加以介绍。

1)纳米 SiO_2 改性混凝土

纳米 SiO_2 是研究相对较多的纳米粉体材料,其外观为白色粉末,属于无机非金属纳米材料,其分子尺寸为 $0 \sim 100$ nm。向混凝土中加入适量的纳米 SiO_2,能够显著提高混凝土的强度、抗冻性、抗碳化性以及耐磨性。

纳米 SiO_2 对水泥混凝土工作性有一定影响,但对水泥的安定性并无不利的影响。西南交通大学的李固华等人发现,在混凝土中掺入纳米 SiO_2 后,混凝土拌合物变得很黏稠,流动性迅速下降。同样地,大连理工大学的王宝民发现,在保持高效减水剂掺量相同的情况下,混凝土的工作性随着纳米 SiO_2 掺量的增加而快速降低,但是,掺加 $2\% \sim 8\%$ 的纳米 SiO_2 对水泥安定性并无不良影响。

在路面混凝土中加入适量的纳米 SiO_2 可以改善路面混凝土的力学性能及疲劳性能。随着纳米 SiO_2 掺量的增加,混凝土的抗拉、抗压强度都呈递增趋势。Gao Yingli 认为,纳米 SiO_2 掺量为 1% 时,路面混凝土试件表现出最佳的力学性能及疲劳性能,弯曲疲劳系数提高 $1.5\% \sim 5.0\%$。究其原因,主要是由于纳米颗粒填充了混凝土孔隙,使得微观结构更密实,从而使混凝土疲劳性能提高。

纳米 SiO_2 可以提高混凝土的耐久性。就抗冻性而言,周胜波等人研究发现,纳米 SiO_2 对机制砂混凝土抗冻性能改性效果显著,纳米 SiO_2 掺量为 1.5% 的改性混凝土,在经过 300 次冻融循环后,混凝土抗冻性仍较好,相比基准混凝土提高了 19.7%。李振发现纳米 SiO_2 改性混凝土在 $NaCl$、$MgCl_2$ 盐冻环境中的质量损失率和强度的损失率均随着纳米 SiO_2 掺量的增加而减小,说明通过纳米 SiO_2 改性过的混凝土,其抗盐冻性能有所提高。

就耐磨性而言,纳米 SiO_2 能够显著降低混凝土磨损量,从而提高耐磨性。纳米材料对混凝土耐磨性的改善机理在于:其一,纳米材料的表面效应和小尺寸效应使其表面能非常大,在水泥浆体中能形成"晶核",抑制 CH 晶体的生长,改变界面过渡区 CH 的取向程度,从而改善水泥浆体及界面过渡区的微观结构;其二,纳米材料的微集料填充效应能够填充水泥浆体的部分微小孔隙,使得浆体密实度更高,更加致密。

王宝民、赵士坤、J. Puentes 以及 A. H. Shah 等研究学者同样认为,纳米 SiO_2 分子尺寸小,能够改善混凝土孔隙形貌,增加结构致密程度,从而提高混凝土强度,并提升抗冻性、耐磨性等耐久性。

综上所述,国内外对纳米 SiO_2 改性混凝土性能的研究主要集中在工作性、力学强度以及耐久性方面。可以发现,纳米 SiO_2 对混凝土力学强度及耐久性的提升效果显著,尤其是在提高抗冻性、耐磨性方面优势突出。

2)纳米 $CaCO_3$ 改性混凝土

纳米 $CaCO_3$ 具有无毒性、不刺激、价格低、原料广等优点,其凭借尺寸效应、填充效应、晶核效应以及优越的化学活性在水泥基材料和混凝土中得到广泛应用。纳米 $CaCO_3$ 可以通过加速水化反应,改善结构的界面过渡区,填充空隙,提高强度,从而显著提高水泥基材料、混凝土的力学性能和耐久性。

纳米 $CaCO_3$ 可以加速水泥的水化。随着纳米 $CaCO_3$ 掺量的增大,水泥水化生成的 $Ca(OH)_2$ 量与化学结合水量都有明显增加,加入纳米 $CaCO_3$ 可以有效增强水泥水化作用。同时,纳米 $CaCO_3$ 有效改善了水泥基界面结构和水泥石结构,使得水泥基材料的结构变得更加密实且均匀。

纳米 $CaCO_3$ 可以改善混凝土工作性,掺加纳米 $CaCO_3$ 后,混凝土的和易性特别是保水性和黏聚性均有所改善,坍落度在 $240\sim250mm$ 之间变化,研究表明,3% 的纳米 $CaCO_3$ 掺量对混凝土坍落度基本无不利的影响。

纳米 $CaCO_3$ 可以提高混凝土力学强度。随着纳米 $CaCO_3$ 掺量增加,混凝土抗拉、抗压以及抗弯拉强度均有所提高,但过量的添加会导致混凝土强度的下降。而且研究表明,纳米 $CaCO_3$ 作为填充材料可以减少混凝土的内部孔隙并使其结构致密化,阻止水向内部渗入。

纳米 $CaCO_3$ 可以提高混凝土耐久性。有研究表明,加入 2%~3% 的纳米 $CaCO_3$ 时,混凝土表现出了最好的抗冻性。当向混凝土中添加 1% 的纳米 $CaCO_3$ 时,混凝土结构的致密化使得其表现出最佳的抗腐蚀性能。当纳米 $CaCO_3$ 的掺量为 1.5% 时,混凝土抗冲磨强度提高约 6 倍,究其原因,主要是由于纳米 $CaCO_3$ 的掺入促进了水化反应,生成了更多的 C—S—H 凝胶,在生成水化碳铝酸钙的同时减少了钙矾石(AFt)的生成量,提高了浆体-集料界面过渡区的黏结程度,从而提高了混凝土的抗冲磨强度。

3)碳纳米管改性混凝土

目前,一些研究表明,上述的两种纳米材料(纳米 SiO_2 和纳米 $CaCO_3$)具有很强的反应活性,可以吸引并促进水泥水化产物生成,从而改善混凝土的微观结构。其虽然可以大幅提升混凝土的强度,但是对阻止混凝土的裂缝产生和发展并没有太大帮助。

近年来,随着纳米技术的发展,碳纳米管逐渐被人们了解。碳纳米管是一种纳米纤维材料,拥有远胜于传统纤维材料的拉伸强度、韧性和比表面积。碳纳米管优异的物理、电学和化学性能,使得水泥基材料的强度和韧性同时增强成为可能。

将碳纳米管加入混凝土中,混凝土的抗压强度和抗弯拉强度都有一定程度的提升,且在特定范围内,碳纳米管的混杂比例越高,混凝土材料的导电性越好。碳纳米管的特殊结构(长度可达微米级)不仅可以使得混凝土更为致密,更可以在其微小缺陷结构中承担桥联作用,而且,碳纳米管在导电领域的特性也使混凝土具备对外界作用的反馈能力,即压阻效应。

基于纳米材料改性混凝土优良的力学性能、耐磨性能及抗冻性,纳米材料改性混凝土在高等级公路桥梁工程、隧道工程及建筑工程领域拥有广阔的应用前景。其中,复掺纳米低回弹掺合料制备纳米材料改性喷射混凝土在广东华陆高速公路观音坳隧道中进行了实体施工,实践表明,纳米材料改性喷射混凝土的工作性好、回弹率低,硬化后强度高、耐久性好。

1.1.2.7 内养生混凝土

混凝土构造物在养生初期由于自身水化及蒸发效应导致混凝土内部水分不足、水化不充分从而引发早期开裂,进而引发各种病害,极大地缩短了混凝土构造物的使用寿命。为降低水泥混凝土水化及水分蒸发所引发的毛细孔负压,减少水泥混凝土早期收缩开裂、增强其耐久性,内养生技术被引入水泥混凝土中。该技术通过在混凝土中加入一种具有吸水-释水性能的材料来减小或消除混凝土的自收缩,从而改善混凝土的性能。

内养生材料主要包括轻集料和高吸水性树脂两种。轻集料具有多孔结构,有很强的吸附与解吸水能力,可用作内部养护剂调节混凝土内部相对湿度;高吸水性树脂是一种具有松散网络结构的低交联度高分子材料,在水泥混凝土中具有较高的吸液倍率(几十倍)和良好的裹附水的能力,仅通过浓度差或湿度差释放水分,可作为内养生材料在前期吸水保水,后期缓慢释放出水分,为后期水化提供水分,用于致密结构的内部自养护,以减小其基体的自收缩。

内养生混凝土由于其良好的收缩及阻裂性能、力学性能及耐久性能,在建筑工程、桥面板铺装以及隧道工程等方面得到应用。

轻集料混凝土与普通混凝土相比,早期强度高、开裂趋势低,更符合现代快速施工要求。轻集料混凝土由于自重轻(可减少地基处理费用)、保温隔热性好、节能效果显著、抗震性好、抗裂效果显著、耐久性高、耐火性高、工程综合造价低等优点,非常适合用于高层建筑和软土地基建筑,并可有效解决楼板、屋面板开裂难题,以低成本实现工程增层改造,改善住宅热工保温隔热性能;而且对于一些特殊环境下的市政和公路桥梁等的建设具有良好的技术和经济效益。

高吸水性树脂在2006年首次被使用于德国凯泽斯劳滕(Kaiserslautern)世界杯馆的薄壁结构,其显著地减少了混凝土自收缩现象的发生。德国图林根霍恩瓦特(Hohenwarte Ⅱ)泵水电站的水库由于水饱和度高和水位变化对混凝土壁产生了很大的影响,因此存在很高的冻害风险。2011年德累斯顿工业大学将SAP掺入硬化水泥基复合材料(SHCC)以增强其抗冻性,用来修复水库上部混凝土墙,应用效果优良。

长安大学申爱琴老师课题组自2017年以来陆续开展了SAP内养生水泥混凝土收缩阻裂机理以及在公路工程构造物水泥混凝土中的应用研究,主持承担了国家自然科学基金面上项目"离子驱动内养生路面混凝土水分传输机制及多尺度损伤模型研究"。在华南湿热地区桥梁整体化层、湿接缝、横隔板及隧道衬砌等工程中成功应用SAP内养生水泥混凝土,并对不同部位桥梁混凝土的配合比设计方法以及施工工艺进行了研究,形成了一套规范的设计施工技术指南,有效提升了桥梁混凝土的抗裂性及耐久性。

1.1.3　现代混凝土特点

添加高效减水剂等化学外加剂催生了现代混凝土,且应用矿物掺合料促进了混凝土朝高性能方向发展。随着混凝土及其原材料的生产技术与装备的不断更新与进步,现已进入混凝土自动化、高效率生产的时代。现代混凝土由于添加了各种化学外加剂以及矿物掺合料,在材料组成方面以及性能方面具有以下特点。

1)材料组成方面

(1)使用化学外加剂。混凝土中添加的具有特定功能的化学外加剂,按其使用效果可以分为减水剂、引气剂、调凝剂、防冻剂、防水剂以及膨胀剂等。

(2)较低的水胶比。由于矿物掺合料对混凝土强度的贡献显著依赖于水胶比,当混凝土水胶比大于或等于0.5时,掺合料的作用不能得以发挥。因此,除了不考虑耐久性的结构,常用的C30、C40混凝土水胶比一般都低于0.5。

(3)掺加矿物掺合料。为了降低现代高强度水泥及其较大用量造成的混凝土内部较高温升,响应国家低碳政策号召,矿物掺合料已逐渐成为现代混凝土必需的组分,常用的矿物掺合料包括粉煤灰和矿渣等。

(4)较大的胶凝材料用量。基于现代工程施工的泵送工艺,需要现代混凝土具有较大的坍落度。而在较低水胶比条件下和较大坍落度需求下,现代混凝土需要较大的胶凝材料用量。

(5)体系复杂。现代混凝土微观结构极其复杂,微观结构的形成和发展对时间和环境极为敏感,具有体系的非线性、随机性和不确定性。

2)性能方面

(1)高性能化。现代混凝土具有均质性好、强度高、耐久性好以及抗渗性能优异的特点。

(2)施工性能优异。现代混凝土在工艺上是工厂集中预拌,输送至现场泵送浇筑,因此,需要很好的施工性能。目前预拌混凝土的坍落度普遍较大。

(3)存在开裂风险。现代混凝土与普通混凝土相似,同样具有应变软化、开裂后裂缝宽度大的特征;减水剂、矿物掺合料的使用以及现代混凝土的低水胶比、低集胶比增加了混凝土开裂的风险,且随着混凝土强度等级的提高,混凝土开裂的风险也逐渐增大。

1.2 水泥混凝土路面养护技术研究与应用

水泥混凝土路面(Cement Concrete Pavement)作为高等级公路的主要路面结构形式,具有承载能力强、低碳节能、使用寿命长等突出优势,在我国高速公路、城市道路、机场道路及乡村、林间道路等路面建设中均得到了广泛应用,目前在国内铺装路面中约70%为水泥混凝土路面。

据统计,截至2022年末,全国公路总里程达535.48万km,比2021年末增加7.41万km。公路密度55.78km/100km²,比2021年末增加0.77km/100km²。公路养护里程535.03万km,占公路总里程比重为99.9%。图1-2为2016—2022年全国公路总里程及公路密度。当然,公路的养护与维修所消耗的人力、物力也逐年增加。如何减少水泥混凝土路面病害的出现,从而减少养护与维修量,延长其使用寿命,成为公路工程的一大难题。

图1-2 2016—2022年全国公路总里程及公路密度

1.2.1　水泥混凝土路面早期收缩开裂问题

虽然我国水泥混凝土路面建设成绩斐然,但是随着现代材料科学技术的迅速发展,水泥混凝土逐渐向高性能化、绿色化发展,其典型特征是水胶比较低、掺入了矿物掺合料及高性能减水剂,因此相比传统水泥混凝土更易形成早期微裂缝,部分路面混凝土在 1d 龄期内就出现网状裂纹。

在已建成的水泥混凝土路面中,许多路段路面在服役期 3～5 年(远达不到设计年限 20 年)就出现不同程度的早期开裂,开裂严重时在外界环境的作用下甚至引发破碎、断板、脱空等耐久性病害。图 1-3 和图 1-4 为水泥混凝土路面开裂、脱空和断板病害。

图 1-3　水泥混凝土路面开裂

图 1-4　水泥混凝土路面脱空、断板

图 1-5　混凝土早期收缩开裂

究其原因,主要是混凝土路面早期养护不足进而出现难以避免的早期收缩裂缝,如图 1-5 所示为混凝土早期收缩开裂现象。路面在投入使用后,又经受长时间的荷载和环境因素的影响,在裂缝薄弱位置产生应力集中现象,裂缝继续扩展,进而引发各种病害。

水泥混凝土裂缝主要分为荷载裂缝与非荷载裂缝两大类,其中后者所占比例高达 80%。大量工程统计数据表明,水泥混凝土从浇筑至养生期结束前所产生的早期微裂缝是引起混凝土开裂,耐久性下降的最根本原因之一,其由非荷载因素造成,具体为环境温、湿度升降或自身水化耗水导致的毛细孔负压增大,引起水泥混凝土收缩。

水泥混凝土在内部水化热及外部环境的共同作用下其水泥石中毛细孔自由水含量将减少,进而在内部形成曲率较大的气液弯月面,引起毛细孔负压力迅速增大,迫使混凝土产生收缩变形,而自收缩和干燥收缩则是水泥水化过程中产生的主要收缩类型,很难避免。特别对于水泥混凝土路面这种大面积薄板结构,其直接暴露于大气中,在铺筑后极易在板内水化反应及水分频繁蒸发情况下萌生大量自收缩、塑性收缩及干缩裂缝(即湿度收缩裂缝);水泥混凝土路面板与大体积构造物相比比表面积要大得多,散热性较好,故温缩裂缝所占的比例相对要低,因此湿度收缩裂缝为路面混凝土早期开裂的主导因素。混凝土在成型期产生的早期裂缝是引起混凝土各类病害,耐久性下降的主要原因之一。

同时,水泥混凝土路面承受着较大行车荷载的垂直力、水平力和冲击力的作用,还受到环境中温度和湿度变化的影响。如果早期裂缝不能得到缓解或科学的控制,其在行车荷载与环境长期共同作用下将逐渐聚集成核、失稳扩展,一旦积累形成宏观裂缝,外界水分及侵蚀物质将随裂缝进入混凝土结构内部,进而导致混凝土路面在服役期出现耐久性病害。

水泥混凝土路面裂缝的形成是时间的函数,早期裂缝表现形式不同,形成机理也不同。早期裂缝主要包括沉降收缩裂缝、塑性收缩裂缝、干缩裂缝、温缩裂缝和翘曲裂缝。这些裂缝的形成机理及性质见表1-3。

水泥混凝土路面早期裂缝形成机理及性质 表1-3

裂缝名称	裂缝描述	形成机理	裂缝性质
沉降收缩裂缝	混凝土硬化阶段形成的表面裂缝	混凝土离析、粗集料分离或水泥浆溢出,表面浆体水灰比大,泌水等使其收缩大,表面收缩受到内部混凝土约束	非结构性裂缝,对荷载传递无影响,裂缝可扩展,为稳定扩展裂缝
塑性收缩裂缝	混凝土凝结过程形成的表面裂缝	混凝土表面蒸发率大于泌水率,混合料温度高,风速大	非结构性裂缝,对荷载传递无影响,深度达3cm以上时可扩展形成断板,为稳定裂缝或稳定扩展裂缝
干缩裂缝	高温、刮风、低温条件下施工,混合料蒸发量大时易形成的裂缝	混凝土干燥收缩受到基层约束,约束应力超过混凝土强度而开裂,水灰比、水泥用量大,初期养护不好	结构性裂缝,裂缝表面具有分形性质,易引起二次开裂,为活动缝
温缩裂缝	为横向裂缝或纵向裂缝	混凝土冷却受到基层约束,约束应力大于混凝土强度而开裂;切缝不及时,板长过长	结构性裂缝,裂缝表面具有分形性质,易引起二次开裂,为活动缝
翘曲裂缝	为横向贯穿裂缝	温度和荷载组合应力超过设置允许应力	结构性裂缝,为活动缝

综上所述,进行科学的路面早期养护是减少早期裂缝,延长路面使用寿命最有效的方法之一。探索与研究适合我国的经济、环保、有效、便于施工的水泥混凝土路面早期养护新技术,减少早期收缩开裂,延长路面使用寿命,已成为新时代对广大科研工作者的迫切要求。

1.2.2 传统水泥混凝土路面养护技术概述

混凝土表面修整完毕后,应及时养护,以保证水泥水化过程的顺利进行,防止混凝土中水分蒸发和风干过快产生缩裂,并使混凝土板在开放交通时具有足够的强度。

常用的养护方法有湿法养护、塑料薄膜养护以及养护剂养护。

1）湿法养护

当混凝土表面已有相当强度（终凝），用手轻压不出痕迹时，即可开始养护，一般采用湿麻袋、草帘等，或者 20～30mm 厚的湿砂、锯木屑等覆盖于混凝土板表面，每天均匀洒水数次，将混凝土路面表面水分蒸发速率控制在相对较低且稳定的值，以预防路面早期的干缩裂缝。也可以采用土围水的"泡水养护"方法，但该方法劳动强度大、养护用水多，不适于施工用水困难的地区。

2）塑料薄膜养护

混凝土表面泌水消失后，即可喷洒塑料溶液（如过氯乙烯树脂和氯偏乳液等），形成不透水的薄膜黏附于表面，利用薄膜不透水的作用，将混凝土中的水化热和蒸发水大部分积蓄下来，自行养护混凝土。喷洒厚度以能形成薄膜为宜，先喷洒板边，再均匀喷洒板面。养护期间保证塑料薄膜的完整，如有破裂，应及时修补。这种方法可节约用水，在干旱地区或施工用水困难的地区较为适用。

3）养护剂养护

养护剂养护是指在混凝土路面喷洒养护剂进行养护，该方法所用的养护剂一般都是以无机硅酸盐为主和其他有机材料为辅配制而成的。混凝土表面修整后，用喷雾器将养护剂喷洒在混凝土表面，养护剂在混凝土表面 1～3mm 的渗透范围内发生化学反应，混凝土中的氢氧化钙和养护剂中的硅酸盐作用生成硅酸钙和氢氧化物，氢氧化物可活化砂的表面膜，加速硅酸三钙水化，有利于混凝土表面强度的提高，而硅酸钙是不溶物，能封闭混凝土表面的各种孔隙，并在混凝土表面形成一层连续密封薄膜，从而降低水泥混凝土表面水分蒸发速率，使其湿度保持在相对稳定的状态，从而保证水泥充分水化，有效减少混凝土早期收缩裂缝，达到自养。该方法工艺简单，操作方便，节约用水。

《公路水泥混凝土路面施工技术细则》（JTG/T F30—2014）中规定：

（1）高速公路、一级公路混凝土面层宜采用养护剂加覆膜养生。

（2）现场养生用水充足的情况下，可采用节水保湿养护膜、土工毡、土工布、麻袋、草袋、草帘等养生，并及时洒水保湿养生。

（3）缺水条件下，宜采用覆盖节水保湿养护膜养生，并应洒透第一遍养生水。

1.2.3　现代水泥混凝土路面养护技术研究与应用

近年来，由于高强度混凝土及高性能混凝土的推广应用，混凝土所用水泥强度明显提高且水泥用量明显增加，特别是混凝土早期强度的提高、水胶比的减小，使得混凝土的温度变形和自收缩变形显著增加，从而增加了混凝土出现早期开裂的风险。大量实践证明，混凝土的温度变形和自收缩变形是现代混凝土早期开裂的最主要原因，因此，对现代混凝土早期养护提出了更高的要求。下面以高性能混凝土路面养护为例进行介绍。

高性能混凝土路面的养护，应当注意以下事项：

（1）高性能混凝土的用水量比普通混凝土小，切不可因为混凝土失水而影响质量，在振捣密实后应用苫布或塑料薄膜及时对混凝土暴露面进行覆盖，尽量减少混凝土的暴露时间，防止表面水分蒸发。

（2）在混凝土浇筑后，要防止混凝土表面温度受环境因素（如气温骤降、暴晒等）影响而发生剧烈变化,减少早期干燥收缩和温度收缩。

(3)在混凝土带着模板养护期间,或者除去表面覆盖物及拆除模板后,应对混凝土采取蓄水、浇水或覆盖洒水等措施进行湿法养护。

(4)为确保混凝土强度正常增长,高性能混凝土应有足够的湿法养护时间,其终凝后持续保湿养护时间应满足表1-4中规定。

高性能混凝土终凝后持续保湿养护时间　　　　　　　　　　表1-4

混凝土类型	水胶比	空气潮湿,相对湿度≥50%,无风,无阳光直射		空气干燥,相对湿度<50%,有风,或阳光直射	
		日平均气温 $T/℃$	潮湿养护期限/d	日平均气温 $T/℃$	潮湿养护期限/d
胶凝材料中掺有矿物掺合料	≥0.45	$5≤T<10$	21	$5≤T<10$	28
		$10≤T<20$	14	$10≤T<20$	21
		$20≤T$	10	$20≤T$	14
	<0.45	$5≤T<10$	14	$5≤T<10$	21
		$10≤T<20$	10	$10≤T<20$	14
		$20≤T$	7	$20≤T$	10
胶凝材料中未掺矿物掺合料	≥0.45	$5≤T<10$	14	$5≤T<10$	21
		$10≤T<20$	10	$10≤T<20$	14
		$20≤T$	7	$20≤T$	10
	<0.45	$5≤T<10$	10	$5≤T<10$	14
		$10≤T<20$	7	$10≤T<20$	10
		$20≤T$	7	$20≤T$	7

(5)高性能混凝土在冬季和夏季拆模后,当天气发生骤然变化时,应采取适当的保温(冬季)和隔热(夏季)措施,以防止混凝土产生过大的温度应力。

传统的养护措施大多以控制混凝土成型后的温度应力以及保证足够的湿法养护时间作为减少混凝土收缩开裂和形成强度的主要手段。针对混凝土早期收缩裂缝问题,除了常见的湿法养护、塑料薄膜养护以及养护剂养护等养护措施外,国内外科研人员和施工技术人员针对高性能混凝土养护时间长、养护不充分、耐久性不足等问题做了大量探索,研究出诸多早期养护技术,比如蒸汽养护技术、二氧化碳养护技术、内养生技术等。

1)蒸汽养护技术

蒸汽养护通常以蒸汽的热湿作用来促进水泥混凝土强度发展,其工艺简单、成本较低、操作方便,能够在较短时间内加快水泥基材料的水化速率,提高混凝土早期强度,可以产生较高的经济效益,因此该养护工艺常用于目前混凝土预制构件生产中,我国70%的预制构件生产厂家均采用蒸汽养护。

蒸汽养护虽有促进混凝土强度发展、提高生产效率等优点,但是当温度过高时,将达不到预期效果,甚至会导致混凝土出现质量缺陷。因此,目前常采用低温蒸养,蒸汽养护宜采用低压(<0.07MPa)饱和(湿度90%~95%)蒸汽进行养护,其温度须在100℃以下。超高性能混凝土往往采用蒸汽或蒸压养护,主要是因为超高性能混凝土胶凝材料用量高达 $800～1000kg/m^2$,

增大了水化热，产生收缩，采用蒸汽养护可以提高超高性能混凝土辅助性胶凝材料的活性。

除此之外，一些蒸养过程中还会用到养护剂，因为在混凝土硬化的早期阶段，养护剂的"无湿养护"可阻碍混凝土结构的冷却及蒸养过程的过干燥，加速水泥的水化和混凝土的硬化，提高混凝土的强度、密度、抗渗性和耐久性，减少混凝土收缩，并可预防裂缝的产生。

如今，蒸汽养护已被广泛应用于铁路建设和桥梁工程等领域，如东海大桥、洋河公路桥、长江北汉大桥（南京）等工程均不同程度地使用了混凝土蒸汽养护技术。除了预制构件生产外，寒冷地区混凝土冬季施工也常使用蒸汽养护技术。

2）二氧化碳养护技术

二氧化碳（CO_2）养护混凝土是指在水泥成型初期，使 CO_2 与水泥熟料或部分水化产物发生反应，水泥熟料中的硅酸钙与 CO_2 反应生成碳酸钙和硅胶的过程。

使用 CO_2 来养护胶凝材料的做法由来已久，人们利用大气中的 CO_2 养护石灰已有上千年的历史。20 世纪 60 年代，人们发现水硬性和非水硬性的硅酸钙都能和 CO_2 快速反应，并在短时间内获得较高的强度。CO_2 养护在提高混凝土强度的同时，对混凝土孔溶液的碱度影响较小，更不会引起水泥水化产物的分解；使用 CO_2 养护后，混凝土孔隙率较低，可以固定和存储 CO_2，生成的碳酸钙稳定性好、能耗少。

CO_2 养护反应机理为 CO_2 与硅酸三钙、硅酸二钙、铝酸三钙、铁铝酸四钙等水泥熟料矿物之间的反应。但是各熟料矿物与 CO_2 的反应活性存在较大差异。研究表明，在 CO_2 养护下，C_3S 和 β-C_2S 在养护 5min 后强度明显提高，而 C_3A 和 $C_{12}A_7$ 强度则没有明显的增长。水化前期 C_3S 反应剧烈，放出大量热量，前期强度发展较快，因此 C_3S 浆体的强度高于 β-C_2S，同时大量热量的释放也会使水分快速蒸发，形成细微裂缝，导致 C_3S 后期强度比 β-C_2S 低。

CO_2 养护效果受胶凝材料组成、CO_2 浓度、压力以及预养护条件等因素的影响，尤其是现代混凝土中矿物掺合料的掺入会对混凝土造成影响。虽然掺入辅助性胶凝材料会使养护后的混凝土孔隙率下降，但大的毛细孔增多，就矿粉、粉煤灰、高炉矿渣等矿物掺合料而言，加入 15% ~ 25% 矿粉对 CO_2 养护程度没有影响，但是可以提高混凝土的早期强度和后续水化强度，混凝土的抗冻融和抗风化性能也得到增强；合理控制粉煤灰的含量和 CO_2 养护时间，可以使粉煤灰混凝土拥有更高的早期强度和更好的耐久性。

3）内养生技术

混凝土内养生是指在混凝土中引入一种组分作为内养生剂，将其均匀地分散在水泥混凝土中，起到内部"蓄水池"的作用，可有效改善混凝土内部湿度场。内养生可作为预防高性能混凝土裂缝的有效措施之一。

高性能混凝土和超高性能混凝土等现代混凝土具有水胶比低和致密度高的特点。这两个特点使得外部水很难进入混凝土内部，但内部水分又少，致使混凝土自干燥收缩发生。一方面，内部含水量无法支撑水化反应进一步进行；另一方面，外部养生水分难以充分输送至内部未水化胶凝材料所处区域以进行有效养生，致使自收缩开裂难以得到根本解决，并存在强度发展迟缓的问题。此外，水泥混凝土路面属大面积薄板结构，开裂敏感性较强，在成型初期内部水化耗水的过程中伴随着路面板表面水分的快速蒸发，并出现大量干燥收缩裂缝。干燥收缩的基本原理与自干燥收缩相似，区别在于水泥混凝土内部水分丧失途径源于外界，因此干燥收缩效应同样需要通过无间歇充分养生来减缓。

　　而且由于构造物所处环境和所处结构部位复杂,采用传统的外部养生方式无法实现及时、充分、高效的养护,混凝土因早期收缩大从而增加了内部结构开裂的风险,进而降低了现代混凝土构造物的耐久性和结构的安全性。因此,内养生技术为混凝土构造物的减缩抗裂提供了新思路。

1.3 　内养生混凝土发展应用现状

　　水泥混凝土的内养生(Internal Curing)是指在水泥混凝土的拌和过程中,加入一种具有吸水-释水性能的材料作为水泥混凝土的一种组分,并使其均匀地分散到水泥混凝土中,与水泥混凝土中的其他组分一起搅拌浇筑。这种具有吸水-释水性能的材料称为内养生材料,浇筑成型的混凝土为内养生混凝土。

　　内养生水泥混凝土的内养生机理为内养生材料预先吸收水分或者吸收拌合物中的自由水,当凝胶材料水化到一定程度时,水泥混凝土内部相对湿度开始降低,毛细孔产生负压,在毛细孔负压以及温差作用下,能逐渐释水,供未水化的水泥继续水化,从而在水泥混凝土内部起到"蓄水池"的作用,缓解水泥石内部湿度下降趋势和水泥混凝土内部的自干燥程度,促进水泥水化进程,使水泥混凝土直接从内部得到养护。

　　水泥混凝土内养生技术作为一种新型抗裂、减缩技术,能够克服传统养护方式存在的养护不彻底、不及时等弊端,其具备以下优点:

　　(1)抗裂性好

　　内养生材料延缓了混凝土内部水分的散失速度,改善了混凝土收缩抗裂性能。

　　(2)耐久性优良

　　内养生材料因具有多孔保水性,能在水泥水化过程中提供水化用水,促进水泥的水化,使水化更为充分,提高了水泥混凝土的密实性。与普通的水泥混凝土相比,内养生水泥混凝土的抗渗性能、抗冻性能和抗碳化性能更好,耐久性良好。

1.3.1 　内养生理论

　　1948年,Powers首次提出"内养生"理论模型,基于水泥水化机理,推导出水泥混凝土硬化后浆体中各组分的分布模型,提出水泥混凝土水灰比不应低于0.42,否则水泥将无法充分水化。胶凝材料水化初期会在水泥浆体中形成大量的毛细孔,并从毛细孔中吸收水分进一步水化。当水灰比低于Powers理论最小值时,水泥混凝土在养生初期就会出现内部相对湿度迅速下降的现象,进而导致混凝土毛细孔内水面下降,弯液面曲率半径变小,形成一定的毛细孔负压而产生自干燥收缩。当水泥混凝土内部相对湿度从100%降低至80%时,毛细孔负压至少会增大30MPa。当收缩应力超过混凝土抗拉强度(初期抗拉强度非常低)时,就会产生自收缩裂缝。

　　为减缓水泥混凝土早期湿度收缩裂缝,研究者在减缩剂减缩、膨胀剂补偿收缩、矿物掺合料延缓水化等方面进行了大量研究。减缩剂包括聚醚、聚醇、低级醇烷撑环氧化合物等,可通过有效降低水泥石孔溶液表面张力而减小毛细孔收缩应力,但存在减缩效果不稳定、力学性能折减以及与减水剂不相容等问题。膨胀剂分为钙矾石系和石灰系两种,分别靠生成的含 32 个结晶水的钙矾石晶体和 $Ca(OH)_2$ 晶体来引入膨胀变形,但在水泥水化热作用下晶体易发生分解以削弱膨胀效果,且此减缩并非基于混凝土湿度收缩机理实现。掺加适量粉煤灰可延缓水泥水化进程,进而减小湿度消耗导致的收缩变形,但在达到良好减缩效果的前提下,混凝土抗压强度相比普通混凝土至少下降 30%。因此,上述方法均难以从根本上解决湿度收缩裂缝。

　　美国混凝土协会(ACI)和国际材料与结构研究实验联合会(RILEM)研究表明,内养生湿度补偿介质能够以预先内置的方式均匀分布于水泥混凝土结构内部,并根据所处混凝土内部环境的变化情况适时释放水分。当水泥浆体湿度下降或离子浓度、pH 值增大时,内养生湿度补偿介质所储水分能够及时释放,显著增加混凝土内部相对湿度,补偿水分损失,进而实现干燥效应的最小化及水泥水化程度的最大化,并保证混凝土各区域微观结构的均匀性,从而降低水泥混凝土开裂风险。目前该技术已受到国内外研究者的高度重视。

　　内养生水分的释放路径与传统养生存在差异,主要体现在水分传输方向及水分分布状态两方面,内养生与传统养生示意图如图 1-6 所示。传统养生水分是从水泥混凝土表面由外至内传输,而内养生水分是以湿度补偿介质为中心,沿各法线方向传输至混凝土中。此外,传统养生水分集中于水泥混凝土表层,其渗入深度有限,致使内部材料无法得到充分养生;而内养生水分在水泥混凝土拌和过程中随湿度补偿介质均匀分布于基体各区域,在内部湿度下降时及时实现全方位充分养生。

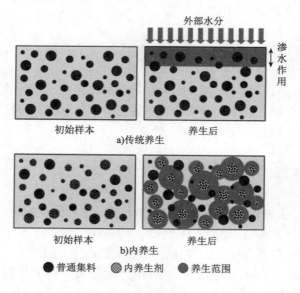

图 1-6　内养生与传统养生示意图

　　美国的 D. P. Bent 通过计算认为,为达到更好的养护效果,应使湿度补偿介质的颗粒半径尽可能小,从而增加其与水泥浆体的接触面积,以提高养生效率。

1.3.2 内养生技术发展沿革及应用历程

内养生技术是依靠"响应型"预吸水材料释放水分以维持水泥混凝土内部充分湿润的方法。水泥混凝土内养生技术从提出到研究,再到在土木工程领域应用,已发展了70余年。内养生材料主要包括轻集料和高吸水性树脂两种,分别见图1-7和图1-8。不同类型内养生材料的主要特点见表1-5。

图1-7 轻集料——陶粒

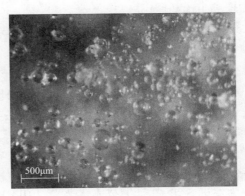

图1-8 吸水后的SAP

不同类型内养生材料的主要特点 表1-5

材料	结构	吸水机理	组成材料	优点	缺点
LWA	多孔结构	利用其自身的毛细孔吸收并保存水分,吸水较慢,吸水能力较低,释水较快,保水能力较差	沸石、黏土质或页岩质材料等	1. 充当粗集料的作用,为混凝土提供一定的强度; 2. 改善混凝土内部的湿度环境,保证胶凝材料的水化,减小混凝土的自收缩,起到内养生的作用	1. 颗粒尺寸较大、密度较小、释水范围有限、强度和弹性模量较低等,导致其对内养生混凝土产生一定的不利影响; 2. 在混凝土内较分散,不能使混凝土内水泥达到充分水化的效果,会使混凝土的强度与弹性模量降低等,这就大大影响了混凝土的综合性能,限制了轻集料作为内养生剂在工程界的应用推广
SAP	网状结构	利用聚合物分子与水分子之间的化学键吸收并保存水分,是一种超强吸水剂和保水剂	淀粉类、纤维素类、合成聚合物类	1. 有效减小混凝土的收缩,改善混凝土的体积稳定性; 2. 提升胶凝材料水化程度、混凝土抵御变形的能力,从而减少钢筋混凝土结构中混凝土的开裂,提高混凝土的耐久性,延长结构物的使用寿命	1. 吸水后不易分散,且密度很小,容易造成分布不均匀,影响其养生效果,掺量控制不当时甚至会严重降低混凝土的强度; 2. 在SAP释水过程中,由于SAP颗粒体积缩小使得在浆体中留下蜂窝状孔洞,影响水泥石的结构与强度

Paul Klieger于1957年首次提出以多孔轻集料作为湿度补偿介质实现水分的吸收—储存—释放,从而促进水泥水化。1991年,美国学者Philleo等最早提出了"内养生"理念,并采

用预湿轻细集料替代部分砂对高强混凝土进行内养生，有效抑制了自收缩变形，正式开启了内养生技术的研究。A. Bentur & Kovler、Burcu Akcay、Henkensiefken、Bentz，以及武汉理工大学王发洲和丁庆军，清华大学魏亚、韩宇栋和张君，重庆大学党玉栋对预湿轻集料内养生水泥混凝土进行了系统研究，取得了一系列有价值的理论成果。但是，轻集料普遍吸水率不高，其主要靠毛细孔的虹吸作用进行水分传送，其释水范围大概是以自身为中心的 $100 \sim 200 \mu m$，这就导致该范围外的水泥浆体无法得到内养生，若加大轻集料用量，会影响水泥混凝土的弹性模量，同时还存在吸水率离散性大、施工时易上浮以及施工和易性不足等问题，从而限制了轻集料在水泥混凝土中的应用。

丹麦学者 Jensen 和 Hansen 共同发现在水泥混凝土中将 SAP 作为内养生材料能够解决轻集料内养生方法存在的弊端。首先，SAP 是一种分子结构中含大量羧基、羟基、羟基酸盐基、酰胺基等亲水基团的低交联度、网络状高分子材料，在水泥混凝土中具有较高的吸液倍率（几十倍），这是饱和轻集料无法比拟的。其次，SAP 在分子结构上是直链、交链和支链的丛生，结构的复杂性决定了其具有良好的裹附水的能力，因此能够形成高保水凝胶而不会因挤压而释水，仅能够通过浓度差或湿度差释放水分。此外，与轻集料相比，SAP 颗粒非常小（只有几十至几百微米），其分散均匀且分散范围广，且加入 SAP 后水泥混凝土的施工和易性相比轻集料更易于控制。

为促进 SAP 内养生技术的发展，RILEM 于 2007 年专门成立 SAP 内养生技术委员会 RILEM TC 225-SAP，并于 2012 年出版了 *Application of Superabsorbent Polymers in Concrete Construction*，对 SAP 性能、SAP 对混凝土性能和结构的影响、内养生机理、相关应用及存在问题等进行了论述。21 世纪初期，我国从美国引进 SAP 内养生技术，武汉理工大学的胡曙光、周宇飞，清华大学的张珍林，湖南大学的王嘉，长安大学的申爱琴、郭寅川等研究者相继对 SAP 内养生水泥混凝土的工作性、收缩性能、耐久性等宏观性能进行了研究，使国内内养生技术进入新的发展阶段。

内养生技术由于施工方便、价格低、效果好，已应用于一些工程中的桥梁混凝土、隧道混凝土、建筑混凝土。下面以 SAP 内养生技术为例介绍其在工程中的实际应用。

1）内养生技术在桥梁混凝土中的应用

内养生材料 SAP 的加入可解决常规外部养护对桥梁混凝土早期减缩防裂效果不佳的难题，不仅能够从根本上实现高效减缩，同时能够大幅增大混凝土材料的水化程度，以提升整体强度及耐久性。此外，在不便进行人工养护的施工条件下，内养生也可缓解养护不足造成的早期开裂。

广西大学梁军林于 2015 年在水泥混凝土桥面的建设中采用了适量 SAP，在施工方面取得了一定经验。B. Craeye 将 SAP 应用于桥面板混凝土中，同样取得了良好的早期减缩效果。因此，SAP 在补足水化用水、减小水泥混凝土湿度收缩方面具有广阔的应用前景。

2017 年，长安大学申爱琴课题组（以下简称课题组）依托广东汕湛高速惠清段 TJ14、TJ15 标段的探塘大桥、联溪大桥工程，在探塘大桥桥面整体化层采用 C40 内养生混凝土（图 1-9），在联溪大桥桥面湿接缝与横隔梁采用 C50 内养生混凝土。经检验及观测，探塘大桥桥面整体化层、联溪大桥桥面湿接缝与横隔梁强度均满足规范要求，浇筑后的内养生混凝土未出现裂纹，抗裂效果优良。

图1-9 探塘大桥桥面整体化层(C40 内养生混凝土)

2018 年,课题组在广西崇左高速高澎分离式立交桥、弄村桥及崇瑞高速左江大桥铺筑了实体工程,选用的 SAP 粒径为 $120 \sim 150 \mu m$,采用额外引水干掺法。高澎分离式立交桥及弄村桥桥面整体化层采用 C50 内养生混凝土,左江大桥桥墩采用 C30 内养生混凝土。经检测,SAP 内养生混凝土强度均满足规范要求,且均无微裂纹产生,抗裂性能较基准混凝土提升显著。如图 1-10 所示为广西崇左高速 SAP 内养生混凝土实体工程外观。

a)桥墩(C30内养生混凝土)　　　　　b)涵洞顶面(C50内养生混凝土)

图1-10 广西崇左高速 SAP 内养生混凝土实体工程外观

课题组通过理论分析、室内外试验及实际工程经验,确定了华南湿热地区 SAP 内养生桥梁混凝土的各项适用参数,建立了基于抗裂性的桥梁混凝土组成设计方法,揭示了 SAP 对桥梁混凝土的抗裂增强效果,形成了华南湿热地区 SAP 内养生桥梁混凝土设计及施工成套技术。

2)内养生技术在隧道混凝土中的应用

课题组依托汕湛高速惠清项目铺筑了试验段,将 SAP 内养生混凝土技术应用于实际的隧道衬砌施工中,在南昆山桥头隧道二次衬砌采用 C40 内养生混凝土,如图 1-11 所示。在试验段铺筑完成后,经历了高温多雨的环境作用,基准混凝土表面出现了少许干缩龟裂,而 SAP 内养生段衬砌表面没有出现大型裂缝、龟裂等破坏现象,使用效果好。

图 1-11　南昆山桥头隧道二次衬砌(C40 内养生混凝土)

3)内养生混凝土在建筑混凝土中的应用

SAP 在 2006 年首次用于德国凯泽斯劳滕的薄壁结构,显著减小了混凝土的自收缩。

北京地区某建筑工程采用 C60 混凝土,为保证混凝土质量并控制混凝土收缩,使用了 SAP 内养生混凝土,并在混凝土搅拌完后加入 SAP。实践证明,SAP 内养生混凝土施工性能完全满足工程要求,坍落度达 690mm 且十分稳定,泵送性能良好,易振捣,无泌水、离析等现象。标准养护的 28d 混凝土试件强度达设计强度的 115% 以上,质量稳定,混凝土收缩明显减小,外观完整、平滑、无裂缝。

4)内养生混凝土的其他工程应用

德国图林根霍恩瓦特泵水电站的水库由于水饱和度高和水位变化对混凝土壁的影响很大,因此存在很高的冻害风险。2011 年,德累斯顿工业大学将 SAP 掺入 SHCC(Strain Hardening Cementitious Composites,应变硬化水泥基复合材料)以增强其抗冻性,用来修复水库上部混凝土墙,应用效果优良。

1.4　SAP 调控内养生混凝土性能及研究进展

SAP 内养生是指在水泥混凝土中加入 SAP,即一种含有强亲水基团的新型高分子材料,其具有蓄水自发性、释水及时性、无污染且造价低廉等优良特性,并通过化学键的方式与水结合,在水泥石内部相对湿度下降时,能够在自身与水泥石间的离子浓度差作用下及时将所蓄水分释放并输送至混凝土中补充水分消耗,使混凝土内部湿度能保持在较高水平以继续水化;同时,SAP 的"智能化"吸水-释水特性可促进混凝土水化进程的稳序进行,达到延缓水化热峰值出现时间的效果;再者,在合理设计的前提下,SAP 释水后的残留孔隙对混凝土强度的影响微乎其微。

SAP 按照原材料的不同分为淀粉类、纤维素类以及合成聚合物类(聚丙烯酸钠盐类、聚丙烯酰胺类、聚乙烯醇类等),其中聚丙烯酸钠盐类 SAP 内养生效果较好。SAP 粒径、掺量、形态、掺加方式及内养生额外引水量等都会对混凝土的各项性能产生一定的影响,目前国内外对于

SAP 内养生水泥混凝土性能的研究主要包括施工和易性、收缩及阻裂性能、力学性能以及耐久性能。

1.4.1　施工和易性

在不额外引入内养生水的情况下,加入 SAP 无疑会大幅增大新拌混凝土的坍落度损失率,因此为保证施工和易性,通常须引入内养生水。按 SAP 掺入方式,可分为干粉掺入、预先吸水掺入、额外引水干掺。

将 SAP 以干粉的方式加入。这种掺入方式在一定程度上降低了砂浆的流动度,但 SAP 能够有效解决水泥混凝土的泌水问题,增大新拌混凝土的黏聚性,SAP 混凝土早期施工和易性降低,后期反而提高。这是因为干掺 SAP 不仅会降低混凝土的总水胶比,并且 SAP 吸水后会黏附水泥及细集料颗粒,增大拌合物颗粒间摩擦力,提高砂浆的塑性黏度和屈服应力,所以降低了混凝土的坍落度,且随着温度升高,降低效果先增强后减弱。

将 SAP 以预先吸水的方式加入。采用这种方法进行 SAP 掺加,随着混凝土初期 pH 值的增大,SAP 凝胶会在短时间内释放其内部预吸水分,从而增强混凝土施工和易性。由于 SAP 的释水特性,预吸水 SAP 可以增加混凝土中自由水含量,同时改善混凝土的静力稳定性和流动性,从而利于混凝土的工作性;随着 SAP 掺量的增加,混凝土坍落度也会逐渐增加,且较小粒径的 SAP 对混凝土流动性具有更优的改善效果,同时预吸水 SAP 的掺入还可以相应地减少高效减水剂的用量。但该种掺加方式会导致 SAP 在塑性状态时就出现释水(无效释水),另外,由于预吸水为自来水,SAP 吸液倍率可达 100 ~ 1000 倍,故在混凝土内形成的孔洞远大于干粉掺加法所形成的孔洞,这对于混凝土力学性能及耐久性极为不利。

将 SAP 以额外引水干掺的方式加入。基于 Powers 内养生水计算公式和水泥混凝土水胶比可计算出理论内养生水所需量。对于额外引水的 SAP 内养生混凝土 30min 坍落度,C30 内养生混凝土的坍落度损失率最高可达 20.08%,且随着 SAP 掺量的增加,其补充的内养生水分增多,同时由于 SAP 内部蓄水在低离子浓度下更易释水,从而直接增大了新拌混凝土的流动度,致使 30min 坍落度损失降低;而 C40 内养生混凝土,随着 SAP 掺量的增加,混凝土 30min 坍落度损失呈现先减小后增大的趋势。

综上所述,混凝土中掺入无额外引水 SAP,将导致混凝土自由水量减少,塑性黏度增加,工作性变差,但掺入合适粒径及掺量的额外引水 SAP,混凝土流动性将不受影响甚至有所提高。为最大限度地降低内养生吸水-释水过程对施工和易性的影响,需要考虑不同环境、不同材料参数对 SAP 吸液倍率的影响,从而确定内养生水的实际需水量。

1.4.2　收缩及阻裂性能

SAP 主要是通过提升混凝土内部相对湿度来实现减少收缩。大量实践结果表明,掺加 SAP 可降低水泥混凝土整体收缩率,明显减少收缩开裂。水胶比为 0.23 的内养生混凝土的变形小于水胶比为 0.42 的普通混凝土。

1）SAP 可减少混凝土自收缩

水泥混凝土水化耗水引起混凝土内部缺水导致混凝土自收缩，而 SAP 的掺入会在混凝土中形成储水基团，在混凝土内部水分减少时自发释水，补充混凝土内部流失的水分，从而有效减少混凝土的自收缩。干粉掺入或额外引水干掺的 SAP 都能够对水泥混凝土的自收缩变形起到明显的抑制作用，减缩率可达 50% 以上，并且对混凝土的强度影响不大。当 SAP 内养生引水量分别为 30kg/m³、40kg/m³、50kg/m³ 时，高性能混凝土 144h 时的自收缩分别减少 51%、58%、68%。在绝湿密封养生条件下，SAP 能够显著减少全龄期内混凝土自收缩，且较未掺 SAP 的混凝土，最高可减少 55.2% 的自收缩变形。

SAP 粒径、掺量，混凝土水胶比对 SAP 内养生混凝土自收缩都会产生影响。对于不同水胶比的混凝土，SAP 存在不同的最佳粒径及最佳掺量范围，且对低水胶比混凝土收缩调控效果更好。

2）SAP 可减少混凝土干燥收缩

干燥收缩是指混凝土在自然干燥条件下受水分蒸发影响导致自身内部水分流失而引起的体积缩减的现象。一般来说，普通混凝土的干缩率随 W/C 的增加而增大。

大量研究表明，高水灰比的混凝土相比低水灰比的混凝土具有更小的干缩变形，但随着 SAP 的掺入，混凝土的干缩变形减小更为明显，且随着掺量的增大，减小幅度也增大，推测其原因为，SAP 的自发吸水-释水特性能够在早龄期释放内养生水分，及时补充蒸发效应导致的水分散失，在混凝土内部保持较高的湿度，降低混凝土内部毛细孔负压，减小毛细孔收缩应力，在减小混凝土自收缩的同时也能够有效控制混凝土的干燥收缩，甚至可使混凝土的干缩变形值降低一个数量级。

SAP 内养生混凝土的干燥收缩抑制效果主要受 SAP 掺量及补水能力的影响。SAP 粒径越小、掺量越大，对混凝土干燥收缩的抑制效果越好。比如，SAP 可减少混杂纤维混凝土的干燥收缩，并降低毛细孔压力，与玄武岩-聚丙烯混杂纤维协同作用时，可以降低水泥混凝土的收缩率，同时减少混凝土收缩稳定所需时间。对不同混凝土的干燥收缩而言，SAP 的掺入并不都是有利的，如 SAP 对火山灰混凝土的干燥收缩有不利影响，且随着 SAP 掺量增加，火山灰混凝土的干缩率增大。

3）SAP 可提升混凝土断裂性能

大量研究表明，SAP 可以抑制混凝土开裂。随着 SAP 掺量的增加，其对混凝土断裂性能的改善作用呈现先增强后减弱的趋势，由断裂试验得到混凝土的起裂荷载、峰值荷载、弹性模量、起裂断裂韧度和失稳断裂韧度值均有所增加，且均随龄期的增长而增加，同时随 SAP 掺量增加而先增大后减小。SAP 也会提升混凝土的断裂性能，主要原因是掺入 SAP 后，胶凝材料水化反应更充分，提高了水泥石的强度和混凝土密实度，并在混凝土起裂之后阻止裂纹的发展，从而提升混凝土的断裂性能。

SAP 对混凝土断裂性能的提升与 SAP 粒径及掺量有关。较小粒径的 SAP 释水所留孔隙较小，且 SAP 对水泥水化有促进作用，所生成的水化产物形成致密结构填充孔隙；较大粒径的 SAP 释水所留孔隙较大，且养生周期较短，难以生成足够的水化产物完全填充孔隙，故而结构松散。SAP 掺量则与额外引水量有关。掺量小，额外引水量不足时，难以保证胶凝材料的水化效果；而掺量较大，额外引水量较多时，总水灰比增大，导致混凝土内部孔隙增多。

1.4.3 力学性能

SAP 对混凝土早期和后期的力学强度影响不同。对于混凝土早期强度来说,由于 SAP 具有引水和溶胀等特点,可能会在混凝土中引入更多的水和孔隙,从而对混凝土的早期强度及弹性模量产生一定的不利影响。对于混凝土后期强度来说,SAP 凭借对水化进程的控制和最终水化程度的提升作用,可以有效提高混凝土的后期强度。

在合理掺量范围内,SAP 的掺入对路面混凝土的 28d 抗弯拉强度影响不大,而且 SAP 能够明显改善混凝土抗压强度,随着 SAP 掺量的增大,混凝土抗压强度先增大后减小。

SAP 的颗粒尺寸及吸水、释水能力是影响混凝土水化作用及孔结构的重要因素,因此 SAP 掺量、养护湿度、水胶比、额外引水量、SAP 粒径等都会对内养生混凝土的力学性能产生较大影响。SAP 的掺入能够显著降低混凝土早期抗压强度,且掺量越大,降低越明显;养护湿度与抗压强度成负相关关系;在不同水胶比下 SAP 对混凝土早期和后期的力学强度影响不同;适宜的额外引水量能够保证混凝土的水化程度,从而有利于内养生混凝土强度的提高;SAP 的粒径存在某一最佳取值范围,合适粒径的 SAP 将会提高混凝土的抗压强度。

总的来说,SAP 内养生混凝土由于引入一定的额外水分降低了水胶比,再加上 SAP 释水后残留孔隙的影响,导致混凝土强度降低,然而 SAP 内养生混凝土在干燥或较低湿度的养生条件下,或者掺入合适粒径、掺量及额外引水量的 SAP 使有害孔的数量限制在一定范围之内,充分发挥其对水化的促进作用,可以使混凝土的强度得到保证甚至增强。因此,限制有害孔数量、实现 SAP 对水泥水化的促进作用,是提高混凝土强度的关键。

1.4.4 耐久性能

SAP 的掺入可以使混凝土生成更多的水化产物,增强混凝土的密实性,减少有害孔数量,并且阻断混凝土内部连通孔,在一定程度上增大微孔隙数量,从而有效提升混凝土的抗渗性能和抗冻性能,保证其使用功能,延长其使用寿命。

1)抗渗性

SAP 能够提升水泥混凝土抗渗性能,虽然 SAP 会增大混凝土孔隙率,但该类孔隙非连通孔,故对混凝土渗透性影响微弱,而且 SAP 释水后并非恢复至原本干燥状态时的形貌,而是形成一层有机膜包覆在孔壁上,对物质的渗透起到阻碍作用。研究表明,SAP 可使高性能混凝土桥面使用寿命延长 20 余年,这主要源于混凝土中氯化物渗透速率的降低。

SAP 粒径、SAP 掺量、额外引水量、水胶比及养护时间都会影响混凝土水化反应进程及孔结构,从而影响内养生混凝土的抗渗性。

对于 SAP 混凝土抗渗性而言,SAP 粒径并不总是越小越好。SAP 对 C40 混凝土的改善效果优于 C30 混凝土,对于 C30 混凝土而言,SAP 粒径越小,抗渗性越好,而对于 C40 混凝土,抗渗性随着 SAP 粒径的减小呈现先提高后降低的趋势。

SAP 内养生混凝土的氯离子迁移系数随着养护时间的增长而降低,且随着水灰比 W/C 的减小而降低,但当 $W/C < 0.40$ 时,水灰比对 SAP 内养生混凝土的氯离子迁移系数影响不大;当

水灰比较大时,SAP对其氯离子迁移系数的降低作用较为明显;当水灰比较小时,如果SAP粒径及掺量合理,仍对抗渗性有较好的改善作用。究其原因,混凝土水灰比较大时,SAP的加入会增大其孔隙率,但同时SAP可改善水泥的水化环境,促进水化产物的二次水化反应,生成更多的水化产物,使混凝土内部更加致密,孔径变小,毛细孔孔隙之间的联系被切断,从而有效地限制氯离子扩散,同时增强混凝土抗渗性。同时,SAP释水后形成一层有机膜嵌入孔隙中,可以有效阻碍有害物质的渗透(图1-12)。如果混凝土水灰比较小,SAP引入的孔隙对其渗透性产生一定的不利影响,但是如果SAP粒径及掺量合理,对混凝土水化作用的促进效果更好,内部孔结构更加细化,进而可提升混凝土的抗渗性。此外,内养生混凝土抗渗能力随着SAP掺量的增大先提高后降低。

图1-12 SAP释水后形成有机膜

SAP的自发吸水-释水特性在氯离子浓度较高的环境下将会对混凝土抗渗性产生不利影响。当SAP内养生混凝土经历氯盐浸泡—干燥循环的,由于SAP经历了吸水-释水的重复过程,相当于起到"水泵"的作用,会加速氯离子的积累,从而对混凝土产生不利影响,其不利于海工混凝土的耐氯性。

2)抗冻性

掺入SAP后的混凝土不仅抗氯离子渗透能力提高,其抗冻性亦得到有效提高。研究发现,将SAP内养生混凝土放在4% NaCl溶液中进行冻融试验,SAP在有效降低混凝土单位面积剥蚀量的同时,提升了相对动弹模量。而且,SAP粒径越小,冻融后的断裂韧度及断裂能损失率越小。

SAP释水后残留封闭孔可起到引气作用,改变了混凝土的孔结构,不仅能释放孔中拉应力,还可阻断毛细孔与外界之间的水分交换,并且SAP在解冻过程中的二次吸液作用可降低混凝土孔隙饱水程度、渗透压及盐溶液的膨胀程度,从而减少冻融微裂纹数量,增强抗盐冻性能。

3)疲劳性能

SAP释水促进了胶凝材料水化作用,增强了混凝土密实度,减小了界面过渡区宽度,直接影响了SAP内养生混凝土的疲劳性能。相同条件下,SAP粒径越小、掺量越大、应力水平越高,对混凝土疲劳性能的提升效果越显著。

对比不同SAP粒径的内养生混凝土发现,未掺SAP组及较大粒径SAP组混凝土断裂时疲劳裂纹沿着界面过渡区发展;而较小粒径SAP组混凝土沿着集料中部断裂,且SAP粒径越小,内养生混凝土集料断裂面积越大,因此认为较小粒径SAP的掺入可以增强混凝土界面过渡区的强度,从而提升混凝土疲劳性能。同时,SAP掺量越大,其分布范围越广,有效养生区域越大,对混凝土密实性提升效果越强,因此SAP内养生混凝土经受疲劳时集料断裂面积越大,疲劳寿命越长。

SAP内养生混凝土耐久性增强机理,可以归纳为以下三点:

(1)改善界面过渡区

SAP的掺入可以明显增强水泥石与集料之间的黏结性,减少甚至消除界面过渡区裂缝,可减小50.67%的界面过渡区宽度。而且较小粒径的SAP对混凝土界面过渡区密实度的增强及界面过渡区宽度的减小效果更显著。

(2)增加界面区水化产物

掺加SAP的混凝土界面过渡区裂隙处存在致密的水化产物群,生成大量层状$Ca(OH)_2$晶体、簇状C—S—H凝胶以及一定数量的AFt,并且各种水化产物之间紧密重叠,形成致密的网状结构;而未掺SAP的混凝土裂隙处水化产物主要为粗粒的六边形$Ca(OH)_2$,内部较为疏松,水化产物间未形成凝聚结构,且存在多处微裂纹。可见,SAP内养生可有效加深混凝土的水化程度、增加水化产物的数量与结晶聚合度。

(3)改善孔结构

掺入SAP虽然会在混凝土内部引入一定数量的大孔,但SAP对原生孔隙的细化作用更加突出,有利于改善混凝土孔隙结构。相较于粒径较大的SAP,较小粒径SAP释水完成后所留孔隙较小,且水化产物可以布满整个空间,故有效改善了混凝土性能。

● 本章参考文献

[1] 傅沛兴.现代混凝土特点与配合比设计方法[J].建筑材料学报,2010,13(6):705-710.

[2] 2019年度中国超高性能混凝土(UHPC)技术与应用发展报告[J].混凝土世界,2020(2):30-43.

[3] 申爱琴,郭寅川.水泥与水泥混凝土[M].2版.北京:人民交通出版社股份有限公司,2019.

[4] 迟培云,吕平,周宗辉.现代混凝土技术[M].上海:同济大学出版社,1997.

[5] 李为民,许金余.玄武岩纤维对混凝土的增强和增韧效应[J].硅酸盐学报,2008(4):476-481,486.

[6] 林家富.基于SEM的玄武岩纤维混凝土力学性能及微观结构研究[J].施工技术,2018,47(18):97-101.

[7] 中国建筑材料联合会、中国混凝土与水泥制品协会.超高性能混凝土结构设计规程:T/CCPA 35—2022[S].2022.

[8] 中国桥梁工程学术研究综述·2021[J].中国公路学报,2021,34(2):1-97.

[9] 2021年中国超高性能混凝土(UHPC)技术与应用发展报告(上)[J].混凝土世界,2022(2):24-33.

[10] 丑涛.季冻区纳米SiO_2改性SAP内养生路面混凝土耐久性研究[D].西安:长安大学,2022.

[11] 李固华,高波.纳米微粉 SiO_2 和 $CaCO_3$ 对混凝土性能影响[J].铁道学报,2006(1):131-136.

[12] 王宝民.纳米 SiO_2 高性能混凝土性能及机理研究[D].大连:大连理工大学,2010.

[13] GAO Yingli,ZHOU Wenjuan,ZENG Wei,et al. Preparation and flexural fatigue resistance of self-compacting road concrete incorporating nano-silica particles[J]. Construction and building materials,2021,278(S1):122380.

[14] 周胜波,周智密,马聪,等.纳米二氧化硅对机制砂混凝土性能的影响研究[J].混凝土,2020(11):57-61.

[15] 李振.纳米改性混凝土的耐久性及其机理研究[D].哈尔滨:哈尔滨工业大学,2019.

[16] 邹超.纳米改性混凝土路面材料设计、性能及作用机理研究[D].长沙:长沙理工大学,2018.

[17] 赵士坤.纳米粒子和钢纤维增强混凝土路用性能研究[D].郑州:郑州大学,2019.

[18] PUENTES J,BARLUENGA G,PALOMAR I. Effect of silica-based nano and micro additions on SCC at early age and on hardened porosity and permeability[J]. Construction and building materials,2015,81:154-161.

[19] SHAH A H,SHARMA U K,ROY D A B,et al. Spalling behaviour of nano SiO_2 high strength concrete at elevated temperatures[J]. Matec web of conferences,2013,6(6):1009.

[20] 田竞.纳米颗粒对高性能水泥基复合材料抗冲磨性能的影响机制试验研究[D].武汉:湖北工业大学,2020.

[21] 范杰,熊光晶,李庚英.碳纳米管水泥基复合材料的研究进展及其发展趋势[J].材料导报,2014,28(11):142-148.

[22] 李信东.结构陶粒混凝土在云南建筑工程中的应用与实践[D].重庆:重庆大学,2008.

[23] MECHTCHERINE V. Use of superabsorbent polymers(SAP)as concrete additive[J]. Rilem technical letters,2016,1:81.

[24] JENSEN O M,HASHOLT M T,LAUSTSEN S. Use of superabsorbent polymers and other new additives in concrete[J].2010.

[25] 廉慧珍,韩素芳.现代混凝土需要什么样的水泥[J].水泥,2006(9):13-18.

[26] 申爱琴.改性水泥与现代水泥混凝土路面[M].北京:人民交通出版社,2008.

[27] 申爱琴.水泥混凝土路面裂缝修补材料研究[D].西安:长安大学,2005.

[28] 中华人民共和国交通运输部公路科学研究院.公路水泥混凝土路面施工技术细则:JTG/T F30—2014[S].北京:人民交通出版社,2014.

[29] 李继业.新编道路工程混凝土实用技术手册[M].北京:化学工业出版社,2012.

[30] 史才军,何平平,涂贞军,等.预养护对二氧化碳养护混凝土过程及显微结构的影响[J].硅酸盐学报,2014,42(8):996-1004.

[31] 秦玲,毛星泰,高小建,等.碳化养护蒸压加气混凝土改性水泥的抗硫酸盐侵蚀性能[J].建筑材料学报,2022,25(12):1269-1276.1-13.

[32] BERGER R L,KLEMM W A. Accelerated curing of cementitious systems by carbon dioxide:Part Ⅱ. Hydraulic calcium silicates and aluminates[J]. Cement and concrete research,1972,2:647-652.

［33］ BERGER R L,YOUNG J F,LEUNG K. Acceleration of hydration of calcium silicates by carbon dioxide treatment［J］. Nature physical science,1972,240:16-18.

［34］ 史才军,王吉云,涂贞军,等. CO_2 养护混凝土技术研究进展［J］. 材料导报,2017,31(5):134-138.

［35］ MORANDEAU A,THIÉRY M,DANGLA P. Impact of accelerated carbonation on OPC cement paste blended with fly ash［J］. Cement and concrete research,2015,67:226-236.

［36］ CHINDAPRASIRT P,RUKZON S. Pore structure changes of blended cement pastes containing fly ash,rice husk ash,and palm oil fuel ash caused by carbonation［J］. Journal of materials in civil engineering,2009,21:666-671.

［37］ MONKMAN S,SHAO Yixin. Carbonation curing of slag-cement concrete for binding CO_2 and improving performance［J］. Journal of materials in civil engineering,2010,22:296-304.

［38］ ZHANG Duo,CAI Xinhua,SHAO Yixin. Carbonation curing of precast fly ash concrete［J］. Journal of materials in civil engineering,2016,28(11):04016127.

［39］ 马先伟,张家科,刘剑辉. 高性能水泥基材料内养护剂用高吸水树脂的研究进展［J］. 硅酸盐学报,2015,43(8):1099-1110.

［40］ 张利锋. 水泥基材料早期收缩研究及数值模拟［D］. 杭州:浙江大学,2014.

［41］ HE Ziming,SHEN Aiqin,GUO Yinchuan,et al. Cement-based materials modified with superabsorbent polymers:Areview［J］. Construction and building materials,2019,225:569-590.

［42］ POWERS T C,BROWNYARD T L. Studies of the physical properties of hardened portland cement paste［J］. Journal proceedings,1947,43:101-132.

［43］ 万广培,李化建,黄佳木. 混凝土内养护技术研究进展［J］. 混凝土,2012(7):51-54,66.

［44］ LURA P,JENSEN O M,BREUGEL K V. Autogenous shrinkage in high-performance cement paste:An evaluation of basic mechanisms［J］. Cement and concrete research,2003,33(2):223-232.

［45］ 田泽荣一. 水和反応によるセメントペ-ストの自己収缩［J］. セメントコンクリ-ト,1994,565:35-44.

［46］ 刘加平,田倩,唐明述. 膨胀剂和减缩剂对于高性能混凝土收缩开裂的影响［J］. 东南大学学报(自然科学版),2006(S2):195-199.

［47］ 胡曙光. 先进水泥基复合材料［M］. 北京:科学出版社,2009.

［48］ 安明喆,朱金铨,覃维祖. 高性能混凝土自收缩的抑制措施［J］. 混凝土,2001(5):37-41.

［49］ 李家和,欧进萍,孙文博. 掺合料对高性能混凝土早期自收缩的影响［J］. 混凝土,2002(5):9-10,14.

［50］ BENTZ D P,WEISS W J. Internal curing:A 2010 state-of-the-art review［J］. NIST interagency/internal report (NISTIR)-7765,2011.

［51］ NetAnswer. Report rep041:Internal curing of concrete - state-of-the-art report of RILEM technical committee 196-ICC［J］. Materials & structures,2007:161.

［52］ VARGA I D L,CASTRO J,BENTZ D,et al. Application of internal curing for mixtures containing high volumes of fly ash［J］. Cement and concrete composites,2012,34(9):1001-1008.

［53］ KLIEGER P. Early high-strength Concrete for prestressing［J］. Portland cement assoc R & D lab bull,1969.

［54］ SENSALE G R,GONCALVES A F. Effects of fine LWA and SAP as internal water curing a-gents［J］. International journal of concrete structures and materials,2014,8(3):229-238.

［55］ BENTUR A,IGARASHI S I,KOVLER K. Prevention of autogenous shrinkage in high-strength concrete by internal curing using wet lightweight aggregates［J］. Cement and concrete research,2001,31(11):1587-1591.

［56］ AKCAY B,TASDEMIR M A. Optimisation of using lightweight aggregates in mitigating autoge-nous deformation of concrete［J］. Construction and building materials,2009,23(1):353-363.

［57］ HENKENSIEFKEN R,BENTZ D,NANTUNG T,et al. Volume change and cracking in inter-nally cured mixtures made with saturated lightweight aggregate under sealed and unsealed conditions［J］. Cement and concrete composites,2009,31(7):427-437.

［58］ BENTZ D P,SNYDER K A. Protected paste volume in concrete:Extension to internal curing using saturated lightweight fine aggregate［J］. Cement and concrete research,1999,29(11):1863-1867.

［59］ 王发洲,丁庆军,陈友治,等.影响高强轻集料混凝土收缩的若干因素［J］.建筑材料学报,2003,6(4):431-435.

［60］ 魏亚,郑小波,郭为强.干燥环境下内养护混凝土收缩、强度及开裂性能［J］.建筑材料学报,2016,19(5):902-908.

［61］ 韩宇栋,张君,王振波.预吸水轻骨料对高强混凝土早期收缩的影响［J］.硅酸盐学报,2013,41(8):1070-1078.

［62］ 党玉栋,钱觉时,乔墩,等.减缩剂预饱和轻骨料对水泥砂浆自收缩的影响及机理［J］.硅酸盐学报,2011,39(1):47-53.

［63］ JENSEN O M,HANSEN P F. Water-entrained cement-based materials I. Principles and theo-retical background［J］. Cement and concrete research,2001,31(4):647-654.

［64］ MECHTCHERINE V,WYRZYKOWSKI M,SCHRÖFL C,et al. Application of super absorbent polymers (SAP)in concrete construction:update of RILEM state-of-the-art report［J］. Materi-als and structures,2021,54(2):1-20.

［65］ 胡曙光,周宇飞,王发洲,等.高吸水性树脂颗粒对混凝土自收缩与强度的影响［J］.华中科技大学学报(城市科学版),2008(1):1-4,16.

［66］ 申爱琴,李得胜,郭寅川,等.SAP 内养生混凝土抗渗性能与细观结构相关性研究［J］.硅酸盐通报,2019,38(12):3993-4001.

［67］ WANG Wenzhen,SHEN Aiqin,HE Ziming,et al. Mechanism and erosion resistance of inter-nally cured concrete including super absorbent polymers against coupled effects of acid rain and fatigue load［J］. Construction and building materials,2021,290(12):123252.

［68］ CRAEYE B,GEIRNAERT M,DE SCHUTTE G. Super absorbing polymers as an internal cu-ring agent for mitigation of early-age cracking of high-performance concrete bridge decks［J］. Construction and building materials,2011,25(1):1-13.

[69] 申爱琴,郭寅川.SAP 内养护桥梁混凝土配合比优化设计及施工关键技术研究[R].西安:长安大学,2020.

[70] 申爱琴,郭寅川.湿热地区 SAP 内养生桥梁混凝土收缩调控及抗裂性能研究[R].西安:长安大学,2020.

[71] 申爱琴,郭寅川.SAP 内养护隧道混凝土组成设计、性能及施工关键技术研究[R].西安:长安大学,2020.

[72] 曹长柱,衣丽娇,王会新.SAP 内养护混凝土强度和收缩性能的应用研究[J].建筑技术,2017,48(10):1067-1069.

[73] SHEN Dejian,SHI Huafeng,TANG Xiaojian,et al. Effect of internal curing with super absorbent polymers on residual stress development and stress relaxation in restrained concrete ring specimens[J]. Construction and building materials,2016,120:309-320.

[74] 林松柏.高吸水性聚合物[M].北京:化学工业出版社,2013.

[75] 朱长华,李享涛,王保江,等.内养护对混凝土抗裂性及水化的影响[J].建筑材料学报,2013,16(2):221-225.

[76] JUSTS J,WYRZYKOWAKI M,BAJARE D,et al. Internal curing by superabsorbent polymers in ultra-high performance concrete[J]. Cement and concrete reseanh,2015,76:82-90.

[77] HASHOLT M T,JENSEN O M,KOVLER K,et al. Can superabsorent polymers mitigate autogenous shrinkage of internally cured concrete without compromising the strength[J]. Construction and building materials,2012,31:226-230.

[78] 李东芳,李璇,张燕青.聚丙烯酸钠高吸水树脂的新工艺合成研究[J].山西大学学报(自然科学版),2014,37(3):398-402.

[79] FAN Juntao,SHEN Aiqin,GUO Yinchuan,et al. Evaluation of the shrinkage and fracture properties of hybrid Fiber-Reinforced SAP modified concrete[J]. Construction and building materials,2020,256:119491.

[80] 申爱琴,郭寅川.SAP 内养护桥梁混凝土水分传输特性、水化特征及性能增强机理研究[R].西安:长安大学,2020.

[81] 孔祥明,李启宏.高吸水性树脂对水泥砂浆体积收缩及力学性能的影响[J].硅酸盐学报,2009,37(5):855-861.

[82] 黄政宇,王嘉.高吸水性树脂对超高性能混凝土性能的影响[J].硅酸盐通报,2012,31(3):539-544.

[83] SECRIERU E,MECHTCHERINE V,SCHRÖFL C,et al. Rheological characterisation and prediction of pumpability of strain-hardening cement-based-composites (SHCC)with and without addition of superabsorbent polymers (SAP)at various temperatures[J]. Construction and building materials,2016,112:581-594.

[84] MECHTCHERINE V,SECRIERU E,SCHRÖFL C. Effect of superabsorbent polymers (SAPs) on rheological properties of fresh cement-based mortars—Development of yield stress and plastic viscosity over time[J]. Cement and concrete research,2015,67:52-65.

［85］ AZARIJAFARI H，KAZEMIAN A，RAHIMI M，et al. Effects of pre-soaked super absorbent polymers on fresh and hardened properties of self-consolidating lightweight concrete［J］. Construction and building materials，2016，113：215-220.

［86］ DANG Juntao，ZHAO Jun，PU Zhaohua. Effect of superabsorbent polymer on the properties of concrete［J］. Polymers，2017，9（12）：672.

［87］ 黄天勇，王栋民，刘泽. 高吸水树脂作为混凝土内养护剂的研究进展［J］. 硅酸盐通报，2013，32（11）：2281-2285，2291.

［88］ 覃潇. SAP 内养生路面混凝土水分传输特性及耐久性研究［D］. 西安：长安大学，2019.

［89］ GEIKER M R，BENTZ D P，JENSEN O M. Mitigating autogenous shrinkage by internal curing［M］. ACI materials journal，2004：143-154.

［90］ WANG Fazhou，ZHOU Yufei，PENG Bo，et al. Autogenous shrinkage of concrete with super-absorbent polymer［J］. ACI materials journal，2009，106（2）：123-127.

［91］ 张蕊，周永祥，高超，等. SAP 对火山灰混凝土收缩性能的改善作用［J］. 建筑材料学报，2018，21（4）：576-582.

［92］ ASSMANN A，REINHARDT H W. Tensile creep and shrinkage of SAP modified concrete［J］. Cement and concrete research，2014，58：179-185.

［93］ PANG Lufeng，RUAN Shiye，CAI Yongtao. Effects of internal curing by super absorbent polymer on shrinkage of concrete［J］. Key engineering materials，2011，1258（477）：200-204.

［94］ 陈志晖. SAP 内养生路面混凝土收缩及阻裂性能研究［D］. 西安：长安大学，2019.

［95］ PAIVA H，ESTEVES L P，CACHIM P B，et al. Rheology and hardened properties of single-coat render mortars with different types of water retaining agents［J］. Construction and building materials，2009，23（2）：1141-1146.

［96］ KONG Xiangming，ZHANG Zhenlin，LU Zichen. Effect of pre-soaked superabsorbent polymer on shrinkage of high-strength concrete［J］. Materials and structures，2015，48（9）：2741-2758.

［97］ 何锐，谈亚文，薛成，等. 以高吸水性树脂为混凝土内养护剂的研究进展［J］. 中国科技论文，2019，14（4）：464-470.

［98］ YANG Jingyu，GUO Yinchuan，SHEN Aiqin，et al. Research on drying shrinkage deformation and cracking risk of pavement concrete internally cured by SAPs［J］. Construction and building materials，2019，227：116705.

［99］ 莫石秀，郭寅川，覃潇，等. 混杂纤维增强内养生水泥混凝土力学、收缩及断裂性能研究［J］. 公路交通科技，2021，38（8）：1-8.

［100］ 张珈碧. 高吸水树脂对混凝土断裂性能影响的研究［D］. 大连：大连理工大学，2018.

［101］ LYU Zhenghua，SHEN Aiqin，MO Shixiu，et al. Life-cycle crack resistance and micro characteristics of internally cured concrete with superabsorbent polymers［J］. Construction and building materials，2020，259：119794.

［102］ LYU Zhenghua，GUO Yinchuan，CHEN Zhihui，et al. Research on shrinkage development and fracture properties of internal curing pavement concrete based on humidity compensation［J］. Construction and building materials，2019，203：417-431.

[103] 申爱琴,杨景玉,郭寅川,等.SAP 内养生水泥混凝土综述[J].交通运输工程学报,2021,21(4):1-31.

[104] LYU Zhenghua, SHEN Aiqin, HE Ziming, et al. Absorption characteristics and shrinkage mitigation of superabsorbent polymers in pavement concrete[J]. International journal of pavement engineering,2020,23(2):1-15.

[105] QIN Xiao, SHEN Aiqin, Lyu Zhenghua, et al. Research on water transport behaviors and hydration characteristics of internal curing pavement concrete[J]. Construction and building materials,2020,248:118714.

[106] 申爱琴,郭寅川.SAP 内养护桥梁混凝土收缩及阻裂性能研究[R].西安:长安大学,2020.

[107] 覃潇,申爱琴,李俊杰,等.内养生路面混凝土水分传输特性及力学性能[J].建筑材料学报,2021,24(3):606-614.

[108] 孙庆合,魏永起,孟云芳,等.超吸水聚合物混凝土抗渗性能的研究[J].新型建筑材料,2009,36(6):68-71.

[109] CUSSON D, LOUNIS Z, DAIGLE L. Benefits of internal curing on service life and life-cycle cost of high-performance concrete bridge decks - A case study[J]. Cement and concrete composites,2010,32(5):339-350.

[110] HASHOLT M T, JENSEN O M. Chloride migration in concrete with superabsorbent polymers[J]. Cement and concrete composites,2015,55:290-297.

[111] 钟佩华.高吸水性树脂(SAP)对高强混凝土自收缩性能的影响及作用机理[D].重庆:重庆大学,2015.

[112] 高新文,何锐.高吸水树脂对混凝土强度与水化过程的影响[J].公路交通科技,2018,35(8):34-39.

[113] 张珍林.高吸水性树脂对高强混凝土早期减缩效果及机理研究[D].北京:清华大学,2013.

[114] 张力舟,孔祥明,邢锋,等.高吸水树脂内养护混凝土的氯离子渗透及碳化性能[J].河南科技大学学报(自然科学版),2019,40(1):7-8,60-65.

第2章 | SAP内养生材料吸水-释水行为研究

　　SAP 主要借助内部大量亲水性基团和适度交联的网络结构进行吸水,并通过与所处溶液间的离子浓度差或渗透压进行释水,其吸水-释水性能受 SAP 形态、溶液性质及环境等多方面因素影响,并直接决定水泥混凝土的内养生程度。为保证 SAP 在混凝土中充分发挥其内养生效果,本章基于 Flory-Huggins 溶胀热力学理论及图像处理技术,研究了 SAP 形态、溶液类型及外界环境对 SAP 吸水-保水-释水行为的影响,并依据渗透压理论,深入分析了 SAP 在水泥浆液中的吸水-释水机理,为 SAP 内养生材料在道路、桥梁混凝土中的设计及应用奠定理论基础。

2.1　溶胀热力学理论及 SAP 吸水-保水-释水能力表征方法

2.1.1　Flory-Huggins 溶胀热力学理论

　　SAP 在溶剂中发生溶胀而形成高分子凝胶的过程,可从热力学角度对其能量转换进行诠释。SAP 的溶胀过程较为复杂,影响其溶胀能力的因素主要分为以下三部分:

　　(1)SAP 与溶剂之间的混合自由能:当 SAP 与溶剂互溶的化学位 $\Delta\mu_m < 0$ 或自由焓 $\Delta G_m < 0$ 时,其表现为亲水性,即发生溶胀。若化学位 $\Delta\mu_m > 0$ 或自由焓 $\Delta G_m > 0$,表明 SAP 与溶剂互溶性差,溶剂难以渗入高分子网络中。

　　(2)SAP 网络的弹性自由能:SAP 属交联性高聚物,高分子链不能够完全伸展,溶液与 SAP 的作用受交联网络弹性内应力的束缚,从而产生吉布斯自由能变 ΔG_{el}。

　　(3)SAP 网络的离子渗透压:对于离子型 SAP,其高分子网络的吸液过程还受到离子渗透压影响,一方面,随着吸液量的增大,网络内外的渗透压差趋于零,从而达到“溶胀平衡”;另一方面,当溶液中含有复杂离子时,SAP 与溶液之间的渗透压降低,致使其吸液能力降低。

　　Flory 通过对 SAP 在水溶液中的溶胀行为的研究,提出了下列吸液公式:

$$Q^{5/3} \approx \frac{\left(\dfrac{i}{2V_2 \cdot S^{1/2}}\right)^2 + \dfrac{\dfrac{1}{2} - x}{V_1}}{V_e / V_0} = \frac{离子渗透压 + 水的亲和力}{凝胶交联密度} \qquad (2\text{-}1)$$

式中：Q——吸液倍率；

$\quad i$——电荷数；

$\quad S$——凝胶外部电解质溶液的离子强度；

$\quad V_2$——聚合物结构单元体积；

$\quad V_1$——溶液的摩尔体积；

$\quad x$——水分与 SAP 两者之间的哈金斯参数；

$\quad V_e$——网络结构的有效链节数；

$\quad V_0$——溶胀后的凝胶体积。

可见，SAP 在水中的吸液能力由离子渗透压、水的亲和力以及凝胶交联密度三方面决定。Flory 吸液公式的推导以理想溶液为基础，推导过程中的假设与实际情况存在差异，但该公式能够很好地定性解释 SAP 在各类离子溶液中吸液能力变化的原因。此外，SAP 凝胶网络与液体之间的渗透压对其溶胀能力起决定性作用，因此以渗透压理论为基础对于研究 SAP 在水泥基材料中的吸水及释水机理具有重要意义。

2.1.2　SAP 吸水、保水及释水能力表征方法

1）吸水能力

SAP 粉末吸水能力可采用吸液倍率（或溶胀倍率）和吸液速率（或溶胀速率）来表征。吸液倍率是指 1g SAP 粉末样品在液体溶剂中达到溶胀平衡所吸收液体的量，吸液速率是指单位质量的 SAP 粉末样品在单位时间内吸收液体的体积或质量。

目前常用于测定 SAP 吸水能力的方法有自然过滤法、茶袋法、离心分离法、量筒法等。茶袋法具有操作简便、测试数据精确的优点。试验时，将一茶袋置于溶液中吸满液体并称量其质量 m_t；将质量为 m_s 的干燥 SAP 置于另一茶袋中，然后将该茶袋浸入溶液直至达到溶胀平衡，取出茶袋使自由液体排出后称其总质量 m_a，则 SAP 的吸液倍率 Q 为：

$$Q = \frac{m_a - m_t - m_s}{m_s} \times 100\% \qquad (2\text{-}2)$$

2）保水能力

SAP 凝胶保水能力可采用保水率来表征。保水率是指 SAP 溶胀平衡后在其他介质溶液或空气中的水分持有能力，按式（2-3）计算：

$$\varphi = \frac{m_a - m_j}{m_a - m_t} \times 100\% \qquad (2\text{-}3)$$

式中：φ——保水率；

$\quad m_j$——凝胶与茶袋的总质量；

其余符号意义同前。

3）释水能力

SAP凝胶主要在水泥石内部离子浓度及温、湿度不断变化的作用下进行水分释放,释水过程中SAP凝胶持续受到渗透压作用,从而达到内养生效果。可采用不同温、湿度下内养生水的释水半径(μm)和毛细孔负压环境下的释水率(%)对SAP在水泥石中的释水能力进行多角度表征。

释水率是指SAP经外界环境作用后失水质量与原凝胶质量的比值。

测定释水半径时,将吸收相应吸液倍率质量红墨水的SAP凝胶置于白水泥浆液中,红墨水作为示踪标记物能够直观地表征内养生水分的迁移轨迹,待水泥浆体凝结后,采用显微观测仪可直接观察到SAP内养生水向水泥浆体的扩散范围,即释水半径,以SAP凝胶边缘为起点,取3次所测释水半径的平均值作为试验结果。释水半径越大,说明SAP内养生范围及效果越好。内养生水分在水泥基材料中的释放过程如图2-1所示。

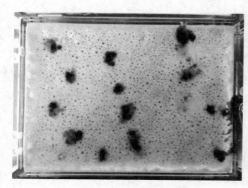 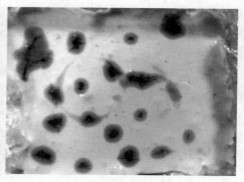

a) SAP内养生水泥浆液初始状态　　　　b) 硬化水泥浆体内SAP释水轨迹

图2-1　内养生水分在水泥基材料中的释放过程

2.2　SAP颗粒形态的选择

2.2.1　颗粒形态及聚合工艺对SAP吸液倍率及速率的影响

目前土木工程领域常用的SAP属聚丙烯酸钠盐类超吸水性聚合物,分子式为$(C_3H_3NaO_2)_n$,合成步骤为:先将丙烯酸中和成丙烯酸钠,再将丙烯酸钠经聚合得到聚丙烯酸钠,其分子结构如图2-2所示。

SAP根据颗粒形态可分为两种:一种是由水溶液聚合法聚合而成的不规则形粉末,如图2-3所示;另一种是通过反相悬浮聚合法聚合而成的球形粉末,如图2-4所示。图中二者粒径相近,均为100~120目。由于球形SAP粉末仅能够通过悬浮聚合法或乳液聚合法聚合而成,因此两种颗粒形态SAP的聚合工艺不同。

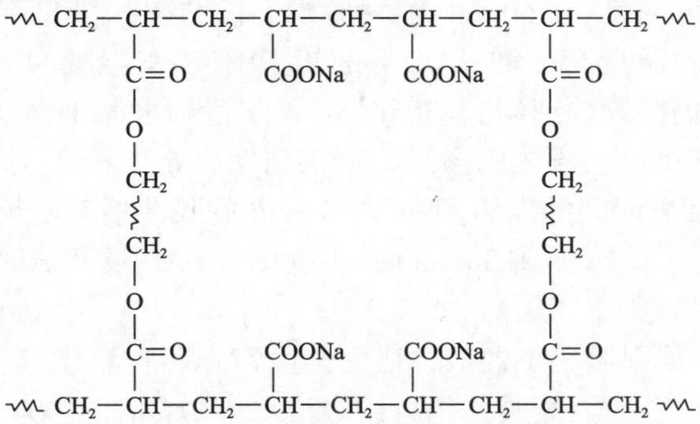

图 2-2 聚丙烯酸钠 SAP 分子结构式

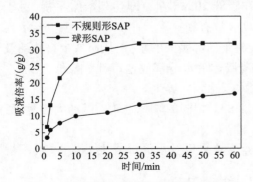

图 2-3 不规则形 SAP 粉末微观形貌图

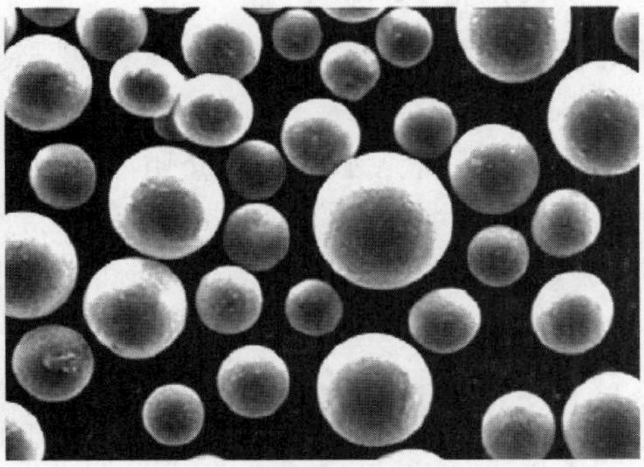

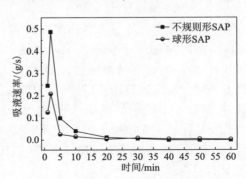

图 2-4 球形 SAP 粉末微观形貌图

不规则形 SAP 粉末在聚合过程中采用的溶剂为去离子水,单体为丙烯酸化学纯(C. P),引发剂为过硫酸铵分析纯(A. R),交联剂为 N,N-亚甲基双丙烯酰胺(C. P),中和剂为氢氧化钠及氯化钠(A. R),单体浓度为 50%,中和度为 70%;球形 SAP 粉末所用溶剂为环乙烷(A. R),单体为丙烯酸(C. P),引发剂为过硫酸钾分析纯(A. R),交联剂为 N,N-亚甲基双丙烯酰胺(A. P),中和剂为氢氧化钠(C. R),分散剂为 Span 260(A. R),单体浓度为 50%,中和度为 70%。

将两种形态的 SAP 粉末在常温下(25℃±2℃)置于水泥浆液中进行吸液,测试其吸水泥浆液倍率及速率,分别以吸液倍率-时间、吸液速率-时间作图得吸液曲线,如图 2-5 及图 2-6所示。

图 2-5 不同形态 SAP 吸液倍率与时间关系

图 2-6 不同形态 SAP 吸液速率与时间关系

结合图 2-5 和图 2-6 可知,在 60min 内,两种形态的 SAP 吸液倍率总体随时间不断增大,吸水 3min 内为 SAP 凝胶质量高速增长期,3min 后吸液速率骤减为原来的 5 倍,但 3min 到 30min 时间段吸液倍率仍持续快速增长,30min 后逐渐达到溶胀平衡状态。对比两种形态的 SAP 吸液曲线发现,在 1min 时,不规则形 SAP 吸液倍率为 6.788 倍,球形 SAP 仅为 3.465 倍,前者约为后者的 2 倍,随着时间的推移,不规则形 SAP 的吸液倍率增长速度均高于球形 SAP,两者吸液倍率迅速产生较大差距,到 30min 时,不规则形 SAP 吸液倍率(31.992 倍)约为球形 SAP 吸液倍率(13.357 倍)的 2.4 倍。

此外,40min 以后不规则形 SAP 凝胶体已完全达到溶胀平衡,其吸液倍率及速率不再增长(31.999 倍,0 g/s),而球形 SAP 凝胶体仍持续吸液(14.677 倍,0.004 g/s),同时呈缓慢增长趋势,其 60min 时的吸液倍率为 16.713 倍,此时前者仅为后者的 2 倍,说明两种形态 SAP 的吸液倍率又出现缓慢接近的趋势。

相比不规则形 SAP,球形 SAP 吸液速率较为缓慢,且 60min 内吸液倍率较低。究其原因,一方面,在相同粒径等级下,不规则形 SAP 表观结构沟壑纵横,表面亲水性较好,粒子内部—COOH、—OH 等亲水基团与介质溶液具有较大接触面积,有利于增大 SAP 内外部之间的渗透压,使得聚合物链能够快速扩展而吸液,而球形 SAP 表面光滑而致密,与介质溶液接触面积较小,致使其吸液速率缓慢;另一方面,不规则形 SAP 采用溶液聚合法聚合而成,分子量较小(3000~5000),其分子结构相对易受溶液环境影响,环境响应性较灵敏,而球形 SAP 由反相悬浮聚合法制成,其分子量较大(10000~20000),分子量越大亲水性越差,分子间相互作用力越强,颗粒越均匀且性能越稳定,越不易受外界环境影响,因此球形 SAP 在多离子的水泥浆液中其吸液倍率和速率相对平稳。

2.2.2 SAP 颗粒形态确定

虽然球形 SAP 吸液性能较为稳定,但针对路面水泥混凝土工程的实际情况,球形 SAP 目前难以满足工程需要。

首先,SAP 吸液达到溶胀平衡状态需要一定的时间,这会导致水泥混凝土出机坍落度与 SAP 吸液平衡后的坍落度之间存在一定损失,若该坍落度损失率在短时间内(几十分钟内)无法达到稳定状态,考虑材料运输距离、工期等复杂因素的影响,极易导致现场坍落度的不准确预估,从而无法满足施工要求。而不规则形 SAP 在吸液 30min 左右即达到溶胀平衡,对于其吸液倍率以及内养生额外引入水的准确测试及计算非常有利。

其次,内养生的主要目的在于及时补足水泥混凝土内部丧失的水分,从而减少自收缩及干燥收缩开裂,球形 SAP 环境响应性较迟钝,因此其凝胶体的水分释放速率理应较低,无法在水泥混凝土早期微裂纹密集出现阶段(3d 内)充分释水以达到内养生效果。

最后,球形 SAP 吸液倍率低,要达到与不规则形 SAP 相同的内养生效果需加大掺量,所产生的大量残留孔对水泥混凝土强度发展不利。

因此,综合考虑路面混凝土施工条件,SAP 内养生效果以及水泥混凝土力学性能,不规则形 SAP 具有显著优势。

2.3 SAP 吸液特性评价

2.3.1 溶液类型及离子价态的影响

水泥矿物属多矿物聚集体,与水拌和后立即发生溶解,纯水快速变为含有多种复杂阴阳离子的水泥浆液,新拌混凝土水泥浆液相中的离子主要包括 Na^+、K^+、Ca^{2+}、OH^-、SO_4^{2-},这些离子组成依赖于水泥中的各种组成及其溶解度,并持续缓慢地随水泥水化硬化进程发生变化,而 SAP 的吸液行为及内养生效果与水泥浆液离子浓度变化状态密切相关,因此,深入研究各种水泥混凝土内环境对 SAP 溶胀行为的影响十分必要。

1)试验设计

考虑吸液试验的操作难易性(实际水泥浆液稠度大且富含大量颗粒物),课题组以实际水泥混凝土新拌浆液中所测离子浓度为基础,高精度配制各类模拟水泥浆液或毛细孔溶液以开展 SAP 吸液性能研究。

新拌浆液的离子浓度采用上海越磁 PXS-215A 型数显式离子浓度计(图 2-7)进行测试,测试水泥浆液拌和后 30min 内其所含 Na^+、K^+、Ca^{2+}、OH^-、SO_4^{2-} 的浓度以及 pH 值。溶液温度为 25℃ ±2℃,方法为两点定位法。所用电极包括 6801-01 型钠离子电极、PK-1-01 型钾离子电极、PCa-1-01 型钙离子电极、PSO₄-1-01 型硫酸根离子电极以及 E-331D 型 pH 复合电极,相应的参比电极包含 6801-01 型钠参比电极、217 双盐桥饱和甘汞参比电极(适合钾离子和钙离子)。

图 2-7　数显式离子浓度计

试验方案设计主要结合路面工程实际,以室内试验优化所得 C40、C50 混凝土中的水泥浆液作为测试及模拟基准,同时考虑水泥浆液的普适性,选择 10% ~25% 范围内的 4 种粉煤灰掺量,根据所测真实水泥浆液的离子浓度配制模拟浆液作为 SAP 的应用载体,从而实现 SAP

吸液性能研究与实际工程应用的高度对接。混凝土具体配合比见表2-1,水泥浆液各项离子浓度实测结果及模拟方案见表2-2。

C40 及 C50 混凝土配合比　　　　　　　　　　　　　　　　表 2-1

强度等级	水胶比	各项材料用量/(kg/m³)						
		水泥	粉煤灰	水	砂	大石	小石	减水剂
C40	0.37	370	65	160	840	790	198	2.61
C50	0.31	450	50	155	716	818	215	3.00

注:按重载和特重交通对路面混凝土抗弯拉强度的要求,所设计的路面混凝土抗弯拉强度不低于4.5MPa(C40)和5.0MPa(C50)。

水泥浆液离子浓度实测结果及模拟方案　　　　　　　　　　表 2-2

水胶比	序号	粉煤灰/%	水泥/%	离子浓度/(mol/L)				
				K^+	Ca^{2+}	Na^+	OH^-	SO_4^{2-}
0.37 (对应C40 路面混凝土)	0.37-10%	10	90	0.3507	0.0594	0.0392	0.1365	0.091
	0.37-15%	15	85	0.3147	0.0567	0.0383	0.0647	0.0431
	0.37-20%	20	80	0.2756	0.0541	0.0357	0.0495	0.0330
	0.37-25%	25	75	0.1915	0.0461	0.0326	0.0239	0.0159
0.31 (对应C50 路面混凝土)	0.31-10%	10	90	0.4185	0.0709	0.0468	0.2914	0.1943
	0.31-15%	15	85	0.3756	0.0677	0.0458	0.1195	0.0797
	0.31-20%	20	80	0.3290	0.0646	0.0427	0.0660	0.0440
	0.31-25%	25	75	0.2286	0.0550	0.0389	0.0364	0.0243

注:试验序号0.37-10%中0.37为水胶比,10%为粉煤灰占胶凝材料的百分比,其他编号方法与上述相同。

由表2-2得出,随着粉煤灰替代量的增加,水泥浆液中的碱离子浓度逐渐下降,这归因于所采用粉煤灰的有效碱(即以离子形式存在的碱,<1.5%)含量小于水泥。其次,在相同的粉煤灰替代量下,水胶比为0.37的水泥浆液各项离子浓度均低于水胶比为0.31的水泥浆液,前者相当于后者的稀释液。水泥浆液中的Ca^{2+}主要来源于$CaSO_4$和游离CaO的溶解,以及C_3S、C_3A等矿物的水化,由于持续生成微溶于水的$Ca(OH)_2$,因此溶液中Ca^{2+}浓度偏低。溶液中的Na^+、K^+则主要来源于碱金属硫酸盐Na_2SO_4以及K_2SO_4的溶解,溶解度较高且常处于不饱和状态,其中K_2SO_4含量较大,Na_2SO_4含量很小。SO_4^{2-}主要来源于Na_2SO_4、K_2SO_4、$CaSO_4$的溶解。除此之外,OH^-主要从$Ca(OH)_2$以及C_3S等固体中释放,加之非饱和状态Na^+、K^+的存在,进而生成$NaOH$和KOH。

根据表2-2中不同水胶比及不同粉煤灰掺量的水泥-外掺料混合浆液的实测离子浓度,进行模拟溶液合成,采用的化学试剂包括$CaSO_4$、Na_2SO_4、K_2SO_4、$NaOH$、KOH五种,溶剂选用去离子水,具体合成配比见表2-3。根据表2-3配制模拟水泥浆液,研究溶液类型及离子价态对SAP吸液性能的影响。

各模拟浆液合成配比　　　　　　　　　　　　表2-3

序号	模拟浆液化学试剂配比/（mol/L）				
	$CaSO_4$	K_2SO_4	Na_2SO_4	KOH	NaOH
0.37-10%	59	100	10	150	19
0.37-15%	57	90	10	135	18
0.37-20%	54	80	10	115	16
0.37-25%	46	60	10	70	13
0.31-10%	70	100	10	220	27
0.31-15%	68	90	10	195	26
0.31-20%	65	80	10	170	23
0.31-25%	55	60	10	110	19

2）溶液类型对 SAP 吸液性能的影响

采用高精度电子秤测定 40 ~ 80 目 SAP 粉末在去离子水中及表 2-3 中 8 种模拟水泥浆液中的吸液倍率及吸液速率，测试过程如图 2-8 所示，试验结果如表 2-4 和图 2-9 ~ 图 2-12所示。

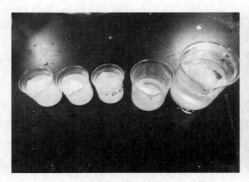

a) SAP在不同模拟浆液中的吸液过程　　　　　b) SAP吸液后凝胶质量测试过程

图 2-8　SAP 吸液试验过程图

去离子水中 SAP 吸液性能与时间的关系　　　　　　表2-4

溶液类型	1min	5 min	10 min	20 min	30 min	50 min	60 min
	吸液倍率/（g/g）						
去离子水	122.072	209.942	230.011	229.666	229.666	241.648	232.723
	吸液速率/（g/s）						
	0.413	0.424	0.136	− 0.001	− 0.015	0.033	− 0.030

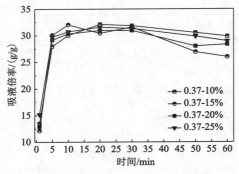

图 2-9　模拟水泥浆液中 SAP 吸液倍率-时间曲线
（$W/B=0.37$）

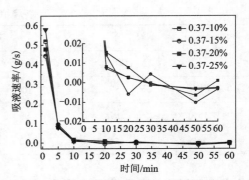

图 2-10　模拟水泥浆液中 SAP 吸液速率-时间曲线
（$W/B=0.37$）

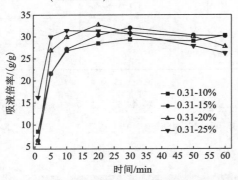

图 2-11　模拟水泥浆液中 SAP 吸液倍率-时间曲线
（$W/B=0.31$）

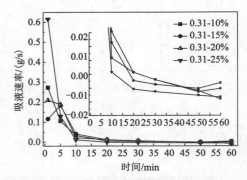

图 2-12　模拟水泥浆液中 SAP 吸液速率-时间曲线
（$W/B=0.31$）

由试验结果图表可见，SAP 吸收去离子水时，20min 内即达到溶胀平衡状态，吸液倍率约为 230 倍；SAP 吸收模拟水泥浆液的倍率为 27~33 倍，约为在去离子水中的 13%。这是由于聚丙烯酸钠 SAP 属离子型超吸水性聚合物，主要通过内部亲水基—COONa 与水分子的水合作用使其高分子网络扩展，在网络内外产生离子浓度差（渗透压）时进行吸水。当溶液呈碱性且富含多种高浓度高价阴阳离子时，SAP 高分子链内外的离子浓度差较小，导致高分子链之间空间较小，束缚了—COONa 中 Na^+ 的扩散，且高分子链自身聚阴离子间的排斥力减弱，致使网络结构难以充分舒展。

此外，模拟水泥浆液中的 SAP 均在约 30min 时达到溶胀平衡，该溶胀平衡时间点相比去离子水中的 SAP 相对滞后，这是由于溶液中多价阴阳离子 Ca^{2+}、OH^-、SO_4^{2-} 与 SAP 凝胶中的—COOH 及 Na^+ 产生"同离子效应"，导致聚合物凝胶内部交联网络结构紊乱波动，从而延长了溶胀平衡点的出现时间。

对比 SAP 在 0.37、0.31 两种水胶比模拟浆液中的吸液曲线发现，水胶比对 SAP 的吸液性能影响不大，SAP 在高水胶比溶液中的吸液倍率略高于在低水胶比溶液中的，说明 SAP 在水泥浆液体系中的吸液性能较为稳定，这有利于该材料在水泥混凝土工程中的推广应用。

在水胶比为 0.37 的模拟浆液中，除了 1min 时的吸液速率，SAP 在 0.37-10%~0.37-25% 四种不同粉煤灰替代量的模拟浆液中的吸液速率在 60min 内一直非常接近，最大吸液倍率也同样如此；而对于水胶比为 0.31 的模拟浆液，四种溶液前 10min 的吸液速率差距较大且规律性较紊乱,尤其是前5min,最大吸液速率比最小吸液速率高约77.36%,而0.31-10%~0.31-25%吸液倍率之间的差距在30min内也均大于0.37-10%~0.37-25%模拟浆液。以上现象同样可以通过"同离子效应"解释,在含有多种复杂离子的溶液中,离子浓度越高,原电解质的电离平衡向生成原电解质分子的方向移动的程度越大,溶液中的各项离子与SAP链内—COOH及Na^+的碰撞概率就越低,原电解质电离度降低程度就越高,溶液初期相对越不稳定,在这里体现为SAP在四种高浓度溶液中吸液倍率的差异性大于SAP在四种低浓度溶液中吸液倍率的差异性。

在研究过程中发现,虽然SAP在30min左右总体达到吸液平衡,但在30min后仍出现轻微释水,并在60min重新达到平衡,基本不影响吸液效果,分析是因为SAP内部网络结构在吸液开始时速率较快,其网络扩展过于迅速,存在扩张加速度,因此当网络结构基本达到溶胀平衡时未能及时回缩,但当实际吸液速率明显下降后,网络出现"收网效应",此现象对于低浓度溶液更为明显。由图2-11可见,在吸液前期,SAP在水胶比为0.31的模拟浆液中的吸液倍率随浆液离子浓度的减小而增加,即0.31-25%>0.31-20%>0.31-15%>0.31-10%,但在轻微释水阶段,吸液倍率出现相反的规律,表现为0.31-10%>0.31-15%>0.31-20%>0.31-25%,说明在高浓度的溶液中SAP的持水能力更加优良,有利于SAP稳定且循序渐进地进行释水内养生。对于水胶比为0.37的模拟浆液,SAP吸液倍率随浆液离子浓度变化的特征大体与水胶比为0.31的模拟浆液相似,但该规律不如前者明显,因此初步推断SAP更加适用于低水胶比的水泥混凝土。

3) 离子价态对SAP吸液性能的影响

不同类型水泥、外掺料拌和而成的水泥浆液中化合物含量均存在一定差异,部分多价离子含量多,而部分则一价离子含量多。除此之外,随着水泥水化的推进,水泥浆液中各项离子(一价、二价或多价)的浓度在各阶段均不断发生变化,如Na^+、K^+离子溶解度高,其浓度在终凝前乃至水化早期将不断升高,而Ca^{2+}不断与溶液中的水生成微溶于水的$Ca(OH)_2$,其有效含量必然呈下降趋势。进一步地,浓度不断增大的Na^+、K^+与水泥基材料中$Ca(OH)_2$及C_3S所释放的OH^-反应将生成NaOH、KOH一价阳离子电解质,因此,深入研究溶液介质离子价态对SAP吸液性能的影响规律非常必要。

综上,选取NaOH(一价阳离子)溶液、$CaSO_4$(二价阳离子)溶液及表2-3中0.31-15%溶液(多组分混合离子)三种溶液,测定40~80目SAP在其中的吸液性能,其中NaOH溶液浓度为26mol/L(与0.31-15%溶液中的NaOH浓度一致),为与NaOH溶液进行对比,$CaSO_4$溶液浓度同样取26mol/L,试验结果如图2-13及图2-14所示。

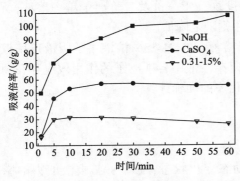

图2-13　不同离子价态下SAP吸液倍率-时间曲线

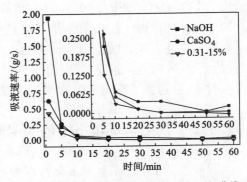

图2-14　不同离子价态下SAP吸液速率-时间曲线

由图 2-13 和图 2-14 可以看出,SAP 在各价态溶液中的平衡吸液倍率顺序为 NaOH > CaSO$_4$ > 0.31-15%,在 NaOH 溶液中 SAP 最初吸液速率高达 1.938g/s,分别是在 CaSO$_4$ 溶液和 0.31-15% 溶液中的 3.077 倍及 4.532 倍,但从 5min 开始,三者吸液速率渐趋接近(尤其是 CaSO$_4$ 溶液和 0.31-15% 溶液)。此外,NaOH 溶液中的 SAP 在 50min 时仍存在吸液现象,且吸液速率呈上升趋势,而在 CaSO$_4$ 及 0.31-15% 溶液中 30min 时已达到吸液平衡状态,以上现象均说明溶液中离子价态越高,所含离子组分越多,SAP 吸液倍率则越低,但同时吸液状态也更加稳定。因此,水泥浆液中高价离子含量越多,SAP 在其中的内养生进程可控性越强,设计内养生额外用水量越精准,对于水泥混凝土施工和易性、力学性能乃至耐久性的影响也就越小。

究其原因,Na$^+$ 的离子半径 r_{Na^+} = 95pm,Ca^{2+} 的离子半径 $r_{Ca^{2+}}$ = 100pm,研究表明,阳离子与水之间的水合作用会随其离子半径的增加而降低,因此可得出 Na$^+$ 的水合作用大于 Ca^{2+},且水对 Na$^+$ 的屏蔽作用大于对 Ca^{2+} 的屏蔽作用,进而导致 SAP 与 NaOH 溶液之间的渗透压大于与 CaSO$_4$ 溶液之间的。

其次,Ca^{2+} 易与 SAP 的—COO—基团发生作用,并形成交联点,增加交联密度,从而降低吸液倍率。

因此,SAP 在 NaOH 溶液中的吸液倍率较高。0.31-15% 溶液中除含有 26mol/L 的 NaOH 和 68 mol/L 的 CaSO$_4$ 外,还含有 K$_2$SO$_4$、Na$_2$SO$_4$ 和 KOH,同离子效应会导致 SAP 网络结构收缩程度较大,吸液倍率骤降。

另外,SAP 在溶液中的吸液倍率与溶液的离子强度密切相关,离子强度 I 是衡量溶液中存在离子所产生的电场强度的量值,溶液中离子所带电荷数目越多,离子电性越强,则离子强度就越大。离子强度可由式(2-4)计算得到。

$$I = \frac{1}{2} \sum CZ^2 \qquad (2-4)$$

式中:I——离子强度,mol/L;

$\quad C$——离子摩尔浓度,mol/L;

$\quad Z$——离子价态,价。

根据式(2-4)计算得出,NaOH 溶液离子强度为 26mol/L,而与 NaOH 溶液离子摩尔浓度相同的 CaSO$_4$ 溶液离子强度则为它的 4 倍(104mol/L),0.31-15% 溶液离子摩尔浓度为 68 mol/L CaSO$_4$、90 mol/L K$_2$SO$_4$、10 mol/L Na$_2$SO$_4$、195 mol/L KOH 以及 26mol/L NaOH,计算得到其离子强度为 793mol/L。正因为 0.31-15% 溶液离子强度远高于一价及二价离子单一溶液,所以 SAP 内外两侧的渗透压远小于后者,SAP 的张网作用则随之降低。

在试验中还发现,在吸液 1min 时 SAP 在 CaSO$_4$ 溶液和 0.31-15% 溶液中的吸液倍率较为接近,待到 5min 时差距迅速拉开,由此推断 SAP 与复杂溶液中各项离子的作用效应存在短暂的反应时间,但这并不影响 SAP 在水泥浆液中吸液倍率的准确计算。

2.3.2 微化学环境 pH 值的影响

水泥浆液的 pH 值在水泥水化过程中处于微动态变化状态,其对 SAP 吸液能力的影响同样重要。由于水泥浆液 pH 值的调节过程相对较为简单,因此本节按照表 2-2 中

0.31-15%拌和真实水泥浆液,溶液温度为25℃±2℃,测试新拌水泥浆液在终凝(10h)前的pH值动态变化值,并以初凝时间4h时的实测值为基准值(因为此时SAP吸液状态已稳定,同时水泥石已失去塑性),对真实水泥浆液的pH值进行调整,深入探索pH值对SAP吸液性能的影响规律。其中水泥浆液pH值的降低与升高,在已计算所需达到的OH^-浓度后,分别通过加入去离子水及NaOH实现。新拌水泥浆液在终凝(10h)前的pH值动态变化值见表2-5。

终凝前水泥浆液(或毛细孔溶液)pH值测试结果　　表2-5

不同阶段水泥浆液(或毛细孔溶液)pH值							
5min	30min	1h	2h	4h	6h	8h	10h
12.30	12.37	12.33	12.43	12.48	12.55	12.52	12.48

由表2-5中pH值数据可见,水泥浆液拌和后6h内的pH值大致呈上升趋势,直到终凝时间到来前又出现小幅下降,整体在12.30~12.55之间波动,平均值为12.43,说明水泥浆液的酸碱度较为稳定。以此为基础,选择三种不同酸碱度(pH=12,pH=12.43,pH=13),测定40~80目SAP在经以上三种pH值调整后的真实水泥浆液中的吸液性能,试验结果如图2-15和图2-16所示。

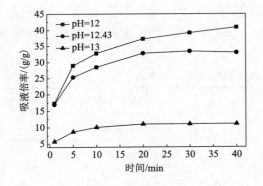

图2-15　不同溶液酸碱度下SAP吸液倍率-时间曲线　　图2-16　不同溶液酸碱度下SAP吸液速率-时间曲线

由图2-15及图2-16可见,SAP在pH=12.43和pH=13的水泥浆液中,在30min即达到溶胀平衡,而在pH=12的溶液中要到40min方可达到溶胀平衡状态。其次,当水泥浆液pH值在12~12.43之间时,pH值对SAP的吸液倍率影响较小,但当pH=13时,SAP吸液倍率表现为大幅降低(11.144倍),分别为pH=12浆液(39.133倍)和pH=12.43浆液(33.399倍)的28.48%和33.37%。

在同样的试验环境条件下得出,40~80目SAP在pH=11、pH=12、pH=13单一NaOH溶液中的平衡吸液倍率分别为133.595倍、180.012倍、66.263倍,其随pH值的增加呈先增大后减小的规律。一般来说,SAP在适度的碱性水溶液中,羧酸会转化为羧酸盐,这些羧酸盐会相互排斥,并通过排斥力而增大SAP超吸水性聚合物的体积,从而增大吸液倍率,如图2-17所示,NaOH溶液在pH=12时的状态即如上文所述。

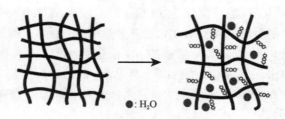

●:H₂O

图 2-17   适度碱性溶液中 SAP 凝胶膨胀示意图

然而,SAP 吸液性能在复杂水泥浆液中随 pH 值的变化规律与单一 NaOH 溶液中存在异同,原本在单一 NaOH 溶液中的膨胀效应在复杂水泥浆液中已被抵消。分析可知,首先,水泥浆液中各类阳离子 Na^+、K^+、Ca^{2+}、Mg^{2+} 之间的离子效应在不断折减该膨胀效应,且随着 pH 值的增大,溶液中 Na^+ 浓度也相应增大,造成 SAP 凝胶网络内外渗透压大大减小,从而对吸液倍率产生负面影响。其次,二价阳离子 Ca^{2+}、Mg^{2+} 的存在对 SAP 的吸液倍率有一定的还原作用,其与羧酸盐之间形成了坚固的复合物,变相增大了 SAP 网络结构的交联度,从而使得 SAP 扩展能力降低,吸液倍率随之下降。

综上所述,水泥浆液环境中的酸碱度较为稳定,在初凝前(pH 值变化范围在 12 ~ 12.43 之间),pH 值对 SAP 的吸液倍率影响微弱,因此就酸碱度来说,SAP 在水泥混凝土内养生中的使用效果较为稳定。

此外,在表 2-6 中数据的基础上通过 Origin 8.5 多项式回归得出,不同 pH 值下 SAP 的吸液倍率可用 $Q = 42.62591 - 353.12157[OH^-] + 383.02433[OH^-]^2$ 来描述,拟合线性相关系数 $R^2 = 0.99814$。

不同 pH 值(氢氧根浓度)水泥浆液中 SAP 的吸液倍率   表 2-6

pH 值	OH⁻ 浓度/(mol/L)	SAP 吸液倍率/(g/g)
pH = 12	10^{-2}	39.133
pH = 12.43	$10^{-1.57}$	33.399
pH = 13	10^{-1}	11.144

2.3.3   温度影响

水泥混凝土路面工程在不同时期的施工温度差异性较大,施工时的气温、水温等因素会对 SAP 吸液性能产生一定影响。而胶凝材料在水化过程中会产生一定程度的水化热,同样会影响 SAP 在水泥浆液中的吸液温度及性能。为最大限度地达到内养生效果,课题组结合各季节温度数据,选择具有代表性的四个温度等级 10℃(冬季)、25℃(春、秋季)、35℃(夏季)以及高温 60℃(路面混凝土水化热常达到 60℃),研究 SAP 在不同温度环境下的吸液性能。本研究中 SAP 仍采用 40 ~ 80 目,同时考虑 SAP 的适应性,对不同溶液及不同温度下 SAP 吸液能力进行对比,此处选择 0.37-15% 和 0.31-15% 两种模拟浆液,溶液通过恒温水浴保温以保持其温度恒定,试验过程见图 2-18。

a) 25℃

b) 35℃

c) 60℃

图 2-18　SAP 吸液性能试验过程图

SAP 在不同温度及模拟浆液中的吸液性能测试结果如图 2-19 ~ 图 2-22 所示。

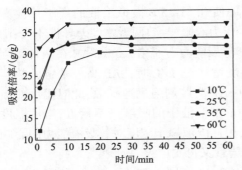

图 2-19　温度对 SAP 吸液倍率的影响
（0.37-15% 模拟浆液）

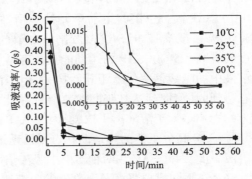

图 2-20　温度对 SAP 吸液速率的影响
（0.37-15% 模拟浆液）

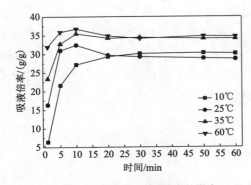

图 2-21　温度对 SAP 吸液倍率的影响
（0.31-15% 模拟浆液）

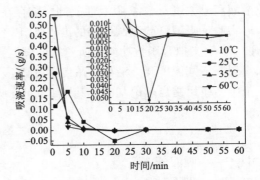

图 2-22　温度对 SAP 吸液速率的影响
（0.31-15% 模拟浆液）

根据图 2-19 ~ 图 2-22 可知，总体上来看，介质溶液温度越高，SAP 的吸液倍率越大，初始吸液速率越高，吸液速率下降以至达到溶胀平衡的时间越短。这是因为溶液温度对 SAP 的吸液能力存在两方面的作用。一方面，当温度较高时，SAP 高分子链的运动单元将发生活化，具体来说，温度的升高会增加 SAP 高分子链的运动能量，当该能量增加到足以克服运动单元以一定方式运动所需要的能垒时，运动单元则处于活化状态，并开始一定方式的热运动，包括整链的运动、链段的运动、链节的运动等多种类型,进而增大 SAP 凝胶网络扩散系数,吸液速率加快。另一方面,温度较高时 SAP 体积膨胀量大,分子间具有较大的自由空间,此空间是各种运动单元发生运动的充分条件。当自由空间达到某种运动单元运动所必需的大小后,此运动单元便可以自由地迅速运动。

综上所述,SAP 溶胀是其凝胶网络在溶剂中扩散的过程,以上两个方面的作用共同推动了 SAP 高分子链松弛及张网过程的进行,温度越高,SAP 凝胶网络的扩散系数越大,分子扩散越快且扩散范围越大。以上现象同样可基于"时温等效"原理进行解释,温度越高,SAP 中高分子链运动越快,其网络舒展越快,吸液倍率及速率越高。

从图 2-19 及图 2-21 可知,0.31-15% 模拟浆液中 SAP 在 10℃、25℃、35℃、60℃温度条件下的平衡吸液倍率分别为 0.37-15% 模拟浆液的 98.45%、91.23%、99.42%、92.41%,两者之间的差异性随温度的升高呈现先减小后增大再减小的规律,这主要是由于在温度较低时(10℃),SAP 高分子链的运动单元处于惰性状态,即使 0.31-15% 模拟浆液的离子浓度高于 0.37-15% 模拟浆液,但 SAP 凝胶网络由于自身伸展能力有限,导致两者之间差异性不大;随着温度的升高(25℃),SAP 的运动能量稍有增加,SAP 舒展能力有所增大,故 SAP 在两种不同浓度溶液中的吸液倍率的差距开始拉大;但当溶液温度增加至 35℃时,SAP 高分子链的热运动状态达到阈值(即到达其张网加速期),在此加速期 SAP 凝胶网络迅速扩散,此时温度对吸液能力的影响略大于溶液离子浓度,因此 SAP 在两种浓度溶液中的吸液倍率接近;溶液温度为60℃时,SAP 高分子链的热运动状态早已超过阈值,因此溶液离子浓度对其吸液能力的影响大于溶液温度,因此 SAP 在两种溶液中吸液倍率的差异性又再次增大。

SAP 在不同模拟浆液及温度下的吸液速率,如图 2-20 和图 2-22 所示,并非完全遵循"溶液温度越高,吸液速率下降以至达到溶胀平衡的时间越短"规则,其还存在一定波动,尤其是 10℃条件下 0.31-15% 模拟浆液中 SAP 的吸液速率,随时间的变化规律紊乱,说明试验中温度及溶液离子浓度对 SAP 吸液性能的影响存在一定复杂性。

为验证吸液试验测试结果的准确性,以经典 Karadag 高吸水性树脂吸液方程为基础,采用Origin 自定义拟合函数功能对所测得的试验数据进行拟合,从而反算出吸液速率动力学参数,以实现对不同温度及溶液离子浓度中 SAP 吸液速率关系的客观评估,同时也为 SAP 在水泥混凝土中的应用奠定理论基础。其中 Karadag 吸液方程见式(2-5)。

$$\frac{dQ}{dT} = K_Q (Q_{eq} - Q)^2 \tag{2-5}$$

式中:Q——吸液倍率,g_{water} / g_{sap};

    T——吸液时间,min;

    K_Q——吸液速率常数,$g_{sap} \cdot g_{water}^{-1} \cdot min^{-1} \cdot 10^{-3}$;

    Q_{eq}——试验所测平衡吸液倍率,g_{water} / g_{sap}。

由式(2-5)积分可得出:

$$\frac{t}{Q} = A + Bt \tag{2-6}$$

式中:A——起始吸液速率的倒数,$A = 1/(K_q Q_{eq}^2)$;

B——理论平衡吸液倍率的倒数，$B = 1/Q_{t,eq}$。

假设 $x = t$，$y = t/Q$，然后对试验数据进行拟合，拟合结果见表 2-7。

不同温度及溶液环境下 SAP 的吸液速率动力学参数　　　　　表 2-7

溶液类型	溶液温度/℃	参数					R^2
		A	B	K_Q	$Q_{t,eq}$	Q_{eq}	
0.37-15%	10	0.04232	0.0322	25.2453744	31.0559	30.594	0.99878
	25	0.00123	0.03125	757.7277	32.0000	32.073	0.99979
	35	0.01184	0.0294	74.5585567	34.01361	33.657	0.99998
	60	0.00486	0.02692	150.324827	37.1471	36.997	0.99997
0.31-15%	10	0.075	0.03154	14.695052	31.70577	30.122	0.99814
	25	−0.01171	0.03488	99.7321297	28.66972	29.262	0.99916
	35	0.00239	0.02918	352.429604	34.27005	34.456	0.99983
	60	0.01318	0.02766	62.6327259	36.15329	34.805	0.99710

从表 2-7 中可见，经拟合得出的 SAP 理论平衡吸液倍率 $Q_{t,eq}$ 与通过试验得出的平衡吸液倍率 Q_{eq} 非常接近，大体上表现为温度越高，吸液倍率越大，且 SAP 在低浓度溶液中的吸液倍率低于在高浓度溶液中的，说明拟合效果较好。此外，通过拟合得出的吸液速率常数 K_Q 确实不完全遵循"溶液温度越高，吸液速率下降以至达到溶胀平衡的时间越短"规则，说明实测数据较为准确，表 2-7 中的吸液速率常数可从整体上体现 SAP 在吸液全过程中的平均吸液速率。

此外，水胶比越高，水泥混凝土在水化硬化过程中释放的水化热越高，温度对 SAP 吸液性能的影响对于水泥混凝土后期力学性能及耐久性有利也有弊，利在于 SAP"微蓄水池"能够在早期储存相对较多的水分以供内养生，弊在于若吸液倍率过大，SAP 的释水残留孔会增大水泥混凝土整体孔隙率，从而对强度及耐久性造成不良影响。可见，在确定 SAP 使用参数（粒径、掺量等）时应充分考虑路面混凝土的水胶比，从而达到内养生效果和性能之间的平衡。

2.3.4　SAP 粒径影响及选择

SAP 粒径直接决定其对水泥混凝土的养生效果。在内养生额外引水量一定的条件下，不同粒径 SAP 在水泥混凝土中的颗粒数量、分布状态、释水养生范围方面均存在差异，且对于强度和水胶比不同的水泥混凝土，各粒径 SAP 在其中的内养生作用效果必然也不同。此外，SAP 粒径的大小又与水泥混凝土孔结构参数以及强度、耐久性发展直接相关。

考虑上述原因，课题组以 20~40 目、40~80 目、100~120 目三种粒径的 SAP 为对象，对比研究其在不同水胶比所对应模拟浆液中的吸液性能，选用模拟浆液为 0.37-15% 及 0.31-15% 两种，1~60min 的吸液倍率试验结果如图 2-23、图 2-24 所示。

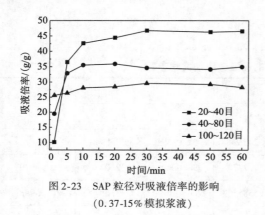

图 2-23　SAP 粒径对吸液倍率的影响
（0.37-15%模拟浆液）

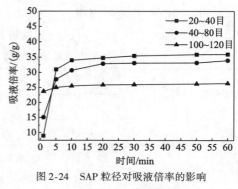

图 2-24　SAP 粒径对吸液倍率的影响
（0.31-15%模拟浆液）

由图 2-23 及图 2-24 可见,在两种模拟浆液中,SAP 的平衡吸液倍率均随粒径的减小而减小,但从理论上来讲,同等质量下,SAP 粒径越小,与溶液接触面积越大,颗粒数量越多,溶液从 SAP 表面渗透到内部的距离越短,吸液越容易达到饱和且倍率越大。这说明试验所用 SAP 在粒径超过 40 目后易发生轻微的"团粒子效应",尤其是 100 ~ 120 目粒径的 SAP,即使表面已吸水膨胀,但内部部分区域呈"絮状",这就导致 SAP 粒径越小,反而其吸液倍率越小。

另外,SAP 在 0.37-15%模拟浆液中的吸液倍率高于在 0.31-15%模拟浆液中的吸液倍率,但溶液浓度对 40 ~ 80 目及 100 ~ 120 目的 SAP 吸液倍率影响非常小。SAP 在高浓度和低浓度溶液中的平衡吸液倍率之比计算如下:40 ~ 80 目 SAP 为 33.1/34.599 = 95.67%,100 ~ 120 目 SAP 为 26.013/29.576 = 87.95%,但 20 ~ 40 目 SAP 为 35.446/46.753 = 75.82%。该现象说明粒径越小的 SAP 吸液性能受介质溶液浓度的影响越小,吸液状态越稳定,而真实水泥混凝土拌合物中的离子浓度在不断变化,因此 40 ~ 80 目及 100 ~ 120 目的 SAP 比 20 ~ 40 目的 SAP 更加适合用于水泥混凝土内养生。

值得注意的是,在吸液 1min 时,不同粒径 SAP 的吸液倍率从大到小排列顺序为 100 ~ 120 目 > 40 ~ 80 目 > 20 ~ 40 目,但到 5min 时,吸液倍率排序与前者截然相反,从大到小排列顺序为 20 ~ 40 目 > 40 ~ 80 目 > 100 ~ 120 目,这说明虽然 100 ~ 120 目 SAP 的吸液倍率相对较低,但吸液速率非常快,在 1min 内便达到 90%的溶胀平衡,这与"同等质量下,SAP 粒径越小,与溶液接触面积越大,颗粒数量越多,溶液从 SAP 表面渗透到内部的距离越短,吸液越容易达到饱和"理论相符。

由于 2.3.3 节中根据 Karadag 吸液方程式拟合得出的 SAP 理论平衡吸液倍率 $Q_{t,eq}$ 与通过试验得出的平衡吸液倍率 Q_{eq} 非常接近,因此不同粒径 SAP 在不同浓度介质溶液中的吸液速率动力学参数同样采用该公式拟合得出,拟合结果详见表 2-8。

不同粒径 SAP 在不同溶液环境下的吸液速率动力学参数　表 2-8

溶液类型	SAP 粒径	参数					R^2
		A	B	K_Q	$Q_{t,eq}$	Q_{eq}	
	20 ~ 40 目	0.04362	0.02061	10.488065	48.52014	46.753	0.99809
0.37-15%	40 ~ 80 目	0.00505	0.02874	165.417529	34.79741	34.599	0.99925
	100 ~ 120 目	0.00313	0.03474	365.238699	28.78526	29.576	0.99886

溶液类型	SAP 粒径	参数					R^2
		A	B	K_Q	$Q_{t,eq}$	Q_{eq}	
0.31-15%	20～40 目	0.04384	0.02696	18.1549471	37.09199	35.446	0.99870
	40～80 目	0.03459	0.02909	26.3872086	34.37607	33.100	0.99976
	100～120 目	0.01201	0.0378	123.04844	26.4,503	26.013	0.99994

根据表 2-8 中吸液速率动力学参数可见,对于本研究所用的聚丙烯酸钠盐 SAP,粒径越小,吸液速率越快,吸液倍率越小,60min 内吸液状态越稳定平缓。20～40 目、40～80 目及 100～120 目三种粒径的 SAP 在 0.37-15% 模拟浆液中的吸液速率常数比约为 1∶15.77∶34.82,在0.31-15% 模拟浆液中则为 1∶1.45∶6.78,三种粒径 SAP 的吸液性能均适用于水泥混凝土。

2.3.5　基于金相显微图像分析的 SAP 动态溶胀行为研究

SAP 在水泥浆液中的溶胀动力学(凝胶溶胀过程中溶胀程度随时间的变化关系)对其内养生释水能力具有极其重要的影响。SAP 溶胀过程可看作聚合物网络的变形和相关组分的输送,SAP 凝胶中溶剂的扩散主要分为以下三种类型:

(1)Fick 扩散,即溶剂的扩散满足 Fick 扩散定律,为扩散控制过程,其 Fick 特征指数 $n \leqslant 0.5$。

(2)松弛平衡(relaxation-balanced)扩散,是大分子链松弛控制过程,$n \geqslant 1.0$。

(3)非 Fick 扩散,溶剂扩散速度与大分子链松弛速率相当,$n = 0.5 \sim 1.0$。

为深入探索 SAP 在水泥混凝土内环境中的溶胀动力学,并明确其动态溶胀行为类型,课题组借助金相显微镜及其图像处理系统,从动态的角度观察其溶胀过程,研究 SAP 体系平衡转变所需的时间,以及其中涉及的微观过程。通过观察 SAP 在不同介质溶液中的溶胀过程(尺寸变化规律),计算其 Fick 特征指数,从而确定 SAP 在水泥混凝土浆液中的动态溶胀行为类型。

此节 SAP 的吸液倍率将基于金相显微镜图像处理系统,通过直接观测所得的 SAP 凝胶在水泥浆液中不同时间点的体积来计算。为便于计算,体积计算时假设 SAP 凝胶颗粒为球形颗粒,且体积采用计算体积 $V_{计算}$(半径为网格数量),当 Q_t(t 时刻的吸液倍率)/Q_{eq}(平衡吸液倍率)$\leqslant 0.6$ 时,SAP 的溶胀动力学可按式(2-7)进行描述:

$$\frac{Q_t}{Q_{eq}} = K_S t^n \tag{2-7}$$

式中:K_S——SAP 凝胶特征常数;

　　n——Fick 特征指数,用于描述 SAP 溶胀机理,其能够反映溶剂扩散速率与聚合物链松弛速率的关系。

令 $F = K_S t^n$,对等式两边取对数得一次线性方程,见式(2-8),其中 $\ln K_S$ 为常数。

$$\ln F = n \ln t + \ln K_S \tag{2-8}$$

假设 $x = \ln t$,$y = \ln F$,$A = \ln K_S$,$B = n$,根据图像测试结果作图,并通过拟合得出的 n 值判断 SAP 溶胀类型。

试验所采用的显微镜为 Phenix XZJ-L2030 型正置金相显微镜,如图 2-25 所示。观测前先将一具有刻度线的透明直尺置于载玻片上以作参照,图 2-26a)中两侧黑色刻度线之间的距离即为 1.0 mm,因此金相显微镜图像处理系统中所呈现的图像长度方向对应的实际总长度为 1.0 mm,宽度方向对应的实际总宽度为 0.73 mm。

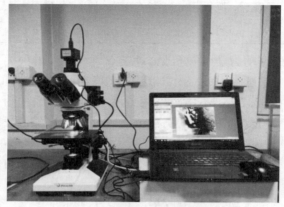

图 2-25　金相显微镜及其配套图像处理系统

0.37-15% 及 0.31-15% 真实水泥浆液中 1～30min 的 SAP 溶胀状态如图 2-26～图 2-31 所示,由于测试时间段内捕捉图像数量较多,因此仅对 SAP 初始状态、1min 吸液加速期、5min 吸液快速期及 30min 吸液平衡期的图像进行展示。从图像中发现,水泥浆液中含有多种杂质,但并不影响对 SAP 溶胀过程的观测。

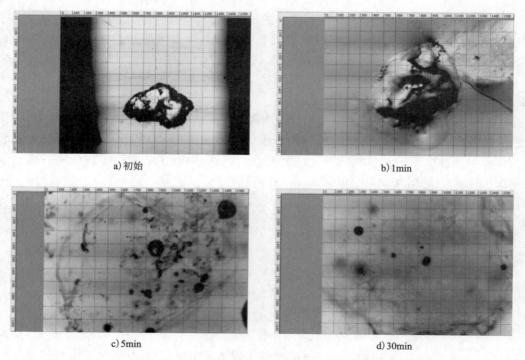

a)初始　　　　　　　　　　b)1min

c)5min　　　　　　　　　　d)30min

图 2-26　0.37-15% 水泥浆液中 20～40 目 SAP 溶胀经时形态

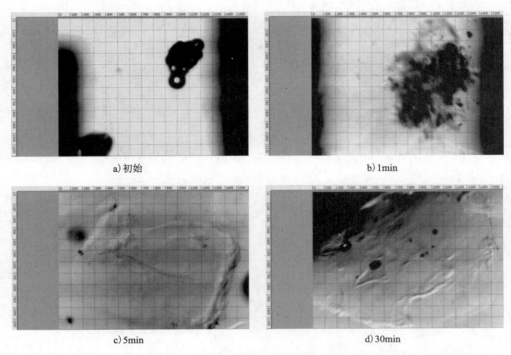

a) 初始　　　　　　　　　　　　　　b) 1min

c) 5min　　　　　　　　　　　　　　d) 30min

图 2-27　0.37-15% 水泥浆液中 40~80 目 SAP 溶胀经时形态

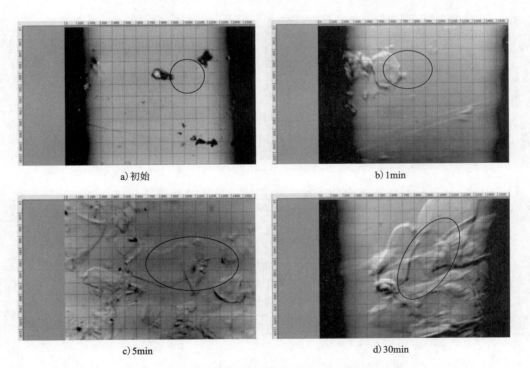

a) 初始　　　　　　　　　　　　　　b) 1min

c) 5min　　　　　　　　　　　　　　d) 30min

图 2-28　0.37-15% 水泥浆液中 100~120 目 SAP 溶胀经时形态

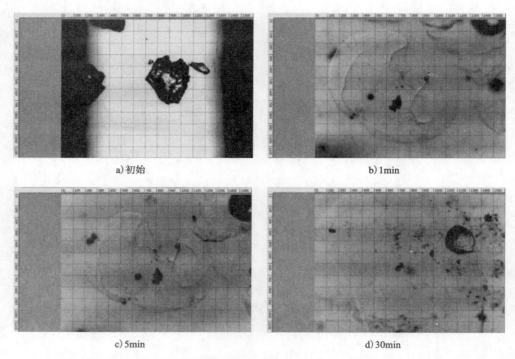

a) 初始   b) 1min

c) 5min   d) 30min

图 2-29   0.31-15% 水泥浆液中 20 ～ 40 目 SAP 溶胀经时形态

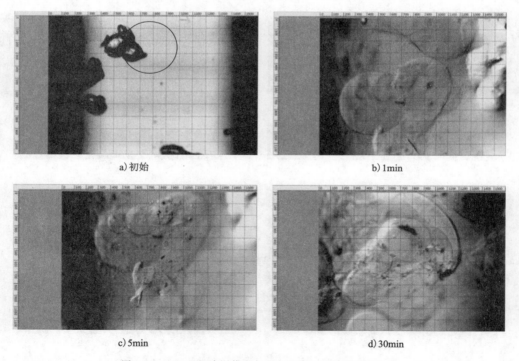

a) 初始   b) 1min

c) 5min   d) 30min

图 2-30   0.31-15% 水泥浆液中 40 ～ 80 目 SAP 溶胀经时形态

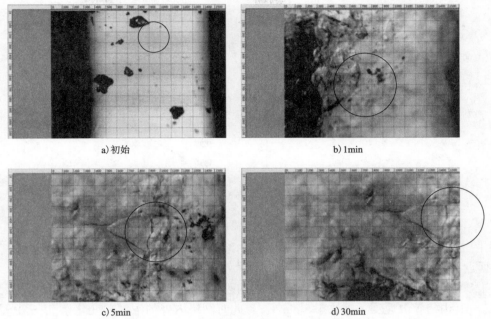

a) 初始　　　　　　　　　　　　　　　　b) 1min

c) 5min　　　　　　　　　　　　　　　　d) 30min

图 2-31　0.31-15%水泥浆液中 100～120 目 SAP 溶胀经时形态

根据图 2-26～图 2-31 中三种粒径 SAP 在两种水泥浆液中的溶胀经时形态，以及图像中未列出的 10min、15 min、20 min、25 min 时刻 SAP 的溶胀经时形态，计算得出其体积变化情况及吸液倍率，并获得其相应的 lnF-lnt 曲线，见图 2-32。

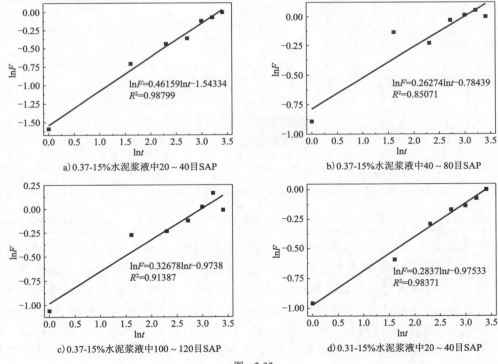

a) 0.37-15%水泥浆液中 20～40 目 SAP　　　　　　b) 0.37-15%水泥浆液中 40～80 目 SAP

c) 0.37-15%水泥浆液中 100～120 目 SAP　　　　　d) 0.31-15%水泥浆液中 20～40 目 SAP

图　2-32

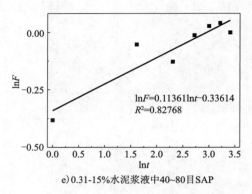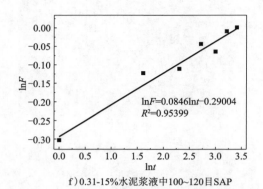

e) 0.31-15% 水泥浆液中 40~80 目 SAP　　　　f) 0.31-15% 水泥浆液中 100~120 目 SAP

图 2-32　各粒径 SAP 在不同水泥浆液中的溶胀 $\ln F$-$\ln t$ 曲线

由图 2-32 可见,在 1~30min 内,SAP 凝胶的溶胀过程总体呈典型的线性关系,尤其 5min 后,数据点与拟合曲线相关度较高,但 5min 时的数据点与拟合曲线偏差较大,这是因为在 1~5min 内,SAP 溶胀进程处于加速期,在溶胀加速度的作用下,SAP 高分子网络迅速伸展,水泥浆液在 SAP 中的扩散速度远远快于 5min 后,且此时网络内外的浓度差变化紊乱,SAP 呈现相对不稳定的溶胀动力学特征,导致 5min 内的吸液倍率与拟合曲线相关度低。

根据 SAP 溶胀 $\ln F$-$\ln t$ 曲线计算得出三种粒径的 SAP 在不同水泥浆液中的溶胀动力学参数,详见表 2-9。

SAP 在水泥浆液中的溶胀动力学参数　　　　表 2-9

水泥浆液类型	SAP 粒径/目	测试时间								Fick 特征指数 n	$\ln K_S$
		初始	1min		30min		40min				
		$V_{计算}$	$V_{计算}$	倍率	$V_{计算}$	倍率	$V_{计算}$	倍率			
0.37-15%	20~40	40.1944	448.920	10.169	1022.654	24.443	2045.692	49.895		0.46159	-1.54334
	40~80	22.449	381.704	16.003	796.328	34.472	904.779	39.303		0.26274	-1.78439
	100~120	1.437	14.137	8.840	56.115	38.057	50.965	34.472		0.32678	-0.97380
0.31-15%	20~40	22.449	321.555	13.324	448.920	18.997	796.328	34.472		0.28370	-0.97533
	40~80	10.306	243.727	22.649	333.038	31.315	350.770	33.036		0.11361	-0.36140
	100~120	1.288	22.449	16.426	26.522	19.588	29.880	22.194		0.08460	-0.29004

可见,各粒径 SAP 在不同水泥浆液中的 Fick 特征指数 n 均小于 0.5,说明水泥浆液扩散进入 SAP 凝胶内部完全满足 Fick 扩散定律,换句话说,SAP 在水泥浆液中吸液主要依靠凝胶的亲水作用,使水泥浆液能够自由扩散进入凝胶内部。此外,SAP 在 0.31-15% 水泥浆液中的 Fick 特征指数 n 普遍低于在 0.37-15% 水泥浆液中的数值,说明溶液离子浓度越大,Fick 特征指数 n 越小。究其原因,溶液离子浓度越大,SAP 吸液倍率越小,水泥浆液扩散至 SAP 中的路径越短,其扩散所需要的时间也越短。经计算,SAP 在水泥浆液中的溶胀动力学模型见表 2-10。

SAP 在水泥浆液中的溶胀动力学模型　　　　　　　　　　表 2-10

水泥浆液类型	SAP 粒径/目	溶胀动力学模型
0.37-15%	20 ~ 40	$Q_t = e^{(0.46159 lnt \times ln49.895 - 1.54334 \times ln49.895)} = e^{(1.805 lnt - 6.034)}$
	40 ~ 80	$Q_t = e^{(0.26274 lnt \times ln39.303 - 0.78439 \times ln39.303)} = e^{(0.965 lnt - 2.880)}$
	100 ~ 120	$Q_t = e^{(0.32678 lnt \times ln34.472 - 0.9738 \times ln34.472)} = e^{(1.157 lnt - 3.447)}$
0.31-15%	20 ~ 40	$Q_t = e^{(0.2837 lnt \times ln34.472 - 0.97533 \times ln34.472)} = e^{(1.004 lnt - 3.453)}$
	40 ~ 80	$Q_t = e^{(0.11361 lnt \times ln33.036 - 0.33614 \times ln33.036)} = e^{(0.397 lnt - 1.176)}$
	100 ~ 120	$Q_t = e^{(0.0846 lnt \times ln22.194 - 0.29004 \times ln22.194)} = e^{(0.262 lnt - 0.899)}$

2.4　SAP 储水稳定性研究

　　水泥混凝土初凝后,水泥的水化进入加速期,生成较多的 $Ca(OH)_2$ 和钙矾石晶体,以及纤维状的 C—S—H,水泥混凝土的强度迅速发展,并伴随水分蒸发以及水泥水化失水,水泥石产生毛细孔负压。当毛细孔负压超过水泥石的极限应力时,即产生微裂纹,加大水泥混凝土原始损伤,对水泥混凝土后期强度及耐久性极为不利,因此相比其他阶段,水泥混凝土在此阶段更加需要及时补给水分,从而降低后期开裂风险。

　　因此,SAP 在水泥混凝土初凝前能够稳定储水是其高效发挥内养生作用的前提。重要的是,水泥混凝土拌和后 4h 内水泥浆液中的离子浓度及 pH 值处于持续微上升状态,SAP 的溶胀平衡会使其自身持水状态或多或少出现变化,但若 SAP 在初凝前就释放出过多水分,不仅会大幅增大水泥混凝土基准水胶比,对水泥混凝土强度造成不利影响,而且会削弱水泥混凝土凝结后的内养生效果。

2.4.1　粒径对 SAP 储水稳定性的影响

　　SAP 具有独特的化学键锁水形式,使其不会在机械压力下释放水分。SAP 在去离子水中吸水前后颗粒形貌变化如图 2-33 所示。吸水前 SAP 白色粉末呈分散状态;吸水后 SAP 的体积在数分钟内迅速发生溶胀,呈滚圆、富有弹性的凝胶状,用手触摸有润湿感,即使施加一定的作用力按压吸水后的凝胶,凝胶中的水也不会被释放出来,整体显示出优异的保水能力。

　　为了研究不同目数 SAP 在混凝土水化过程中的保水稳定性,将吸液达到饱和的 SAP 颗粒放在温度为 65℃、相对湿度为 90% 的恒温恒湿箱中,每隔 30min 称量其总的质量,计算 SAP 内养生材料相应时间的保水率,试验结果如图 2-34 所示。

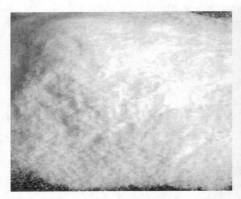

图2-33　SAP颗粒形貌(左:吸水前;右:吸水后)

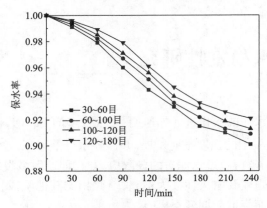

图2-34　各粒径SAP颗粒不同时刻的保水率

由图2-34可知,随着时间的增长,SAP逐渐释放所吸收的浆液,且其释放速率逐渐减慢。试验发现:在温度为65℃、相对湿度为90%的环境中,SAP的4h后保水率均高于90%;且120~180目SAP的保水率最高,高达92.13%。SAP较好的保水性能,保证了其在水泥水化前期且混凝土内部水分较充足时,较少地释放内养生水分,大部分内养生水分在水化后期释放,较好地维持了混凝土内部较高的湿度,促进水泥的持续水化,达到内养生的效果。

同时,随着SAP目数的增大,SAP的保水率逐渐增大,保水稳定性逐渐增强。其中,同样由于"微团聚"效应,使得120~180目SAP的保水稳定性能较好,且高于其他目数SAP。

2.4.2　溶液对SAP储水稳定性的影响

2.4.2.1　溶液类型

考虑到吸收高浓度模拟水泥溶液的SAP内部离子浓度较高,在水化初期更易受离子浓度梯度差影响而过早地释放出水分,将吸入饱和高浓度模拟水泥溶液的SAP样品放于设置温度为60℃、湿度为90%的干湿循环箱内,同时设置同等倍数去离子纯水饱和SAP作为对照组,如图2-35所示。试验中将溶胀平衡后的SAP置于模拟水化环境中,测得其保水稳定性如图2-36所示。

图 2-35　保水稳定性测试过程

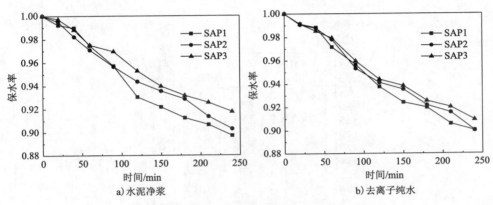

图 2-36　饱和 SAP 各时刻的保水率

由图 2-36 可知,吸收同等倍数去离子水与水泥净浆的 SAP 保水率变化曲线走势大体相似,其 4h 后的保水率均处于较高水平,表明聚丙烯酸钠型 SAP 锁水网状结构无论是对水泥净浆还是对去离子水均有着较强的化学键约束力。对比图 2-36a) 中预储水泥净浆的 SAP 在 60℃模拟水化条件下的保水曲线可知,各目数 SAP 的 4h 保水率均能够达 89% 以上,其中 SAP 3(100~120 目)的保水稳定性最好,故此三种 SAP 均可保证在水化前期(初凝期)不较多释放内养生水参与反应,从而保证了 SAP 的长期湿度补偿养护效果,可适用于混凝土材料的养护。

2.4.2.2　溶液离子浓度变化

申爱琴课题组将已吸收初始较低浓度模拟水泥溶液、较低 pH 值溶液 1h 的 SAP 相继置于离子浓度、pH 值呈阶梯式增大的溶液中浸泡,每隔一段时间改变溶液离子浓度或 pH 值、价态,测试其 4h 内的保水率,考虑水泥水化放热的影响,试验温度设置为 60℃,采用 BE-TH-150H8 型可程式恒温恒湿箱保持恒温,对不同溶液环境下 SAP 的储水稳定性进行对比分析。

初始吸收液分别为表 2-2 和表 2-3 中的 0.37-25% 与 0.31-25% 两种模拟水泥浆液,第一个小时分别取 100g 吸饱溶液后的 SAP 凝胶置于 0.37-20% 与 0.31-20% 模拟浆液中浸泡,第二个小时分别置于 0.37-15% 与 0.31-15% 模拟浆液中浸泡,第三和第四个小时分别置于 0.37-10% 与 0.31-10% 模拟浆液中浸泡,测试各阶段 SAP 凝胶的保水率。测试结果如图 2-37 ~ 图 2-39所示。

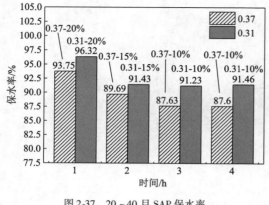

图 2-37　20~40 目 SAP 保水率

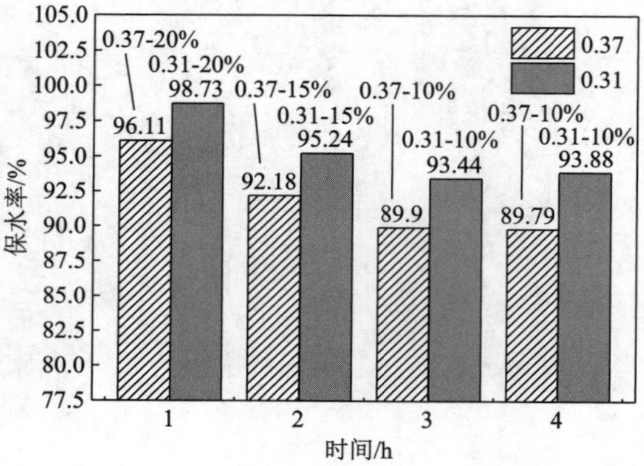

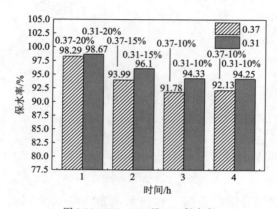

图 2-38　40~80 目 SAP 保水率

图 2-39　100~120 目 SAP 保水率

由图 2-37~图 2-39 可知,不同粒径的 SAP 经过多阶段溶液浸泡后的保水率存在一定差异性,但整体高于 85%,没有出现剧烈的体积收缩,说明所选择的 SAP 在水泥混凝土初凝前的储水稳定性优良。

就 SAP 粒径而言,研究发现,无论在何种溶液中,SAP 的保水率由大到小排序均为 100~120 目>40~80 目>20~40 目,这是因为较大粒径的 SAP 张网面积大,单颗粒子所吸收的液体较多,当突然改变溶液离子浓度时(产生新的渗透压),相比较小粒径的 SAP 其要达到新的溶胀平衡则需要更大的体积收缩,并释放出更多的液体,从而导致保水率相对较低。

在溶液离子浓度方面,离子浓度越大,SAP 的储水稳定性越强,推测认为,SAP 由于在较高离子浓度溶液中(0.31-10%)的吸液倍率比在较低离子浓度溶液中(0.37-10%)的低,因此其 SAP 网络从刚开始就持续处于相对"紧密、稳定、惰性"的状态,吸液基数较低,当 1h 及 2h 时的离子浓度继续增大时,其体积收缩率也就低于后者,因此可认为 SAP 在水胶比较低的水泥混凝土中储水稳定性更好。

对比 SAP 凝胶在水胶比为 0.37 与 0.31 的溶液中的保水率比值发现,对于 20~40 目 SAP,1h、2h、3h、4h 时的保水率比值分别为 97.33%、98.10%、96.05%、95.78%;对于 40~80 目 SAP,1h、2h、3h、4h 时的保水率比值分别为 97.35%、96.79%、96.21%、95.64%;对于 100~120 目 SAP,1h、2h、3h、4h 时的保水率比值分别为 99.61%、97.80%、97.30%、97.75%。可见

100~120 目 SAP 的储水状态受溶液环境影响非常小,而 20~40 目与 40~80 目 SAP 受溶液环境影响程度接近,20~40 目 SAP 的储水稳定性略微优于 40~80 目 SAP。

2.4.2.3　pH 值变化对 SAP 凝胶保水率的影响

经 2.3.2 节分析得出,40~80 目 SAP 在碱性溶液环境中受溶液环境影响相对最大,因此对 40~80 目 SAP,研究 pH 值对 SAP 储水稳定性的影响,若此粒径 SAP 在 pH 值变化的作用下储水稳定性良好,说明其余两种粒径的 SAP 同样具有良好的储水稳定性。

以 NaOH 为介质溶液,根据 2.3.2 节中所测水泥混凝土初凝前后的 pH 值变化范围(12.30~12.55),设置 SAP 初始吸收液 pH=12,此外,1~4h 浸泡溶液的 pH 值分别为 12.02、12.04、12.06、12.08,考察 SAP 在不同阶段的储水稳定性。试验结果如图 2-40 所示。

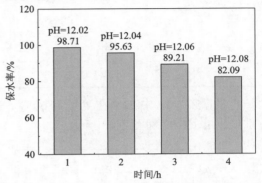

图 2-40　pH 值对 40~80 目 SAP 保水率的影响

由图 2-40 可知,随着溶液 pH 值的增加,SAP 凝胶的保水率呈不断下降趋势,整体保水率能达 82.09% 以上,表明 SAP 在新拌水泥混凝土初凝前后 pH 值的变化范围内具有较高的储水稳定性。另外,虽然溶液 pH 值以 0.02 等值均匀单调递增,但溶液碱性越大,SAP 的保水率下降速率越快,2h 结束时的保水率是 1h 结束时的 96.88%,3h 结束时的保水率是 2h 结束时的 93.29%,4h 结束时的保水率是 3h 结束时的 92.02%。

2.4.3　温度对 SAP 储水稳定性的影响

SAP 在常温密闭容器内保存 2~3 年,保水率仍不会降低。但不同种类的 SAP 热稳定性有差异,会受到水泥水化热和高温环境的影响。为了测试其热稳定性,将饱水状态、30 倍预吸水和 100 倍预吸水的 SAP,放于设置温度为 40℃ 和 60℃ 的烘箱中保温一段时间后,如图 2-41 所示,分别测定不同时刻预吸水 SAP 的质量变化,具体试验结果见表 2-11。

图 2-41　不同倍率预吸水 SAP 热稳定性测试过程

热稳定性试验结果   表 2-11

温度条件/℃	倍率/倍	对应时刻质量/g						
		0min	20min	40min	1h	1.5h	2h	3h
40	饱和	248.4	247.5	246.1	243.1	241.7	239.2	235.2
	100	100.7	99.9	98.7	96.8	95.9	94.5	92.2
	30	32.2	31	29.3	27.1	26.2	24.5	22.6
60	饱和	250.5	248.9	244.7	239.4	233.3	231.1	231.1
	100	101.5	99.9	96.8	93.4	89.3	87.2	87.2
	30	31.1	29.7	27.2	24.7	22.2	21.2	21.2

根据表 2-11 中 SAP 在 40℃和 60℃下热稳定性测试结果,绘制其在不同时刻保水率变化曲线,如图 2-42 和图 2-43 所示。

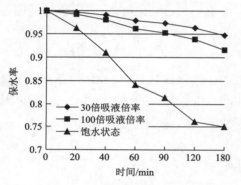

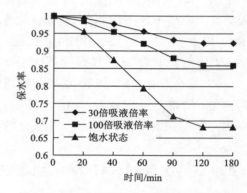

图 2-42   SAP 水溶液在 40℃下各时刻的保水率   图 2-43   SAP 水溶液在 60℃下各时刻的保水率

由图 2-42 和图 2-43 可知,在 40℃和 60℃下不同吸液倍率 SAP 的保水率变化趋势大体相同,均随着时间推移,先逐渐降低后趋于不变,但 30 倍和 100 倍吸液倍率的 SAP 变化幅度较小。在 40℃下不同吸液倍率 SAP 各组的保水率均比在 60℃下高约 5%,且 30 倍和 100 倍吸液倍率的 SAP 在各温度下保水能力都较好,最终保水率能够达 85%以上。

2.5   水泥浆体中 SAP 的释水行为

2.5.1   粒径对释水半径的影响

为更加准确且直观地分析 SAP 湿度补偿介质在水泥浆体中的释水特性,研究了 30~60 目、60~100 目、100~120 目和 120~180 目 SAP 对释水半径的影响,如图 2-44 所示。

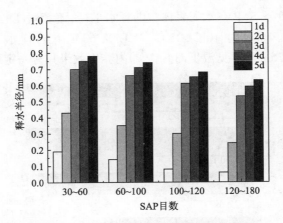

图2-44　各粒径SAP颗粒不同龄期的释水半径

由图2-44可知,随着龄期的增长,各粒径SAP的释水半径逐渐增大,30~60目、60~100目、100~120目和120~180目SAP所吸收的内养生水在5d龄期水泥浆体中的释水半径分别达到0.78mm、0.74mm、0.68mm和0.63mm。可见,随着SAP粒径的减小,SAP的释水半径逐渐减小,水分传输距离逐渐减小。释水半径与SAP的粒径有直接关系:SAP的粒径越大,吸收的内养生水分越多,体积膨胀得越大,大量的内养生水分释放,释水半径越大。

2.5.2　温度对释水半径的影响

根据水泥混凝土路面在不同季节的施工温度的调查结果,以10℃(冬季)、25℃(春、秋季)、35℃(夏季)及60℃(酷热)作为代表性温度,采用BE-TH-150H8型可程式恒温恒湿试验箱模拟温度环境,研究温度因素对SAP释水半径的影响。试验过程中湿度设定为70%±2% RH,观测龄期为1~7d。

图2-45为25℃下72h和168h龄期的SAP释水轨迹图,25℃下内养生水72h时的释水半径平均值为0.62mm,到了168h,释水半径平均值增大至0.71mm,此时SAP与水泥浆体之间出现了间隙,说明SAP凝胶因水分释放致使自身体积缩小,且SAP在72h后释水相对缓慢。

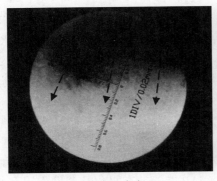

a) 水化72h(3d)

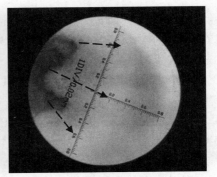

b) 水化168h(7d)

图2-45　25℃下SAP在水泥浆体中不同龄期的释水轨迹

图 2-46 为不同温度下 SAP 在水泥浆体中的释水半径,随着温度的升高,24 ~ 168h 内 SAP 的释水半径不断增大,168h 时 10℃、25℃、35℃ 及 60℃ 下的释水半径分别为 0.44mm、0.71mm、0.73mm 及 0.76mm,可见温度对 SAP 的内养生效果具有一定影响。

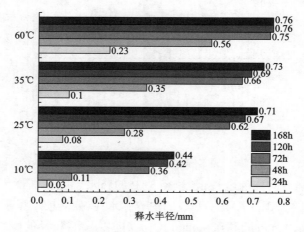

图 2-46   不同温度下 SAP 在水泥浆体中的释水半径

此外,各温度环境下 SAP 的释水进程均在前 72h 达到最快,在 24 ~48h 期间,10℃、25℃、35℃、60℃ 温度环境下 SAP 的释水速率分别为 0.0032mm/h、0.0083mm/h、0.01mm/h、0.0138mm/h,48 ~ 72h 期间的释水速率则分别为 0.0104mm/h、0.0141mm/h、0.0129mm/h、0.0079mm/h。可见,10℃、25℃ 及 35℃ 下 48 ~ 72h 期间的释水速率大于 24 ~48h 期间的释水速率,而在 60℃ 高温环境下释水速率在 24 ~48h 期间最快。72h 后各温度环境下的释水速率明显减缓,说明水泥浆体的湿度收缩主要发生在前 72h。对以上现象分析如下:

胶凝材料在水化过程中遵循一般化学反应规律,即温度越高,水化反应速率越快,对水分的需求速率也就越快。在较低温度(10℃)下,胶凝材料中的 C_2S 与 C_3S 水化速度放缓,此时水化反应主要受制于温度因素而非湿度因素,低温导致混凝土需水速率增长缓慢,SAP 难以起到释水养生作用,故释水半径较小。进一步推断出,在此低温下掺加 SAP 很可能因其孔洞而削弱水泥混凝土力学性能,因此当施工环境气温较低时,建议在保温的前提下采用 SAP 辅助补水。

当环境温度为 25℃ 和 35℃ 时,温度因素不会对水化反应进程造成负面影响。根据图 2-46 中数据可知,由于温度的差异,35℃ 时 SAP 的释水半径略大于 25℃ 时的释水半径,此时水化反应主要受控于湿度因素。研究表明,C_3S、C_2S、C_3A 能够发生水化的最低相对湿度分别为 85%、90%、60%,即要求浆体内部能够提供足够的水量保证胶凝材料发生较高程度水化。可见,在 25℃ 和 35℃ 下可适当增大 SAP 掺量,从而补足浆体内部的水分消耗。

在较高环境温度(60℃)下,168h 龄期 SAP 的释水半径出现明显增长,水分扩散范围分别比 10℃、25℃ 及 35℃ 时大 72.73%、7.00% 和 4.11%,说明高温下胶凝材料水化迅速,需水速率较大。另外,温度的升高导致浆体内部水分蒸发速度加快,在湿度差的不断作用下 SAP 释水速率峰值出现时间必然有所提前。然而,即使 SAP 能够补充水化及蒸发作用下所耗散的水分,但浆体面临早期水化反应过快,内部原始损伤增多的问题,这对于后期强度增长非常不利。因此,在高温天气下施工时,可适当增大 SAP 掺量及内养生引水量,但前提是采取有效措施降低混凝土表面温度。

72h 后各温度下 SAP 的释水速率均显著降低,原因在于 72h 前胶凝材料水化及需水速率较大,SAP 在该阶段对浆体产生的内养生效应明显。当胶凝材料水化反应速率下降至稳定期时,水泥浆体内部湿度则基本达到要求,此时浆体内部湿度降低速度较慢,故 SAP 释水速率大幅减缓。

2.5.3　相对湿度对释水半径的影响

根据水泥混凝土路面在不同时段的施工相对湿度(RH)调查结果,选取 50% RH(干燥),75% RH(常规)、90% RH(高湿)三种代表性湿度,研究不同湿度状态对 SAP 释水半径的影响,试验中温度固定为 25℃,释水半径观测结果如图 2-47 所示。

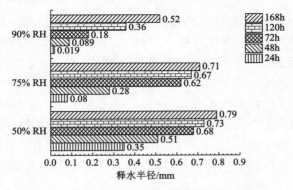

图 2-47　不同 RH 下 SAP 在水泥浆体中的释水半径

由图 2-47 可知,当龄期为 168h 时,在 RH 为 50%、75% 和 90% 的环境下 SAP 凝胶的释水半径分别为 0.79mm、0.71mm、0.52mm,可见与温度对 SAP 释水速率的影响程度不同,不同湿度影响下 SAP 的释水半径随龄期的变化差异非常显著。具体表现为:当 RH = 50% 时,SAP 凝胶在 24h 的释水半径已达到 168h 释水半径的 44.3%;当 RH = 75% 时,则为 11.27%;而当 RH = 90% 时,SAP 释水速率非常缓慢,该数值仅为 3.65%。

除了在 90% RH 的高湿度环境中,其余两种湿度下 SAP 前 72h 的释水内养生效应较为明显,说明 SAP 在湿度降低时,能够对水泥基材料的早期水分损耗起良好的补充作用,使浆体保持高湿状态,减少因湿度收缩产生的微裂缝。

2.5.4　水泥基材料毛细孔负压下的 SAP 释水特性研究

在干燥及自干燥效应作用下,水泥基材料的毛细孔中会产生几十 kPa 到 100kPa 以上的毛细孔负压,这是造成浆体出现湿度收缩及开裂的根本原因。SAP 凝胶在毛细孔负压驱动作用下同样会释放出水分,且负压越大,释水越充分。采用毛细孔压力测试装置对胶凝材料浆体终凝(10h)前的毛细孔压力进行连续测试,并采用真空设备模拟 10kPa(初凝)、25kPa(6h)、55kPa(8h)、75kPa(终凝)下的毛细孔负压,研究 40 ~ 80 目 SAP 凝胶在不同毛细孔负压作用下的释水率,结果如图 2-48 和图 2-49 所示。

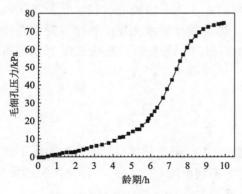

图 2-48　基准组浆体毛细孔压力

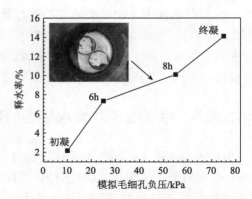

图 2-49　不同模拟毛细孔负压下 SAP 的释水率

由图 2-48 和图 2-49 可知,0 ~ 10h 内浆体毛细孔压力变化范围为 0 ~ 74.56kPa,在胶凝材料浆体初凝—终凝阶段的毛细孔负压作用下,SAP 的释水率由 2.164% 增加至 14.115% ,释水量适中。这说明 SAP 凝胶的释水行为受负压影响不大,具有良好的保水能力,能够避免在浆体塑性阶段出现释水量过多的现象。

胶凝材料浆体在塑性阶段基本不存在内应力,因此 SAP 在浆体凝结硬化后所释放出的水分方能够起到有效的内养生作用。若 SAP 在相对湿度高达 99% 的塑性阶段释放过量水分,则会提前透支后期所需内养生水,严重影响后续水化硬化阶段的内养生效果,以致出现减缩效果不足的弊端。因此,在 SAP 实际应用中应控制其释水进程保持循序渐进,保证均匀、持续、无间断养生。

此外,毛细孔负压并非 SAP 释水的主要驱动力,其主要驱动力为 SAP 内部与浆体二者之间的湿度差及离子浓度差。

2.6　基于渗透压理论的 SAP 吸水-释水机理分析

聚丙烯酸钠 SAP 主要通过内部亲水基—COONa 与水分子的水合作用使其高分子网络扩展,在网络内外产生渗透压而进行吸水。

其在水中的溶胀过程是两种相反趋势的平衡过程,一方面,水分子不断渗入高分子结构内部,使 SAP 产生体积膨胀,分子链伸展;另一方面,分子链的伸展降低了其构象熵值,使网络产生弹性收缩力。当以上两种趋势相互抵消时,即达到"溶胀平衡"。当外界环境离子浓度增大时,SAP 凝胶会出现释水现象以重新达到平衡状态。水泥浆液中富含 Na^+、K^+、Ca^{2+}、OH^-、SO_4^{2-} 等大量阴、阳离子,SAP 在该环境下的吸水-释水特性存在一定复杂性,相应机理分析如下:

(1)新拌水泥浆液及毛细孔溶液呈高碱性(pH > 12),其中含有 Ca^{2+}、SO_4^{2-} 等多价阴、阳离子,导致 SAP 与溶液间的离子浓度差变小,进而削弱其吸液驱动力(渗透压)。在此环境下

SAP 高分子网络结构难以充分舒展,吸液倍率随之降低。但吸液倍率的适当降低可有效减小 SAP 释水后残留孔,有利于水泥混凝土力学性能的发展。

(2)SAP 凝胶网络在新拌水泥浆液中的吸液行为遵循"时温等效"原理,随着溶液温度的升高,SAP 高分子链的运动单元发生活化并开始一定形式的热运动,凝胶网络扩散系数增大,同时,SAP 会产生体积膨胀,使得分子间具有较大的自由空间,进而增大其吸液倍率及速率。

(3)水泥浆液在 SAP 网络中的扩散行为符合 Fick 第二扩散定律,其吸液过程主要依靠凝胶的亲水作用,水泥浆液可自由扩散进入凝胶内部。

(4)在较高离子浓度溶液中,SAP 的网络结构持续处于相对"紧密、稳定、惰性"的状态,吸液基数较低,因此随着毛细孔溶液离子浓度继续增大,SAP 的体积收缩率总体小于在较低离子浓度溶液中的体积收缩率,即 SAP 在水胶比较低的水泥混凝土中储水稳定性更高。

(5)SAP 主要是在湿度差及离子浓度差驱动作用下释水,环境温、湿度的变化实质上均体现为胶凝材料与饱水凝胶之间浆体离子浓度差和湿度差的变化,因此 SAP 凝胶在环境温度和湿度变化作用下释水较为敏感。但其在毛细孔负压作用下的释水敏感性较低,说明 SAP 凝胶与水分子之间具有较强的结合力,负压保水能力优良。

2.7　本章小结

(1)相比不规则形 SAP,球形 SAP 吸液速率较为缓慢,易影响其吸液倍率以及内养生额外引入水量的准确测试及计算,从而导致对内养生混凝土现场坍落度的不准确预估;同时其吸液倍率较低,要达到与不规则形 SAP 相同的内养生效果需增大掺量,所产生的大量残留孔将对水泥混凝土强度发展不利。

(2)SAP 在水泥浆液体系中的吸液性能较为稳定,不同水胶比及粉煤灰掺量下 SAP 的吸液倍率变化范围为 27 ~33 倍;SAP 吸液倍率随浆液离子浓度的减小而增加,但在轻微释水阶段,吸液倍率出现相反的规律,即 SAP 在高离子浓度溶液中的持水能力更加优良,有利于 SAP 稳定且循序渐进地进行释水内养生。

(3)离子价态对 SAP 的吸液能力影响显著,其主要归因于不同离子间的离子半径差异。阳离子与水之间的水合作用会随其离子半径的增加而降低,离子半径越大,渗透压越小,吸液倍率越低。

(4)水泥浆液或毛细孔溶液中的 pH 值变化平稳,在 12.3 ~ 12.55 之间波动。SAP 在 pH 值为 12 ~13 范围内的吸液倍率可通过 $Q = 42.62591 - 353.12157[OH^-] + 383.02433[OH^-]^2$ 来描述。

(5)介质溶液温度越高,SAP 的吸液倍率越大,初始吸液速率越高,吸液速率下降至达到溶胀平衡的时间越短。SAP 在 0.31-15% 模拟浆液中 10℃、25℃、35℃、60℃温度下的平衡吸液倍率分别比 0.37-15% 模拟浆液中低 1.55%、8.77%、0.58%、7.59%,两者之间的差异性随温度的升高呈现先增大后减小再增大的规律,这与不同温度下离子浓度与温度的主导性有关。

(6)相对湿度对SAP释水行为的影响显著,其次是温度、毛细孔负压。温度越高,胶凝材料水化速率越快,内养生需水量越大。湿度越低,SAP释水半径越大,释水速率越快。即使胶凝材料浆体在塑性阶段会产生一定的毛细孔负压,但SAP受负压影响较小,不会在塑性阶段过早释水,有利于后期硬化浆体的持续内养生。

● 本章参考文献

[1] 中华人民共和国交通部.公路工程水泥及水泥混凝土试验规程:JTG E30—2005[S].北京:人民交通出版社,2005.

[2] 申爱琴,梁军林,熊建平.道路水泥混凝土的结构、性能与组成设计[M].北京:人民交通出版社,2011.

[3] 覃潇.SAP内养生路面混凝土水分传输特性及耐久性研究[D].西安:长安大学,2019.

[4] 申爱琴,等.基于SAP内养护的桥梁隧道混凝土抗裂性能研究[R].西安:长安大学,2020.

[5] 申爱琴,等.SAP内养护隧道混凝土组成设计、性能及施工关键技术研究[R].西安:长安大学,2020.

[6] 覃潇,申爱琴,郭寅川,等.多场耦合下路面混凝土细观裂缝的演化规律[J].华南理工大学学报(自然科学版),2017,45(6):81-88,102.

[7] NIE Shuai,HU Shuguang,WANG Fazhou,et al. Internal curing- A suitable method for improving the performance of heat-cured concrete[J]. Construction and building materials,2016,122:294-301.

[8] STANDARDS USNBO. Chemistry of cement:proceedings of the fourth international symposium,Washington 1960,Volume 2[J]. Technical report archive & image library,1962,1(2):i.

[9] POWERS T C,BROWNYARD T L. Studies of the physical properties of hardened portland cemenet paste[J]. Concrete international,2003(9):25.

[10] 万广培,李化建,黄佳木.混凝土内养护技术研究进展[J].混凝土,2012(7):51-54,66.

[11] 刘新容.丙烯酸-丙烯酰胺高吸水树脂溶液共聚合成与吸液吸附性能研究[D].湘潭:湘潭大学,2006.

[12] HOLT E E. Early age autogenous shrinkage of concrete[J]. Vtt publications,2001,446(446):193-202.

[13] 安明喆,朱金铨,覃维祖.高性能混凝土自收缩的抑制措施[J].混凝土,2001(5):37-41.

[14] 李家和,欧进萍,孙文博.掺合料对高性能混凝土早期自收缩的影响[J].混凝土,2002(5):9-10,14.

[15] BENTZ D P,WEISS W J. Internal curing:A 2010 state-of-the-art review[J]. NIST interagency/internal report (NISTIR)- 7765,2011.

[16] NetAnswer. Report rep041:Internal curing of concrete-state-of-the-art Report of RILEM Technical Committee 196-ICC[R]. Materials & structures,2007:161.

［17］ VARGA I D L,CASTRO J,BENTZ D,et al. Application of internal curing for mixtures containing high volumes of fly ash［J］. Cement and concrete composites,2012,34(9):1001-1008.

［18］ 陈德鹏,钱春香,高桂波,等.高吸水树脂对混凝土收缩开裂的改善作用及其机理［J］.功能材料,2007,38(3):475-478.

［19］ 詹炳根,丁以兵.超强吸水剂对混凝土早期内部相对湿度的影响［J］.合肥工业大学学报(自然科学版),2006,29(9):1151-1154,1165.

［20］ 苗伟.内养护混凝土收缩和早期抗裂性能试验研究［D］.郑州:郑州大学,2016.

［21］ KUMAR A,OEY T,FALLA G P,et al. A comparison of intergrinding and blending limestone on reaction and strength evolution in cementitious materials［J］. Construction and building materials,2013,43(6):428-435.

［22］ 张君,韩宇栋,高原.混凝土自身与干燥收缩一体化模型及其在收缩应力计算中的应用［J］.水利学报,2012,43(s1):13-24.

［23］ 魏亚,郑小波,郭为强.干燥环境下内养护混凝土收缩、强度及开裂性能［J］.建筑材料学报,2016,19(5):902-908.

［24］ 史才军,元强.水泥基材料测试分析方法［M］.北京:中国建筑工业出版社,2018.

［25］ KORB J P. Nuclear magnetic relaxation of liquids in porous media［J］. New journal of physics,2011,13(3):035016.

［26］ BOHRIS A J,GOERKE U,MCDONALD P J,et al. A broad line NMR and MRI study of water and water transport in portland cement pastes［J］. Magnetic resonance imaging,1998,16(5):455-461.

［27］ MCDONALD P J,RODIN V,VALORI A. Characterisation of intra- and inter-C—S—H gel pore water in white cement based on an analysis of NMR signal amplitudes as a function of water content［J］. Cement and concrete research,2010,40(12):1656-1663.

［28］ 姚武,佘安明,杨培强.水泥浆体中可蒸发水的1H核磁共振弛豫特征及状态演变［J］.硅酸盐学报,2009,37(10):1602-1606.

［29］ 佘安明,姚武.质子核磁共振技术研究水泥早期水化过程［J］.建筑材料学报,2010,13(3):376-379.

［30］ 沈春华.水泥基材料水分传输的研究［D］.武汉:武汉理工大学,2007.

［31］ 李春秋.干湿交替下表层混凝土中水分与离子传输过程研究［D］.北京:清华大学,2009.

［32］ 张君,侯东伟.基于内部湿度试验的早龄期混凝土水分扩散系数求解［J］.清华大学学报(自然科学版),2008,48(12):2033-2035,2040.

［33］ BAŽANT Z P,NAJJAR L J. Nonlinear water diffusion in nonsaturated concrete［J］. Matériaux et constructions,1972,5(1):3-20.

第3章 SAP内养生混凝土配合比优化设计

科学的配合比设计是保证内养生混凝土具有良好施工和易性、力学性能及耐久性的前提。在混凝土中加入新组分"SAP 微储水胶囊"后,其在拌和过程中的最佳总用水量(包括拌和水和内养生水)、矿物外掺料用量、砂率等材料组成均会发生改变。另外,SAP 凝胶的后续释水会改变混凝土原本力学性能、耐久性的发展速度及规律。因此,内养生混凝土在配合比设计方面具有一定特殊性,不能完全依照普通水泥混凝土配合比设计方法对其进行设计。本章基于正交试验对 SAP 内养生混凝土配合比进行优化设计,并提出 SAP 内养生混凝土配合比设计要求及设计流程。

3.1 基于系统论的配合比分层次设计方法

系统是由相互依赖和相互作用的若干组成部分结合,并形成和具备特定功能的有机整体,每一个系统本身又是其所从属的一个更大系统的组成部分。采用系统论观点处理各种实际问题,使之达到整体最优的方法就是系统论方法。系统论方法是还原论研究方法和整体论方法的综合。

混凝土包括混凝土主系统、砂浆子系统和净浆从系统三个层次,其中水泥混凝土为第一层次,砂浆和粗集料为平行的第二层次,水泥净浆、细集料和引入空气为第三层次。本章将从系统论的角度出发,采用分层次设计方法对 SAP 内养生混凝土的配合比进行精细化设计。考虑混凝土的最薄弱环节为砂浆与粗集料之间的界面过渡区,同时第二层次中粗集料的物理力学性能较为稳定,因此砂浆性能对混凝土的性能具有极为重要的影响,为简化分析,可将砂浆视为一个完整、不可再分割的基本结构层次。基于上述,本书中所提到的"分层次"主要针对砂浆层次和水泥混凝土层次。

3.2　砂浆层次及水泥混凝土层次性能影响因素分析

水泥混凝土由多相材料组成,结构复杂,砂浆层次与水泥混凝土层次在材料组成上有一定差异,二者的性能影响因素也不同,下面分别就砂浆层次及水泥混凝土层次的性能影响因素进行分析。

1)砂浆层次

SAP 内养生材料主要通过自身的水分释放来减少水泥基材料的干燥收缩及自收缩,并促进其进一步水化,其内养生效应实质上是直接作用于净浆层次,但由于砂浆的性能相对稳定,研究将砂浆视为一个不可再分割的基本结构层次,因此砂浆层次的收缩性能及力学性能与净浆层次相比同样重要。在砂浆层次中,水泥石不会受到粗集料的强大约束作用,而砂浆对水泥石收缩的约束程度较小,因此通过室内试验能够直接测试出 SAP 内养生材料的加入对水泥石各龄期相对自由收缩率的影响,并得出 SAP 的最佳使用参数范围。另外,SAP 内养生材料及内养生额外引水的加入必将对各龄期的砂浆力学性能的发展趋势造成一定影响,因为 SAP 在内养生作用发挥的同时,会在水泥基材料中留下释水残留孔洞,故内养生效果及力学性能的权衡是研究的重点。而以上研究重点又与 SAP 材料参数(粒径、掺量)或内养生额外引水量密切相关,因此,对于砂浆层次,性能影响因素设定为 SAP 粒径、掺量以及内养生额外引水量,并于此设计阶段确定 SAP 粒径。

2)水泥混凝土层次

在砂浆层次的设计中,主要基于材料的收缩性能及力学性能,对 SAP 粒径、掺量以及内养生额外引水量的较佳使用范围进行优化设计,虽然 SAP 在水泥混凝土中的适应性与在砂浆中的适应性相关性较强,但水泥混凝土与砂浆属于两种系统,因此须在砂浆设计中所得 SAP 适用范围的基础上继续进行优化,影响因素为 SAP 掺量(由于饱水,等同于内养生额外引水量)。其次,由于 SAP 的动态溶胀特性,在施工前一定时间内,新拌内养生混凝土与普通混凝土的坍落度损失率会存在较大差异,而施工和易性在很大程度上决定路面水泥混凝土的均匀性、力学性能及耐久性,是水泥混凝土设计要考虑的首要因素。另外,水泥混凝土的抗渗性、抗冻性等耐久性能与硬化水泥石、集料-水泥石界面以及孔隙率具有直接关系。因此,选择同时对水泥混凝土施工和易性和耐久性影响较大的三个因素(砂率、粉煤灰掺量以及减水剂用量)作为其余三种影响因素,通过各项性能优化,设计出黏聚性好,不泌水,力学性能及耐久性优良的内养生水泥混凝土。研究成果将为水泥混凝土中 SAP 内养生效应的精确调控提供科学依据。

3.3　SAP 内养生混凝土设计指标

3.3.1　砂浆层次设计指标

水泥基材料在 3d 龄期内极易在水分蒸发及水泥水化消耗大量水分的情况下出现大量收缩微裂缝乃至宏观裂缝，3d 前是其强度形成的最关键时期，而 SAP 内养生效果的时效发挥正是在水泥基材料初凝后至 3d 龄期范围内，作用在于抑制水泥基材料早期微裂缝，减少原始损伤，并促进水泥水化，间接增强服役期强度及耐久性。另外，养生龄期内收缩率的平稳程度同样对强度及耐久性有重要影响。因此在砂浆配合比设计过程中，选择 3d 收缩率、14 ~ 28d 综合收缩率、28d 抗折强度以及 28d 抗压强度作为设计指标。

1）砂浆收缩性能

砂浆收缩性能根据《公路工程水泥及水泥混凝土试验规程》（JTG E30—2005）中 T 0511—2005 水泥胶砂干缩试验方法进行测试，试件尺寸为 25 mm × 25 mm × 280 mm，仪器为 BC-Ⅱ型数显式砂浆比长仪（图 3-1）。与规范不同的是，为保证砂浆配合比与水泥混凝土配合比的高度一致性，本研究基准配合比采用表 2-1 中去除粗集料后的配合比，另由于在水泥混凝土路面工程养生过程中，其大气温度一般约为 25℃，相对湿度 RH 一般大于或等于 80%，因此本试验采用 SG3-350X 型水泥干缩试验箱（图 3-2）设置收缩环境温度为 25℃ ±2℃，相对湿度 RH 为 80%。砂浆试件收缩率 S_t（%）按式（3-1）计算，测试结果精确至 0.001%，砂浆长度值取 4 次测试值的平均值。

$$S_t = \frac{L_0 - L_t}{250} \times 100\%$$ 　　　　　　（3-1）

式中：L_0——砂浆 1d 脱模后的初始长度，mm；

　　　L_t——砂浆 t 龄期时的长度，mm；

　　　250——时间有效长度，mm。

图 3-1　数显式砂浆比长仪

图 3-2　水泥干缩试验箱

2）砂浆力学性能

砂浆力学性能根据《公路工程水泥及水泥混凝土试验规程》（JTG E30—2005）中T 0506—2005 水泥胶砂强度试验方法进行测试,配合比与砂浆收缩性能研究中所用的配合比一致,置于 HSY-30 型数控屉式水养箱(图 3-3)中养生,水温为 20℃ ±2℃。模具采用 40mm ×40mm ×160mm 三联模,每组平行试件为 3 个。抗折强度及抗压强度分别采用抗折试验机及压力机进行测试,如图 3-4 和图 3-5 所示。

图 3-3　数控屉式水养箱　　　图 3-4　抗折试验机　　　图 3-5　压力机

3.3.2　水泥混凝土层次设计指标

水泥混凝土路面板长期经受荷载-环境耦合的反复作用,其设计指标主要侧重于其施工和易性、抗弯拉强度以及耐久性。考虑 SAP 凝胶所储存的内养生水是循序渐进地释放,它在留下残余孔洞的同时,也在不停地促进胶凝材料的水化,生成大量的水化产物,并对残留孔洞起到良好的填充作用(图 3-6),从而改善材料密实度,因此本书认为内养生混凝土与普通混凝土的强度发展规律必然呈现不同的变化趋势。基于此,对于水泥混凝土层次,将 30min 坍落度损失率、7d 及 28d 抗弯拉强度、28d 抗压强度、28d 氯离子迁移系数作为设计指标,试验方法见表 3-1,其中坍落度损失率优化的前提是 30min 坍落度满足《公路水泥混凝土路面施工技术规范》（JTG F30—2003）。

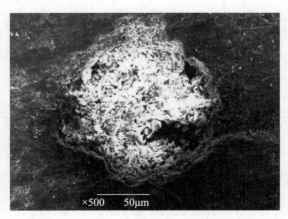

图 3-6　富含水化产物的 SAP 残留孔洞

路面混凝土性能指标测试试验方法　　　　　　　　表 3-1

养护条件	路面混凝土性能指标			
	坍落度损失率 γ	抗弯拉强度	抗压强度	氯离子迁移系数 D_{RCM}
类型:标准蒸汽养护 温度:20℃±2℃ 湿度:≥90%	《公路工程水泥及水泥混凝土试验规程》 （JTG E30—2005）			《普通混凝土长期性能和耐久性能试验方法标准》 （GB/T 50082—2009）（RCM 法）
	计算公式: $\gamma = (V_{150s} - V_{30min})/V_{150s}$	龄期:7d、28d 试件尺寸: 100mm×100mm× 400mm	龄期:7d、28d 试件尺寸: 100mm×100mm× 100mm	龄期:28d 试件尺寸: $d = 100mm$, $h = 50mm$

3.4　原材料选择

1）水泥

水泥采用广东省英德海螺水泥有限责任公司生产的"海螺牌"P·O 42.5 普通硅酸盐水泥,其矿物组成和物理力学性能指标分别见表 3-2 和表 3-3。

P·O 42.5 水泥矿物组成　　　　　　　　表 3-2

矿物组成	C_3S	C_2S	C_3A	C_4AF	f-CaO
含量/wt%	57.46	21.88	7.03	13.14	0.59

P·O 42.5 水泥物理力学性能指标　　　　　　　　表 3-3

强度等级	细度/ （m^2/kg）	安定性/ mm	凝结时间/min		抗弯拉强度/MPa		抗压强度/MPa	
			初凝	终凝	3d	28d	3d	28d
42.5	390	1.0	176	235	6.6	8.4	35.5	52.6

2）矿物掺合料

矿物掺合料为汕头市中业粉煤灰有限公司生产的 I 级粉煤灰,其化学成分和技术指标分别见表 3-4 和表 3-5。

I 级粉煤灰化学成分及含量　　　　　　　　表 3-4

化学组成	SiO_2	Al_2O_3	Fe_2O_3	CaO	MgO	Na_2O	烧失量
含量/wt%	58.91	28.82	4.31	1.52	2.83	3.24	4.95

粉煤灰的技术指标　　　　　　　　表 3-5

等级	活性指数/%	密度/（g/cm^3）	比表面积/（m^2/kg）	流动度比/%
I	75	2.10	270	91

3）粗、细集料

粗集料为广东省清远市晟兴石料有限责任公司生产的花岗岩碎石，最大公称粒径为19mm，分为4.75~9.5mm和9.5~19mm两档，堆积密度最大时两档料的比例为2:8，满足路面水泥混凝土合成级配要求，其详细技术指标见表3-6。细集料为广东省清远市北江河砂，中砂，细度模数为2.71，含泥量为0.6%，表观密度为2.625g/cm³。

粗集料技术指标 表3-6

类型	岩性	表观密度/ （g/cm³）	含泥量/%	针、片状颗粒 总含量/%	压碎值/%	坚固性/%	有机物含量 （比色法）/%
反击破	花岗岩	2.71	0.3	2.3	6	5.8	0.2

4）减水剂和水

减水剂采用广东强仕建材科技有限公司生产的JB-ZSC型聚羧酸高性能减水剂，减水率为26%，含气量为3.1%，推荐掺量为0.8%~1.2%。水为市政自来水，氯离子含量为10mg/L，碱含量为10.2mg/L，pH=7.5，符合《混凝土用水标准》（JGJ 63—2006）中的要求。

3.5　SAP内养生砂浆力学性能、收缩性能

3.5.1　Powers理论在混凝土内养生参数设计中的运用

1）Powers模型

水泥基材料的自干燥收缩和干燥收缩归因于水分的蒸发或丧失，内养生的机理即通过内养生材料额外引入的水分补充因蒸发或自干燥作用而散失的水分，从而达到抑制收缩开裂的效果。但是，内养生材料的溶胀平衡属动态平衡，会小幅影响水泥基材料的有效水胶比，从而影响强度、孔结构、水化进程的发展，可见确定合理的内养生引水量对于水泥混凝土的寿命至关重要。

内养生引水量根据T. C. Powers和T. L. Brownyard在1948年提出的水泥水化模型进行计算，即Powers模型。该模型描述了在水泥水化过程中各相体积分数的定量变化过程。Powers将水泥浆体中的水分为三类：毛细孔水（即自由水）、凝胶水（物理吸附水）和化学结合水（不可蒸发水）。研究表明，要使水泥完全水化，理论上1g水泥需0.23g水，这部分水称为化学结合水，仅在高于105℃的条件下散失。在水化产物的表面会有约0.19g的水与凝胶体靠物理吸附作用相结合，称为物理吸附水，这部分水在相对湿度从100%降到0的过程中会逐渐散失。完全没有约束作用的水称为自由水，存在于大毛细孔中。以上三个数值构成了Powers模型计算的基础。

只有自由水可不受约束地供水泥水化使用，当自由水耗光时，物理吸附水所受的吸附力会对水泥水化进程产生一定的阻碍作用，因此理论上，只有当$W/C > 0.42$时，水泥才会不受阻碍

地完全水化，且浆体在水化完全后内部仍含自由水，不会出现自干燥现象。但当 $W/C < 0.42$ 时，水泥完全水化前会将浆体中的自由水耗光，此时会有小部分物理吸附水参与水化，反应速度较慢，其耗失会引起浆体内部相对湿度的下降，从而出现自干燥现象，相对湿度越低，对水的物理吸附力越大，当相对湿度降至某一值时，水泥水化停止。

Powers 将水泥浆体中的组分分为 5 相，分别是空孔（即化学减缩 cs）、自由水相（fw）、凝胶水相（gw）、水化产物相（gs）和未水化水泥相（uc），各相体积可根据水化模型方程计算。

根据模型计算，当 $W/C = 0.30$ 时，在单位体积拌合物中，各相体积分布随水化度的变化示意如图 3-7a）所示，此时水化度较低。唯有通过内养生材料引入内养生水，在浆体内部均匀释放水分以补充水化所需水分，方可达到图 3-7b）中的水化度。

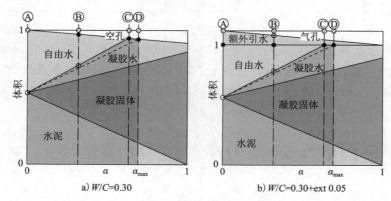

a) $W/C=0.30$ b) $W/C=0.30+\text{ext }0.05$

图 3-7　水泥浆体各相体积分布-水化度变化示意图

基于 Powers 理论，水泥混凝土理论内养生引水量 W_{ic} 由下式计算：

$$W_{ic}/C \leqslant 0.18(W/C)\ (W/C \leqslant 0.36)$$

$$W_{ic}/C \leqslant 0.42 - W/C\ (0.36 < W/C \leqslant 0.42)$$

$$(3-2)$$

这两行公式的不同在于，当 $W/C \leqslant 0.36$ 时，实际上需要的内养生水比 $0.36 < W/C \leqslant 0.42$ 时多，但若按照后者对应的公式计算内养生引水量，需要加入过多的 SAP 颗粒，这对于水泥混凝土的强度非常不利，因此认为以"$W_{ic}/C = 0.18(W/C)$"进行引水能够最大限度地补充水泥水化所需水分，但此时有部分水泥未能完全水化；当 $0.36 < W/C \leqslant 0.42$ 时，自由水和内养生水可以使水泥充分水化。

2）混凝土理论内养生引水量及 SAP 掺量计算

根据表 2-1 中 C40、C50 混凝土的水胶比，以及 SAP 在水泥浆液中实测吸液倍率，通过式（3-2）对 W_{ic} 及 SAP 理论掺量进行计算，其中 B 代表胶凝材料的质量，计算结果见表 3-7。

混凝土理论内养生引水量 W_{ic} 及 SAP 掺量计算结果　　　　　　　　表 3-7

强度等级	理论 W_{ic}/(kg/m³)	SAP 粒径/目	吸水泥浆倍率 (g_{water}/g_{sap})	理论 SAP 掺量/ (占 B 的质量比例,%)
C40 ($W/B=0.37$)	$0.0500B$	20~40	46.753	0.10
		40~80	34.559	0.15
		100~120	29.576	0.17

续上表

强度等级	理论 W_{ic}/(kg/m^3)	SAP 粒径/目	吸水泥浆倍率 (g_{water}/g_{sap})	理论 SAP 掺量/ (占 B 的质量比例,%)
C50 ($W/B=0.31$)	$0.0558B$	20～40	35.446	0.16
		40～80	31.000	0.18
		100～120	26.013	0.21

3)SAP 内养生砂浆试验设计

表 3-7 中理论 W_{ic} 和理论 SAP 掺量是基于 Powers 理论及模型得出的,但实际上由于水泥混凝土材料的区域差异性以及水泥混凝土用途的区别,材料组成、工作环境、性能侧重点与 Powers 所研究的水泥混凝土存在一定差异,若直接将计算所得的理论 W_{ic} 和理论 SAP 掺量进行内养生混凝土配合比设计并不科学合理,因此在以上理论值的基础上,以理论 SAP 掺量为中值,在其前后另取两个掺量作为波动值,对 SAP 内养生砂浆配合比进行优化设计。需要注意的是,为保证 SAP 按照所测吸液倍率达到饱和吸液状态,研究对其余两个掺量所对应的 W_{ic} 进行相应调整,砂浆层次的性能研究及配合比优化试验方案见表 3-8。

砂浆层次性能研究及配合比优化试验方案   表 3-8

水胶比	SAP 粒径/目	吸水泥浆倍率 (g_{water}/g_{sap})	SAP 掺量/ (占 B 的质量比例,%)	W_{ic}/(kg/m^3)
0.37 (对应 C40 混凝土)	基准组	—	—	—
	20～40	46.753	① 0.05	$0.023B$
			② 0.10	$0.050B$
			③ 0.15	$0.070B$
	40～80	34.559	① 0.10	$0.035B$
			② 0.15	$0.050B$
			③ 0.20	$0.069B$
	100～120	29.576	① 0.12	$0.035B$
			② 0.17	$0.050B$
			③ 0.22	$0.065B$
0.31 (对应 C50 混凝土)	基准组	—	—	—
	20～40	35.446	① 0.11	$0.039B$
			② 0.16	$0.056B$
			③ 0.21	$0.074B$
	40～80	31.000	① 0.13	$0.040B$
			② 0.18	$0.056B$
			③ 0.23	$0.071B$
	100～120	26.013	① 0.16	$0.042B$
			② 0.21	$0.056B$
			③ 0.26	$0.068B$

注:对于 20～40 目 SAP 第①种掺量下的水泥基材料,则编号为 20-1,其他编号方法与上述相同。

3.5.2　SAP 内养生砂浆力学性能分析

1)抗折强度

根据表 3-8 中配合比设计试验方案对不同粒径及掺量 SAP 的砂浆进行 3d、7d、14d 及 28d 龄期下的抗折强度试验,结果如图 3-8、图 3-9 所示。

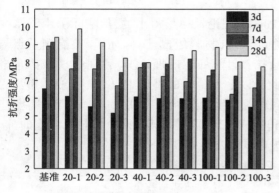

图 3-8　砂浆抗折强度($W/B = 0.37$)

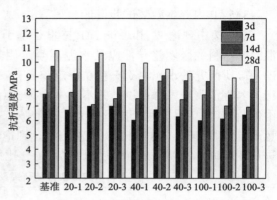

图 3-9　砂浆抗折强度($W/B = 0.31$)

由图 3-8 可见,对于 $W/B = 0.37$ 的砂浆,在不掺加 SAP 时,3 ~ 7d 龄期范围内其抗折强度增长速度较快,7d 时已达到 28d 强度的 94.79%,之后强度增长速度明显减缓。但对于掺加 SAP 的砂浆,除 40-1 外,其余的抗折强度在 28d 龄期内基本呈均匀阶梯式增长趋势,7d、14d 强度分别为 28d 强度的 77% ~ 85% 与 85% ~ 96%,说明 SAP 的加入能够控制水泥水化循序渐进地进行,且 SAP 凝胶中所储水分在砂浆中呈持续、缓慢释放规律,致使内养生砂浆强度的增长速度比基准砂浆慢,以上现象对于增强水泥基材料早期韧性,抑制早期收缩微裂纹以及降低水化放热峰值(减少温缩)均具有重要作用。

对比不同粒径 SAP,3d 龄期时基准砂浆抗折强度相对最高(均值 6.53MPa),其次是 40 ~ 80 目 SAP 砂浆(均值 6.02MPa)、100 ~ 120 目 SAP 砂浆(均值 5.80MPa)以及 20 ~ 40 目 SAP 砂浆(均值 5.59MPa),但到 7d 龄期时,20 ~ 40 目 SAP 砂浆抗折强度迅速增长,并超过 40 ~ 80 目及 100 ~ 120 目 SAP 砂浆,到 28d 时甚至超过基准砂浆。究其原因,20 ~ 40 目 SAP 吸液后体积较大,3d 龄期内会在砂浆内部留下一定量的大孔,此时水化程度较低,该孔洞的存在会影响强度的发展。结合第 2 章 2.4.1 节中不同粒径 SAP 的储水稳定性试验结果可知,20 ~ 40 目 SAP 在溶液中储水稳定性最弱,40 ~ 80 目稍强,100 ~ 120 目最为稳定,因此可认为 20 ~ 40 目 SAP 在 3 ~ 7d 龄期内在离子浓度差的作用下释放了大量水分,很好地促进了水泥水化,并生成大量 C—S—H 凝胶和 $Ca(OH)_2$,对 SAP 孔以及水泥石微结构起到良好的填充作用,使强度得到了迅速提升。

在 SAP 掺量方面,总体上来看,SAP 掺量越大,残留孔越多,强度降低的程度越大。但对于 40 ~ 80 目 SAP 砂浆,掺量越大,28d 强度越高,与水化程度和孔隙率之间的最佳权衡状态越接近。

对于 $W/B = 0.31$ 的砂浆,图3-9 中呈现的规律与 $W/B = 0.37$ 的砂浆基本一致,区别在于对于 20~40 目 SAP 砂浆,28d 强度随掺量的增大呈先上升后下降的趋势,而 100~120 目 SAP 砂浆的 28d 强度随掺量的增大呈先下降后上升的趋势,规律较不明显。究其原因,在 $W/B \leqslant$ 0.36 的情况下,根据 Powers 理论,加入的 SAP 无法满足水泥的充分水化,这就导致 SAP 对水泥石的水化促进程度与孔结构的关系相对复杂。

2)抗压强度

同样根据表 3-8 中方案对不同砂浆进行 3~28d 龄期抗压强度试验,结果如图 3-10、图 3-11所示。

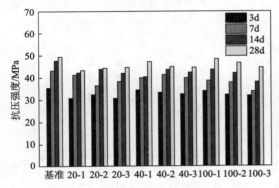

图 3-10　砂浆抗压强度($W/B = 0.37$)　　　图 3-11　砂浆抗压强度($W/B = 0.31$)

由图 3-10 和图 3-11 可见,SAP 内养生砂浆抗压强度随粒径及掺量的变化规律与抗折强度差异较大。对于 $W/B = 0.37$ 的砂浆,采用 100~120 目 SAP 时 28d 抗压强度最高,掺量最佳时为基准砂浆的 1.02 倍,其次是 40~80 目、20~40 目 SAP;而对于 $W/B = 0.31$ 的砂浆,采用 40~80目 SAP 时 28d 抗压强度最高,40-1、40-2 两组砂浆试件抗压强度均高于基准砂浆,最高为基准砂浆的 1.06 倍,原因如下:

通过对比分析同等内养生额外引水量下的砂浆抗压强度(即对比每种粒径的第二种掺量)发现,对于 $W/B = 0.37$ 的砂浆,在内养生额外引水量相同的条件下,SAP 粒径越小,其数量越多,在砂浆中的分布范围越广,使水泥石内更多的部位能够获得内养生水的浸润,从而促进水泥石进一步水化。加之抗压强度试验试件的受压面为整个面,SAP 内养生面积越大,其水化越均匀,整体强度越高,因此采用 100~120 目 SAP 时 28d 抗压强度最高;对于 $W/B = 0.31$ 的砂浆,由于水胶比较低,砂浆自身含有的水分少,此时最小粒径的 SAP 易出现微弱的"团粒子"效应,出现吸液不充分的现象,而 40~80 目的 SAP 不仅分布范围较为广泛,内养生面积较大,且分散性良好,故抗压强度较高。

3.5.3　SAP 内养生砂浆收缩特性研究

经对两种水胶比的 SAP 内养生砂浆 28d 龄期内的收缩率进行持续监测,得出试验结果如图 3-12 和图 3-13 所示。

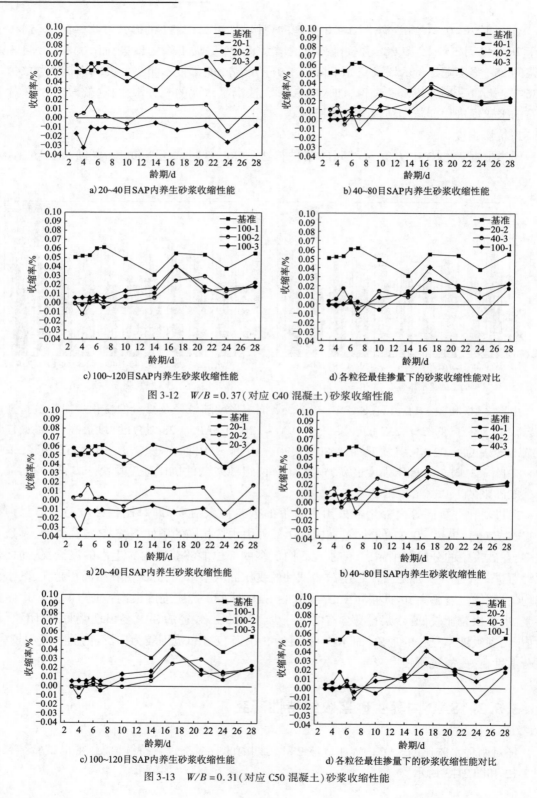

a) 20~40目SAP内养生砂浆收缩性能

b) 40~80目SAP内养生砂浆收缩性能

c) 100~120目SAP内养生砂浆收缩性能

d) 各粒径最佳掺量下的砂浆收缩性能对比

图 3-12 $W/B = 0.37$(对应 C40 混凝土)砂浆收缩性能

a) 20~40目SAP内养生砂浆收缩性能

b) 40~80目SAP内养生砂浆收缩性能

c) 100~120目SAP内养生砂浆收缩性能

d) 各粒径最佳掺量下的砂浆收缩性能对比

图 3-13 $W/B = 0.31$(对应 C50 混凝土)砂浆收缩性能

由图 3-12 可知,对于 $W/B = 0.37$ 的砂浆,基准组的早期(5d 龄期内)收缩率在 0.05% 左右波动,而掺加 40~80 目及 100~120 目 SAP 的砂浆在各组最佳掺量下的收缩率基本为 0,见图 3-12d),而掺加 20~40 目 SAP 虽然减缩效果不如前两者,但在最佳掺量时 3d 内的收缩率也仅为 0.0031%,说明在粒径和掺量合理的范围内,SAP 能够在极大程度上抑制水泥基材料的早期收缩,在水泥浆体的萌芽阶段大幅降低原始损伤。

由图 3-12a)发现,20~40 目 SAP 掺量对砂浆收缩率影响显著,在掺量 1(0.05%)下,砂浆 28d 内的收缩率与基准组基本相近,分析是因为该掺量下的内养生引水量不足以补充胶凝材料水化所缺水分,且 SAP 粒径大而粒子数量少,无法很好地浸润未水化的胶凝材料;在掺量 2(0.10%)下,其 28d 内的收缩率均值为 0.00645%,而基准组收缩率均值为 0.05073%,计算出减缩率高达 87.29%,收缩程度极小,减缩效果明显增大;但当 SAP 掺量过多时,即在掺量 3(0.15%)下,砂浆从开始就出现了体积膨胀效应,并持续至 28d 龄期,再次证明了 20~40 目 SAP 储水稳定性较弱,在掺量较大时释水过多,加快了钙矾石的生长速度,并导致凝胶体中水泥及粉煤灰胶体粒子吸附水膜后增厚,胶体粒子间的距离增大而出现膨胀。

由图 3-12b)和图 3-12c)可知,对于掺加 40~80 目及 100~120 目 SAP 的砂浆,掺量对减缩效果的影响较小,其中掺加 100~120 目 SAP 的砂浆整体减缩程度最高,归因于其分布均匀。

由图 3-13 可见,对于 $W/B = 0.31$ 的砂浆,由于水胶比较低,因此内养生水主要贡献于胶凝材料的水化,砂浆基本未出现膨胀现象。另外,SAP 对 $W/B = 0.31$ 的砂浆的减缩效果小于对 $W/B = 0.37$ 的砂浆,与基准组相比,在最佳掺量下 20~40 目、40~80 目、100~120 目 SAP 砂浆 5d 内的平均减缩率分别为 69.76%、89.27%、81.46%。同时,其减缩作用在 10d 龄期内体现得较为显著,而在 10~28d 龄期内基准组砂浆与 SAP 砂浆的收缩率呈不断接近的趋势,推测 SAP 在 10d 龄期左右释水结束,10d 后水泥浆体仍会出现一定程度的自干燥收缩效应,但此效应不会大幅增加材料微裂纹。

各粒径在最佳掺量下,减缩效果由大到小排序为 40~80 目 > 20~40 目 > 100~120 目,分析得出,在低水胶比环境下,40~80 目 SAP 引水量适中且不易结团,100~120 目 SAP 可能会出现轻微结团现象以致影响内养生效果。

3.6　基于砂浆试验优化 SAP 适用参数范围

3.6.1　椭球型灰靶决策计算步骤

沈春光、党耀国等人针对决策指标类型不固定的情况,建立了实数和区间数共同存在的混合型多指标灰靶决策模型,可在权重信息不确定的情况下对事件进行决策优选,决策步骤具体如下:

1)混合型决策数据及其规范化处理

设决策方案为 S_i，决策矩阵 $\boldsymbol{X} = (x_{ij})_{n \times m}$，采用混合型数据规范化方法将其转化为规范化决策矩阵 $\boldsymbol{R} = (r_{ij})_{n \times m}$，步骤如下：

决策矩阵 $\boldsymbol{X} = (x_{ij})_{n \times m}$ 的取值：$x_{ij} = \begin{cases} x_{ij}, j \in M_1, i \in \boldsymbol{N} \\ [x_{ij}^{\ L}, x_{ij}^{\ U}], j \in M_2, i \in \boldsymbol{N} \end{cases}$

其中 $M_1 = \{1, 2, \cdots, m_1\}$，$M_2 = \{m_1 + 1, m_1 + 2, \cdots, m\}$；$\boldsymbol{L}, \boldsymbol{U}$ 分别为下三角矩阵和上三角矩阵；$\boldsymbol{N}$ 为一般自然数。

设 A_1、A_2 分别代表效益型指标和成本型指标的下标集，则：当指标值为精确实数时，规范化后的决策矩阵为：

$$r_{ij} = x_{ij} / \sqrt{\sum_{i=1}^{n} x_{ij}^2} \ (j \in A_1, i \in \boldsymbol{N}), \ r_{ij} = (1/x_{ij}) / \sqrt{\sum_{i=1}^{n} (1/x_{ij})^2} \ (j \in A_2, i \in \boldsymbol{N}) \tag{3-3}$$

当指标值为区间数时，规范化后的决策矩阵为：

$$\begin{cases} r_{ij}^{L} = x_{ij}^{\ L} / \sqrt{\sum_{i=1}^{n} (x_{ij}^{\ U})^2} \\ r_{ij}^{U} = x_{ij}^{\ U} / \sqrt{\sum_{i=1}^{n} (x_{ij}^{\ L})^2} \end{cases} (j \in A_1, i \in \boldsymbol{N}), \ \begin{cases} r_{ij}^{L} = (1/x_{ij}^{\ U}) / \sqrt{\sum_{i=1}^{n} (x_{ij}^{\ L})^2} \\ r_{ij}^{U} = (1/x_{ij}^{\ L}) / \sqrt{\sum_{i=1}^{n} (x_{ij}^{\ U})^2} \end{cases} (j \in A_2, i \in \boldsymbol{N}) \tag{3-4}$$

2)建立混合型椭球灰靶，确定灰靶靶心 $\boldsymbol{r}_0$、决策方案效果向量 $\boldsymbol{r}_i$ 的靶心距 ε_i

设：

$$r_j^0 = \begin{cases} \max\{r_{ij} | j \in M_1, i \in \boldsymbol{N}\} \\ \max\left\{\dfrac{r_{ij}^{L} + r_{ij}^{U}}{2} | j \in M_2, i \in \boldsymbol{N}\right\} \end{cases} \tag{3-5}$$

则其对应的决策值 r_{i0j}、$[r_{i0j}^{L}, r_{i0j}^{U}]$ 称为混合型多指标灰靶决策的最优效果向量，即靶心，设靶心 $\boldsymbol{r}_0 = \{r_1^0, r_2^0, \cdots, r_m^0\}$；定义 r_{ij} 与 r_j^0 之间的距离 d_{ij} 为：

$$d_{ij} = \begin{cases} d_{ij}^{M_1} = |r_{ij} - r_{i0j}| \ (J \in M_1, i \in \boldsymbol{N}) \\ d_{ij}^{M_2} = \dfrac{\sqrt{2}}{2} \sqrt{(r_{ij}^{L} - r_{i0j}^{L})^2 + (r_{ij}^{U} - r_{i0j}^{U})^2} \ (J \in M_2, i \in \boldsymbol{N}) \end{cases} \tag{3-6}$$

设决策指标权重向量：$\boldsymbol{w} = (w_1, w_2, \cdots, w_m)^{\mathrm{T}}$

定义 $R^{(M_1)}$ 为靶心的 m_1 维实数椭球灰靶，定义 $R^{(M_2)}$ 为靶心的 $(m - m_1)$ 维区间数椭球灰靶，则 $R^{(M)} = \{R^{(M_1)}, R^{(M_2)}\}$ 为以 $\boldsymbol{r}_0$ 为靶心的 m 维混合椭球灰靶，$\boldsymbol{r}_i \in R^{(M)}$，其中：

$$R^{(M_1)} = \{(r_{i1}, r_{i2}, \cdots, r_{im_1}) | w_1 (d_{i1}^{M_1})^2 + w_2 (d_{i2}^{M_1})^2 + \cdots + w_{m_1} (d_{im_1}^{M_1})^2 = (d_i^{M_1})^2\} \tag{3-7}$$

$$R^{(M_2)} = \{([r_{i(m_1+1)}^{L}, r_{i(m_1+1)}^{U}], \cdots, [r_{i(m+1)}^{L}, r_{i(m+1)}^{U}]) | w_{m_1+1} [d_{i(m_1+1)}^{M_2}]^2 + \cdots + w_m (d_{im}^{M_2})^2 = (d_i^{M_2})^2\}$$
$$\tag{3-8}$$

效果向量 $\boldsymbol{r}_i$ 的靶心距：

$$\varepsilon_i = \sqrt{(R_i^{M_1})^2 + (R_i^{M_2})^2} \tag{3-9}$$

其大小直接反映效果向量的优劣，靶心距越小，则决策方案 S_i 越优良。

3）求解最优权重向量 $\boldsymbol{w}^* = (w_1^*, w_2^*, \cdots, w_m^*)^T$

当权重信息未知时，以靶心距最小对各目标权重建立单目标最优化模型，方程如下：

$$\begin{cases} \min \varepsilon^2 = \sum_{i=1}^{n} \sum_{j=1}^{m} w_j (d_{ij}^2) \\ \text{s.t. } w_j \geq 0, \sum_{j=1}^{m} w_j = 1 \end{cases} \tag{3-10}$$

对其构造拉格朗日函数得：

$$F(W, \lambda) = \sum_{i=1}^{n} \sum_{j=1}^{m} w_j^2 (d_{ij}^2) + \lambda \left(\sum_{j=1}^{m} w_j - 1 \right) \tag{3-11}$$

分别对 W、λ 求偏导，解之得：

$$w_j^* = \frac{1}{\sum_{j=1}^{m} \left[1 / \sum_{i=1}^{n} (d_{ij})^2 \right]} \Big/ \sum_{i=1}^{n} (d_{ij})^2 \quad (j=1,2,\cdots,m) \tag{3-12}$$

即得出 w_j^* 的最优解，从而得到最优权重向量。

4）方案决策

将最优权重向量 $\boldsymbol{w}^* = (w_1^*, w_2^*, \cdots, w_m^*)^T$ 代入式(3-9)靶心距方程中，并对其大小进行排序，即得到各方案优劣排序。

3.6.2　基于椭球型灰靶决策的 SAP 粒径确定及掺量范围优选

基于上述椭球型灰靶决策计算步骤，对 W/B 分别为 0.37 和 0.31 的内养生水泥砂浆各设计指标试验结果进行灰靶决策，从而得出两种水胶比下 SAP 的最佳适用掺量范围，具体过程如下：

1）W/B 为 0.37 的内养生砂浆灰靶决策

基于图 3-8、图 3-10、图 3-12 中砂浆收缩性能及力学性能实测数据，将 3d 收缩率 S_t、14～28d 收缩率 S_t 区间、28d 抗弯拉强度 R_f 以及 28d 抗压强度 R_c 四项设计指标试验结果列于表 3-9 中，其中 R_f 与 R_c 属于效益型指标，S_t 属于成本型指标。

$W/B = 0.37$ 的内养生砂浆设计指标试验结果　　　　表 3-9

砂浆类型	决策指标			
	$S_t(3d)/\%$	$S_t(14\sim28d)/\%$	$R_f(28d)/\text{MPa}$	$R_c(28d)/\text{MPa}$
基准	0.0505	[0.0310, 0.0551]	9.41	49.38
20-1	0.0585	[0.0363, 0.0673]	9.89	43.27
20-2	0.0031	[|-0.0139|, 0.0175]	9.12	44.25
20-3	|-0.0167|	[|-0.0052|, |-0.0261|]	8.25	44.58
40-1	0.0044	[0.0220, 0.0341]	8.01	47.17
40-2	0.01	[0.0169, 0.0387]	8.45	44.90
40-3	|-0.0012|	[0.0077, 0.0274]	8.68	44.54
100-1	|-0.0007|	[0.0076, 0.0407]	8.86	48.38
100-2	0.0001	[0.0061, 0.0299]	8.05	46.58
100-3	0.0056	[0.0134, 0.0190]	7.78	44.52

根据混合型多指标灰靶决策计算方法,将表 3-9 中数据代入式(3-3)~式(3-12)中,从而得到靶心 r_0 = (0.985630135,0.00021472,0.360596257,0.340977434),即最优效果向量。以靶心距最小为目标,计算四项设计指标的最优权重向量 w^*,最终得到各 SAP 掺配方案的靶心距,见表 3-10。

W/B = 0.37 的内养生砂浆靶心距 　　　　　　　　表 3-10

基准	20-1	20-2	20-3	40-1	40-2	40-3	100-1	100-2	100-3
0.6222	0.6223	0.6036	0.6210	0.6109	0.6182	0.5722	0.5349	0.0453	0.6145

由表 3-10 可知,靶心距由小至大排列顺序为 100-2 < 100-1 < 40-3 < 20-2 < 40-1 < 100-3 < 40-2 < 20-3 < 基准 < 20-1,可见基准砂浆排在第 9 位,说明 SAP 内养生效果优良,其加入能够较好地平衡水泥基材料收缩性能与力学性能之间的关系。其次,位居前 2 的 100-2 与 100-1 的靶心距明显小于居第 3 位的 40-3,而居第 4 到第 6 位的 20-2、40-1、100-3,三者之间的靶心距非常接近。综上,认为对于 W/B = 0.37 的内养生砂浆,采用粒径为 100~120 目的 SAP 综合性能最优。根据表 3-8 可知,100 目 SAP 掺量变化范围在 0.12%~0.22% 之间,考虑到 100-2 性能最优,其次是 100-1、100-3,故按照性能的优劣侧重,得出 SAP 的最佳适用掺量范围为 0.145%~0.187%,其中 0.145% = (0.12% + 0.17%)/2,0.187% = 0.17% + (0.22% - 0.17%)/3。

2)W/B 为 0.31 的内养生砂浆灰靶决策

同样基于图 3-9、图 3-11、图 3-13 中砂浆收缩性能及力学性能实测数据得出设计指标值,详见表 3-11。

W/B = 0.31 的内养生砂浆设计指标试验结果 　　　　　　　　表 3-11

砂浆类型	决策指标			
	S_t(3d)/%	S_t(14~28d)/%	R_f(28d)/MPa	R_c(28d)/MPa
基准	0.0187	[0.0169,0.0315]	51.50	10.79
20-1	0.0099	[0.0165,0.0246]	48.31	10.41
20-2	0.0118	[0.0071,0.0320]	51.56	10.61
20-3	0.0029	[0.0084,0.0148]	47.83	9.92
40-1	0.0015	[0.0105,0.0254]	54.69	9.95
40-2	|-0.0006|	[0.0043,0.0098]	51.92	9.53
40-3	0.0051	[0.0153,0.0224]	50.60	9.23
100-1	0.0090	[0.0106,0.0183]	48.98	9.75
100-2	0.0145	[0.0153,0.0257]	44.92	8.93
100-3	0.0061	[0.0133,0.0238]	45.54	9.71

得到靶心 r_0 = (0.898111050,0.000073792,0.453234243,0.332031066),靶心距计算结果见表 3-12。

$W/B = 0.31$ 的内养生砂浆靶心距									表 3-12
基准	20-1	20-2	20-3	40-1	40-2	40-3	100-1	100-2	100-3
0.5498	0.5337	0.5392	0.4513	0.3416	0.0357	0.5031	0.5310	0.5472	0.5132

砂浆靶心距由小至大的排列顺序为 40-2 < 40-1 < 20-3 < 40-3 < 100-3 < 100-1 < 20-1 < 20-2 < 100-2 < 基准。可见加入 SAP 的砂浆综合性能均高于基准砂浆,说明 SAP 对于较低水胶比水泥基材料来说内养生效果更好。同样,居前 2 位的 40-2 与 40-1 的靶心距远小于居第 3 位的 20-3,而居第 3 位和第 4 位的 20-3 和 40-3 靶心距接近。基于此,认为 40 目 SAP 最适用于 $W/B = 0.31$ 的内养生砂浆。由表 3-8 可知,40 目 SAP 掺量变化范围在 0.13% ~ 0.23%,考虑性能的优劣侧重,得出 SAP 的最佳适用掺量范围为 0.155% ~ 0.205%,其中 0.155% = (0.13% + 0.18%)/2,0.205% = (0.18% + 0.23%)/2。

3.7 基于正交试验的 SAP 内养生混凝土设计参数敏感性分析

砂浆体系和 SAP 内养生混凝土虽具有一定相似性,对混凝土部分参数的选用均具有一定指导意义,但两者的性能并不完全相同,仍需从混凝土层次来研究 SAP 内养生的影响。本节在砂浆试验初选参数范围的基础上,选用 SAP 掺量、减水剂掺量、砂率和粉煤灰掺量四因素三水平,进行 SAP 内养生混凝土正交试验,以得到 C40 及 C50 内养生混凝土最佳配合比。

3.7.1 正交试验方案设计

在 3.2 节中,已确定出正交试验设计的四个影响因素,分别为粉煤灰掺量、砂率、减水剂掺量以及 SAP 掺量(或内养生额外引水量),本节对以上各因素分别设计三个水平,进行 SAP 内养生混凝土配合比优化。考虑目前传统的水泥混凝土路面已难以满足大交通量及重载交通的要求,故内养生混凝土的正交试验水平将以高性能混凝土的标准进行设计,即易浇注、易捣实而不离析,硬化后强度和耐久性优良的水泥混凝土。

对于粉煤灰,《公路水泥混凝土路面施工技术规范》(JTG F30—2003)及《高性能混凝土应用技术规程》(CECS 207—2006)要求其含量不应大于胶凝材料的30%。同时,强度等级较高的水泥混凝土一般情况下矿物掺合料的用量应小于强度等级较低的混凝土。因此,C40 等级的混凝土粉煤灰掺量选择 15%、20% 和 25% 三个水平,C50 等级的混凝土粉煤灰掺量选择 10%、15% 和 20% 三个水平。

对于砂率,《高性能混凝土应用技术规程》(CECS 207—2006)中要求砂率应在 37% ~ 44% 范围内选取。考虑水泥混凝土的施工和易性及力学性能,C40 混凝土砂率选择 39%、41% 和 43% 三个水平,C50 混凝土砂率选择 38%、40% 和 42% 三个水平。

对于减水剂,采用 JB-ZSC 型聚羧酸高性能减水剂对 C40 和 C50 混凝土进行试拌,确定 C40 和 C50 混凝土的减水剂掺量平均为 0.6%、0.65% 和 0.7%。

对于 SAP 掺量,基于砂浆层次配合比设计推荐的适用范围,C40 混凝土的 SAP 掺量水平选择 0.145%、0.17% 及 0.187%,对应的内养生额外引水量为 $0.043B$、$0.050B$、$0.054B$,C50 混凝土的 SAP 掺量水平选择 0.155%、0.18% 及 0.2%,对应的内养生额外引水量为 $0.048B$、$0.056B$、$0.062B$。

C40 及 C50 水泥混凝土 $L_9(3^4)$ 正交试验表头见表 3-13。

C40 及 C50 水泥混凝土正交试验表头 表 3-13

水平	因素			
	A:粉煤灰掺量/%	B:砂率/%	C:减水剂掺量/%	D:SAP 掺量/%
C40				
1	15	39	0.60	0.145
2	20	41	0.65	0.170
3	25	43	0.70	0.187
C50				
1	10	38	0.60	0.155
2	15	40	0.65	0.180
3	20	42	0.70	0.200

3.7.2 内养生混凝土坍落度损失率测试结果及分析

按照表 3-13 进行内养生混凝土坍落度试验,拌和工艺为:粗、细集料干拌 20s(第一步) + 加水泥、粉煤灰、SAP 粉末干拌 30s(第二步) + 加水、减水剂、内养生水湿拌 90s(第三步)。其中 C40 九组新拌混凝土坍落度在 35~49mm 范围内波动,C50 九组新拌混凝土坍落度则在 35~44mm 范围内波动,均满足《公路水泥混凝土路面施工技术规范》(JTG F30—2003)中 25~50mm 的要求。C40 及 C50 内养生混凝土 30min 坍落度损失率正交试验结果及分析见表 3-14。

C40 及 C50 内养生混凝土 30min 坍落度损失率正交试验结果及分析表 表 3-14

正交编号	正交因素	
	C40 坍落度损失率/%	C50 坍落度损失率/%
ZJ-1	20.00	15.26
ZJ-2	16.11	15.48
ZJ-3	16.57	15.86
ZJ-4	14.50	17.60
ZJ-5	19.33	15.78
ZJ-6	14.50	15.71
ZJ-7	15.18	15.78
ZJ-8	14.29	18.00
ZJ-9	16.29	16.35

正交指数	C40 因素				C50 因素			
	A	B	C	D	A	B	C	D
K_1	17.56%	16.56%	16.26%	18.54%	15.53%	16.21%	16.32%	15.80%
K_2	16.11%	16.58%	15.63%	15.26%	16.36%	16.42%	16.48%	15.66%
K_3	15.25%	15.79%	17.03%	15.12%	16.71%	15.97%	15.81%	17.16%
极差	2.31%	0.79%	1.40%	3.42%	1.18%	0.45%	0.67%	1.50%
显著性排序	D＞A＞C＞B				D＞A＞C＞B			
最优组合	$A_3B_3C_2D_3$				$A_1B_3C_3D_2$			

由表 3-14 中坍落度损失率试验结果及极差分析结果可见,无论是 C40 还是 C50 混凝土,SAP 掺量对其坍落度损失率影响均最显著,其次是粉煤灰掺量、减水剂掺量及砂率,C40 最优组合为 $A_3B_3C_2D_3$,C50 最优组合为 $A_1B_3C_3D_2$。对于 C40 混凝土,坍落度损失率整体随 SAP 掺量的增大呈下降趋势,掺量 1～3 对应的综合坍落度损失率分别为 18.54%、15.26%、15.12%。但对于 C50 混凝土,其值随 SAP 掺量的增大呈先减小后增大的趋势,分别为 15.80%、15.66%、17.16%。经研究分析,认为呈现上述规律的原因如下:

对于 C40 混凝土,考虑水、减水剂及内养生水是同时加入,掺量越大,内养生额外引水量越多,相应的水泥浆液整体离子浓度较低,SAP 初始吸液倍率相对较大,而在第 2 章中已得出,在浓度越低的溶液中,SAP 的储水稳定性越弱,因此在 SAP 掺量较大时,胶凝材料与水不断地发生反应,离子浓度增大,SAP 在 30min 内出现少量的释水现象以达到动态平衡,直接增大了新拌混凝土的流动度,致使 30min 坍落度损失率较小。

对于 C50 混凝土,对比 SAP 掺量 1 和掺量 2 下的坍落度损失率,其变化规律与 C40 混凝土一致,但 C50 新拌混凝土总体水胶比较低,因此当 SAP 掺量再增大时,SAP 对水泥浆液的吸收量早已超过了其释放量,因此到了掺量 3,SAP 坍落度损失率再次增大。

3.7.3　内养生混凝土抗弯拉及抗压强度测试结果及分析

C40 及 C50 内养生混凝土 7d、28d 抗弯拉强度正交试验结果及极差分析见表 3-15 和表 3-16。

C40 及 C50 内养生混凝土抗弯拉强度正交试验结果　　　　　表 3-15

正交编号	正交因素			
	C40 抗弯拉强度/MPa		C50 抗弯拉强度/MPa	
	7d	28d	7d	28d
ZJ-1	5.02	5.78	5.55	6.47
ZJ-2	4.76	5.72	6.01	6.26
ZJ-3	5.04	5.72	5.30	6.88
ZJ-4	4.36	5.23	5.15	5.45
ZJ-5	4.50	5.34	5.64	5.93

正交编号	正交因素			
	C40 抗弯拉强度/MPa		C50 抗弯拉强度/MPa	
	7d	28d	7d	28d
ZJ-6	4.70	5.40	4.46	5.98
ZJ-7	4.16	5.33	4.42	6.28
ZJ-8	4.55	4.69	4.52	5.62
ZJ-9	4.37	5.59	4.46	6.06

C40 及 C50 内养生混凝土抗弯拉强度正交试验极差分析　　　　表 3-16

正交指数	C40-7d 因素				C40-28d 因素			
	A	B	C	D	A	B	C	D
K_1	4.94	4.51	4.76	4.63	5.74	5.45	5.29	5.57
K_2	4.52	4.60	4.50	4.54	5.32	5.25	5.51	5.48
K_3	4.36	4.71	4.57	4.65	5.20	5.57	5.47	5.22
极差	0.58	0.20	0.26	0.11	0.54	0.32	0.22	0.35
显著性排序	A > C > B > D				A > D > B > C			
最优组合	$A_1 B_3 C_1 D_3$				$A_1 B_3 C_2 D_1$			
正交指数	C50-7d 因素				C50-28d 因素			
	A	B	C	D	A	B	C	D
K_1	5.62	5.04	4.84	5.22	6.54	6.07	6.02	6.15
K_2	5.08	5.39	5.20	4.96	5.79	5.93	5.92	6.18
K_3	4.47	4.74	5.12	4.99	5.99	6.31	6.36	5.98
极差	1.15	0.65	0.36	0.26	0.75	0.38	0.44	0.20
显著性排序	A > B > C > D				A > C > B > D			
最优组合	$A_1 B_2 C_2 D_1$				$A_1 B_3 C_3 D_2$			

由表 3-15 和表 3-16 中抗弯拉强度正交试验结果及分析可见,对于 7d 及 28d 龄期下两种强度的混凝土,粉煤灰掺量对其抗弯拉强度的影响最为显著,而 SAP 掺量对其影响略微,说明在合理掺量范围内,SAP 掺量的增大不会对混凝土的抗弯拉强度造成较大影响,此特征对于水泥混凝土耐久性的提升极为有利。根据表 3-16 可知,C40-28d 抗弯拉强度最优组合为 $A_1 B_3 C_2$ D_1,C50-28d 的抗弯拉强度最优组合为 $A_1 B_3 C_3 D_2$。

水泥混凝土的抗弯拉强度主要受材料内部微裂纹数量及水泥石-集料界面过渡区结构特征的影响,而此处在 SAP 对内部微裂纹数量已有良好抑制作用的条件下,水泥石-集料界面过渡区结构则成为影响水泥混凝土抗弯拉强度的主要因素。粉煤灰-水泥二元凝胶体系主要由连续均匀相(C—S—H 凝胶)、分散增强相[未水化颗粒、AFt、Ca(OH)$_2$ 等]以及分散劣化相(孔隙、裂隙)组成,这三种相在水泥石结构中的体积分数、空间分布状态及联结程度是决定水泥混凝土抗弯拉强度的根本因素。粉煤灰的比表面积大于水泥,与水泥颗粒之间可相互填充形成具有紧密堆积特征的"级配",甚至能够为 SAP 残留孔隙的有效填充做贡献,从而提高界面过渡区密实度,增强水泥石和集料之间的黏结力。此外,粉煤灰不仅能够降低水化热,减少界面温度收缩裂缝,且其火山灰效应可消耗取向性较强的 $Ca(OH)_2$,对于混凝土界面结构的改善及物理和力学性能的提升非常有利,从而提升试件抗弯拉破坏能力。C40 和 C50 混凝土粉煤灰最佳掺量均为方案 1,因为其掺量过大会引起强度的下降。

C40 及 C50 内养生混凝土 28d 抗压强度正交试验结果及分析见表 3-17。

C40 及 C50 内养生混凝土 28d 抗压强度正交试验结果及分析　　　　表 3-17

正交编号	正交因素							
	C40 抗压强度/MPa				C50 抗压强度/MPa			
ZJ-1	45.51				49.15			
ZJ-2	40.16				47.23			
ZJ-3	34.00				50.44			
ZJ-4	39.22				45.04			
ZJ-5	38.92				51.41			
ZJ-6	44.74				55.41			
ZJ-7	43.89				46.35			
ZJ-8	40.01				42.61			
ZJ-9	40.33				47.53			
正交指数	C40 因素				C50 因素			
	A	B	C	D	A	B	C	D
K_1	39.89	42.87	43.42	41.59	48.94	46.85	49.06	49.36
K_2	40.96	39.70	39.90	42.93	50.62	47.08	46.60	49.66
K_3	41.41	39.69	38.94	37.74	45.50	51.12	49.40	46.03
极差	1.52	3.18	4.48	5.19	5.12	4.27	2.80	3.63
显著性排序	D > C > B > A				A > B > D > C			
最优组合	$A_3B_1C_1D_2$				$A_2B_3C_3D_2$			

根据表 3-17 中数据可知,C40 混凝土抗压强度受 SAP 掺量影响最大,而 C50 混凝土抗压强度受粉煤灰掺量影响最大,但两种内养生水泥混凝土抗压强度的共同点是均随 SAP 掺量的增大呈先增大后减小的规律,前者最优组合为 $A_3B_1C_1D_2$,后者最优组合为 $A_2B_3C_3D_2$,表明内养生与孔结构的抗压强度均衡点在方案 2 中。此外,C40 混凝土的抗压强度随 SAP 掺量变化而变化的幅度大于 C50 混凝土。

分析认为,在 Powers 理论的基础上,SAP 在 C40 混凝土($W/B = 0.37$)中能够满足水泥混凝土水化所需的所有水分,因此 SAP 内养生效果的发挥空间较大,故在掺量的变动下,抗压强度的变化幅度也越大;但对于无法满足完全水化的内养生 C50 混凝土($W/B = 0.31$),其只可在一定程度范围内进行内养生,因此其效果发挥的空间不如 C40 混凝土大。

3.7.4 内养生混凝土氯离子迁移系数测试结果及分析

C40 及 C50 内养生混凝土 28d 氯离子迁移系数 D_{RCM} 正交试验结果及分析见表 3-18。

C40 及 C50 水泥混凝土 28d 氯离子迁移系数正交试验结果及分析 表 3-18

正交编号	正交因素							
	C40 D_{RCM}/$(0.1 \times 10^{-12}\text{m}^2/\text{s})$				C50 D_{RCM}/$(0.1 \times 10^{-12}\text{m}^2/\text{s})$			
ZJ-1	3.202				4.283			
ZJ-2	3.990				3.440			
ZJ-3	5.061				4.383			
ZJ-4	3.255				3.119			
ZJ-5	3.108				2.395			
ZJ-6	3.817				1.668			
ZJ-7	1.326				1.933			
ZJ-8	2.522				2.014			
ZJ-9	2.281				1.873			
正交指数	C40 因素				C50 因素			
	A	B	C	D	A	B	C	D
K_1	4.084	2.594	3.181	2.864	4.035	3.112	2.655	2.850
K_2	3.393	3.207	3.175	3.044	2.394	2.616	2.811	2.347
K_3	2.043	3.720	3.165	3.613	1.940	2.641	2.903	3.172
极差	2.041	1.126	0.016	0.749	2.095	0.496	0.248	0.825
显著性排序	A > B > D > C				A > D > B > C			
最优组合	$A_3 B_1 C_3 D_1$				$A_3 B_2 C_1 D_2$			

根据《公路水泥混凝土路面设计规范》(JTG D40—2011),高等级公路及一级公路水泥混凝土路面的设计基准期为 30 年,而《混凝土结构耐久性设计与施工指南》(CCES 01—2004)中对混凝土抗氯离子渗透性能作用等级作出规定,当 28d $D_{RCM} < 5 \times 10^{-12}\text{m}^2/\text{s}$ 时,作用等级为 F(最高等级),可见表 3-18 中所有试验组的抗渗性能均满足 F 级要求。水泥混凝土氯离子迁移系数主要表征其内部结构的密实度及孔隙连通性,其值越低,说明混凝土越密实,SAP 内养生效果越优良。

由表 3-18 可见,粉煤灰掺量对内养生混凝土的抗氯离子渗透性能影响最大,同时 SAP 掺量对该性能也有不可忽视的影响。随着粉煤灰掺量的增大,C40 和 C50 混凝土的氯离子迁移系数均逐渐减小,说明粉煤灰的填充作用对于混凝土密实性的增强作用最大。其次,随着 SAP 掺量的增加,混凝土氯离子迁移系数整体呈增大趋势,说明 SAP 释水后留下的孔洞对于抗渗性能有一定的削弱作用,因此 SAP 掺量的选择对于水泥混凝土的耐久性至关重要。

3.8 SAP 内养生 C40 及 C50 混凝土初步配合比确定

经正交试验得出的 C40 及 C50 混凝土各项性能对应的各因素最佳水平及决策见表 3-19 和表 3-20。

C40 混凝土各因素最佳水平及决策表 　　　　　　表 3-19

指标	各因素对应的最佳水平			
	A:粉煤灰掺量/%	B:砂率/%	C:减水剂掺量/%	D:SAP 掺量/%
坍落度损失率	25	43	0.65	0.187
28d 抗弯拉强度	15	43	0.65	0.145
28d 抗压强度	25	39	0.60	0.170
28d 氯离子迁移系数	25	39	0.70	0.145
决策方案				
—	15	43	0.65	0.145

C50 混凝土各因素最佳水平及决策表 　　　　　　表 3-20

指标	各因素对应的最佳水平			
	A:粉煤灰掺量/%	B:砂率/%	C:减水剂掺量/%	D:SAP 掺量/%
坍落度损失率	10	42	0.70	0.180
28d 抗弯拉强度	10	42	0.70	0.180
28d 抗压强度	15	42	0.70	0.180
28d 氯离子迁移系数	20	40	0.60	0.180
决策方案				
—	10	42	0.70	0.180

水泥混凝土路面长期受行车荷载弯拉作用及环境侵蚀作用,因此以 28d 抗弯拉强度和 28d 氯离子迁移系数为主要评判指标,并综合考虑试件 30min 坍落度损失率和 28d 抗压强度,对 C40 及 C50 内养生混凝土最佳水平组合进行决策,进而确定初步配合比。

最终得出的具体配合比见表 3-21。

C40 及 C50 内养生混凝土最佳配合比 　　　　　　表 3-21

强度等级	水胶比	各项材料用量/（kg/m³）								内养生额外引水量
		水泥	粉煤灰	水	砂	大石	小石	减水剂	SAP	
C40	0.37	368	65	160	745	790	198	2.81	100 目 0.628	18.57
C50	0.31	450	50	155	748	818	215	3.50	40 目 0.900	27.90

3.9 SAP 内养生混凝土配合比设计要求及设计流程

3.9.1 SAP 内养生混凝土各层次主要控制指标及要求确定

本章 3.5~3.8 节对砂浆层次及水泥混凝土层次各项性能进行了测试。为更好地指导 SAP 内养生混凝土的配合比设计,本节将基于上述试验结果,针对各设计层次提出主要控制指标及要求值。

砂浆作为黏结料,占水泥混凝土单位体积分量的 50% 以上,主要影响混凝土强度和收缩性能。由于研究对象为路面混凝土,且内养生的目的在于早期减缩,故砂浆层次的主要控制指标为 28d 抗折强度、3d 收缩率,另考虑 14d 时内养生水分基本释放完毕,此时的收缩率能够体现 SAP 对长期收缩率的影响,因此将 14d 收缩率也作为控制指标之一。

混凝土服役过程中主要承受荷载弯拉及外界环境侵蚀作用,对抗弯拉强度和密实度应具有较高要求,故主要控制指标包括坍落度损失率、抗弯拉强度及氯离子迁移系数 D_{RCM}。SAP 内养生混凝土各设计层次具体控制指标及要求见表 3-22。

SAP 内养生混凝土各设计层次主要控制指标及要求　　　　　　表 3-22

设计层次	控制指标	各强度等级对应的性能要求值			
		C40		C50	
		实测值	要求值	实测值	要求值
砂浆层次	28d 抗折强度/MPa	7.78	≥7.5	9.23	≥9.0
	3d 收缩率/%	0.0056	≤0.006	0.0051	≤0.006
	14d 收缩率/%	0.167	≤0.170	0.163	≤0.170
水泥混凝土层次	30min 坍落度损失率/%	15.26	≤15.50	15.80	≤16.00
	28d 抗弯拉强度/MPa	5.32	≥5.00	5.79	≥5.50
	28d D_{RCM}/ $(0.1 \times 10^{-12} \text{ m}^2/\text{s})$	3.393	≤3.40	3.094	≤3.20

注:为保证路面的安全性,表中的性能要求值是在实测值的基础上乘富余系数所得。

表 3-22 中砂浆层次指标要求值参考最佳 SAP 粒径下所对应的指标最低值而定。水泥混凝土层次指标要求值参考正交试验所得最显著影响因素对应的 K 值中间值而定。

3.9.2 SAP 内养生混凝土配合比设计流程

砂浆层次的设计过程属于一个多指标的决策问题,由于决策条件的复杂性与不确定性,决策过程中无法确定效果测度和指标权重的具体数值(如砂浆 3d 收缩率、14~28d 综合收缩率、28d 抗折强度以及 28d 抗压强度之间的权重信息)。此外,目前关于决策信息为区间数的决策问题(如 14~28d 收缩率范围)时常出现,并在国际上引起了广泛重视。灰靶决策是灰色系统理论中解决多指标决策问题的方法之一,其主要思想是在没有标准的情况下,对指标集进行测度变换得到统一量纲的欧氏空间(即灰靶),所有决策对象都在该灰靶上分布。在灰靶中找到一个靶心作为标准模式,然后将灰靶中诸决策点与靶心点进行比较,求出不同的靶心距,通过比较靶心距来确定排序,具有较高的科学性。由于本研究中砂浆的决策指标同时包含实数与区间数,属混合型椭球灰靶,因此,采用混合型多指标灰靶决策模型对砂浆配合比进行优化,同时确定 SAP 最佳使用参数范围。

水泥混凝土层次的设计过程中所面临的影响因素繁多,若对每一项影响因素均进行试验分析,存在试验量大的弊端。正交试验设计是分析多因素多水平的一种高效率、快速、经济的试验设计方法,其根据正交性,从全面试验中挑选出部分有代表性的点进行试验,这些代表性点具备"均匀分散,齐整可比"的特点,不仅可以减少试验量,且得出的数据具有代表性及科学性。通过正交分析计算出针对每项性能所对应的最佳配合比后,再借助权重法对各项性能的重要性进行排序,从而一步步地锁定综合最佳配合比。SAP 内养生混凝土配合比设计流程如图 3-14 所示。

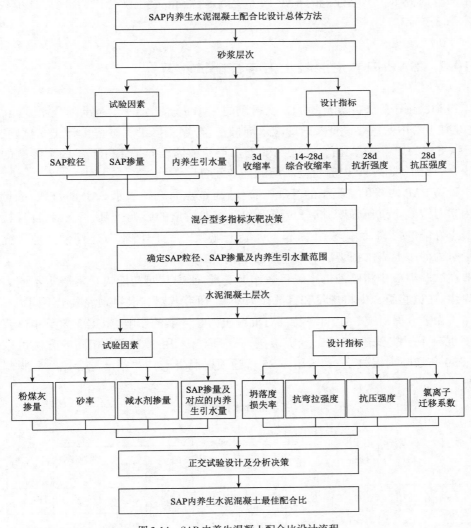

图 3-14　SAP 内养生混凝土配合比设计流程

3.10 基于力学性能的 SAP 内养生隧道衬砌混凝土配合比

隧道初期支护和二次衬砌常用喷射混凝土,其强度等级为 C30 和 C25。采用 SAP 内养生技术时,先以坍落度和抗压强度为指标进行正交试验,得到用于初期支护和二次衬砌混凝土的初步配合比,再重点考虑 SAP 目数、掺量和吸液倍率以及混杂纤维总掺量等设计参数,研究其对混凝土力学强度、干缩性能、抗裂性能和抗渗性等性能的影响规律,进一步对配合比进行优化,得到适用于隧道不同结构部位、耐久性更优的 SAP 内养生混凝土,并基于多参数多指标控制体系,提出隧道 SAP 内养生混凝土的配合比设计方法。

本节重点研究基于力学性能的 SAP 内养生隧道衬砌混凝土配合比,其他计算步骤及过程可参考本章 3.5 ~ 3.7 节相关内容。

3.10.1 SAP 内养生混凝土力学性能试验方案

为了得到适用于隧道初期支护和二次衬砌的 SAP 内养生混凝土基准配合比,选取 SAP 掺量,加之混凝土常用的重要设计参数即减水剂掺量、粉煤灰掺量和砂率设计正交试验,并采用 28d 抗压强度作为评价指标,研究隧道混凝土在干燥和标准养护条件下各因素影响的显著性和最优组合,得到隧道 SAP 内养生混凝土的基准配合比。

基于隧道 SAP 内养生混凝土的基准配合比,再重点研究预吸水 SAP 的目数、掺量和吸液倍率等因素对混凝土抗压强度、抗弯拉强度和动弹性模量的影响,即研究 SAP 自身特性对内养生混凝土性能的影响,优化 SAP 内养生混凝土配合比。此外,本节还探索性地研究了混杂纤维掺量对内养生混凝土预裂后的自愈合影响情况。

本节在试验组 F 中将吸液倍率和目数作为变量,研究其对初期支护混凝土不同力学强度的影响规律;在试验组 S 中将掺量和目数作为变量,研究其对二次衬砌混凝土不同力学强度的影响规律。为了全面研究 SAP 自身特性对混凝土力学性能的影响,根据 3.5 节中砂浆试验得知 SAP 对混凝土影响显著性:掺量 > 吸液倍率 > 目数,采用 3.7 节中相同的方法可以分别得到 F 组(C30 普通喷射混凝土)和 S 组(C25 普通喷射混凝土)的"基准配合比",各材料的用量见表 3-23。

初步配合比材料用量 表 3-23

组别	水泥/ (kg/m³)	粉煤灰/ (kg/m³)	用水量/ (kg/m³)	粗集料/(kg/m³)		砂率/ %	SAP			速凝剂/ (kg/m³)	减水剂/ (kg/m³)
				5 ~ 10	10 ~ 20		掺量/%	目数/目	吸液倍率/ 倍		
F	389	72	204	863	—	43	0.15	40 ~ 80	27	19.44	2.46
S	303	65	163	217	867	43	0.25	40 ~ 80	22	—	4.55

按照表 3-23 的材料用量进行配合比验证,其验证结果见表 3-24。

表 3-24

混凝土的试配与强度验证

组别	黏聚性	保水性	坍落度/mm		28d 抗压强度/MPa	
			规范值	实测值	规范值	实测值
F	良好	良好	80 ~ 120	110	≥33	36.0
S	良好	良好	160 ~ 200	170	≥38	41.4

由表 3-24 可知,按表 3-23 中材料用量设计的混凝土基准配合比用于初期支护和二次衬砌构造物,经验证能满足工作性和强度要求。

根据 SAP 砂浆试验得知,过量 SAP 的掺入会显著降低试件力学强度,因而控制 SAP 增加的额外水胶比在 0.02 ~ 0.05 范围内,力学试验方案中各影响因素水平见表 3-25。为了更加符合隧道内衬砌混凝土的现场环境条件,根据广东省隧道内温度和湿度条件,在室内成型宜设置温度为 20℃,相对湿度在 70% 左右;参考《岩土锚杆与喷射混凝土支护工程技术规范》(GB 50086—2015)中规定的隧道混凝土测试方法,各组试件的成型、养护及测试指标见表 3-26。

表 3-25

SAP 内养生混凝土各影响因素水平

项目组号	目数/目	掺量/%	吸液倍率/倍
F0	—	—	—
F1	20 ~ 60	0.15	27
F2	20 ~ 60	0.15	30
F3	40 ~ 80	0.15	27
F4	40 ~ 80	0.15	30
F5	40 ~ 80	0.15	33
F6	100 ~ 120	0.15	30
F7	100 ~ 120	0.15	33
S0	—	—	—
S1	20 ~ 60	0.15	22
S2	40 ~ 80	0.05	22
S3	40 ~ 80	0.10	22
S4	40 ~ 80	0.15	22
S5	40 ~ 80	0.20	22
S6	40 ~ 80	0.25	22
S7	100 ~ 120	0.15	22

注:F 组以 C30 普通喷射混凝土配合比为基准,S 组以 C25 普通喷射混凝土配合比为基准;在 F 和 S 各组中,在基准混凝土配合比基础上,掺入的 SAP 仅改变目数、掺量和吸液倍率。

SAP 混凝土力学试验成型及养生条件 表 3-26

试件类型	试件尺寸	养生方式	测试龄期	试件个数
立方体 抗压强度	100mm×100mm× 100mm	自然养护: 温度20℃±2℃、 相对湿度大于70%	28d	2种标号×每种8组× 每组3个
小梁 抗弯拉强度	100mm×100mm× 400mm		28d	
动弹性模量	采用上述 小梁试件		3d、7d、 14d、28d	

注:动弹性模量测试采用无损检测。

根据《岩土锚杆与喷射混凝土支护工程技术规范》(GB 50086—2015)和《普通混凝土力学性能试验方法标准》(GB/T 50081—2002)中有关混凝土力学性能成型和测试方法如表 3-26 所示,在对应基准普通喷射混凝土配合比基础上,通过改变 SAP 目数、掺量和吸液倍率,先测新拌混凝土坍落度,将试件成型养护至规定龄期后,再测其不同试件的力学强度。其中,立方体抗压强度在 TYE-2000 型压力试验机上以 0.3MPa/s 的加载速率测得,小梁抗弯拉强度在数显压力试验机(更换为测抗弯拉的压头)上以 0.02MPa/s 的加载速率测得,动弹性模量用 DT-W18 动弹性模量测定仪测定,如图 3-15、图 3-16 所示。

图 3-15 成型的部分小梁和立方体试件   图 3-16 动弹性模量测试

隧道混凝土试件抗压强度由式(3-13)计算:

$$f_{cu} = \frac{0.95P}{A} \tag{3-13}$$

式中:f_{cu}——隧道混凝土立方体抗压强度,精确至 0.1MPa;

P——极限荷载,N,本试验中采用非标准立方体试件,应乘系数 0.95;

A——隧道混凝土立方体受压面积,mm^2。

隧道混凝土试件抗弯拉强度由式(3-14)计算:

$$f_f = \frac{FL}{bh^2} \tag{3-14}$$

式中:f_f——隧道混凝土小梁抗弯拉强度,精确至 0.01MPa;

F——极限荷载,N;

　　L——支座间距离,mm,本试验中为 300mm;

　　b、h——小梁试件的宽度和高度,mm,本试验中均为 100mm。

　　参考王发洲和曾德强强度评价指标研究,将抗弯拉强度和抗压强度的比值 R_f(弯压比)作为韧性评价指标,其计算方法见式(3-15):

$$R_f = \frac{f_f}{f_{cu}}$$

(3-15)

3.10.2　SAP 目数对 SAP 内养生混凝土力学性能的影响

　　针对惠清隧道初期支护和二次衬砌混凝土力学强度要求,在 F 组和 S 组中分别掺入 20～60 目、40～80 目和 100～120 目的 SAP,进行了不同目数的 SAP 内养生混凝土抗压强度、抗弯拉强度试验,还测试了各组在 3d、7d、14d 和 28d 龄期下的动弹性模量,并与基准组进行了对比,试验结果见图 3-17～图 3-20。

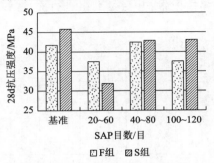

图 3-17　SAP 目数对抗压强度的影响

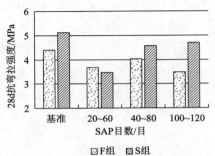

图 3-18　SAP 目数对抗弯拉强度的影响

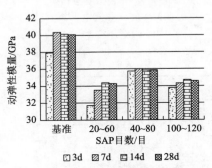

图 3-19　SAP 目数对 F 组各龄期混凝土
动弹性模量的影响

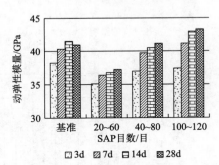

图 3-20　SAP 目数对 S 组各龄期混凝土
动弹性模量的影响

　　由图 3-17～图 3-20,可知:

　　在初期支护混凝土 F 组中,随着 SAP 的目数增大(粒径变小,更细),抗压强度先增大后减小。相对于基准组 F0,分别降低 10.0%、提升 2.8% 和降低 9.8%,说明选用合适目数的 SAP 能增大抗压强度,但变化不大。抗弯拉强度变化趋势与抗压强度有较好的相关性,随着 SAP 的目数增大,抗弯拉强度也先增大后减小。其中,掺加 40～80 目 SAP 混凝土抗弯拉强度较好,但相对于基准组 F0 仍降低 8.2%。

在二次衬砌混凝土 S 组中,随着 SAP 的目数增大,抗压强度和抗弯拉强度也呈增长趋势,但均低于基准组。

混凝土的动弹性模量随着龄期逐渐增长,可以分为两个阶段:①快速增长阶段(前 7d)。在初期支护混凝土中,相对于基准组 F0,各组混凝土动弹性模量分别降低 16.9%、10.8 和 14.9%;在二次衬砌混凝土中,相对于基准组 S0,各组混凝土动弹性模量分别降低 9.7%、降低 1.5% 和提高 2.1%。②平稳增长阶段(7~28d):在初期支护混凝土中,相对于基准组 F0,各组混凝土动弹性模量分别降低 14.5%、10.5% 和 13.7%;在二次衬砌混凝土中,相对于基准组 S0,各组混凝土动弹性模量分别降低 9.1%、提高 0.4% 和提高 5.6%,整体变化不大。

3.10.3　SAP 掺量对 SAP 内养生混凝土力学性能的影响

针对惠清隧道初期支护和二次衬砌混凝土力学强度要求,在 S 组分别掺入 0.05%、0.1%、0.15%、0.2% 和 0.25% 的 SAP,进行了不同 SAP 掺量的混凝土抗压强度、抗弯拉强度试验,还测试了各组在 3d、7d、14d 和 28d 龄期下的动弹性模量,并与基准组进行对比,试验结果见图 3-21、图 3-22 和图 3-23。

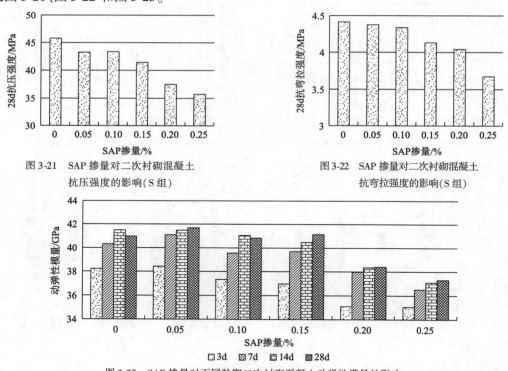

图 3-21　SAP 掺量对二次衬砌混凝土　　　　　　　图 3-22　SAP 掺量对二次衬砌混凝土
　　　　抗压强度的影响(S 组)　　　　　　　　　　　　　抗弯拉强度的影响(S 组)

图 3-23　SAP 掺量对不同龄期二次衬砌混凝土动弹性模量的影响

由图 3-21 ~ 图 3-23 可知:

随着 SAP 掺量的增加,内养生混凝土的抗弯拉强度相对基准组降低了 5.5% ~25.6%,而抗压强度先增大后减小,但相对于基准组强度略有损失(5.2% ~21.9%)。SAP 掺量在 0.10% ~0.15% 范围内抗弯拉强度降低不明显,抗压强度降低明显,且 SAP 掺量在 0.10% 时抗压强度降低最小,其韧性 R_f(弯压比)相对普通喷射混凝土提升了 23.7% ~29.4%,说明

SAP 的掺入有利于提高混凝土的柔韧性。

隧道混凝土的动弹性模量与抗压强度存在明显的相关性,两者的影响因素也基本相同。掺入预吸水 SAP 会使混凝土动弹性模量先升高后降低,掺量在 0.05% ~0.15% 时,混凝土的动弹性模量变化不大,仅提升 1.7% ~4.3%;随着 SAP 掺量增加至介于 0.15% ~0.25% 范围内,混凝土的动弹性模量随之降低,最大降幅为 8.9%,但其降低幅度明显小于抗压强度降低幅度。

这可能是由于随着胶凝材料的水化,预吸水 SAP 不断地补充水分,提高了混凝土的水化程度而使其结构更加密实,进而促使 SAP 内养生混凝土的动弹性模量提高。但抗压强度主要受到粗集料、水泥与集料的界面过渡区以及微观孔结构等方面的影响,SAP 释水后留下一定孔洞,可能会减少试件的有效面积,从而使水泥石的抗压强度出现一定程度的下降。

3.10.4　SAP 吸液倍率对 SAP 内养生混凝土力学性能的影响

针对惠清隧道初期支护的混凝土力学强度要求,在 F 组掺入吸液倍率分别为 27 倍、30 倍和 33 倍而掺量均为 0.15% 的 SAP,进行了不同吸液倍率的 SAP 内养生混凝土抗压强度、抗弯拉强度试验,并与基准组进行对比,试验结果见图 3-24 和图 3-25。

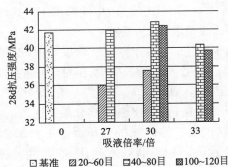

图 3-24　吸液倍率对 F 组混凝土
抗压强度的影响

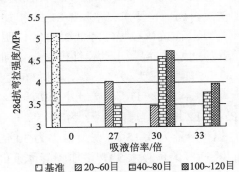

图 3-25　吸液倍率对 F 组混凝土
抗弯拉强度的影响

为了动态观测各龄期不同吸液倍率的 SAP 对混凝土力学强度的影响,在 F 组混凝土中掺入吸液倍率分别为 27 倍、30 倍和 33 倍的 SAP,通过回弹仪无损检测了混凝土在 3d、7d、14d 和 28d 等不同龄期下的动弹性模量,并与基准组进行对比,试验结果见图 3-26 ~图 3-29。

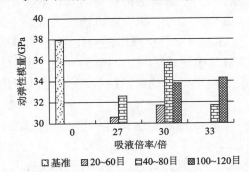

图 3-26　吸液倍率对 F 组混凝土 3d 动弹性模量的影响

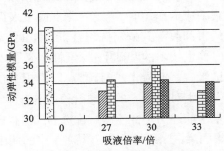

图 3-27　吸液倍率对 F 组混凝土 7d 动弹性模量的影响

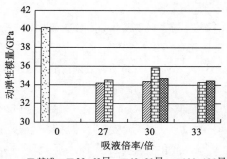

图 3-28　吸液倍率对 F 组混凝土 14d 动弹性模量的影响

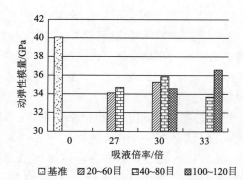

图 3-29　吸液倍率对 F 组混凝土 28d 动弹性模量的影响

由图 3-24～图 3-29，可知：

随着 SAP 吸液倍率的增加，混凝土 28d 抗压强度先增加后降低，且在吸液倍率为 30 倍时各组性能较佳。相对于基准组混凝土（F0），在掺加 20～60 目 SAP 各组中 F2 性能较好：抗压强度降低 9.8%，抗弯拉强度降低 21.3%；在掺加 40～80 目 SAP 各组中，抗压强度分别增大 0.7%、增大 2.8% 和降低 3.2%，抗弯拉强度，分别降低 31.5%、10.7%、26.6%，综合考虑抗压强度和初次衬砌结构要求，优选出 F4；在掺加 100～120 目 SAP 各组中，优选出 F6，其抗压强度提升 1.7%，而抗弯拉强度降低 8.1%，说明改善了隧道混凝土的脆性。

随着龄期增长，混凝土动弹性模量先增加后趋于稳定，可划分为两个阶段：①快速增长阶段，F2 增幅（自身）最大，为 8.3%，F4 和 F6 变化不明显。②平稳增长阶段，相对于基准组 F0，F1 降幅最大，为 14.9%；F6 降幅最小，为 8.6%；在全测量周期，F7 动弹性模量变化较大，为 2.54GPa；而 F2 增幅（自身）最大，为 11.5%。考虑动弹性模量和增长速率变化最终优选出 F4。

在 SAP 掺量为 0.15%、吸液倍率为 30 倍下，初期支护混凝土的抗压强度提升了 2.8%。由此可见，适度的预吸水 SAP 增加胶凝体系的凝胶水而不影响有效水胶比，能通过缓解内部湿度降低从而在胶凝材料的水化过程中发挥积极作用，基本上不会影响混凝土 28d 抗压强度，甚至会提高混凝土的强度。

3.10.5　混杂纤维掺量对 SAP 内养生混凝土力学性能的影响

对广东地区隧道中构造物混凝土的病害调查显示，当部分路段结构养护不到位或者早期承受集中应力作用时，隧道衬砌混凝土表面容易出现微裂缝。为了减少隧道构造物混凝土的此类病害和改善其减缩抗裂性能，本书结合国内外隧道工程中混杂纤维的应用情况，在采用 SAP 内养生技术的基础上，探索性地又引入混杂纤维来减缓隧道混凝土的收缩开裂。本节在室内试验中将混凝土进行预裂，以模拟二次衬砌混凝土早期开裂现象，进一步研究混杂纤维-SAP 内养生对混凝土的自愈合修复作用。

基于前述力学性能测试优选的二次衬砌 SAP 内养生混凝土配合比，结合广东地区玄武岩纤维和聚丙烯混杂纤维在隧道混凝土中的使用经验，将玄武岩纤维和聚丙烯纤维按 4:1 的比例进行混杂，在 SAP 内养生混凝土中掺加的 BF-PP 混杂纤维总量分别为 2kg/m³、4kg/m³ 和 6kgm³，其具体配合比见表 3-27，并以 1d 预裂后标养至 28d 的抗压强度为评价指标，将各组预裂后的混凝土和 SAP 内养生混凝土优选组 S4 进行对比,分析混杂纤维掺量对 SAP 内养生混凝土自愈合性能的影响,如图 3-30 所示。

BF-PP 混杂纤维-SAP 内养生混凝土自愈合试验配合比(单位:kg/m³)　　表 3-27

试验编号	混杂纤维掺量	SAP		水泥	粉煤灰	水	细集料 5~10mm	粗集料 10~20mm	砂	减水剂
		掺量	额外引水量							
S4-0	0									
S4-1	2	0.5685	12.51	303	76	163	217	867	798	4.55
S4-2	4									
S4-3	6									

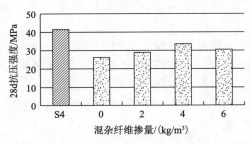

图 3-30　不同 BF-PP 混杂纤维掺量对 SAP 内养生混凝土自愈合性能的影响

随着抗压强度的增加,与未掺加混杂纤维组 S4-0 的 SAP 内养生混凝土脆性碎裂破坏不同,混杂纤维-SAP 内养生混凝土裂纹稳定发展。当裂纹长度、宽度达到一定程度并且形成贯穿裂纹时,搭接在内部的纤维被拉断或拔出,混凝土发生破坏,但基本无明显的碎块崩落和大面积贯通,相对于未掺加混杂纤维的混凝土试块更加完整,如图 3-31 所示,这说明混杂纤维能提高预裂 SAP 内养生混凝土的受压韧性。

图 3-31　混杂纤维-SAP 内养生混凝土加载及破坏后形态

加入 0.15% 掺量、40~80 目、22 倍预吸水 SAP 的内养生混凝土 S4 在 1d 预裂后,与自身未预裂相比,28d 抗压强度能恢复到初始强度的 63.0%,说明预吸水 SAP 混凝土具有一定的自愈合能力。这是由于预吸水 SAP 能释放水分促进胶凝材料继续水化,有利于 $Ca(OH)_2$ 和 C—S—H 的生成以填充裂缝,从而出现自愈合现象。

在 SAP 内养生混凝土优选组 S4 中混杂纤维总量分别为 $2kg/m^3$、$4kg/m^3$ 和 $6kg/m^3$,在预裂之后,混杂纤维-SAP 内养生混凝土各组的 28d 抗压强度均高于 SAP 内养生混凝土优选组,并且随混杂纤维总掺量增加,呈现先增加后减小的趋势。同时,在优选的 BF-PP 混杂比例 4:1 前提下,预裂内养生混凝土中掺加 $2~4kg/m^3$ 的 BF-PP 混杂纤维能够提升正混杂效应,表现出更好的自愈合能力;在混杂纤维总掺量为 $4kg/m^3$ 时,能显著提高预裂 SAP 内养生混凝土的抗压强度,最大增幅可达 17.5%,即在此条件下的最优混杂纤维体积为玄武岩纤维 $3.2kg/m^3$,聚丙烯纤维 $0.8kg/m^3$;但掺量超过 $4kg/m^3$ 就会出现负混杂效应,这可能是由于纤维过量之后,各纤维之间的间距缩小,更容易出现相互重叠从而妨碍混凝土力学性能的发挥。

合适掺量的混杂纤维能提升抗压强度,其原因可能有两方面:一方面,弹性模量高的 BF 纤维在前期发挥桥接增强作用,当 SAP 内养生混凝土中出现微裂纹时,能够抑制其继续扩展;另一方面,弹性模量低、断裂延伸率大的 PP 纤维,在裂缝发展的中后期,可以显著提高 SAP 内养生混凝土多点开裂之后的抗变形能力。正因为这两种纤维的协同作用,预裂后的混杂纤维-SAP 内养生混凝土的抗压强度才得以提升。

3.10.6　基于力学性能的 SAP 内养生混凝土配合比

根据各单一性能指标得出的 SAP 用量大体上一致,但不同特性的 SAP 产生的影响不完全相同。为了选出同时考虑多种性能最优的配合比,先优选出满足性能设计要求的组别,再对各单一性能指标测试值去量纲"归一化";为了便于数值计算而不失代表性,假定本研究中精选的各性能指标权重相同,再进行如下数值计算。

单一性能指标"归一化"去量纲:

$$R_i = \frac{V_i}{V_0} \tag{3-16}$$

综合各指标 T:

$$T_n = \sqrt[n]{R_1^{\pm} \cdot R_2^{\pm} \cdot \cdots \cdot R_n^{\pm}} \tag{3-17}$$

式中:$R_{i(n)}$——单一性能指标去量纲后的数值,正相关其指数为 +1,负相关为 -1;

V_i、V_0——混凝土某项性能的试验值和基准值;

n——各性能的指标个数;

T_n——"归一化"后综合性能指标。

基于各力学性能指标的"归一化",优选过程见表 3-28。

SAP 内养生混凝土力学性能指标"归一化"　　　　表 3-28

试验组号	28d 抗压强度 V_1/MPa	28d抗弯拉强度 V_2/MPa	28d 动弹性模量 V_3/GPa	"归一化"	单变量分组	优选
F0	41.7	5.13	40.09	1.000		★
F1	36	4.03	34.11	0.805		
F2	37.6	3.47	34.28	0.833		★
F3	42	3.51	34.7	0.842		
F4	42.9	4.58	35.86	0.937		★
F5	40.3	3.76	33.68	0.841		
F6	42.4	4.7	34.59	0.930		★
F7	39.7	3.97	36.6	0.876		
S0	45.8	3.48	40.97	1.000		★
S1	43	4.41	43.29	1.079		★
S2	43.3	4.37	41.69	0.985		
S3	43.4	4.34	40.83	1.056		
S4	37.5	4.04	41.15	1.065		★
S5	35.7	3.67	38.39	0.917		
S6	41.4	4.13	37.31	0.992		
S7	31.8	3.68	37.23	0.874		★

注:在单变量分组中相同矩形穿过的各行之间只有单一自变量,具有可比性;"★"表示在单一变量条件下比较 T 值得到的综合性能最优组。

　　总结上述研究,参考设计文件中相关规定,去除不符合构造物混凝土力学性能要求的试验组,"归一化"后根据其数值大小,从两种标号混凝土中基于力学性能分别优选出四组,得到:初期支护中的F0、F2、F4和F6,即初期支护混凝土在0.15%掺量下20~60目、40~80目和100~120目SAP均在吸液倍率为30倍下综合力学性能最优;二次衬砌中的S0、S1、S4和S7,即二次衬砌混凝土在22倍吸液倍率下,三种目数的SAP均在0.15%掺量下综合力学性能最优。

　　这里需要强调的是,基于力学性能得出的SAP内养生隧道衬砌混凝土配合比还需要经过抗裂性及抗渗性试验检验,方可用于实体工程。

3.11　本章小结

　　本章在Powers水泥水化理论的基础上,借助椭球型灰靶决策、正交分析等数学方法,对C40、C50内养生混凝土的配合比进行了分层次设计优化:先依据砂浆性能试验得到关键设计参数范围,再通过四因素三水平正交试验得到各因素显著水平和最佳水平组合,提出了SAP内养生混凝土配合比设计方法及主要控制指标和要求,又基于隧道衬砌混凝土配合比设计着重考虑了SAP自身特性和混杂纤维总掺量对SAP内养生混凝土力学性能的影响,主要得到以下结论:

　　(1)SAP能够在一定程度上控制胶凝材料的水化进程,使砂浆抗折强度的增长速率低于基准组。上述现象有利于抑制早期收缩微裂纹及降低水化放热峰值(减少温缩)。

　　(2)$W/B=0.37$时,掺加40~80目及100~120目SAP的砂浆在各组最佳掺量下的早期收缩率基本为0,减缩率约为99%;$W/B=0.31$时,最佳掺量下20~40目、40~80目、100~120目SAP砂浆早期平均减缩率分别为69.76%、89.27%、81.46%;在粒径和掺量合理的范围内,SAP能够在极大程度上抑制水泥基材料的早期收缩。

　　(3)SAP掺量和粉煤灰掺量对混凝土各项性能的影响最大。对于C40混凝土,SAP掺量越大,30min坍落度损失率越小;对于C50混凝土,30min坍落度损失率随SAP掺量的增大呈先减小后增大的规律;SAP掺量的增大对路面混凝土抗弯拉性能的影响较小,但对水泥混凝土耐久性的提升极为有利。

　　(4)基于系统论方法及Powers理论,对SAP内养生混凝土配合比进行了分层次设计,包括砂浆与水泥混凝土两个层次。首先,采用椭球型灰靶决策方法对砂浆抗折强度、抗压强度及收缩率进行了分析,确定了SAP最佳粒径及相应掺量范围;其次,以SAP掺量、砂率、粉煤灰掺量及减水剂掺量为考察因素,通过正交试验方法对路面混凝土坍落度损失率、抗弯拉及抗压强度、氯离子迁移系数进行了分析,得到了各项性能的显著性影响因素及规律,并确定了C40及C50内养生混凝土最佳配合比;最后,基于配合比设计试验结果,结合路面及桥梁混凝土受力特征,提出了SAP内养生混凝土各设计层次主要控制指标及要求。

　　(5)研究了SAP目数、掺量和吸液倍率等自身特性和混杂纤维总掺量对隧道混凝土力学性能的影响。当SAP掺量和吸液倍率均合适时,混凝土28d强度几乎不会降低。但如果掺入的SAP过量或者吸液倍率过大,混凝土强度会有显著的损失。随着SAP掺量的增加,动弹性模量和抗弯拉强度均逐渐递减;随着 SAP 目数的增大,动弹性模量和抗弯拉强度呈现出先上升后下降的趋势。基于力学试验结果可知,在初期支护混凝土中选用40～80目、0.15% 左右的掺量和30倍吸液倍率的 SAP 力学性能最佳;在二次衬砌混凝土中选用40～80目、SAP 掺量在0.05% 左右和22倍吸液倍率的 SAP 力学性能最佳。

(6)在 SAP 内养生混凝土中加入混杂纤维(玄武岩-聚丙烯纤维,固定其混杂比例为4∶1)不但能提高预裂混凝土 28d 的自愈合能力,而且当其总掺量为 4kg/m³ 时,可以大幅度提高预裂 SAP 内养生混凝土的抗压强度,最大增幅可达 17.5%。

● 本章参考文献

[1] 中华人民共和国交通部.公路工程水泥及水泥混凝土试验规程:JTG E30—2005[S].北京:人民交通出版社,2005.

[2] 中华人民共和国交通部.公路水泥混凝土路面施工技术规范:JTG F30—2003[S].北京:人民交通出版社,2003.

[3] 中华人民共和国建设部.混凝土用水标准:JGJ 63—2006[S].北京:中国建筑工业出版社,2006.

[4] 中国工程建设标准化协会.高性能混凝土应用技术规程:CECS 207—2006[S].北京:中国计划出版社,2006.

[5] 中华人民共和国交通运输部.公路水泥混凝土路面设计规范:JTG D40—2011[S].北京:人民交通出版社,2011.

[6] 中华人民共和国住房和城乡建设部,中华人民共和国国家质量监督检验检疫总局.岩土锚杆与喷射混凝土支护工程技术规范:GB 50086—2015[S].北京:中国计划出版社,2015.

[7] 覃潇.SAP 内养生路面混凝土水分传输特性及耐久性研究[D].西安:长安大学,2019.

[8] 申爱琴,郭寅川,等.基于 SAP 内养护的桥梁隧道混凝土抗裂性能研究[R].西安:长安大学,2020.

[9] 申爱琴,郭寅川,等.SAP 内养护隧道混凝土组成设计、性能及施工关键技术研究[R].西安:长安大学,2020.

[10] 申爱琴,郭寅川,等.广西湿热地区 SAP 内养生桥梁混凝土组成设计与性能研究[R].西安:长安大学,2020.

[11] 丑涛.季冻区纳米 SiO_2 改性 SAP 内养生路面混凝土耐久性研究[D].西安:长安大学,2022.

[12] 胡曙光,王发洲,丁庆军.轻集料与水泥石的界面结构[J].硅酸盐学报,2005,33(6):713-717.

[13] 迟培云,吕平,周宗辉.现代混凝土技术[M].上海:同济大学出版社,1997.

[14] FARZANIAN K, TEIXEIRA K P, ROCHA I P, et al. The mechanical strength, degree of hydration, and electrical resistivity of cement pastes modified with super absorbent polymers

［J］. Construction and building materials,2016,109:156-165.

［15］ 王发洲,商得辰,齐广华. SAP 对高水胶比混凝土塑性开裂的影响［J］. 建筑材料学报, 2015,18(2):190-194.

［16］ AUSTIN A A,AI-KINDY A A. Air permeability versus sorptivity:Effects of field curing on cover concrete after one year of field exposure［J］. Magazine of concrete research,2000,52 (1):17-24.

［17］ ALIZADEH F,GHODS P,CHINI M,et al. Effect of curing conditions on the service life design of RC structures in the persian gulf region［J］. Journal of material in civil engineering,2008, 20(1):2-8.

［18］ 曾德强. 早期养护方式对混凝土力学性能和耐久性的影响［D］. 重庆:重庆大学,2011.

［19］ 贺行洋,陈益民,马保国,等. 矿物掺合料细度及掺量对水泥石渗流微结构影响的分析 ［J］. 材料导报,2008,22(5):89-91,99.

［20］ DENG Zhiping,CHENG Hua. Compressive behavior of the cellular concrete utilizing millime-ter-size spherical saturated SAP under high strain-rate loading［J］. Construction and building materials,2016,119:96-106.

［21］ CRAEYE B. Reduction of autogenous shrinkage of concrete by means of internal curing［D］. Ghent:Ghent University (in Dutch),2006.

［22］ 沈春光,党耀国,裴玲玲. 混合型多指标灰靶决策模型研究［J］. 统计与决策,2010(12): 17-20.

第4章　SAP内养生混凝土水分传输特性及水化特征

混凝土在早期硬化阶段所产生的非荷载型裂缝是加速其耐久性劣化的重要原因之一,此类裂缝的产生主要源于塑性收缩、自收缩及干燥收缩效应引发的收缩应力。此外,水泥混凝土的收缩变形程度又与内部水分传输状态的依时情况密切相关。对于内养生混凝土而言,SAP凝胶持续释放的水分必将改变其原有水分传输状态和介质渗透性质,进而影响混凝土收缩性能及耐久性。

此外,水泥混凝土各性能的发展均与水泥"水化"有关,胶凝材料在水化反应进程中的水化放热量、放热速率以及水化程度等会对水泥混凝土收缩变形、力学性能及耐久性产生直接影响。对于SAP内养生水泥混凝土,SAP凝胶所储水分的动态释放会持续改变基体原本内部湿度,进而影响胶凝材料水化反应进程及内部热应力的大小,关乎材料原始损伤程度。因此,明确SAP内养生混凝土水分传输特性及水化特征,对于控制混凝土早期收缩开裂和性能设计具有重要的意义。

4.1　内养生水分依时含量及分布特征

水泥基材料中的水分包括化学结合水与可蒸发水两大类,其中可蒸发水又根据水泥浆体孔隙的尺寸分为凝胶水与毛细水,在SAP内养生水泥基材料中还包括被网络及氢键束缚在SAP内的水分。SAP内养生材料所预存的内养生水分以可蒸发水的形式释放于基体当中,进而改变其水分分布状态及后续水化特征。在胶凝材料不断水化的过程中,浆体中可蒸发水与化学结合水的含量及状态持续发生变化,而可蒸发水的含量及存在状态直接影响水泥基材料的收缩性能和耐久性。因此,SAP内养生水泥基材料不同龄期的水分存在状态研究是其耐久性增强机理研究的重点之一。

本节首先介绍水泥混凝土多孔介质中流体的弛豫机制,并利用低场^{1}H核磁共振(NMR)试验方法,阐述SAP内养生水泥混凝土各种形式水含量及其分布状态。

4.1.1　水泥混凝土多孔介质中流体的弛豫机制

水泥混凝土多孔介质中流体有着较为复杂的弛豫机制,为了更加明了地洞悉水泥混凝土多孔介质中流体的弛豫机制,可借助低频核磁共振技术来研究。低频核磁共振技术具有无损、快速、精准及可持续测量等诸多优势,主要用于测试多孔介质材料中水分存在的状态,可对水泥基材料毛细孔水、凝胶孔水等水分存在形式进行判断,定量表征各形式水分的含量。

采用核磁共振仪对核自旋系统进行射频场作用后,磁化矢量 M 偏离静磁场 B_0 方向;当射频场作用结束后,核自旋系统从高能级的非平衡状态恢复到低能级的平衡状态,且宏观磁化矢量 M 恢复到平衡状态,以上过程称为弛豫,该过程所需的时间称为弛豫时间。弛豫分为横向弛豫和纵向弛豫,因纵向弛豫测试时间 T_1 较长,故多采用横向弛豫时间 T_2 对流体参数进行表征。

多孔介质中流体的弛豫机制相比自由流体复杂得多,除与流体分子(水分子)及介质(水泥浆)自身性质有关外,还与流体分子与水泥浆孔隙界面之间的相互作用效应密切相关。Brownstein 与 Tarrtu 提出了具有较高普适性的受限流体弛豫模型,认为流体的横向弛豫行为主要受三方面因素影响:①表面流体的弛豫机制;②分子自扩散的弛豫机制;③自由流体的弛豫机制。水泥基材料等多孔介质孔隙中流体的 T_2 可用式(4-1)表示:

$$\frac{1}{T_2} = \frac{1}{T_{2S}} + \frac{1}{T_{2B}} + \frac{1}{T_{2D}} \tag{4-1}$$

式中:$\dfrac{1}{T_{2S}}$——颗粒表面的弛豫贡献;

$\dfrac{1}{T_{2B}}$——水自身的弛豫贡献;

$\dfrac{1}{T_{2D}}$——水分子扩散的弛豫贡献。

1)表面流体弛豫机制

自扩散运动是分子普遍存在的物理行为,在核磁共振测试中,被测质子会因水分子的自扩散运动而产生位移,导致水分子与孔隙表面发生相互作用,进而产生弛豫行为。

多孔介质的表面弛豫行为除受其组成的影响作用外,还与介质比表面积有关,多孔介质比表面积(孔隙总表面积 S/总体积 V)越大,说明孔隙越小,相应水分越少,弛豫则越强烈,反之则相反。表面弛豫可通过式(4-2)来表示,ρ_2 代表弛豫速率。

$$\frac{1}{T_{2S}} = \rho_2 \left(\frac{S}{V} \right)_{pore} \tag{4-2}$$

2)分子自扩散弛豫机制

任何体系的分子都在不停地做无规则的布朗运动,当体系处于不均匀静磁场时(如:①水泥基材料中孔壁磁导率与孔中水分的磁导率存在差异,即内磁场梯度;②磁体造成的静磁场梯度),各分子将分别产生不同的相位分散,而此分散不能用180℃脉冲来重新聚焦,就导致T_2弛豫的产生。其中T_2与流体扩散系数、NMR磁场梯度、旋磁比和CPMG脉冲序列中使用的回波间隔等多因素有关,因此流体的扩散弛豫可通过式(4-3)表示:

$$\frac{1}{T_{2D}} = \frac{D(\gamma G T_E)^2}{12} \tag{4-3}$$

式中:D——扩散系数;

　　γ——旋磁比;

　　G——磁场梯度,Gs/cm;

　　T_E——回波时间,s。

3)自由流体弛豫机制

自由流体弛豫机制属于流体本身的弛豫机制,其主要是邻近核自旋随机运动所产生的局部磁场涨落的结果,主要包括核内偶极矩的偶合、核磁矩与电子顺磁中心的偶合、核四极矩与电场梯度的偶合,以上偶合相互独立,弛豫速率是各部分弛豫速率之和。但对于多孔介质,其孔隙中流体的弛豫时间T_{2B}值一般在2~3s之间($\gg T_2$值),且流体本身的弛豫远远弱于表面弛豫,故式(4-1)中$1/T_{2B}$可忽略。另外,当磁场较为均匀,磁场梯度G及回波时间T_E较小,同时$B_0 \cdot T_E/2 \leqslant 0.5$Gs·s时,$1/T_{2D}$也可忽略,因此得到下式:

$$\frac{1}{T_2} \approx \frac{1}{T_{2S}} = \rho_2 \left(\frac{S}{V}\right)_{\text{pore}} \tag{4-4}$$

本章中永久磁体磁场强度为0.53T(即5300Gs),回波时间约为0.0002s,满足上述$B_0 \cdot T_E/2 \leqslant 0.5$Gs·s的条件,此时水泥基材料等多孔介质内部流体的弛豫很大程度上受制于表面弛豫机制。另外,单个孔隙内的弛豫时间与孔隙的比表面积直接相关,其属于单指数弛豫,但多孔介质中包含各尺寸孔隙(水泥基材料孔隙尺寸跨越纳米、微米及毫米级),这些孔隙均具有各自的弛豫时间。多孔介质的总弛豫则为单指数弛豫的叠加,由式(4-5)表达:

$$M_2(t) = M_2(0) \sum p_i \exp\left(\frac{-t}{T_{2i}}\right) \tag{4-5}$$

式中:$M_2(t)$——多孔介质t时刻的横向磁化矢量;

　　$M_2(0)$——初始横向磁化矢量;

　　T_{2i}——第i组分孔隙的横向弛豫时间;

　　p_i——第i组分孔隙在总磁化矢量中占的比例。

在核磁共振试验中可直接得到T_2衰减曲线,该衰减信号由各孔隙中流体的衰减信号叠加而成,叠加示意图如图4-1所示。可见孔隙越大,弛豫时间越长,反之亦然。

对于多孔介质的整体弛豫特征,需采用数学方法对所测得的弛豫衰减信号进行反演,即从总衰减信号中求得各弛豫分量T_{2i}及其相应p_i,从而得到弛豫时间谱。

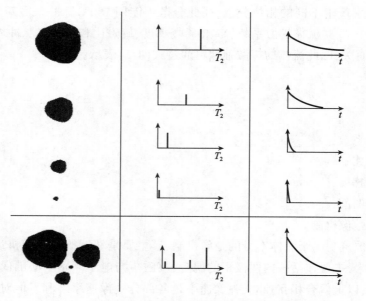

图 4-1   多孔介质多个指数弛豫衰减曲线叠加示意图

4.1.2   低场¹H 核磁共振(NMR)试验方法

水泥基材料中只有水分子中存在可移动 H 质子,弛豫信号量与 H 质子含量呈正比例关系,即弛豫信号量越大,表明可移动水分子含量越多。本节选择¹H 核磁共振谱,通过核磁共振分析仪测试得出的 NMR 横向弛豫时间 T_2(可反映水分的自由程度)来推断 SAP 内养生水泥混凝土中不同形式水的体积分数,从而定量表征 SAP 所释水分对水泥混凝土内部水分含量及分布特征的影响效应,探索不同形式水含量的演变规律。

采用上海纽迈电子科技有限公司生产的 PQ-001 型低频核磁共振分析仪(图 4-2),对不同水胶比、SAP 粒径及掺量下的内养生水泥-粉煤灰复合浆体进行弛豫试验。由于水泥混凝土中的水分主要存在于水泥浆体中,因此水泥-粉煤灰复合浆体中的水分依时含量可在很大程度上代表水泥混凝土中的水分依时含量,试验设计方案见表 4-1。

图 4-2   PQ-001 型低频核磁共振分析仪

核磁共振内养生水泥-粉煤灰复合浆体配合比及方案　　　　　　　　表 4-1

$W/B + W_{ie}/B$	SAP 粒径/目	SAP 掺量/ （占 B 的质量比，%）	水泥：粉煤灰	减水剂掺量/ （占 B 的质量比，%）
0.37	—			
0.37 + 0.043	20 ~ 40	0.092		
0.37 + 0.043	40 ~ 80	0.124		
0.37 + 0.037	100 ~ 120	①0.125（负波动掺量）	85：15	0.65
0.37 + 0.043	100 ~ 120	②0.145（配合比优化掺量）		
0.37 + 0.049	100 ~ 120	③0.165（正波动掺量）		
0.31	—			
0.31 + 0.056	20 ~ 40	0.158		
0.31 + 0.050	40 ~ 80	0.160（负波动掺量）	85：15	0.70
0.31 + 0.056	40 ~ 80	0.180（配合比优化掺量）		
0.31 + 0.062	40 ~ 80	0.200（正波动掺量）		
0.31 + 0.056	100 ~ 120	0.215		

测试龄期：15min、4h、10h、1d、3d、7d、28d

注：第 2 章中所得最佳 SAP 粒径组在中间掺量下所对应的内养生水量与其他两种粒径组相同。

　　表 4-1 中 SAP 优化掺量、水泥与粉煤灰的比例以及减水剂掺量均为第 3 章配合比优化所得出的最优结果。为对比不同粒径 SAP 对水泥基材料水分含量的影响，对于非最佳粒径的 SAP，设置其内养生额外引水量与最佳粒径掺量下的内养生额外引水量保持一致。同时，对最佳粒径 SAP 的掺量分别设置正、负波动掺量，研究 SAP 掺量对浆体水分含量的作用效果。

　　测试方法：根据表 4-1 配制 SAP 内养生水泥-粉煤灰复合浆体，拌和均匀后转移至如图 4-3 所示的透明试管（外径 2.5cm）中待测。对于拌和初期的浆体（测试龄期在 10h 内），直接在试管中等到相应龄期时进行测试，对于硬化后（1d、3d、7d、28d）的浆体，将新拌复合浆体倒入塑料圆柱体模（尺寸：$d = 2.4$cm，$h = 3$cm）后，置于 20℃ ±2℃ 的养护室进行养生，到相应龄期时取出脱模，然后放入试管中进行测试。

图 4-3　核磁共振浆体试样

　　测试参数如下：永久磁体磁场强度 0.53T；质子共振频率 23Hz；试验温度恒定 32℃；CPMG 脉冲序列半回波时间 $\tau = 110\mu$s，回波个数 464；射频场脉冲频率范围 1 ~ 30MHz，精度 0.01Hz。通过 InvFit 软件对采集的弛豫信号进行反演拟合，得到 T_2 弛豫时间分布图谱。此外，通过 T_2 弛豫时间分布图谱中各弛豫峰的包络面积可计算出浆体中凝胶水、毛细水等可蒸发水的体积分数。

4.1.3　横向弛豫时间及弛豫峰分析

根据表4-1试验方案对不同水胶比、SAP粒径及掺量下的水泥-粉煤灰复合浆体的弛豫时间 T_2 进行测试。考虑内养生水量占总水量的比例较小,为便于数据分析,在 T_2 图谱的绘制过程中将内养生水量造成的右侧峰强度进行 3 倍增强。由于不同 SAP 掺量下的浆体图谱数值变化情况均呈现掺量越大,弛豫时间 T_2 越小的一致性规律,故此处仅以相同内养生引水量、不同 SAP 粒径下的浆体 T_2 为例进行分析,在 4.1.4 节的各形式水含量分析中再列出所有 SAP 掺量下的浆体的水分分布计算结果。核磁 T_2 图谱见图4-4、图4-5。

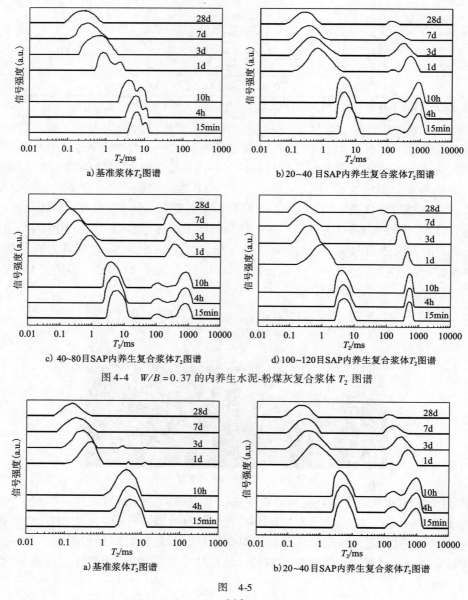

a) 基准浆体T_2图谱　　　　b) 20~40目SAP内养生复合浆体T_2图谱

c) 40~80目SAP内养生复合浆体T_2图谱　　d) 100~120目SAP内养生复合浆体T_2图谱

图 4-4　$W/B = 0.37$ 的内养生水泥-粉煤灰复合浆体 T_2 图谱

a) 基准浆体T_2图谱　　　　b) 20~40目SAP内养生复合浆体T_2图谱

图　4-5

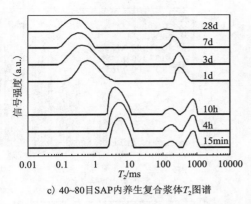
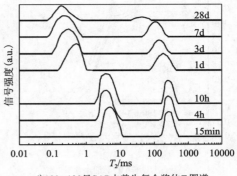

c) 40~80目SAP内养生复合浆体T_2图谱　　　　d)100~120目SAP内养生复合浆体T_2图谱

图4-5　$W/B = 0.31$ 的内养生水泥-粉煤灰复合浆体 T_2 图谱

由图4-4和图4-5可以发现，不掺加SAP的基准浆体仅有一个弛豫主峰，而掺加SAP的浆体弛豫主峰除左峰以外还包含1~2个右峰。对比认为，在内养生浆体拌和15min至终凝时间10h范围内，左峰因新拌浆体絮凝结构中的毛细水产生，而右峰则由SAP中的束缚水造成。

随着养生龄期的增长，浆体弛豫时间 T_2 不断减小，各主峰峰值持续降低。说明随着胶凝材料的持续水化，浆体中原有毛细水逐渐转化为凝胶水或化学结合水，水化产物不断填充浆体，孔隙不断被细化，致使孔中水分与孔壁的碰撞频率增大，弛豫时间减小。

水胶比为0.37的基准浆体在15min~1d龄期范围内的主峰具有"双峰"特征[图4-4a)]，双峰之间的交界点在7ms左右；而水胶比为0.31的基准浆体则呈"单峰"[图4-5a)]。究其原因，水胶比为0.37的浆体初始自由水量远大于水胶比为0.31的浆体，1d时大部分未反应的可蒸发水进入水化产物孔中成为凝胶水，但仍残留部分毛细水，而水胶比为0.31的浆体由于水分含量较低，其可蒸发水几乎全部进入水化产物孔中迅速成为凝胶水。因此可将7ms作为区别凝胶水与毛细水的临界值。

两种水胶比下SAP粒径对浆体的弛豫情况影响规律相似，此处以水胶比为0.37浆体的 T_2 图谱为例进行分析。从图4-4中可见，不同SAP粒径下的内养生弛豫峰包络面积基本相同，这与试验中加入的内养生水量完全相符。值得注意的是，SAP粒径越小，内养生弛豫峰的位置区间范围越小，但峰值有所增加，如1d龄期时20~40目、40~80目、100~120目粒径下浆体弛豫峰位置区间分别为120~900ms、200~905ms、310~600ms，峰值分别为1、1.03和1.1，说明SAP粒径越小，分布越广。其次，SAP粒径越大，左峰包络面积随龄期的减小速度越快，说明20~40目SAP释水速率较快，而100~120目SAP能够循序渐进地释放水分，保证水化进程的均匀进行。

4.1.4　SAP 内养生水泥混凝土各形式水含量及分布状态

弛豫峰的包络面积与浆体水分含量呈正相关，通过对不同内养生浆体 T_2 图谱中各弛豫峰的包络面积进行求解，并基于凝胶水与毛细水的临界弛豫时间，可准确计算出凝胶水、毛细水及内养生水含量占初始总拌和水量（包括内养生水）的比例。各形式水含量随龄期的变化规律详见图4-6。

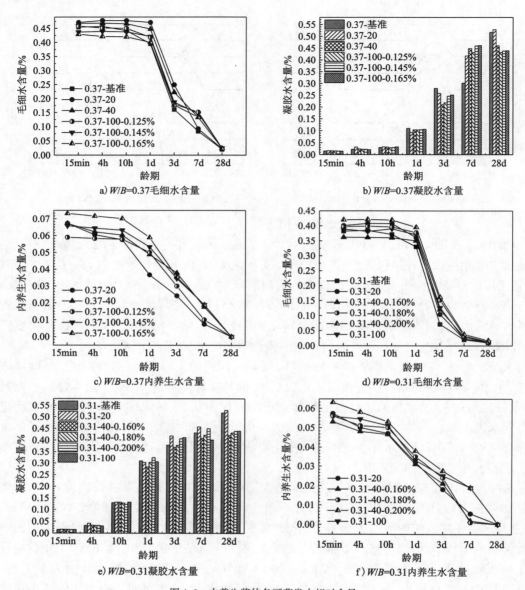

a) W/B=0.37毛细水含量

b) W/B=0.37凝胶水含量

c) W/B=0.37内养生水含量

d) W/B=0.31毛细水含量

e) W/B=0.31凝胶水含量

f) W/B=0.31内养生水含量

图4-6 内养生浆体各可蒸发水相对含量

由图4-6可知,计算出的内养生水初始含量与实际含量相近,说明采用此方法确定各形式水的含量是科学的。另外,水胶比越低,内养生水量随龄期的降低速率越快,早期毛细水含量越少,凝胶水含量越多。

SAP粒径对浆体各形式水含量的影响较为显著;SAP掺量除对内养生水含量影响较大以外,对毛细水、凝胶水含量影响均较小,并遵循SAP掺量越大,各龄期毛细水含量越多,内养生水含量越多,10h~28d凝胶水含量也越多的规律。

1) $W/B = 0.37$ 时

在毛细水方面,由图4-6a)可知:终凝(10h)前,20~40目、40~80目SAP浆体毛细水含量大于基准浆体,而100~120目SAP浆体毛细水含量则小于基准浆体。说明前两种粒径SAP

在浆体终凝前出现小幅释水,而 100~120 目 SAP 则能较好地锁住内养生水,并吸收部分拌合水,故毛细水含量有所降低;7d 龄期时,100~120 目 SAP 浆体毛细水含量反而最高,随之是 40~80 目、20~40 目和基准浆体,100~120 目、40~80 目 SAP 浆体中毛细水含量明显大于基准浆体,说明在 7d 时二者仍处于释水养生阶段,而 20~40 目 SAP 则基本完成释水。

在凝胶水方面,由图 4-6b)可知:终凝(10h)前,SAP 粒径越大,释水量越大,凝胶水含量也就越大;7d 龄期时,规律则相反,说明此时较小粒径的 SAP 仍在释水,而较大粒径的 SAP 已基本停止释水,这与毛细水含量分析中的结论一致;28d 龄期时,凝胶水含量由大到小排列顺序再次恢复为 20~40 目 >40~80 目 >100~120 目,这是因为较小粒径 SAP 循序渐进的释水进程可更好地促进胶凝材料水化,致使凝胶水转化为化学结合水的比例大幅增加,凝胶水含量因此降低。

在内养生水方面,由图 4-6c)可知:初凝(4h)前,SAP 内养生水含量由大到小排序为 100~120 目 >40~80 目 >20~40 目,但粒径越大保水性越弱,故 4h~7d 龄期,内养生水含量由大到小排序为 100~120 目 >40~80 目 >20~40 目,再次说明了粒径较小的 SAP 能够从时间上及空间上均匀地对浆体进行内养生。

2)$W/B = 0.31$ 时

在毛细水方面,根据图 4-6d)可知,终凝(10h)前,各 SAP 粒径下浆体的毛细水含量均大于基准浆体,由大到小排为 40~80 目 >20~40 目 >100~120 目 >基准,这说明各内养生浆体在终凝前均出现小幅释水;7d 龄期时,40~80 目 SAP 浆体毛细水含量在各粒径之间最高,20~40 目及 100~120 目 SAP 浆体二者毛细水含量接近,这说明 40~80 目 SAP 内养生持续时间最长,而 20~40 目及 100~120 目 SAP 释水速率较快。

在凝胶水方面,根据图 4-6e)可知,与 $W/B = 0.37$ 时一样,终凝(10h)前,SAP 粒径越大,释水量越大,凝胶水含量也就越大,而到了 7d 龄期时规律则相反,即较小粒径的 SAP 仍在释水,而较大粒径 SAP 已基本停止释水;28d 龄期时,凝胶水含量由大到小排列顺序再次恢复为 20~40 目 >100~120 目 >40~80 目,其中 40~80 目与 100~120 目浆体凝胶水含量接近,说明二者能够较好地促进胶凝材料水化,增大凝胶水转化为化学结合水的数量。

在内养生水方面,由图 4-6f)可知,4h~3d 龄期,内养生水含量由大到小排序为 40~80 目 >100~120 目 >20~40 目;7d 时,内养生水含量由大到小排序为 100~120 目 >20~40 目 >40~80 目,其中 20~40 目和 40~80 目接近,同样说明了较小粒径 SAP 能够从时间及空间上均匀地对浆体进行内养生。

4.2 SAP 内养生混凝土内部相对湿度发展规律

4.2.1 养生制度及温、湿度测试方法

1)养生制度设定

SAP 内养生材料的加入主要在于抑制水泥混凝土自干燥收缩和干燥收缩,考虑试验量的合理性与科学性,本章在介绍 SAP 内养生混凝土内部相对湿度发展规律时,对基准组、配合比

优化所得最佳SAP粒径掺量下的混凝土分别设置两种养生条件,包括密封养生和自然养生,平行对比两种养生条件下内养生混凝土收缩变形及内部温、湿度的变化情况。密封养生的目的主要在于研究SAP对混凝土自收缩的影响,而自然养生是为了研究SAP对混凝土整体收缩的影响。

两种养生的环境温度均设定为20℃±2℃,其中密封养生采用环氧树脂将试件与空气隔绝,自然养生相对湿度(RH)控制在70%±5%RH。其余SAP粒径及掺量下的混凝土养生方式为自然养生。

2)相对湿度及温度测试方法

为保证数据的精准性,采用深圳市莫尼特仪器设备有限公司生产的MIC-TD-TM型温湿度一体化传感器(图4-7)持续监控水泥混凝土内部毛细孔温度及湿度的变化情况,其配套的MIC-DVD-4型数字数据采集器具有自动记数及远程操控等功能,如图4-8所示。数据监控持续时间为28d,数据采集间隔时间为1h,备测试块尺寸为100mm×100mm×100mm,传感器在水泥混凝土浇注入模后便垂直嵌入试件内部中心处,并用油黏土将试件表面密封。试件在标准养生室中养生24h,脱模后即开始测试。

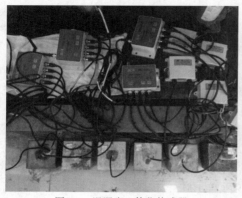

图4-7 温湿度一体化传感器

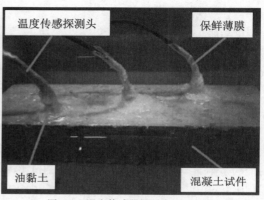

图4-8 湿度传感器探测头埋置方法

另外,考虑混凝土沿板深度方向具显著分层特点,自上而下存在非线性湿度及收缩梯度,因此对于基准组水泥混凝土及最佳SAP粒径掺量下的混凝土,特别成型大尺寸(400mm×400mm×100mm)薄板,对距试件表面1/4、1/2、3/4处的湿度进行检测,研究内部湿度垂直空间分布特征,示意图和实际测试图分别如图4-9、图4-10所示。

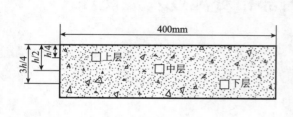

图4-9 湿度垂直空间测试示意图

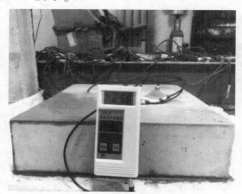

图4-10 大尺寸水泥混凝土板

3)配合比

温、湿度测试配合比方案与核磁共振研究中 SAP 材料参数及内养生额外引水量配合比方案一致,二者不同的是此处试件采用水泥混凝土试件,其中胶凝材料、粗细集料配合比采用第 3 章经优化后的最佳配合比,详见表 4-2。

温、湿度测试配合比方案 表 4-2

序号	各项材料用量/(kg/m³)							
	水 + 内养生水	SAP	水泥	粉煤灰	砂	10 ~ 20mm 粗集料	5 ~ 10mm 细集料	减水剂
C40-基准	160	0	368	65	745	790	198	2.81
C40-20	160 + 18.57	0.398						
C40-40	160 + 18.57	0.537						
C40-100-0.125%	160 + 16.01	0.541						
C40-100-0.145%	160 + 18.57	0.628						
C40-100-0.165%	160 + 21.13	0.714						
C50-基准	155	0	450	50	748	818	215	3.50
C50-20	155 + 27.90	0.790						
C50-40-0.160%	155 + 24.80	0.800						
C50-40-0.180%	155 + 27.90	0.900						
C50-40-0.200%	155 + 31.00	1.000						
C50-100	155 + 27.90	1.075						

注:C40-100-0.125% 中第一项 C40 代表抗压强度,第二项 100 代表 100 ~ 120 目粒径的 SAP,第三项 0.125% 表示 SAP 掺量。

4.2.2　SAP 粒径对混凝土内部相对湿度发展的影响

试验测得不同 SAP 粒径下 C40 和 C50 内养生混凝土 28d 龄期内的内部相对湿度发展曲线如图 4-11 所示。

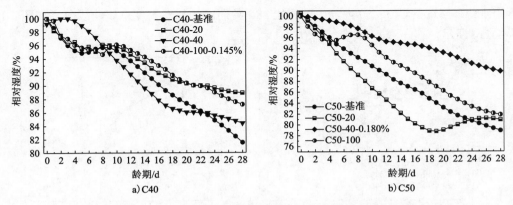

图 4-11　不同 SAP 粒径下内养生混凝土 28d 龄期内相对湿度发展曲线

由图 4-11 发现,SAP 的加入能够在一定程度上抑制水泥混凝土湿度的降低,但对于个别粒径的 SAP,其湿度补偿效果低于基准组。C40-40 组的相对湿度即便在 7d 后低于基准组,但其早期(7d前)相对湿度远大于基准组,其对于降低早期收缩仍具有积极作用。但 20~40 目 SAP 颗粒间距较大,内养生范围较小,致使 C50-20 组的相对湿度低于基准组。可见,在相同的内养生水量下,SAP 粒径对水泥混凝土湿度发展影响显著。

SAP 的湿度补偿作用效果还与强度等级相关,总体来说,对 C50 水泥混凝土相对湿度的提升百分比高于 C40 水泥混凝土,这是因为 C50 水泥混凝土水胶比较低,湿度下降速度较快,而内养生水分能够及时补足水分消耗,故对湿度提升的程度也就更大。

1) C40 混凝土

根据图 4-11a) 可知,3d 龄期时,C40-20、C40-40 及 C40-100-0.145% 组的相对湿度分别比基准组提高了 0.14%、4.15% 和 1.03%。其中 40~80 目 SAP 对 3d 龄期内的相对湿度提升效果最为显著,推测是因其分布范围比 20~40 目 SAP 更广,而释水速率又快于 100~120 目 SAP;但在 7d 龄期后,C40-100-0.145% 组的相对湿度逐渐达到最大,在 14d 时比基准混凝土提升了 2.56%,其次是 20~40 目,而 40~80 目甚至低于基准混凝土。以上现象再次证明了 100~120 目 SAP 能够在较长龄期范围内对水泥混凝土进行湿度补偿,而 40~80 目 SAP 由于早期释水较快,在 7d 龄期后内养生效果微弱。

2) C50 混凝土

由图 4-11b) 分析得出,C50 混凝土的 SAP 的释水加速期相比 C40 混凝土有所提前,从 4d 开始加速释水内养生。与 C40 混凝土的不同在于,C50 混凝土中各粒径 SAP 的内养生优劣程度差异不随龄期而发生显著改变,湿度补偿效果按优劣排序为 40~80 目 > 100~120 目 > 20~40 目。分析是因为 C50 混凝土水胶比仅为 0.31,相应新拌混凝土的稠度高,致使 100~120 目 SAP 出现"团粒子"现象而难以均匀分散,20~40 目 SAP 又存在过早释水的问题,而 40~80 目 SAP 的粒径尺寸和保水性能均适中,其集中了其他两种粒径 SAP 的优点,从而有效增大水泥混凝土相对湿度。

4.2.3 SAP 掺量对混凝土内部相对湿度发展的影响

不同 SAP 掺量下 C40、C50 内养生混凝土 28d 龄期内的相对湿度发展曲线分别如图 4-12a) 和图 4-12b) 所示。

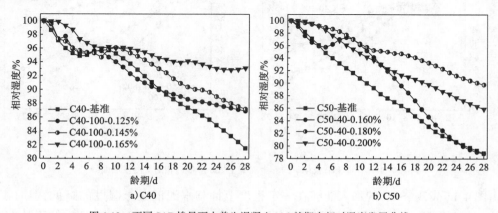

图 4-12 不同 SAP 掺量下内养生混凝土 28d 龄期内相对湿度发展曲线

由图 4-12 可见,C40、C50 基准混凝土在 28d 时的相对湿度分别为 81.53% RH 和 78.88% RH,而在最佳 SAP 湿度补偿状态下,28d 时的相对湿度分别可达到 93.12% RH 和 89.78% RH。

1)C40 混凝土

从图 4-12a)可观察到,对于 C40 混凝土,基体相对湿度随着 SAP 掺量的增大而增大。在 7d 龄期前,3 种掺量下混凝土的相对湿度均高于基准混凝土,而在 7d 后,掺量为 0.125% 的 SAP 由于颗粒数量及内养生水量相对最少,因此在单位面积内的养生面积也最小,而单位面积内所需要的内养生补偿水分是固定的,故该掺量下 SAP 较早释放出大部分水分,故其基体的相对湿度不存在优势;0.145% 和 0.165% 两种掺量下的 SAP 对混凝土的湿度补偿效果则较为显著。

2)C50 混凝土

通过图 4-12b)可知,C50 混凝土的内部相对湿度并不随着 SAP 掺量的增加而增大,其中中间掺量(0.180%)的相对湿度持续保持最高,而在最低掺量(0.160%)下基体的相对湿度呈现降低—升高—降低的变化趋势。分析认为,以上现象与水泥混凝土对 SAP 产生的"湿度差"释水驱动力密切相关。

SAP 掺量为 0.180% 和 0.200% 时,其颗粒数目及内养生水量较多,释水力度较大,能够持续、均匀且缓慢地补充基体所缺水分,因此毛细孔负压能够持续得到缓解,毛细孔对 SAP 产生的释水驱动力也较为稳定。

SAP 掺量为 0.160% 时,SAP 在 4d 时开始加速释水,基体相对湿度骤然增大,在 8d 龄期时达到峰值,并与最大掺量下对应的相对湿度接近。这是因为 C50 水泥混凝土水胶比低,在 3 ~ 4d 时大部分毛细水已转化为凝胶水与化学结合水,并伴随强烈的毛细孔"自干燥效应",但此时 SAP 掺量及内养生水量较少,混凝土中毛细孔负压就会对 SAP 产生较大"湿度差"驱动力,致使 SAP 加速释水,当过了加速阶段后,相对湿度则迅速下降至其余两种掺量时的湿度之下。

4.2.4 不同养生条件下混凝土内部相对湿度发展规律

C40、C50 基准及内养生混凝土在密封养生及自然养生两种情况下的相对湿度发展规律如图 4-13 所示。

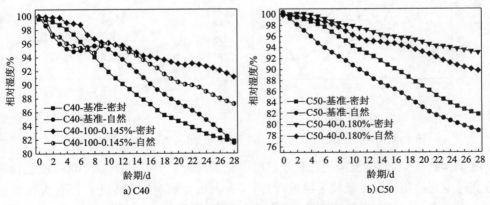

图 4-13 不同养生条件下内养生混凝土 28d 相对湿度发展曲线

观察图 4-13b)可知,在 0~28d,C50-40-0.180% 内养生组在自然养生条件下的相对湿度甚至高于在密封养生条件下的 C50 基准组,而 C40-100-0.145% 内养生组在自然养生条件下的相对湿度与 C40 基准组存在交集[图 4-13a)];C40、C50 基准组在自然养生条件下的 28d 相对湿度分别为 81.53% RH 与 78.88% RH,而进行内养生后,自然养生条件下 C50 混凝土 28d 相对湿度(89.78% RH)反而高于 C40 混凝土(87.19% RH)。可见,无论是密封养生条件还是自然养生条件,SAP 对 C50 混凝土内部湿度的补偿效果均优于对 C40 混凝土。

对于 C40 混凝土,由图 4-13a)可知,因避免了早期水分蒸发,密封养生条件下 C40 基准混凝土 7d 龄期前的相对湿度均高于自然养生条件,但 7d 龄期后密封养生条件下的相对湿度逐渐低于自然养生条件下的相对湿度。究其原因,7d 龄期后水泥混凝土的水化进程趋于稳定,前者由于持续保持密封,当内部自由水转化为凝胶水或化学结合水后,水泥混凝土无法从空气中获得水分,而后者能够与外界进行水交换,因而密封养生条件下基体相对湿度在后期低于自然养生条件。但对于 SAP 内养生混凝土,即使在 8d 龄期时两种条件对应的相对湿度出现接近的趋势(分别为 96.71% 和 94.67%),但密封养生条件下的相对湿度在 28d 龄期内始终均高于自然养生条件下的相对湿度,说明 SAP 的释水进程能够使基体保持高湿状态,这对于减缓自收缩效应非常有利。

对于 C50 混凝土,由图 4-13b)可知,不同养生条件下 C50 混凝土的相对湿度变化规律非常明显,随着龄期的增长,内养生混凝土与基准混凝土之间的相对湿度差距逐渐增大,前者远高于后者,尤其对于自然养生条件,该差距的增长速率更快。

4.2.5　内养生混凝土内部相对湿度垂直空间分布特征

图 4-14 展示了 C40 基准混凝土和内养生混凝土大尺寸板上层、中层及下层的相对湿度垂直空间分布测试结果。

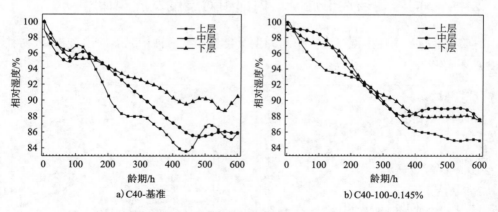

a)C40-基准　　　　　　　　　　　b)C40-100-0.145%

图 4-14　C40 基准混凝土及内养生混凝土 28d 相对湿度垂直空间分布测试结果

由图 4-14a)可知,基准混凝土在胶凝材料水化加速阶段[约 7d 龄期(168h)前],混凝土板不同垂直深度处的相对湿度值较为接近,但当其进入水化稳定期(7d 左右)后,混凝土板的相对湿度垂直分布开始呈现出梯度性特征,体现为上层 < 中层 < 下层。其中包括以下原因:①水

泥混凝土同时承受外界水分蒸发与胶凝材料水化耗水效应两种水分耗散效应,但在水化加速阶段混凝土板各层位所承受的胶凝材料水化耗水效应占主导地位(毛细水迅速转化为凝胶水和化学结合水),导致上层、中层及下层的相对湿度均迅速降低,而外界水分蒸发对其相对湿度影响较小;②进入水化稳定期后,胶凝材料水化耗水效应较弱,此时外界环境对混凝土板的水分蒸发效应占主导,尤其是直接暴露在空气中的表层混凝土湿度降低速度会更快,因此出现梯度性特征;③混凝土在成型过程中采用的振动提浆工艺致使其结构自身具垂直分层特征,其表层存在水胶比较高的砂浆层,且水胶比自上而下逐渐降低,致使表层混凝土更容易因水分蒸发效应而失水,其次是中层、下层混凝土。

采用 SAP 进行内养生后,由图 4-14b)可知,混凝土板的相对湿度降低速度明显低于基准混凝土,特别是早龄期阶段,3d 龄期(72h)时板上、中、下层混凝土均能保持高湿度状态;进入水化稳定期后,内养生混凝土各层位之间的相对湿度差异并非如基准混凝土那样随龄期的增大而增大,而是逐渐减小,在 10d 龄期(240h)左右时各层位相对湿度值甚至出现交会点。说明 SAP 在内养生阶段能够有效减小各层位之间的湿度梯度,上层混凝土失水程度最大,SAP 对该层位的补水量也就最多,其次是中层、下层,此特征对于抑制水泥混凝土的湿度翘曲应力极为有利;当 SAP 释水完毕后,板内湿度在外界干燥的作用下逐渐转变为上层 < 中层 < 下层,但三者之间的湿度仍保持非常接近的状态。

对于 C50 混凝土,其大尺寸板各垂直深度处的相对湿度分布情况见图 4-15。

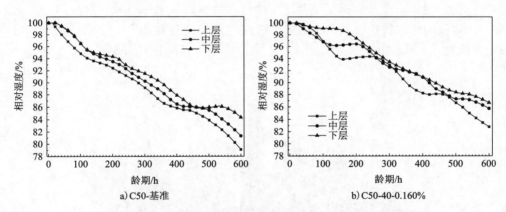

a) C50-基准　　　　　　　　　　　　b) C50-40-0.160%

图 4-15　C50 基准混凝土及内养生混凝土 28d 相对湿度垂直空间分布测试结果

由图 4-15 可知,对于 C50 混凝土,SAP 的加入能够将上层、中层和下层混凝土的 28d 龄期(672h)相对湿度分别提升 4.67%、5.41% 和 2.73%;基准混凝土和内养生混凝土的相对湿度垂直空间分布特征均基本表现为上层 < 中层 < 下层;与 C40 内养生混凝土相同的是,C50 内养生混凝土中层、下层的相对湿度较为接近,同时各层位之间的相对湿度差异随着龄期的增长而逐渐减小 ,并分别在 12d 龄期(288h)及 22d 龄期(528h)附近出现交会点,之后即使各层位混凝土之间的湿度差有所增大,但相差较小。

基于此,无论是 C40 还是 C50 混凝土,SAP 的加入均能在提高整体相对湿度的前提下,大幅缩小各层位之间的相对湿度差,从而对抑制混凝土板的湿度翘曲应力起到积极作用。

4.3 内养生混凝土收缩性能与水分传输特性关系研究

4.3.1 收缩变形测试方法

目前部分研究者采用位移-温度-湿度一体化测试装置,对水泥混凝土试件收缩变形及温、湿度变化情况进行一体化测试,进而分析龄期范围内水泥混凝土收缩性能与内部温、湿度的关系。本研究考虑温湿度传感器的埋设可能改变试件内部形变,对收缩变形的测试造成影响,因此在论述内养生混凝土收缩性能与水分传输特性关系时对收缩变形单独成型试件进行测试。

收缩变形采用深圳市莫尼特仪器设备有限公司生产的 MIC-YWC-5 型位移计配套 MIC-DCV-4 型电压数据采集器进行测试,试件为 100mm × 100mm × 400mm 的棱柱体,如图 4-16 所示。为保证试件测试面平整,将一载玻片置于测头及水泥混凝土测试面之间进行调平。数据监控持续时间同样为28d,采集间隔时间为1h。收缩变形测试试验方案与温、湿度配合比测试方案一致,见表 4-2。由于该测试系统测试出的位移数据均以电压(单位:mV)的形式输出,故须根据厂家提供的相应转换公式及各通道灵敏度值 A,将电压转化为位移值(微应变 $\mu\varepsilon$)再进行分析,转换公式见式(4-6)。

$$\mu\varepsilon = (U_t - U_0)/(1000 \times A \times 400 \times 10^6) \tag{4-6}$$

图 4-16　水泥混凝土位移测试传感器

考虑 SAP 主要在 7d 龄期内对水泥混凝土起到减缩、抑制微裂纹作用,因此试件在标准养护室中养护24h 后,对其进行脱模,取出后立即对其收缩性能进行测试。养生制度与温、湿度测试试验相同。

4.3.2　收缩变形与内部温、湿度发展全曲线

混凝土的收缩变形与其内部相对湿度密切相关,胶凝材料水化耗水或扩散失水会引起毛细孔静水张力增大从而出现收缩,而当毛细孔中水分含量上升时,混凝土则会出现湿胀现象。脱模后早龄期(主要是 1～3d 之间)水泥混凝土的收缩变形是自收缩、干燥收缩及水化热温度收缩共同作用的结果,而 3d 后水化热造成的温度变化对总收缩量的贡献则可忽略不计。此外,SAP 在 3d 前所释放出的内养生水必然会对胶凝材料的水化放热进程及放热峰值造成影响。

基于此,在考虑早期水化放热因素的情况下研究 SAP 内养生混凝土收缩变形随龄期的发展情况,并分析收缩变形与内部相对湿度、温度之间的关系,对于 SAP 的使用参数设计及混凝土的收缩调控具有重要理论研究与指导意义。

1)C40、C50 内养生混凝土收缩变形分析

为更好地对内养生混凝土收缩变形与湿度、温度之间的关系进行研究,首先对其收缩性能的变化规律进行大致趋势分析。不同强度等级、SAP 粒径及掺量、养生条件下的混凝土在 28d 内的收缩变形发展情况如图 4-17 所示。

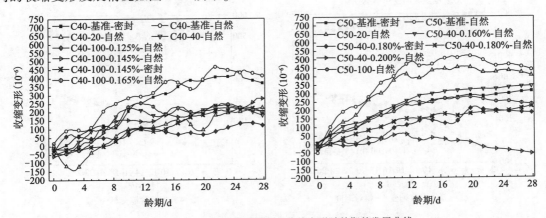

图 4-17　C40、C50 内养生混凝土收缩变形随龄期的发展曲线

由图 4-17 可见,无论是密封养生还是自然养生条件,SAP 的加入均能够大幅降低混凝土的收缩变形值。在相同自然养生条件下,C40 基准混凝土与内养生混凝土收缩变形之间的差值小于 C50 混凝土,这与 4.2 节中相对湿度的差值规律完全相符;同时,C40-100-0.145% 混凝土密封养生和自然养生之间的收缩变形差值大于 C50-40-0.180% 在以上两种养生条件下的收缩变形差值,说明即使在水分不断蒸发的自然养生环境下,C50-40-0.180% 混凝土也能够保持较高的相对湿度及较小的湿度收缩,即水胶比越低,SAP 对混凝土的减缩效果越优良。

2)不同类型收缩变形与湿度、温度之间的关系解析

对于密封养生的水泥混凝土,其 1～3d 的收缩变形主要包括因胶凝材料水化产生的自收缩、水化热温度收缩,3d 后的收缩变形则主要由自收缩贡献;对于自然养生的水泥混凝土,1～

3d 的收缩变形由自收缩、干燥收缩及水化热温度收缩三者组成,3d 后则主要由自收缩和干燥收缩组成。因本章中 C40、C50 混凝土的 $W/B < 0.42$,水胶比较小,故 3d 后自收缩占主导地位。

（1）C40 混凝土

图 4-18 为 C40-基准、C40-100-0.145% 试件在各养生条件下的收缩变形-温、湿度发展曲线。

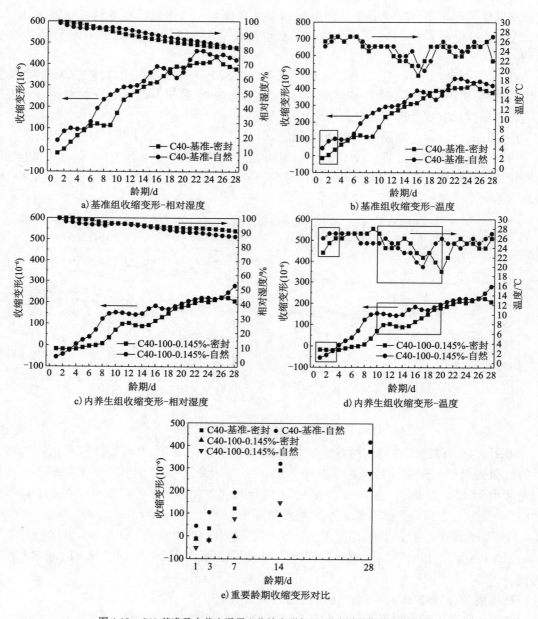

图 4-18　C40 基准及内养生混凝土收缩变形与温、湿度随龄期的发展曲线

由图 4-18e)可见,在各重要龄期(1d、3d、7d、14d、28d)时各组收缩变形值由大到小的排序均为 C40-基准-自然 > C40-基准-密封 > C40-100-0.145%-自然 > C40-100-0.145%-密封。随着龄期的增长,内养生组的收缩变形改善效果变化平稳。

由图 4-18c)可知,1 ~ 28d 范围内,C40-100-0.145%试件在密封、自然养生下的相对湿度变化范围则分别为 99.91% ~ 91.14% RH、99.71% ~ 87.19% RH,收缩变形变化范围分别为 $-16.88\mu\varepsilon$ ~ 207.45$\mu\varepsilon$、$-54.51\mu\varepsilon$ ~ 278.77$\mu\varepsilon$;由图 4-18a)可知,C40-基准试件在密封、自然养生下的相对湿度变化范围分别为 99.51% ~ 81.78% RH、98.66% ~ 81.53% RH,收缩变形变化范围分别为 $-14.34\mu\varepsilon$ ~ 376.00$\mu\varepsilon$、44.67$\mu\varepsilon$ ~ 418.50$\mu\varepsilon$。由上述可知:①C40-基准、C40-100-0.145%试件在密封养生下的整体收缩变形值均小于自然养生;②相对湿度的变化与水泥混凝土自收缩、整体收缩之间具有高度相关性;③密封养生条件下,SAP 将试件 28d 内的最低湿度提升了 11.45%,将最大自收缩变形值降低了 44.83%;④自然养生条件下,SAP 将试件 28d 内的最低相对湿度提升了 6.94%,将最大收缩变形值降低了 33.39%。说明 100 ~ 120 目 SAP 能够有效补充 C40 水泥混凝土内部相对湿度,同时削弱自收缩及干燥收缩效应。

具体分阶段分析如下:

1 ~ 3d 期间:由图 4-18c)或图 4-18d)可知,C40-100-0.145%的收缩变形值(自收缩值 + 温缩值)非常稳定,虽然体现出微膨胀状态,但其变形值基本趋于 0,微膨胀现象的产生主要包括以下两方面原因:①SAP 内养生水分的少量释放会加速 AFt 晶体(具膨胀性)的生成,同时水泥及粉煤灰胶体粒子吸附水膜后会有所增厚,导致粒子间距增大,产生微膨胀;②结合胶凝材料水化动力学可知,1 ~ 3d 是水化速率增长及水化放热的高峰期,水化热会使混凝土产生一定的温升,如图 4-18d)所示,致使混凝土发生膨胀。对于 C40-基准试件,由图 4-18b)可知,其 1 ~ 3d 期间的自收缩变形值及整体收缩变形值均持续上涨,即使同样存在温升膨胀效应,但其收缩变形斜率远大于内养生组混凝土,即湿度丧失对基准组的收缩变形影响相比内养生组更为显著,这归因于没有水分补足。

3d 时 C40-100-0.145%试件的自收缩变形(密封)与总收缩变形(自然)绝对值分别为 C40-基准试件的 55.68% 和 22.62%[图 4-18e)],说明 3d 龄期前 100 ~ 120 目 SAP 对自收缩、水化热温度收缩和干燥收缩具有显著的抑制作用。

3 ~ 7d 期间:由图 4-18a)、e)可见,随着龄期的增长,C40-基准和 C40-100-0.145%试件在密封、自然两种养生条件下的收缩变形值之差均持续增大,可见在此阶段,自收缩和干燥收缩使混凝土整体收缩变形加速增大;阶段内温度变化平稳,故温缩变形可忽略。

7d 时 C40-100-0.145%试件的自收缩变形值(0.653$\mu\varepsilon$)与总收缩变形值(70.925$\mu\varepsilon$)分别为 C40-基准试件的 0.538% 和 36.84%[图 4-18e)],说明 SAP 在 3 ~ 7d 内的内养生效果优良,尤其对于自收缩的抑制效果显著,自收缩变形值趋近 0。

7 ~ 28d 期间:该阶段 C40-100-0.145%试件的温度整体低于 3d 前,尤其是在 10 ~ 20d 之间,存在一个"温降平台",这是环境温度的变化导致的,在该平台范围内,自然养生试件温度低于密封养生,同时整体收缩变形大于密封养生,说明温度的降低对水泥混凝土的整体收缩有一定增大作用。

(2)C50 混凝土

图 4-19 为 C50-基准和 C50-40-0.180%试件在不同养生制度下的收缩变形-温、湿度发展曲线。

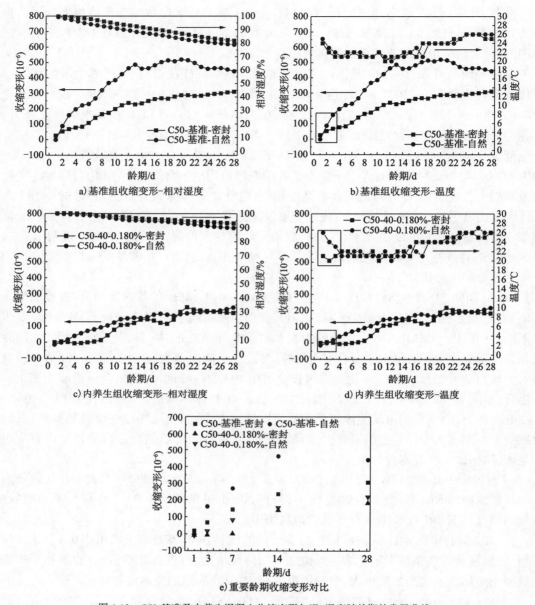

图4-19　C50基准及内养生混凝土收缩变形与温、湿度随龄期的发展曲线

由图4-19e)可见,在不同龄期(3d、7d、14d、28d)时各组收缩变形值由大到小的排序均为C50-基准-自然 > C50-基准-密封 > C50-40-0.180%-自然 > C50-40-0.180%-密封,且随着龄期的增长,内养生组的收缩变形改善效果逐渐增大。

由图4-19c)可知,1～28d 内,C50-40-0.180%试件在密封、自然养生条件下的相对湿度最低值分别为 93.07% RH、89.78% RH,收缩变形最大值分别为 182.13με、215.64με;由图4-19a)可知,C50-基准试件在密封、自然养生条件下的相对湿度最低值分别为81.86% RH、78.88% RH,收缩变形最大值分别为 309.68με、443.06με。

可见,密封养生条件下,SAP 将试件 28d 时的相对湿度最低值提升了 13.69%,将收缩变形最大值降低了 41.19%;自然养生条件下,SAP 将试件 28d 时的相对湿度最低值提升了 13.82%,将收缩变形最大值降低了 51.33%。说明 40~80 目 SAP 能够有效补充 C50 水泥混凝土内部相对湿度,削弱自收缩及干燥收缩效应。

具体分阶段分析如下:

1~3d 期间:由图 4-19c)和图 4-19d)可知,与 C40 混凝土的情况相似,C50 试件在 1~3d 期间的自收缩值及整体收缩值较为稳定,其变化幅度较为平缓,在 0 点附近波动,虽然也产生了微膨胀,但膨胀值仅在 $-14.43\mu\varepsilon \sim -1.02\mu\varepsilon$ 之间,小于 C40 内养生组混凝土。究其原因,C50 混凝土水胶比低于 C40 混凝土,因此对于内部水分的消耗速率大于后者,SAP 在早期所释放的水分能够迅速转化为凝胶水或化学结合水,且该龄期范围内水泥混凝土的温度呈下降趋势,热膨胀系数变小,从而产生的膨胀变形也就更小。

3~28d 期间:由图 4-19d)可见,在 3~28d 龄期范围内,内养生组混凝土的温度变化幅度较小,基本在 22℃左右波动,故认为温度变化对该阶段收缩总变形的贡献可忽略不计,密封养生和自然养生之间的收缩变形差值仅来源于水泥混凝土的干燥收缩。

3)SAP 粒径对收缩变形-湿度、温度发展曲线的影响

自然养生条件下不同 SAP 粒径下混凝土收缩变形-温、湿度发展曲线监测结果如图 4-20 所示。

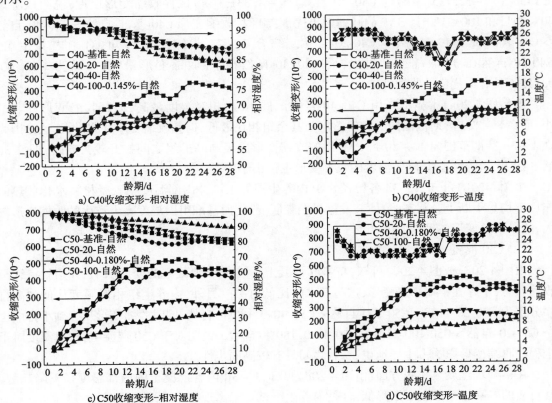

图　4-20

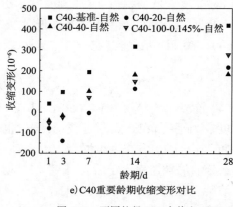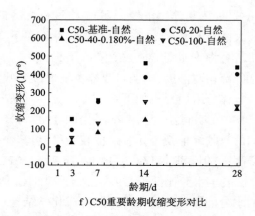

e)C40重要龄期收缩变形对比　　　　f)C50重要龄期收缩变形对比

图4-20　不同粒径SAP内养生C40、C50混凝土收缩变形与温、湿度随龄期的发展曲线

（1）C40混凝土

3d、7d龄期试件的收缩变形程度直接决定内部微裂纹数量,对水泥混凝土耐久性的影响显著,而7d后收缩变形的影响则相对较小。3d时,由图4-20e)可见,C40-基准试件的收缩变形值为100.463με,而内养生组均出现不同程度膨胀,其中C40-20-自然(｜-140.24256｜με)膨胀程度最大,在该阶段混凝土强度尚未发展完全,极易因膨胀而产生微裂纹,而C40-100-0.145%(｜-12.735｜με)与C40-40-自然(｜-8.331｜με)试件收缩变形接近,说明该阶段40～80目和100～120目SAP的减缩效果优良;7d时,收缩变形C40-基准-自然＞C40-40-自然＞C40-100-0.145%-自然＞C40-20-自然。综合3d、7d收缩结果可知,对于内养生组,C40-20-自然在3d收缩变形过大,而C40-40-自然在7d收缩变形最大,故认为C40-100-0.145%具有最优良的收缩性能。

虽然图4-20a)中显示采用C40-40-自然试件7d内相对湿度最高,但其收缩变形并非最小,而在8～22d龄期范围内其相对湿度与其余组相比最低,但其收缩变形并非最大,这是因为在1～3d龄期范围内40～80目SAP组的收缩变形已经与基准组之间拉开较大差距,即使3d后SAP相对湿度迅速降低,前者的收缩变形也仍小于后者。

由图4-20b)可知,1～3d各粒径SAP内养生混凝土试件内部温度在胶凝材料水化放热的作用下均呈不断上升状态,致使其发生早期膨胀变形,而基准组因湿度丧失产生的收缩变形较大,故早期总变形体现为收缩变形。

（2）C50混凝土

由图4-20c)或图4-20d)可知,与C40混凝土不同,C50混凝土的变形从1d开始就持续呈收缩状态,不存在早期膨胀变形,这与其水胶比低有关。另外,内养生组相对湿度从低到高排序分别为C50-20-自然＜C50-100-自然＜C50-40-0.180%-自然,同时收缩变形从大到小排序也是C50-20-自然＞C50-100-自然＞C50-40-0.180%-自然。说明对于C50混凝土,相对湿度对于全程的收缩变形影响占主导地位,二者之间具有较高同步性。

在早期水化放热膨胀方面,由图4-20d)可知,1～3d内各混凝土的内部温度呈下降趋势,其对应的热膨胀系数也逐渐降低,这是内养生组试件未出现膨胀变形的原因之一。

由图4-20f)可知,对于各重要龄期(1d、3d、7d、14d、28d),各粒径SAP对混凝土的收缩变

— 128 —

形减小均起到积极作用,C50-40-0.180%-自然在 3d、7d、14d、28d 的收缩变形分别比基准组试件降低了 89.35%、70.11%、67.55% 和 51.32%,可见 7d 龄期内的减缩程度最大,能够很好地抑制早期收缩微裂缝的产生。

4)SAP 掺量对收缩变形-湿、温度发展曲线的影响

图 4-21 为自然养生条件下不同掺量 SAP 内养生混凝土的收缩变形-温、湿度随龄期的发展曲线。

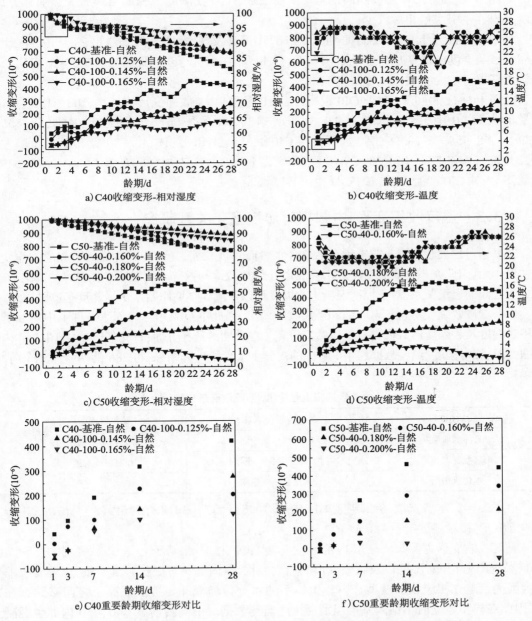

a)C40收缩变形-相对湿度　　　　　　b)C40收缩变形-温度

c)C50收缩变形-相对湿度　　　　　　d)C50收缩变形-温度

e)C40重要龄期收缩变形对比　　　　　f)C50重要龄期收缩变形对比

图 4-21　不同掺量 SAP 内养生 C40、C50 混凝土收缩变形与温、湿度随龄期的发展曲线

由图4-21a)和图4-21c)可见,对于采用不同掺量SAP的C40、C50混凝土,总体上遵循SAP掺量越大,内部相对湿度越高,收缩变形越小的规律。

对于C40混凝土,由图4-21a)和图4-21b)可知,0.145%和0.165%SAP掺量下内养生试件的收缩变形及温、湿度随龄期呈两阶段发展。第Ⅰ阶段是湿度饱和期、水化热温度上升期与膨胀变形期(3d前),持续时间较为短暂;而第Ⅱ阶段是湿度下降期、水化温度下降期和收缩变形期,此阶段水泥混凝土的收缩变形持续增长,相对湿度持续下降。对于采用0.125%SAP掺量的试件,其收缩变形及湿度随龄期呈单阶段发展,不存在湿度饱和期与膨胀变形期,这可能是由于内养生引水量相对较少。

对于C50混凝土,在图4-21c)和图4-21d)中不难发现,即便SAP掺量再多,其内养生组的收缩变形及湿度随龄期也只呈单阶段发展,基本不存在膨胀变形期,这与水胶比小、水化及蒸发耗水需求量较大有关。

由图4-21e)、f)可知,对于C40混凝土,SAP掺量越大,收缩变形值越小,100~120目SAP掺量最大时(0.165%),试件在1d、3d、7d、14d、28d的减缩率分别为2.04%、68.85%、73.98%、68.95%、69.83%;C50混凝土与C40混凝土呈相同规律,40~80目SAP掺量最大时(0.200%),1d、3d、7d、14d、28d的减缩率分别为1.91%、89.71%、86.76%、96.63%、87.62%。可见,SAP对C50混凝土的减缩效果相比C40混凝土更为突出。

4.3.3　湿度收缩变形-内部相对湿度量化关系研究

SAP通过增大水泥混凝土毛细孔内部含水量而实现减缩,其对于湿度降低引起的收缩变形起主导作用,因此在系统研究SAP内养生混凝土湿度收缩与内部相对湿度变化规律的基础上,建立二者之间的定量关系,对于控制混凝土收缩变形以及减少早期原始损伤裂缝具有重要意义。

由于湿度收缩变形包括自收缩和干燥收缩两类,因此本节采用自然养生条件下中层混凝土的相对湿度及收缩变形数据进行量化关系研究。在龄期的选择方面,首先基于4.3节中28d内的收缩变形、相对湿度、温度数据和4.1节中的内养生水含量计算结果,将28d龄期分为三个阶段,表4-3。

内养生混凝土湿度-温度-收缩变形三阶段 表4-3

第Ⅰ阶段(1~3d)	第Ⅱ阶段(3~7d)	第Ⅲ阶段(7~28d)
SAP释水加速期	SAP释水高峰期	SAP释水末期或结束期
相对湿度饱和期	相对湿度快速下降期	相对湿度稳速下降期
水化放热期	水化放热低稳期	

根据表4-3,本节选取初始龄期(1d)、阶段性转折龄期(3d、7d)和最终龄期(28d)进行湿度收缩变形-相对湿度定量关系建立。

湿度收缩变形主要归因于其内部相对湿度的变化,因此基于各SAP粒径、掺量下C40、C50混凝土内部相对湿度以及收缩变形的监测数据,以内部相对湿度为自变量,以湿度收缩变形为因变量建立相应数学模型。内养生体系的水分传输规律与普通混凝土之间必然存在差异,因此在模型建立时不纳入基准组混凝土的监测数据。不同龄期下C40、C50内养生混凝土相对湿度-湿度收缩变形定量关系如图4-22及图4-23所示。

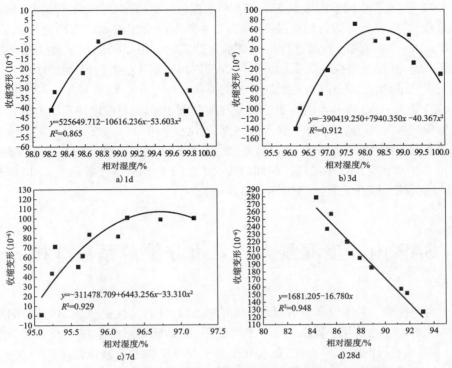

图 4-22　不同龄期下 C40 内养生混凝土湿度收缩变形-内部相对湿度关系曲线

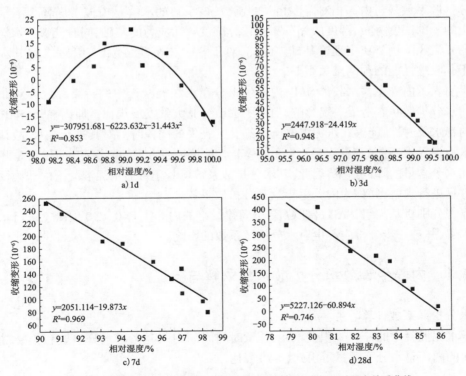

图 4-23　不同龄期下 C50 内养生混凝土湿度收缩变形-内部相对湿度关系曲线

由图 4-22 可知,C40 内养生混凝土 1~7d 龄期内的湿度收缩变形-内部相对湿度关系均呈二次函数关系,具体表现为随着相对湿度的增大,内养生混凝土的收缩变形先增大后减小,这主要是 SAP 在 1~7d 不同时间点进行适时释水而造成的。但以上二次函数关系随着龄期的推移而逐渐减弱,并逐渐呈线性关系[如图 4-22d)中 28d 关系曲线],说明此时 SAP 内养生到达进程末期或已结束,二者之间呈典型的负相关关系。

由图 4-23 可知,C50 内养生混凝土的湿度收缩变形-内部相对湿度关系比 C40 内养生混凝土更早地呈现线性关系,这是由于 C50 混凝土水胶比仅为 0.31,在胶凝材料早期水化及环境干燥过程中原有毛细孔水会相对更迅速地耗散,致使 SAP 的实时补水频率与速率随之增大,同时 SAP 内养生水在毛细孔中的滞留时间减少,因此 3d 龄期后湿度收缩变形-内部相对湿度之间呈典型的负相关线性关系,详见图 4-23b)~d)。

4.4　SAP 内养生混凝土等效水分扩散系数分析

混凝土内部孔隙中的实时水分含量及分布直接对其收缩特性造成影响,是影响水泥混凝土抗裂性能及耐久性的重要参数之一。一般情况下,凝结硬化后的水泥混凝土处于非饱和状态,在无外界液相水浸润的条件下,已有水分在水泥混凝土内的传输机理主要涉及扩散效应,水分扩散性传输指水分在毛细孔力驱动下的迁移过程,即干燥过程。

水分扩散系数是与内部相对湿度相关的函数,该系数的求解是模拟干燥环境下早龄期水泥混凝土的内部湿度分布、湿度收缩分布及计算湿度收缩应力的基础,同时能够为水泥混凝土构造物的开裂风险预测奠定理论基础。因此,对于 SAP 内养生混凝土,合理求解其水分扩散系数对于其收缩性能的预测至关重要。

由于引入了内养生蓄水载体 SAP,内养生水分在水泥混凝土中的持续释放会对原本水泥混凝土的水分扩散状态造成一定影响,但并不会改变其大致发展规律。原因在于,SAP 凝胶具有优良的释水及时性,能够在水泥混凝土毛细孔水丧失的同一时刻对其进行补水,故认为 SAP 凝胶对水泥混凝土基体的"补水过程"并非属于水泥混凝土的"湿润过程",而仅仅是降低了原本毛细孔水分含量的降低速率,因此,其水分扩散系数可基于普通水泥混凝土的非线性水分扩散系数方程进行求解,并称为内养生等效水分扩散系数。

以下将分别对基准组,SAP 最佳粒径-中间掺量组的内养生 C40、C50 混凝土进行水分扩散系数的求解,并进一步分析内养生对水分扩散系数的影响。

4.4.1　内养生等效水分扩散系数求解与验证

1)水分扩散系数计算方法

对于水泥混凝土的任一体积微单元,任意时间间隔内同时考虑水分扩散和胶凝材料水化耗水引起的内部总水分变化量可由式(4-7)表达。

$$\frac{\partial W}{\partial t} = \frac{\partial W_d}{\partial t} + \frac{\partial W_h}{\partial t} \tag{4-7}$$

式中：$\partial W / \partial t$——单位时间内总水分变化量；

  $\partial W_d / \partial t$——单位时间内水分扩散引起的水分变化量；

  $\partial W_h / \partial t$——单位时间内胶凝材料水化耗水引起的水分变化量。

考虑水泥混凝土中胶凝材料水化及水分扩散过程相对缓慢，故认为毛细孔中的各相水分（气态水、液态水及吸附水）处于热力学平衡状态，进而相对湿度 H 和总水分变化量 W 之间的关系可采用吸附与脱附原理解释，毛细孔内的相对湿度变化量 ΔH 与其水分变化量 ΔW 之间近似符合线性关系。进而有：

$$\frac{\partial H}{\partial t} = \frac{\partial H_d}{\partial t} + \frac{\partial H_h}{\partial t} + k_T \frac{\partial T}{\partial t} \tag{4-8}$$

式中：$\partial H_d / \partial t$——水分扩散引起的内部相对湿度变化率；

  $\partial H_h / \partial t$——胶凝材料水化耗水引起的内部相对湿度变化率；

  $\partial T / \partial t$——温度变化引起的内部相对湿度变化率；

  k_T——单位温度变化造成的内部相对湿度变化量。

对于 28d 龄期内的水泥混凝土，温度变化对相对湿度 H 的影响远小于水分扩散和胶凝材料水化耗水对其的影响，由于内养生混凝土温度随龄期的变化幅度较小，因此本节分析忽略温度的变化。结合 Fick 第二定律，并设 $H_d = H - H_h$，忽略等号右边第三项后的式（4-8）所对应的三维扩散方程，如式（4-9）所示。

$$\frac{\partial (H - H_h)}{\partial t} = \frac{\partial}{\partial x}\left[D\frac{\partial (H - H_h)}{\partial x} \right] + \frac{\partial}{\partial y}\left[D\frac{\partial (H - H_h)}{\partial y} \right] + \frac{\partial}{\partial z}\left[D\frac{\partial (H - H_h)}{\partial z} \right] \tag{4-9}$$

进一步可写成：

$$\frac{\partial H_d}{\partial t} = \frac{\partial}{\partial x}\left(D\frac{\partial H_d}{\partial x} \right) + \frac{\partial}{\partial y}\left(D\frac{\partial H_d}{\partial y} \right) + \frac{\partial}{\partial z}\left(D\frac{\partial H_d}{\partial z} \right) \tag{4-10}$$

其中 H_d 可通过水泥混凝土试件在密封养生和自然养生（5 面干燥）下中心点处的早期内部相对湿度之差计算得出，$H_d = 100\% - (H_{密封} - H_{自然})$。设 $y = \alpha x, z = \beta x$，则：

$$\frac{\partial H_d}{\partial t} = (1 + 2\alpha^{-2} + 2\beta^{-2})\frac{\partial}{\partial x}\left(D_H\frac{\partial H_d}{\partial x} \right) \tag{4-11}$$

式中：D_H——水分扩散系数。

为求解以上水分扩散方程，参考文献[5]引入 Boltzmann 数学变换，设 $\lambda = \sqrt{t}$，因此式（4-11）可转化为：

$$-\frac{1}{2}\lambda = (1 + 2\alpha^{-2} + 2\beta^{-2})\frac{\partial}{\partial H_d}\left(D_H\frac{\partial H_d}{\partial \lambda} \right) \tag{4-12}$$

对式(4-12)从水泥混凝土相对湿度下降后任意龄期时的相对湿度 H 到其 1d 脱模干燥时的内部相对湿度 H_0 进行积分,得到式(4-13):

$$\int_H^{H_0} -\frac{1}{2}\lambda \,\mathrm{d}H_d = (1+2\alpha^{-2}+2\beta^{-2})\left(D_H \frac{\partial H_d}{\partial \lambda}\Big|_H - D_{H_0}\frac{\partial H_d}{\partial \lambda}\Big|_{H_0}\right) \tag{4-13}$$

1d 脱模干燥时的内部相对湿度 H_0 接近 100%,此时 $(\partial H_d / \partial t)H - 100\% \approx 0$。因此得出水分扩散系数 D_H 的计算公式:

$$D_H = (1+2\alpha^{-2}+2\beta^{-2})\left(\frac{\partial H_d}{\partial \lambda}\Big|_H\right)^{-1}\int_H^{H_0} -\frac{1}{2}\lambda \,\mathrm{d}H_d \tag{4-14}$$

本试验采用水泥混凝土试件的尺寸为 100mm×100mm×100mm,故上式中 $\alpha=\beta=1$。

经试验实测所得到的密封试件及干燥试件内部相对湿度随龄期的变化曲线,可得到 H_d-t 曲线,然后根据 Boltzmann 数学变换将其转化为 H_d-λ 曲线,并对其进行积分和微分,即可求解出水分扩散系数 D_H 随混凝土内部相对湿度 H 的变化关系。

2)H_d-t 曲线绘制及 H_d-λ 曲线转换

仅由水分扩散造成混凝土内部湿度下降随龄期的发展曲线如图 4-24 所示。

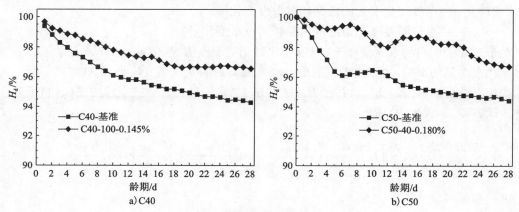

a)C40   b)C50

图 4-24　基准及内养生组混凝土实测 H_d-t 曲线

根据 Boltzmann 数学变换得到的 H_d-λ 曲线如图 4-25 所示。

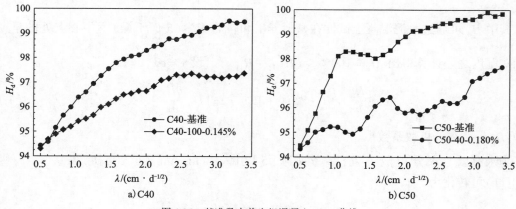

a)C40   b)C50

图 4-25　基准及内养生组混凝土 H_d-λ 曲线

3）D_H 求解

为对式（4-14）进行求解，对图4-25中的 H_d-λ 曲线采用下式进行拟合：

$$H_d = H_{d0}\left[1 - \frac{a}{(0.5\lambda + b)^c}\right] \qquad (4-15)$$

式中，H_{d0}、a、b、c 均为拟合常数，具体见表4-4。根据式（4-14）和式（4-15）可得出：

$$D_H = 2.5\frac{1}{c-1}\left(\frac{aH_0}{H_0-H}\right)^{-\frac{2}{c}} - \frac{b}{c}\left(\frac{aH_0}{H_0-H}\right)^{\frac{1}{c}} \qquad (4-16)$$

H_d-λ 曲线拟合常数及欧洲规范水分扩散系数模型参数　　表4-4

序号	H_d-λ 曲线拟合常数				欧洲规范水分扩散系数模型参数			
	$H_{d0}/\%$	a	b	c	$D_{max} \times 10^{-9}/(\mathrm{m^2/s})$	$H_c/\%$	ω	n
C40-基准	100	5.68	1.39	2.91	2.45	96.14	0.0456	1.69
C40-100-0.145%	100	5.78	1.35	2.96	2.67	96.23	0.0528	1.68
C50-基准	96.7	10.33	2.85	4.55	0.95	94.76	0.0089	2.36
C50-40-0.180%	98.2	12.76	2.91	4.46	1.03	95.33	0.0403	2.47

根据式（4-16）计算得出的 C40 基准组、C40-100-0.145% 内养生组及 C50 基准组、C50-40-0.180% 内养生组的实测 D_H-H 曲线见图4-26。

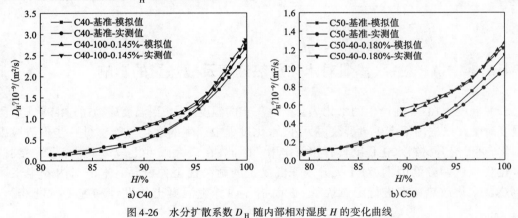

a）C40　　　　　　　　　　　b）C50

图4-26　水分扩散系数 D_H 随内部相对湿度 H 的变化曲线

欧洲 CEB-FIP Model Code 1990 规范提出，水泥混凝土的 D_H 与 H 之间的关系可采用以下方程模拟：

$$D_H = D_{max}\left\{\omega + \frac{1-\omega}{1 + [(1-H)/(1-H_c)]^n}\right\} \qquad (4-17)$$

式中：D_{max}——试件相对湿度 H 的测试初始值，约为 100% RH；

　　　　ω——D_0/D_{max}，其中 D_0 代表水分扩散系数 D_H 的最小值，即该时刻相对湿度 H 理论上为 0；

　　　　H_c——$D_H = 0.5D_{max}$ 时对应的相对湿度；

　　　　n——拟合常数。

根据试验实测所得的水分扩散系数 D_H 随相对湿度 H 的变化结果，采用式（4-17）对其进行模拟，可计算出欧洲 CEB-FIP Model Code MC90 规范模型参数 D_{max}、ω、H_c、n，具体见表4-4，同时绘制出相应的 D_H-H 模型，如图4-26所示。

由表 4-4 可知,C40 混凝土的水分扩散系数最大值 D_{max} 数量级为 $10^{-9} m^2/s$。C50 基准组及内养生组 D_{max} 的数量级分别为 $10^{-10} m^2/s$ 和 $10^{-9} m^2/s$,分别为 $9.5 \times 10^{-10} m^2/s$ 和 $1.03 \times 10^{-9} m^2/s$,二者数值接近。以上计算结果与 Akita 等研究者的研究结果相吻合,说明采用本方法对内养生混凝土的水分扩散系数进行求解是科学合理的。

4.4.2 SAP 对混凝土水分扩散系数的影响

根据表 4-4 中数据可知,在 C40 和 C50 两种强度等级下,内养生组的初始水分扩散系数均高于基准组,这是 SAP 在 1d 龄期左右少量释水所致。

随着混凝土内部相对湿度 H 的不断降低,水分扩散系数 D_H 减小,由于 SAP 持续释水,内养生组的水分扩散系数 D_H 随内部相对湿度 H 的降低速率相比基准组更为缓慢,C40、C50 基准组的 H_c($D_H = 0.5D_{max}$ 时对应的相对湿度)分别为 96.14% 和 94.76%,而内养生组则分别为 96.23% 和 95.33%。

4.5 SAP 内养生水泥基材料早龄期水化反应进程

4.5.1 SAP 粒径、掺量对水化放热速率及放热量的影响

水泥混凝土在 3d 前产生的水化热会产生一定的温度应力,当温度应力超过混凝土临界抗拉强度时会在结构内部产生微裂纹。另外,水化过程中产生的水化热能够进一步促进胶凝材料水化,对于提升材料水化程度具有积极作用。因此,在最大限度上权衡其内部微裂纹情况与水化程度这两方面因素,对于提升水泥混凝土的耐久性至关重要。本节对内养生浆体的水化热及水化放热速率进行定量表征,进而指导内养生混凝土的设计和施工,试验配合比见表 4-1。

1)SAP 粒径对浆体早龄期放热速率及放热量的影响

不同 SAP 粒径下胶凝材料浆体水化放热速率及放热量随龄期的变化曲线见图 4-27 和图 4-28。

由图 4-27 和图 4-28 可见,与基准组对比,SAP 的加入不仅大幅降低了浆体在 75h 内的累计放热量,且延长了水化诱导期持续时间,20~40 目、100~120 目内养生组在两种水胶比下均推迟了水化放热速率峰出现时间。推迟了水化放热速率峰出现时间,除此之外,能够显著降低水化放热速率峰值。主要原因包括两方面:一方面,由于 SAP 在初期除吸收根据理论计算的内养生水量以外,还额外吸收部分拌合水,因此内养生浆体的初始有效水胶比小于基准组,进而水化速率有所下降;另一方面,由于 SAP 在浆体中产生了若干孔隙,因此其温度传递能力小于基准浆体,同时 SAP 凝胶又吸收了部分水化反应热,对早期水化反应起到了一定抑制作用。内养生浆体的以上特征均有利于抑制早期因温度变形而产生的微裂纹。

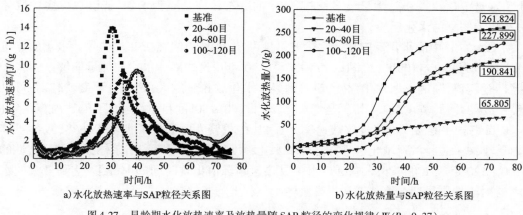

a) 水化放热速率与SAP粒径关系图　　　b) 水化放热量与SAP粒径关系图

图 4-27　早龄期水化放热速率及放热量随 SAP 粒径的变化规律($W/B = 0.37$)

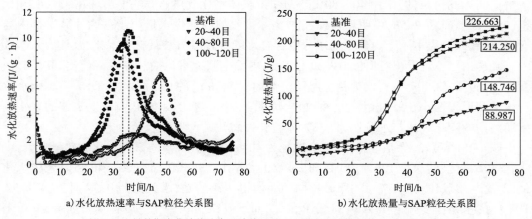

a) 水化放热速率与SAP粒径关系图　　　b) 水化放热量与SAP粒径关系图

图 4-28　早龄期水化放热速率及放热量随 SAP 粒径的变化规律($W/B = 0.31$)

纵观两种水胶比下的内养生浆体可知,水胶比越低,水化放热速率峰值出现时间越晚,峰值越低,同时 75h 时的累计放热量越小。

（1）对于水胶比为 0.37 的浆体

由图 4-27a）得知,基准组和 20 ~ 40 目、40 ~ 80 目、100 ~ 120 目内养生组的水化放热速率峰值分别在 29.5h、30.0h、34.5h 和 39.5h 出现,其峰值分别为 14.757J/(g·h)、4.392J/(g·h)、9.772J/(g·h) 和 9.761J/(g·h),其中 40 ~ 80 目和 100 ~ 120 目内养生组峰值接近。可见 SAP 粒径越小,浆体水化放热速率峰值出现时间越延后,但峰值越高。原因如下:

首先,20 ~ 40 目 SAP 虽然具有较高的初始吸液倍率,但在早龄期比其他两种粒径更易释放出水分,浆体中毛细水越多,水化进程越早达到最大速率,故其在 30.0h 时就出现峰值。其次,在同等内养生引水量的基础上,20 ~ 40 目 SAP 颗粒数量最少,在浆体中的分布相对稀疏,即使单颗 SAP 释放出了较多水分,浆体的整体水化速率也最低。

对于持水能力优良的 100 ~ 120 目 SAP,其能够在较长时间范围内吸持内养生水及部分拌合水,这部分水在拌和初期不能即刻参与水化反应,只有在胶凝材料水化进行至相对湿度有所下降时,才能被释放出来供胶凝材料进一步水化使用,这就是其水化放热速率峰值出现时间最晚的原因。但从图 4-27a）中发现,其水化放热速率峰值反而高于 20 ~ 40 目,这是由于同等内养生引水量下该粒径 SAP 数量最多,在浆体中的分布较广且更为均匀,能够在更多的浆体区域进行更为密集的水化反应。

由图 4-27b)中的水化反应累计水化放热量可知,各试验组在 75h 时的累计水化放热量由大到小排序为基准 > 100 ~ 120 目 > 40 ~ 80 目 > 20 ~ 40 目。累计水化放热量能够在很大程度上表征水泥基材料的早期水化程度,该时刻累计水化放热量越大,其水化程度就越高,可见基准组在 75h 时水化程度最高,其次是 100 ~ 120 目、40 ~ 80 目和 20 ~ 40 目 SAP 内养生浆体。20 ~ 40 目组虽然能够降低水化放热速率,但因其粒径较大而吸收了大量水化热,致使浆体温度较低,延缓了胶凝材料水化进程并降低了水化程度,此种情况不利于浆体强度和耐久性的发展;100 ~ 120 目 SAP 能够在大幅延迟水化放热速率峰值出现时间的前提下,达到最大的水化程度,这对于抑制早期温缩裂缝和提升浆体水化程度均非常有利。

(2)对于水胶比为 0.31 的浆体

根据图 4-28a)可知,采用 40 ~ 80 目 SAP 时,浆体水化放热速率峰值出现在 33.0h,相比基准组(35.5h)提前了 2.5h,说明该粒径 SAP 实际吸收的内养生水量小于理论计算所得内养生水含量,导致部分原本用于内养生的水分以拌合水的形式参与胶凝材料水化,浆体有效水胶比略大于基准组。不难看出,即使 40 ~ 80 目 SAP 内养生浆体水化放热速率峰值出现时间较早,但其峰值为 9.625J/(g·h),仅为基准组[10.409J/(g·h)]的 92.47%,因此认为其因水化温升产生的变形程度小于基准组。此外,20 ~ 40 目及 100 ~ 120 目 SAP 内养生浆体的水化放热速率随龄期的变化规律与水胶比为 0.37 时基本一致。

由图 4-28b)可知,除基准组外,SAP 粒径为 40 ~ 80 目时浆体的累计水化放热量最大,说明其水化效果最优,其次是 100 ~ 120 目和 20 ~ 40 目 SAP。SAP 粒径为 20 ~ 40 目时浆体水化程度最低,这与水胶比为 0.37 时的原因相同。而值得注意的是,水胶比为 0.37 时,100 ~ 120 目 SAP 浆体的水化程度高于 40 ~ 80 目 SAP 浆体,而水胶比为 0.31 时,后者大于前者,分析是因为在水胶比较低的条件下,100 ~ 120 目 SAP 在拌和中易出现结团现象,致使 SAP 等效粒径增大,分布均匀性降低,其内养生涉及的区域范围缩小,水化程度随之降低。

2)SAP 掺量对浆体早期放热速率及放热量的影响

SAP 掺量对浆体水化放热速率及放热量的影响见图 4-29 和图 4-30。

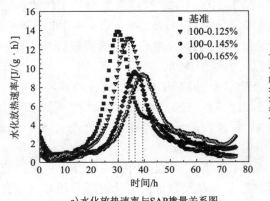

a)水化放热速率与SAP掺量关系图

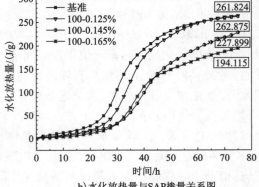

b)水化放热量与SAP掺量关系图

图 4-29　早期水化放热速率及放热量随 100 ~ 120 目 SAP 掺量的变化规律($W/B = 0.37$)

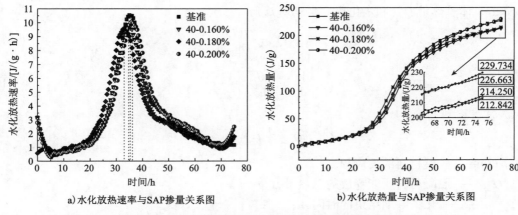

a) 水化放热速率与SAP掺量关系图　　　　b) 水化放热量与SAP掺量关系图

图4-30　早期水化放热速率及放热量随40～80目SAP掺量的变化规律（$W/B = 0.31$）

对比图4-29和图4-30可知,对于水胶比为0.37的浆体,SAP掺量对水化放热速率和放热量的影响较大,而对于水胶比为0.31的浆体,SAP掺量的影响则较小。

(1) 对于水胶比为0.37的浆体

由图4-29a)可知,100～120目SAP掺量为0.125%、0.145%和0.165%时所对应的浆体水化放热速率峰值出现时间分别为34.5h、39.5h和36.5h,峰值分别为13.172J/(g·h)、9.337J/(g·h)和9.606J/(g·h),可见0.145%和0.165%两种掺量的水化进程接近。即随着SAP掺量的增加,浆体的水化放热速率峰值出现时间呈现先增大后减小的趋势,峰值则呈现先降低后升高的趋势。究其原因,当SAP掺量为0.125%时,实际内养生引水量小于浆体所需内养生水量,SAP颗粒数量相比其他掺量较少,其分布状态相对稀疏,此时单颗SAP所需承担的内养生区域范围更大。在以上环境条件下,当浆体内部相对湿度降低时,低掺量SAP的释水速率相比高掺量会明显增大,致使其早期水化速率较快。

结合图4-29b)可知,在低SAP掺量下(0.125%),浆体累计放热量为262.875J/g,基准组为261.824J/g,二者水化程度相近。随着SAP掺量的增加,浆体早期水化程度逐渐减小,一方面因为SAP越多,吸收浆体中的水化热也就越多,水化程度越低;另一方面推测是因为SAP掺量越多,拌和时内养生引水量越大,对应的新拌浆液离子浓度也就越小,SAP吸持水分的能力越强,从而对水化反应进程的放慢程度也就越高。

(2) 对于水胶比为0.31的浆体

结合图4-30a)和图4-30b)可知,40～80目SAP掺量对胶凝材料水化进程的影响较小,并与基准组非常接近,分析是因为水胶比为0.31时浆体含水量较低,此时毛细孔对水分的吸收作用大于SAP对水分的吸持能力。主要规律体现为随着SAP掺量的增加,水化放热速率峰值先增大后减小,其中SAP掺量为0.160%和0.180%时,水化放热速率峰值出现时间相对较早,水化程度略低;当SAP掺量为0.200%时,水化放热速率峰值出现时间最晚,同时其在75h时的水化程度最高。

4.5.2　基于Knudsen方程的水化反应半衰期推算

基于式(4-18)～式(4-20),对SAP内养生浆体的水化放热速率计算结果进行变换处理,可推算出浆体总热量 Q_{max} 和水化反应半衰期 t_{50}。

$$\alpha(t) = \frac{Q(t)}{Q_{max}} \tag{4-18}$$

$$\frac{d\alpha}{dt} = \frac{dQ}{dt} \cdot \frac{1}{Q_{max}} \tag{4-19}$$

$$\frac{1}{Q} = \frac{1}{Q_{max}} + \frac{t_{50}}{Q_{max}(t - t_0)} \tag{4-20}$$

式中: $\alpha(t)$——胶凝材料的反应程度;

Q_{max}——胶凝材料所能释放的总热量,J/g;

t_0——水化诱导期结束的时间,h;

t_{50}——水化程度达50%时所需的时间,即半衰期,h。

式(4-20)为 Knudsen 外推方程。不同水胶比下各 SAP 内养生胶凝材料浆体水化反应半衰期及外推方程见表4-5。

不同水胶比下各 SAP 内养生胶凝材料浆体水化反应半衰期及外推方程　　　表4-5

W/B	序号	$Q_{75h}/(J/g)$	$Q_{max}/(J/g)$	t_{50}/h	外推方程
0.37	基准	261.82367	294.99	33.23	$\frac{1}{Q} = 0.003390 + \frac{0.112647}{t - t_0}$
	20	65.8048	73.64	40.12	$\frac{1}{Q} = 0.013580 + \frac{0.544812}{t - t_0}$
	40	190.84103	225.53	38.88	$\frac{1}{Q} = 0.004434 + \frac{0.172394}{t - t_0}$
	100-0.125%	262.87478	298.76	33.07	$\frac{1}{Q} = 0.003347 + \frac{0.110691}{t - t_0}$
	100-0.145%	227.89927	278.32	37.88	$\frac{1}{Q} = 0.003593 + \frac{0.136102}{t - t_0}$
	100-0.165%	194.11503	256.94	38.57	$\frac{1}{Q} = 0.003892 + \frac{0.150113}{t - t_0}$
0.31	基准	226.66319	257.06	38.33	$\frac{1}{Q} = 0.003890 + \frac{0.149109}{t - t_0}$
	20	88.98724	149.25	42.25	$\frac{1}{Q} = 0.006700 + \frac{0.283082}{t - t_0}$
	40-0.160%	212.84173	261.04	38.22	$\frac{1}{Q} = 0.003831 + \frac{0.146414}{t - t_0}$
	40-0.180%	214.24957	261.10	38.23	$\frac{1}{Q} = 0.003829 + \frac{0.146419}{t - t_0}$

W/B	序号	$Q_{75h}/(\text{J/g})$	$Q_{max}/(\text{J/g})$	t_{50}/h	外推方程
0.31	40-0.200%	229.73384	253.47	38.37	$\dfrac{1}{Q} = 0.003945 + \dfrac{0.151379}{t - t_0}$
	100	148.74561	173.91	40.98	$\dfrac{1}{Q} = 0.005750 + \dfrac{0.235639}{t - t_0}$

由表4-5中数据可知,对于水胶比为0.37的浆体,SAP粒径越小,胶凝材料所能释放的最终总热量 Q_{max} 越大,但均小于基准组,20～40目、40～80目和100～120目SAP内养生浆体的 Q_{max} 分别为基准组的24.96%、76.45%和94.35%。另外,SAP粒径越小,水化反应半衰期 t_{50} 出现时间越早,其中40～80目和100～120目SAP组接近。

随着SAP掺量的增加,最终总热量 Q_{max} 减小,这是SAP对浆体水化热的吸收、降低作用造成的,半衰期 t_{50} 随掺量的增加而延后。

对于水胶比为0.31的浆体,最终总热量 Q_{max} 随SAP粒径的减小呈先增大后减小的规律,20～40目、40～80目和100～120目SAP内养生浆体的 Q_{max} 分别为基准组的58.06%、101.57%和67.65%,可见SAP粒径为40～80目时浆体 Q_{max} 最大,并与基准组相近。另外,浆体半衰期 t_{50} 随粒径的增大先提早后延后。

三种SAP掺量下浆体的 Q_{max} 和 t_{50} 基本相同。

4.5.3　内养生胶凝材料体系水化反应动力学研究

水化反应动力学以动态的角度研究胶凝材料的水化反应,分析水化反应物自身因素(如胶凝材料细度、矿物组成、矿物掺合料等)及其他因素(如反应温度、水胶比、外加剂等)对反应速率和反应方向的影响,进而揭示水化反应机理。通过对SAP-胶凝材料体系的水化反应动力学进行研究,可深入探索内养生措施对胶凝材料早期水化硬化进程的影响和作用。

对于胶凝材料水化进程的研究,最早是针对水泥中单矿物(如 C_3S)进行研究,研究者将常温下 C_3S 的水化分为诱导前期、诱导期、加速期、减速期和稳定期5个阶段,并认为制约 C_3S 水化动力学全过程的因素主要包括:①C_3S 表面溶解或化学反应;②成核与晶体生长反应;③通过水化物层的扩散反应。但水泥中含有多种矿物成分,且随着高性能混凝土的发展,复合胶凝材料(水泥、粉煤灰、矿渣、硅灰等复掺而成)已成为水泥混凝土的重要组成部分。因此,学者们相继提出了其他单矿物及掺矿物掺合料水泥基材料的水化动力学模型。

目前可用于复合胶凝材料体系水化反应的动力学模型主要包括Fernandez-Jimenez模型、de Schutter模型、Swaddiwudhipong模型以及Krstulovic-Dabic模型。其中Krstulovic-Dabic模型适用范围最为广泛(适用的胶凝材料体系类型广泛),其对复合胶凝材料体系水化反应进程的描述也更为科学。该模型认为胶凝材料的水化反应包括结晶成核与晶体生长过程(NG)、相边界反应过程(I)以及扩散过程(D)三个过程,三个过程可同时发生,也可单独发生或两两发生,但水化过程的整体发展取决于其中最慢的一个过程。基于此,本节基于Krstulovic-Dabic

模型,对 SAP-胶凝材料体系水化反应动力学模型进行拟合,并讲述水胶比、SAP 粒径和掺量对复合胶凝材料水化动力学参数及水化进程的影响规律。

Krstulovic-Dabic 模型中,描述水化反应程度与反应时间关系的动力学方程如下所示:

结晶成核与晶体生长过程(NG):

$$[-\ln(1-\alpha)]^{1/n} = K_1(t-t_0) = K_1'(t-t_0) \tag{4-21}$$

相边界反应过程(I):

$$[1-(1-\alpha^{1/3})]^1 = K_2 r^{-1}(t-t_0) = K_2'(t-t_0) \tag{4-22}$$

扩散过程(D):

$$[1-(1-\alpha^{1/3})]^2 = K_3 r^{-2}(t-t_0) = K_3'(t-t_0) \tag{4-23}$$

式中: α——胶凝材料的反应程度;

n——反应级数;

r——参与反应的胶凝材料颗粒直径,mm;

t_0——水化诱导期结束的时间,h;

K_1、K_2、K_3——三个水化反应过程的反应速率常数。

考虑参与反应的胶凝材料颗粒直径 r 和反应速率常数 K_1、K_2、K_3 在计算中不会产生变化,故将两者数值合并为新的反应速率常数 K_1'、K_2'、K_3'。

将式(4-21)~式(4-23)中的 α 对 t 进行求导,从而得出三个水化反应过程反应速率的数学方程式,见式(4-24)~式(4-26)。

结晶成核与晶体生长过程(NG)反应速率方程式:

$$\frac{\mathrm{d}\alpha}{\mathrm{d}t} = V_1(\alpha) = K_1' n(1-\alpha)[-\ln(1-\alpha)]^{(n-1)/n} \tag{4-24}$$

相边界反应过程(I)反应速率方程式:

$$\frac{\mathrm{d}\alpha}{\mathrm{d}t} = V_2(\alpha) = K_2' \cdot 3(1-\alpha)^{2/3} \tag{4-25}$$

扩散过程(D)反应速率方程式:

$$\frac{\mathrm{d}\alpha}{\mathrm{d}t} = V_3(\alpha) = \frac{K_3' \cdot 3(1-\alpha)^{2/3}}{2-2(1-\alpha)^{1/3}} \tag{4-26}$$

由上述反应速率方程式可见,反应级数 n 只会对结晶成核与晶体生长过程(NG)造成影响,而相边界反应过程(I)和扩散过程(D)仅与反应速率常数 K 和水化度 α 相关。

对于固定温度及固定矿物掺合料掺量下的复合胶凝材料体系,n 为定值。对 NG 过程的水化动力学方程式(4-24)等式两边取对数得:

$$\frac{\ln[-\ln(1-\alpha)]}{n} = \ln[K_1'(t-t_0)] \Leftrightarrow \ln[-\ln(1-\alpha)] = n\ln K_1' + n\ln(t-t_0) \tag{4-27}$$

将式(4-18)代入式(4-27)右边等式,做出 $\ln[1/(t-t_0)]$-$\ln[-\ln(1-\alpha)]$ 双对数曲线,然后对该曲线进行线性拟合,进而可求出 NG 过程的 n 值和 K_1' 值。同理,通过双对数曲线拟合可计算出 I 和 D 过程的水化反应速率常数 K_2' 值和 K_3' 值。以水胶比为 0.37 的基准浆体为例,其 NG、I、D 过程的水化动力学参数线性拟合图如图 4-31 所示。通过拟合得出的所有试验组的水化动力学参数计算结果见表 4-6。

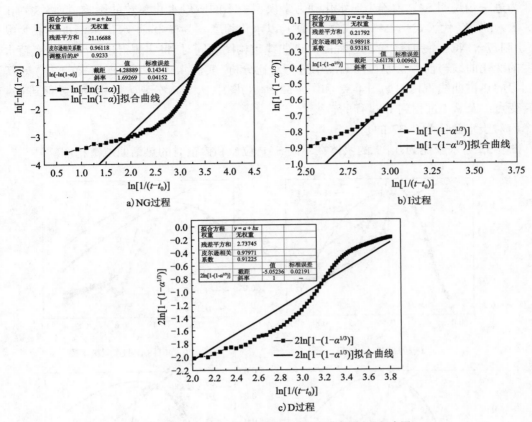

图 4-31 $W/B = 0.37$ 的基准浆体水化动力学参数线性拟合图

不同水胶比下 SAP 内养生胶凝材料浆体水化动力学参数计算结果　　　　表 4-6

W/B	序号	n	K_1'	K_2'	K_3'
0.37	基准	1.69269	0.07935914	0.02700374	0.00639423
	20	1.00597	0.01454998	0.00408677	0.00037440
	40	1.67757	0.06360164	0.02278689	0.00525639
	100-0.125%	1.24172	0.03899623	0.01349090	0.00386297
	100-0.145%	1.29089	0.02732381	0.01219426	0.00338423
	100-0.165%	1.30324	0.02707877	0.01222258	0.00364204
0.31	基准	1.30996	0.04304964	0.01381279	0.00439143
	20	1.25221	0.017025979	0.00397596	0.00092873
	40-0.160%	1.41697	0.03720265	0.016008907	0.00446271
	40-0.180%	1.36973	0.059684263	0.016832731	0.00404170
	40-0.200%	1.39722	0.05144831	0.017401828	0.00403552
	100	1.39121	0.023763759	0.008385511	0.00258691

为进一步说明 SAP 内养生对水化动力学模型中不同阶段水化参数的影响,特将表 4-6 中的 n、K_1'、K_2'、K_3' 代入式(4-24)~式(4-26)中,以水化程度 α 为横坐标,水化速率 $\mathrm{d}\alpha/\mathrm{d}t$ 为纵坐标,绘制包含 NG—I—D 三阶段过程的热谱曲线重构图。同时,将实测得出的水化速率随水化程度的变化曲线与前者绘制在同一图中进行对比分析[实测水化速率可根据式(4-19)计算]。绘制出的热谱曲线重构图如图 4-32 和图 4-33 所示,图中 α_1 与 α_2 分别表示由 NG 过程到 I 过程的转变点以及从 I 过程到 D 过程的转变点。

1)对于水胶比为 0.37 的浆体

图 4-32 为水胶比为 0.37 的浆体在不同 SAP 粒径和掺量时的热谱曲线重构图。

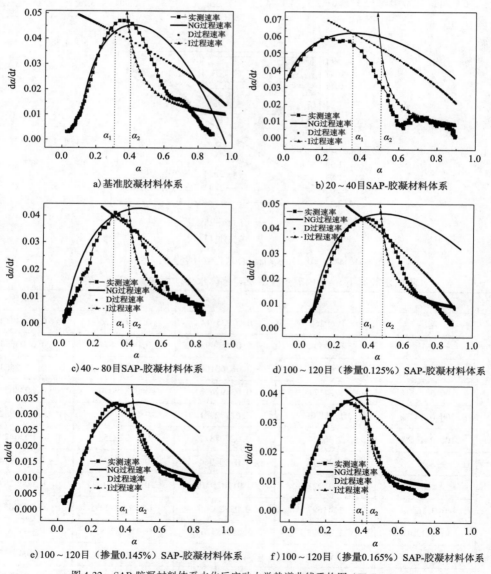

图 4-32　SAP-胶凝材料体系水化反应动力学热谱曲线重构图（$W/B = 0.37$）

由图 4-32 可见,NG 曲线、I 曲线及 D 曲线能够较好地分段模拟经实测所得的内养生胶凝材料浆体水化速率 $d\alpha/dt$ 曲线。说明其水化反应并非单一的反应过程,而是包含多种反应机制的复杂过程。图中 α_1 之前属水化初始阶段,此时水分供应较为充足,水化产物较少,结晶成核和晶体生长(NG)起主导作用;随着水化进程的持续推进,水化产物逐渐增多,离子的迁移受到一定阻碍,此时胶凝材料的水化反应转由相边界反应(I)控制;当水化进程进一步推进时,水化产物层逐渐增厚,水化反应更加困难,此时水化反应又转由扩散反应(D)控制。

由表 4-6 可见,各试验组的反应级数 n 均介于 1～2 之间且均不为整数,表明其化学反应属于非基元反应,计算出的反应级数 n 为胶凝材料中各物质反应级数的总和。将化学反应速率的一般式写为各反应组分浓度积的形式:$V = KC_A^{n_A}C_B^{n_B}\cdots$,其中 K 为反应速率常数,C_A 为物质 A 浓度,n_A 为物质 A 的反应级数,可见反应级数 n 越大,物质浓度对水化反应速率的影响越大。以下将分别分析 SAP 粒径及掺量对各阶段水化动力学参数的影响。

(1)SAP 粒径对水化动力学参数的影响

20～40 目、40～80 目和 100～120 目 SAP 内养生组的反应级数 n 分别为 1.00597、1.67757 和 1.29089,均小于基准组(1.69269),说明内养生浆体中物质浓度对水化反应速率的影响相对较小。

反应速率常数 K 表征相应反应阶段水化反应的快慢程度,K 值越大说明反应越容易进行。从表 4-6 可看出,内养生组的 K_1' 值均小于基准组,说明在 NG 过程内养生组抑制了水化反应的进行。此外,随着 SAP 粒径的减小,K_1' 值先增大后减小,从大到小排序为 40～80 目 > 100～120 目 > 20～40 目。同时,由图 4-32a)、b)、c)、e)发现,SAP 的加入对水化反应的 NG 过程起到明显的延长作用,其 α_1 转变点出现位置均滞后于基准组;其次,40～80 目 SAP 内养生组的 α_1 转变点最小,随之是 100～120 目、20～40 目,说明 40～80 目 SAP 内养生浆体在 NG 过程水化反应相对最快。不同 SAP 粒径下内养生浆体的 K_2' 和 K_3' 值随粒径的变化规律与 K_1' 值相似,在此不再赘述。

由图 4-32 可知,α_2 与 α_1 之差 $\Delta\alpha$ 代表水化反应 I 阶段的持续时间,对于不同 SAP 粒径下的内养生浆体,其 I 阶段的持续时间由小到大为 40～80 目 < 100～120 目 < 20～40 目,说明在相边界反应主导控制阶段 40～80 目 SAP 的水化反应最快,其次是 100～120 目和 20～40 目。

(2)SAP 掺量对水化动力学参数的影响

对比不同 SAP 掺量对水化动力学参数的影响发现,在 NG 过程,SAP 掺量越大,反应级数 n 越大,物质浓度对水化反应速率的影响越大。但 K_1' 值随 SAP 掺量的增加而逐渐减小,这主要是由于 SAP 掺量的增加会使其吸收更多的水化热,浆体内部温度降低,胶凝材料的成核与晶体生长速度下降,以上规律与 4.5 节中 SAP 掺量对浆体水化放热速率的影响一致。在 I 过程,K_2' 值虽随 SAP 掺量的增加呈不断减小的趋势,但 α_2 与 α_1 之差 $\Delta\alpha$ 随掺量的增加而减小,说明掺量越大,I 过程越短暂,水化反应越剧烈,越快进入 D 过程。

2)对于水胶比为 0.31 的浆体

图 4-33 为水胶比为 0.31 的浆体在采用不同 SAP 粒径和掺量时的热谱曲线重构图。

(1)SAP 粒径对水化动力学参数的影响

由表 4-6 可知,除 20～40 目 SAP 内养生组外,其余 SAP 粒径内养生组的反应级数 n 均大于基准组,且 SAP 粒径越小,反应级数 n 越大,说明总体上内养生组胶凝材料溶液浓度对结晶成核和晶体生长反应速率的影响较大,SAP 粒径越小,该影响越大。

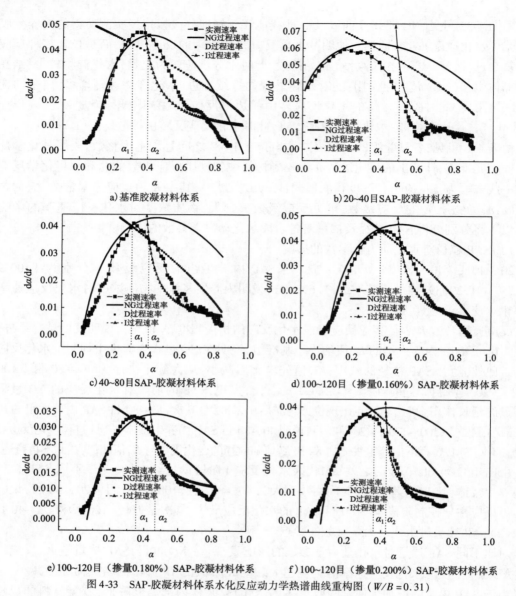

a) 基准胶凝材料体系　　　　　　b) 20~40目SAP-胶凝材料体系

c) 40~80目SAP-胶凝材料体系　　　　d) 100~120目（掺量0.160%）SAP-胶凝材料体系

e) 100~120目（掺量0.180%）SAP-胶凝材料体系　　f) 100~120目（掺量0.200%）SAP-胶凝材料体系

图4-33　SAP-胶凝材料体系水化反应动力学热谱曲线重构图（$W/B = 0.31$）

在 NG 过程中,内养生组 K'_1 值随 SAP 粒径的减小呈先增大后减小的规律,当 SAP 粒径为 40~80 目时 K'_1 值最大,为 0.059684263。结合图 4-33 可知, 40~80 目 SAP 内养生浆体在 NG 过程水化反应最快,其次是 20~40 目、100~120 目。

I、D 过程中 K'_2、K'_3 值随 SAP 粒径的变化规律与 K'_1 相同。对比分析不同 SAP 粒径下的 $\Delta\alpha$ 值发现,当粒径为 40~80 目时 $\Delta\alpha$ 值最小,为 0.119,其次是 20~40 目(0.16)、100~120 目 (0.175),说明在相边界反应主导控制阶段,浆体水化反应速率随 SAP 粒径的减小呈先增大后减小的规律。

(2)SAP 掺量对水化动力学参数的影响

不难看出,与水胶比为 0.37 时不同,在 NG 过程中 K'_1 值随 SAP 掺量的增加呈先增大后减小的趋势,同时 α_1 随之先减小后增大,SAP 掺量为 0.180% 时其水化反应速率最大,其次是 0.200%、0.160%。究其原因,SAP 掺量为 0.160% 时虽然水化温度较高,但掺量较小,致使结晶成核与晶体生长反应速率相对较慢,而当 SAP 掺量为 0.200% 时,其吸收热量较多造成水化温度较低,在一定程度上降低了结晶成核与晶体生长反应速率。

由 NG 过程转为 I 过程后,各 SAP 掺量下浆体的水化进程发生了改变,SAP 掺量越多,K'_2 值越大,与此同时 $\Delta\alpha$ 值越小,以上现象足以说明 SAP 开始释放其所储水分,并进一步推进了相边界反应进程。

由 I 过程过渡到 D 过程后,各 SAP 掺量内养生组的水化进程再次发生改变,K'_3 值随 SAP 掺量的增加而逐渐减小,这说明 SAP 掺量越多,生成的水化产物越多,水化产物的大量堆积致使浆体内部水分的扩散在一定程度上受到阻碍,故反应速率有所下降。

4.6　SAP 对水泥基材料水化程度的影响

4.6.1　DSC-TGA 曲线的化学结合水量及 Ca(OH)$_2$ 含量计算

SAP 内养生胶凝材料体系的 DSC-TGA 综合热测试结果如图 4-34 ～ 图 4-36 所示。其中图 4-34 为 $W/B = 0.37$ 时的 7d DSC-TGA 曲线,图 4-35 为 $W/B = 0.31$ 时的 7d DSC-TGA 曲线,图 4-36 为基准组及 SAP 组的 28d DSC-TGA 曲线。

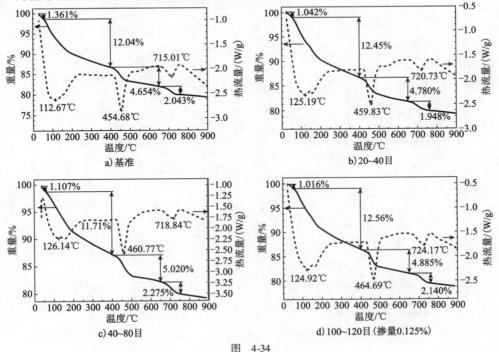

图　4-34

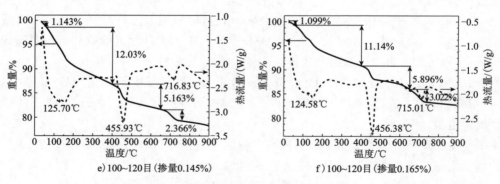

图 4-34　SAP-胶凝材料体系 7d DSC-TGA 曲线（$W/B = 0.37$）

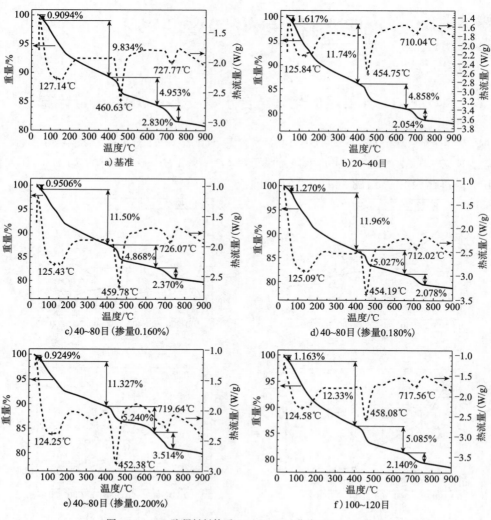

图 4-35　SAP-胶凝材料体系 7d DSC-TGA 曲线（$W/B = 0.31$）

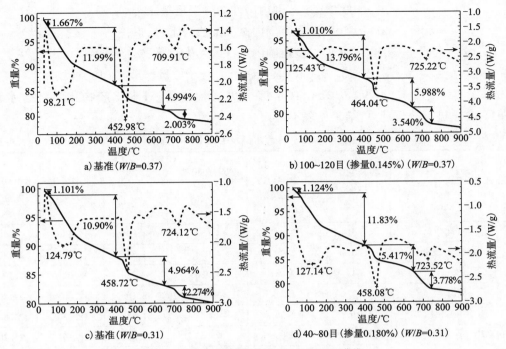

图 4-36　SAP-胶凝材料体系 28d DSC-TGA 曲线

通过图 4-34～图 4-36 中不同水胶比、SAP 粒径及掺量、龄期条件下内养生试样的 DSC-TGA 综合热测试结果发现,在试验温度为 30～800℃范围内,DSC 曲线均产生了三个明显吸热峰,与其相对应的存在三次热失重。经分析得出,各温度阶段所代表的分解物质分别为:①在 30～70℃的温度范围内,存在自由水的蒸发(失重量用 A 表示);②70～400℃温度范围内,出现第一个失重肩峰,此峰主要是因为 C—S—H 凝胶、AFt、AFm 等水化产物的脱水现象而形成(失重量用 B 表示);在 400～650℃的温度范围内,出现第二个失重肩峰,主要是 $Ca(OH)_2$ 分解失水造成(失重量用 C 表示);650～750℃温度范围内,失重原因主要为 $CaCO_3$ 的分解(失重量用 D 表示)。

对于各试验组试样的水化情况,仅通过 DSC-TGA 曲线图中展现出的热失重百分比难以对其进行精准判断,因为各温度阶段分解的物质并非单一物质,水化产物的脱水以及 $Ca(OH)_2$ 等物质的分解可能涉及多个温度范围。因此,须通过不同温度阶段测试试样的质量损失百分数,并结合水泥基材料水化反应原理,定量计算出各类物质的含量,进而分析材料水化程度。对于水泥基材料的水化程度,主要通过水化产物化学结合水含量及 $Ca(OH)_2$ 含量两个指标来表征。具体计算方法如下:

$$m(H_2O) = m_B + m_C + m_D \frac{M_{H_2O}}{M_{CO_2}} \tag{4-28}$$

$$m[Ca(OH)_2] = m_C \frac{M_{Ca(OH)_2}}{M_{H_2O}} + m_D \frac{M_{Ca(OH)_2}}{M_{CO_2}} \tag{4-29}$$

式中:$m(H_2O)$——化学结合水含量,%;

$m[Ca(OH)_2]$——$Ca(OH)_2$ 含量,%;

m_B——70～400℃温度范围内试件的热失重量,%;

m_C——400～650℃温度范围内试件的热失重量,%;

m_D——650～750℃温度范围内试件的热失重量,%;

M_{H_2O}、M_{CO_2}、$M_{Ca(OH)_2}$——H_2O、CO_2 及 $Ca(OH)_2$ 的相对分子质量,分别为18、44、74。

根据式(4-28)、式(4-29)及 DSC-TGA 综合热试验数据,对水化产物化学结合水量及 $Ca(OH)_2$ 含量进行分析计算,结果见表4-7。

水化产物化学结合水量及 $Ca(OH)_2$ 含量 表4-7

W/B	序号	30～70℃ 自由水蒸发 (A)/%	70～400℃ C—S—H 等水化产物脱水 (B)/%	400～650℃ $Ca(OH)_2$ 分解(C)/%	>650℃ 其他/%	化学结合水量/%	$Ca(OH)_2$ 含量/%
0.37	基准(7d)	1.361	12.04	4.654	81.945	17.530	22.569
	基准(28d)	1.667	11.99	4.994	81.349	17.803	24.900
	20(7d)	1.042	12.45	4.780	81.728	18.027	22.927
	40(7d)	1.107	11.71	5.020	82.163	17.661	24.464
	100-0.125%(7d)	1.016	12.56	4.885	81.539	18.320	23.682
	100-0.145%(7d)	1.143	12.03	5.163	81.664	18.161	25.205
	100-0.145%(28d)	1.010	13.796	5.988	79.206	21.232	30.571
	100-0.165%(7d)	1.099	11.140	5.896	81.865	18.272	29.322
0.31	基准(7d)	0.909	9.834	4.953	84.304	15.945	23.122
	基准(28d)	1.101	10.900	4.964	83.035	16.794	24.232
	20(7d)	1.617	11.74	4.858	81.785	17.438	23.426
	40-0.160%(7d)	0.951	11.50	4.868	81.681	17.338	23.999
	40-0.180%(7d)	1.270	11.96	5.027	81.743	17.837	24.161
	40-0.180%(28d)	1.124	11.830	5.417	81.629	18.793	28.624
	40-0.200%(7d)	0.925	11.327	5.240	83.508	17.885	27.452
	100(7d)	1.163	12.33	5.085	81.422	18.290	24.504

4.6.2　SAP 参数及养生龄期对浆体水化程度的影响

为了对比更加直观,将表4-7中化学结合水、$Ca(OH)_2$ 相对含量计算结果绘制于图4-37和图4-38中。其中,图4-37为不同 SAP 参数(粒径和掺量)对7d化学结合水和 $Ca(OH)_2$ 相对含量的影响,图4-38为养生龄期对化学结合水和 $Ca(OH)_2$ 相对含量的影响。

1)SAP 参数对浆体水化程度的影响

由图4-37可知,7d 龄期时各 SAP 内养生试样的化学结合水和 $Ca(OH)_2$ 相对含量均高于基准试样,说明 SAP 能够有效促进胶凝材料的水化,从而提高其水化程度。

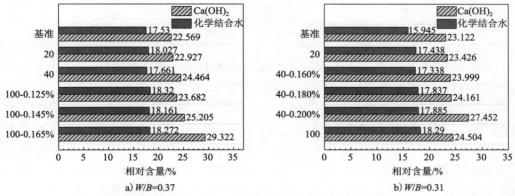

图4-37 不同SAP参数下试样的7d化学结合水及Ca(OH)₂相对含量

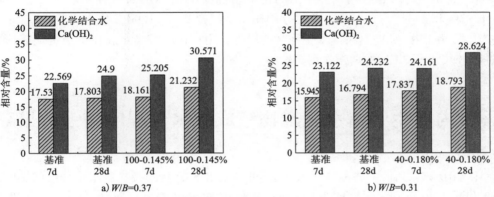

图4-38 不同龄期时试样化学结合水及Ca(OH)₂相对含量

（1）对于水胶比为0.37的浆体

由图4-37a）可知，7d龄期时化学结合水相对含量由高至低排序为100~120目>20~40目>40~80目，Ca(OH)₂相对含量由高至低排序为100~120目>40~80目>20~40目，说明100~120目SAP内养生试样生成的C—S—H凝胶、AFt晶体、Ca(OH)₂等水化产物数量最多，对水化的促进作用最为显著。

对比不同SAP掺量下试样的化学结合水及Ca(OH)₂相对含量可知，随着100~120目SAP掺量由0.125%增加至0.165%，Ca(OH)₂相对含量不断增加，同时化学结合水相对含量呈先减小后增大的规律。分析是因为SAP掺量越大，7d龄期内释放的内养生水分越多，与C_3S、C_2S等反应生成的Ca(OH)₂也就越多。对于化学结合水相对含量的变化，分析是因为当掺量为0.125%时，7d内已生成大量的C—S—H凝胶，其对浆体的填充作用在一定程度上阻碍了胶凝材料与可蒸发水的反应，所以当SAP掺量增大至0.145%时，化学结合水相对含量有所下降；当SAP掺量继续增大时，因水化进程更为剧烈，已有C—S—H凝胶等水化产物无法阻挡胶凝材料与可蒸发水的反应，故生成更多水化产物，化学结合水相对含量随之增大。

（2）对于水胶比为0.31的浆体

由图4-37b）可知，首先，SAP粒径越小，7d龄期时化学结合水和Ca(OH)₂相对含量越高，说明较小的SAP粒径能够均匀地释放内养生水，从而促进胶凝材料水化。

其次，随着40~80目SAP掺量由0.160%增加至0.200%，化学结合水及Ca(OH)₂相对含量持续增大,其中化学结合水相对含量增加了 3.15%,同时 Ca(OH)$_2$ 相对含量增加了 14.39%。

2)养生龄期对浆体水化程度的影响

从图 4-38 可看出,水胶比为 0.37 时生成的化学结合水及 Ca(OH)$_2$ 相对含量均普遍大于水胶比为 0.31 时的含量,这是因为水胶比越高,胶凝材料的可化合水越多,同时可容纳水化产物的微观空间越大,进而胶凝材料浆体的水化越充分。

与基准组试样相比,SAP 内养生试样中化学结合水及 Ca(OH)$_2$ 相对含量随着养生龄期推移所增加的幅度较大,说明 SAP 在 7d 龄期后仍存在良好的内养生效应,对浆体起到了很好的水化促进作用。

W/B = 0.37 时,内养生组 7d 龄期时的化学结合水及 Ca(OH)$_2$ 相对含量分别比基准组提高了 3.60% 和 11.68%,而在 28d 龄期时分别比基准组提高了 19.26% 和 22.78%,可见在 7d 后内养生组又存在一个水化增强期,100~120 目 SAP 在 7d 后仍会释放水分促进胶凝材料水化。W/B = 0.31 时,7d 龄期时内养生组的化学结合水及 Ca(OH)$_2$ 相对含量分别比基准组提高了 11.87% 和 4.49%,在 28d 龄期时分别比基准组提高了 11.90% 和 18.12%。综上,在较低水胶比下,SAP 在 7d 前对浆体水化程度的增强作用相比在较高水胶比下更为显著(释水内养生进程较快),而 7d 后的增强作用则较小。

4.7　内养生浆体水化产物组成及水化程度增强效果分析

基于 XRD 试验所测的各晶体衍射峰值,可推断出 SAP 对胶凝材料水化程度的影响规律。图 4-39 和图 4-40 分别为水胶比为 0.37 和 0.31 时的 SAP-胶凝材料体系的 XRD 衍射图谱。从图中可见,SAP 的加入对浆体水化产物的类型无影响,水化产物主要包括 Ca(OH)$_2$ 和 AFt,同时存在胶凝材料矿物 SiO$_2$ 及尚未水化的 β-C$_2$S,但对峰强有一定影响。其中,Ca(OH)$_2$ 的含量可直接反映浆体中胶凝材料的水化程度,AFt 也可作为判断胶凝材料水化程度的参考指标,同时 β-C$_2$S 能够在一定程度上表征水泥的水化程度。

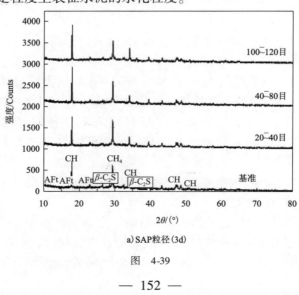

a) SAP 粒径(3d)

图　4-39

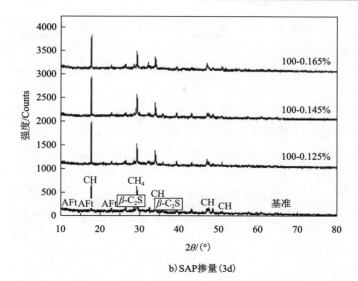

b) SAP掺量(3d)

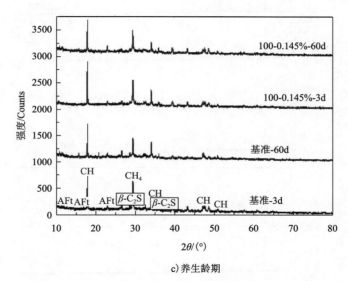

c) 养生龄期

图4-39　SAP-胶凝材料体系 XRD 衍射图谱($W/B = 0.37$)

注:图中 CH 为 Ca(OH)$_2$ 的简写,β-C$_2$S 是 C$_2$S 的存在形式。

$W/B = 0.37$ 时,由图 4-39a) 可见,SAP 粒径越小,3d 龄期时浆体生成的 Ca(OH)$_2$ 含量越多,水化程度越高,这与本章 4.5 节中 3d 内水化反应放热情况的分析结果一致。同时,β-C$_2$S 含量也随 SAP 粒径的减小而减小,说明 SAP 粒径越小,所释水分能够使越多的 β-C$_2$S 转化为水化产物。此外,SAP 对 AFt 含量影响较小,是因为新拌浆液中的铝酸三钙 C$_3$A 最先水化,并在石膏存在的环境下迅速形成 AFt,此时 SAP 尚未发挥内养生效果。

由图 4-39b) 可知,随着 SAP 掺量的增大,Ca(OH)$_2$ 含量逐渐减小,以上测试结果同样与本章第 4.5 节中 3d 内水化反应放热情况的分析结果一致,即 SAP 掺量越大,早期水化程度越低,说明 SAP 延缓了胶凝材料的早期水化进程。

由图 4-39c) 中不同龄期下的 XRD 衍射图谱可见,内养生组在 60d 龄期时的 Ca(OH)$_2$ 含量比 3d 下降了 1/4,而基准组的 Ca(OH)$_2$ 含量则略有增大,说明内养生使得胶凝材料中的粉煤灰在 60d 前发生了二次水化反应,消耗了部分 Ca(OH)$_2$,有效促进了浆体后期水化程度的提升。

$W/B = 0.31$ 时,由图 4-40a)可知,40～80 目 SAP 内养生浆体在 3d 龄期时的 Ca(OH)$_2$ 含量最多,其次是 100～120 目、20～40 目,这与 4.5.1 节中 3d 内水化反应放热量的测试结果相符,即 40～80 目 SAP 3d 时的水化程度最高。

对比不同 SAP 掺量下的浆体 XRD 衍射图谱[图 4-40b)]可知,浆体 Ca(OH)$_2$ 含量随 SAP 掺量的增加而增大,说明对于低水胶比的内养生浆体,其在 3d 龄期内就起到一定程度的水化增强作用。

根据图 4-40c)可知,基准组 60d 龄期时的 Ca(OH)$_2$ 含量相比 3d 略微有所上升,而对于内养生组,60d 龄期时的 Ca(OH)$_2$ 含量相比 3d 下降了 2/3 左右,说明内养生有效促进了粉煤灰的二次水化。

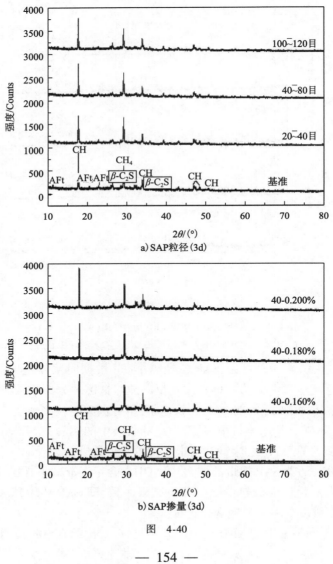

a) SAP 粒径(3d)

b) SAP 掺量(3d)

图 4-40

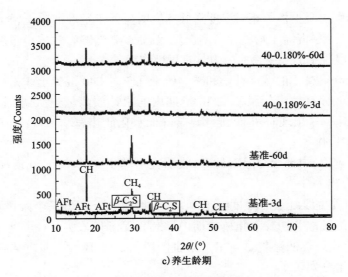

c) 养生龄期

图 4-40　SAP-胶凝材料体系 XRD 衍射图谱（$W/B = 0.31$）

　　综上所述,虽然 SAP 延迟了胶凝材料的早期水化进程,但后期在很大程度上提高了胶凝材料水化程度,具有优良的水化增强效果。

4.8　本章小结

　　本章从水泥混凝土内各形式水分依时含量、内部相对湿度发展规律、收缩变形-内部相对湿度关系及水分扩散系数等多方面对 SAP 内养生混凝土的水分传输特性进行了深入介绍,并从水化放热、水化反应进程以及水化产物分析等多方面对 SAP 内养生胶凝材料体系在不同时期的水化程度进行了定性和定量分析,得到了如下结论:

　　(1) $W/B = 0.37$ 时,100～120 目 SAP 内养生浆体在终凝前的毛细水含量小于其他两种粒径下的浆体,具有优良的保水性能;7d 时,该粒径下内养生浆体的毛细水含量最高,与其他 SAP 粒径相比能够在较长时间内对混凝土进行内养生;28d 时,其由凝胶水转化为化学结合水的比例最大,水化效果最优。$W/B = 0.31$ 时,40～80 目 SAP 对浆体的内养生效果最好,100～120 目 SAP 与其效果接近。

　　(2) 不同 SAP 掺量下内养生浆体中各形式水的含量除内养生水含量差异较大以外,毛细水及凝胶水含量差异较小,其遵循 SAP 掺量越大,各龄期的毛细水含量越多,10h～28d 龄期范围内的凝胶水含量也越多的规律。

　　(3) C40 及 C50 基准试件在 28d 时的相对湿度分别为 81.53% RH 和 78.88% RH,而在最佳湿度补偿状态下,28d 时的相对湿度可分别达到 93.12% RH 和 89.78% RH。

　　(4) 在 C50 混凝土中 SAP 的释水加速期相比 C40 混凝土提前,从 4d 龄期开始加速释水;C40 混凝土中各粒径 SAP 的内养生优劣顺序随龄期的变化较大,而在 C50 混凝土中该顺序不随龄期而发生明显改变。

（5）SAP 内养生混凝土板的相对湿度降低速度明显低于基准混凝土,特别是早龄期阶段,3d 龄期时板上、中、下层混凝土均能保持高湿度状态;SAP 能够有效减小各层位之间的湿度梯度,对于抑制水泥混凝土的湿度翘曲应力具有积极作用。

（6）SAP 对 C50 混凝土的湿度补偿和减缩效果优于对 C40 混凝土。

（7）SAP 不仅能够有效降低浆体在 3d 龄期内的累计放热量,且延长水化诱导期持续时间、推迟水化放热速率峰出现时间,并能够显著降低水化放热速率峰值,对于降低浆体早期温度收缩裂缝具有积极作用。

（8）SAP 掺量越大,内部相对湿度越高,收缩变形越小;SAP 对 C50 混凝土的极限减缩效果相比 C40 更为突出。

（9）将 SAP 内养生混凝土的湿度-温度-收缩变形曲线分为了三个阶段:第 I 阶段为 SAP 释水加速期、相对湿度饱和期及水化放热期(1~3d),第 II 阶段为 SAP 释水高峰期、相对湿度快速下降期以及水化放热低稳期(3~7d),第 III 阶段为 SAP 释水末期或结束期和相对湿度稳速下降期,此时水化热为 0。

（10）建立了不同龄期下内养生混凝土湿度收缩变形 - 内部相对湿度定量关系;基于实测数据及水泥混凝土水分扩散理论,对 C40、C50 内养生混凝土的等效水分扩散系数进行了计算,同时建立了水分扩散系数 D_H-内部相对湿度 H 模型,具体见图 4-26 和表 4-4。

（11）$W/B = 0.37$ 时,100~120 目 SAP 能够在大幅延迟水化放热速率峰值出现时间的前提下,达到最大的水化程度;$W/B = 0.31$ 时,40~80 目 SAP 内养生浆体的放热和水化综合效果最佳,这与 100~120 目 SAP 在拌和中易结团,分布均匀性降低且内养生区域范围缩小有关。

（12）SAP 掺量的增大能够促进其对水化热量的吸收,从而延缓 3d 内浆体的水化进程;同时,拌和过程中内养生引水量随 SAP 掺量的增大而提高,对应的浆液离子浓度随之降低,致使 SAP 吸持水分的能力增强,水化反应进程放慢,水化热降低。

（13）SAP 在浆体中产生了若干孔隙,使得其温度传递能力小于基准浆体。除此之外,SAP 凝胶能够吸收部分水化反应热量,降低浆体内部温度。由于环境温度越低,水化反应速率峰值越小,因此 SAP 的加入对胶凝材料的早期水化反应进程起到一定的延缓作用,有利于抑制早期因温度变形而产生的微裂纹。

（14）SAP 能够有效提高胶凝材料的水化程度。$W/B = 0.37$ 时,100~120 目 SAP 内养生试样生成的 C—S—H 凝胶、AFt 晶体、Ca(OH)$_2$ 等水化产物数量最多,有利于强度的发展,随着掺量的增大,Ca(OH)$_2$ 相对含量不断增加,但化学结合水相对含量呈先减小后增大的规律;$W/B = 0.31$ 时,SAP 粒径越小,7d 龄期时化学结合水和 Ca(OH)$_2$ 相对含量越高,且掺量越大,二者相对含量越高。

（15）$W/B = 0.37$ 时,内养生组 7d 时的化学结合水及 Ca(OH)$_2$ 相对含量分别比基准组提高 3.60% 和 11.68%,而在 28d 龄期时分别比基准组提高 19.26% 和 22.78%,说明 100~120 目 SAP 在 7d 后仍会释放水分促进胶凝材料水化;$W/B = 0.31$ 时,SAP 在 7d 前对浆体水化程度的增强作用相比较高水胶比更为显著,而 7d 后的增强作用则较小。

（16）虽然 SAP 延迟了胶凝材料的早期水化进程,但后期在很大程度上提高了胶凝材料水化程度,具有优良的水化增强效果。

● 本章参考文献

［1］中华人民共和国建设部. 混凝土用水标准：JGJ 63—2006［S］. 北京：中国建筑工业出版社, 2006.

［2］覃潇. SAP 内养生路面混凝土水分传输特性及耐久性研究［D］. 西安：长安大学, 2018.

［3］申爱琴,郭寅川,等. SAP 内养护隧道混凝土组成设计、性能及施工关键技术研究［R］. 西安：长安大学, 2020.

［4］申爱琴,杨景玉,郭寅川,等. SAP 内养生水泥混凝土综述［J］. 交通运输工程学报,2021, 21(4)：1-31.

［5］NAKANISHI H, TAMAKI S, YAGUCHI M. Performance of a multifunctional and multipurpose superplasticizer for concrete［C］. Canmet/aci international conference on superplasticizers & other chemical admixtures in concrete, 2003.

［6］ZHANG Zhibin,XU Lingling, TANG Mingshu. Effect of shrinkagereduing admixture on hydration and pore structure of cement-based materials［J］. Journal of the chinese ceramic society, 2009,37(7)：1244-1248.

［7］覃潇,申爱琴,李俊杰,等. 内养生路面混凝土水分传输特性及力学性能［J］. 建筑材料学报,2021,24(3)：606-614.

［8］张志强. 高吸水树脂对水泥混凝土性能的影响及机理研究［D］. 长春：吉林大学,2019.

［9］胡立楷,陶小磊. SAP 内养生混凝土试验研究［J］. 西部交通科技,2021(4)：133-136.

［10］SHEN Aiqin,LIN Senlin,GUO Yinchuan, et al. Relationship between flexural strength and pore structure of pavement concrete under fatigue loads and Freeze-thaw interaction in seasonal frozen regions［J］. Construction and building materials, 2018, 174：684-692.

［11］GUO Yinchuan, CHEN Zhihui,QIN Xiao, et al. Evolution mechanism of microscopic pores in pavement concrete under multi-field coupling［J］. Construction and building materials, 2018, 173：381-393.

［12］LI Zhen, Ding Siqi, YU Xun, et al. Multifunctional cementitious composites modified with nano titanium dioxide：A review［J］. Composites part a,2018,111：115-137.

［13］马先伟,张家科,刘剑辉. 高性能水泥基材料内养护剂用高吸水树脂的研究进展［J］. 硅酸盐学报,2015,43(8)：1699-1110.

［14］朱长华,李享涛,王保江,等. 内养护对混凝土抗裂性及水化的影响［J］. 建筑材料学报, 2013,16(2)：221-225.

［15］JUSTS J, WYRZYKOWSKI M, BAJARE D,et al. Internal curing by superabsorbent polymers in ultra-high performance concrete［J］. Cement and concrete research, 2015,76：82-90.

［16］HASHOLT M T, JENSEN O M, KOVLER K,et al. Can superabsorent polymers mitigate autogenous shrinkage of internally cured concrete without compromising the strength？［J］. Construction and building materials, 2012,31：226-230.

[17] LEE H X D,WONG H S,BUENFELD N R. Effect of alkalinity and calcium concentration of pore solution on the swelling and ionic exchange of superabsorbent polymers in cement paste [J]. Cement and concrete composites, 2018, 88:150-164.

[18] SNOECK D,SCHAUBROECK P,DUBRUEL D,et al. Effect of high amounts of superabsorbent polymers and additional water on the workability, microstructure and strength of mortars with a water-to-cement ratio of 0.50[J]. Construction and building materials,2014,72:148-157.

[19] KONG Xiangming,ZHANG Zhenlin,LU Zichen. Effect of pre-soaked superabsorbent polymer on shrinkage of high-strength concrete [J]. Materials and structures, 2015, 48 (9): 2741-2758.

[20] 何文慧. 内养护水泥基材料的力学及变形性能[D]. 哈尔滨:哈尔滨工业大学,2011.

[21] 王文彬,郭飞,李磊,等. 高吸水树脂内养护对水泥基材料性能的影响[J]. 混凝土,2014 (10):86-88.

[22] 李明,刘加平,田倩,等. 内养护水泥基材料早龄期变形行为[J]. 硅酸盐学报,2017,45 (11):1635-1641.

[23] 詹炳根,丁以兵. 超强吸水剂对混凝土早期内部相对湿度的影响[J]. 合肥工业大学学报 (自然科学版),2006,29(9):1151-1154,1165.

[24] Mönnig, Sven. Superabsorbing additions in concrete:applications,modelling and comparison of different internal water sources[J]. Uni stuttgart-universitätsbibliothek,2009.

[25] NESTLE N,KüHN A,FRIEDEMANN K,et al. Water balance and pore structure development in cementitious materials in internal curing with modified superabsorbent polymer studied by NMR[J]. Microporous and mesoporous materials,2009,125(1-2):51-57.

[26] ZHANG Guofang, WANG Yawen, HE Rui,et al. Effects of super absorbent polymer on the early hydration of Portland cement highlighted by thermal analysis[J]. Journal of thermal analysis and calorimetry, 2017,129(1):45-52.

[27] 钟佩华. 高吸水性树脂(SAP)对高强混凝土自收缩性能的影响及作用机理[D]. 重庆: 重庆大学, 2015.

第5章

SAP内养生混凝土收缩及阻裂性能

SAP 最早作为一种养护材料引入混凝土中,便是因为其可在凝胶网状结构内预先存储水分,在外界离子浓度以及内外湿度梯度增大时,可适时"智能"释水,从而缓解道路、桥梁、隧道混凝土由于早期水化作用以及表面干燥蒸发而产生的体积收缩变形。随着水化程度的不断提高,混凝土在凝结硬化的过程中,其由于水化耗水以及水分蒸发而产生的自收缩与干燥收缩也在不断发展,一旦其毛细孔压力大于混凝土当前的抗拉强度,混凝土便会出现开裂。因此,在混凝土成型以及服役的每一阶段中都存在着一定的开裂风险,其主要表现为水泥混凝土在浇筑成型初期由于表面水分蒸发速率低于内部水分迁移速率而产生的塑性开裂、在养护期由于干燥收缩应力大于抗拉强度而产生的开裂、在服役期由于抵抗荷载变形的能力不足而产生的断裂等。本章将以 C40 和 C50 混凝土为例,对 SAP 内养生混凝土收缩、阻裂性能进行深入探究,进一步认识 SAP 内养生混凝土。

5.1 混凝土收缩与阻裂性能研究概述

5.1.1 混凝土早期收缩研究概述

水泥混凝土路面或桥面整体化层为大面积薄板结构,其内部初期水化热较大,水化温升较为明显,同时长期暴露在外界环境中,受昼夜温差影响较大,故其早期收缩主要表现为在水化过程中水化耗水而导致的自收缩与硬化阶段内部毛细孔(>5nm)与凝胶孔(0.5~2.5nm 的 C—S—H)中吸附水逐渐蒸发而导致的干燥收缩。

一般来说,在路面或桥面整体化层水泥混凝土施工过程中常采用振动提浆工艺,这使得整体化层混凝土沿深度方向集料分布不均,细集料通常上浮而粗集料位于中下层,这便会使得水泥混凝土在发生自收缩及干燥收缩时由于表面层粗集料较少而导致收缩值增大,同时上下层集料分布不均,也将导致收缩应力分布不均从而导致局部翘曲、开裂,在外界环境作用下,侵蚀介质不断通过翘曲裂隙进入整体化层内,使得桥面整体化层逐渐丧失使用功能。

在隧道混凝土中收缩主要包括干燥收缩、塑性收缩、温度收缩、自收缩和化学收缩等。根据相关研究,其收缩的机理为:随着水化反应的进行水泥石内部湿度降低,毛细孔中的水由饱和变为不饱和状态而形成气液弯月面,使孔壁受毛细孔负压而产生拉应力,引起水泥石收缩;水化产物之间的水分减少,两者之间的范德华力增大,使基体趋于紧密,引发收缩。

由于隧道内环境中昼夜温差较小、水胶比较大,其构造物混凝土的温度收缩和自收缩所占权重较小。考虑隧道构造物混凝土常处于干湿及行车产生的大风环境,主要表现为水分扩散到外部环境中而产生的干燥收缩。同时,隧道初期支护混凝土层中坚硬且不收缩的粗集料较少,干缩随集料减少而增大,尤其是厚度小于 50mm 时,因粗集料含量少而更易出现干缩;再者,初期支护和二次衬砌混凝土处于约束状态,当其不足以抵抗围岩变形时,会出现局部开裂或剥落现象。

根据相关理论解释,水泥混凝土干燥收缩与自收缩的成因主要是毛细孔水液面曲率变化。随着水化反应进行,水泥石内部湿度下降,毛细孔内自由水逐渐散失变为不饱和状态,气液弯月面曲率逐渐增大,在表面张力作用下,孔壁之间的范德华力逐渐增大使基体趋于紧密,从而引起水泥石的收缩。因此,有效缓解水泥石内部湿度下降,抑制混凝土收缩发展趋势,从而避免其出现早期自收缩及干缩开裂显得尤为重要。

5.1.2 混凝土阻裂性能研究概述

开裂是混凝土工程中出现最多的问题,一旦发生将会严重影响工程结构的耐久性能。混凝土常见的开裂是指在浇筑成型的几个小时内,在混凝土初凝前塑性收缩导致的裂缝,在水泥水化成型的过程中,混凝土内部自由水一方面需补给水化耗水,另一方面在表面裸露的情况下,其需要迁移至表层混凝土以弥补水分蒸发,而当水分蒸发速率大于自由水迁移速率时,毛细孔气液弯月面曲率将会迅速变大,孔壁之间的毛细孔负压力增大,从而引发应力集中而造成开裂。

在塑性阶段,混凝土自身强度还处在逐步增长的过程中,抗拉强度低,当毛细孔收缩拉应力大于混凝土抗拉强度时,混凝土就会开始出现毛细裂纹,并且沿裂纹长度、宽度方向不断地由内部向表面扩展,从而为外界腐蚀介质侵入混凝土结构内部打开通道,对混凝土的抗渗、耐冻融以及抗碳化等耐久性能产生影响。因此,在对内养生混凝土减缩效果进行研究与评价后,需进一步对其抵抗开裂的效果进行研究。

就混凝土在凝结硬化、养护期不同阶段面临的开裂病害而言,按照施加约束方式以及裂缝出现时间的不同可设计不同的阻裂试验进行性能测试与评价:

对处于超早龄期(24h)内的混凝土,可设计平板塑形试验,通过在底部设置三角钢以达到开裂诱导目的,观察裂缝开裂条数、宽度与起裂时间,并以单位总开裂面积对其阻裂性能进行评价。

对处于养护期内的混凝土,可设计圆环约束试验,通过对混凝土施加环向约束,以钢环内壁应变来反映开裂进程,其裂缝发生时间一般在浇筑后 20d 龄期,通过试验结果可表征混凝土在养护期 28d 过程中的开裂风险情况。

分析以上混凝土开裂条件,可以发现其诱发条件均为同一时段下,受外界约束引起的混凝土毛细孔湿度梯度应力或收缩拉应力大于当前混凝土已具有的抗拉强度,此时混凝土便会发生开裂,而 SAP 内养生的特点在于一方面减小湿度梯度分布,补充毛细孔自由水,另一方面增强水泥混凝土水化程度,提高其力学强度。

故结合这一特点,本章在平板诱导开裂以及圆环约束开裂的基础上,对养护期(28d)结束后开放交通的铺装混凝土,设计了弯曲断裂试验,通过对混凝土施加荷载应力,以荷载-位移断裂参数以及断裂能来反映其抵抗荷载变形的能力,并以内养生混凝土在服役期的断裂性能作为评价其阻裂性能的另一指标,从而对 SAP 内养生混凝土成型及服役全过程的阻裂性能进行综合评价。

5.2　SAP 内养生混凝土干燥收缩试验研究

5.2.1　混凝土干缩测试方法

按照干燥收缩的定义,实际的干燥收缩值应将自然干燥条件下的混凝土总体体积变形减去同等温度环境下的自收缩变形,但考虑到早期的干缩变形与自收缩变形对铺装混凝土有着类似体积收缩作用,同时在试验与数据分析时,对此两类收缩在龄期上也进行了划分,故本章中所研究的干燥收缩也包含同龄期内所产生的自收缩。

为获得混凝土干燥收缩的持续变化规律,采用深圳莫尼特仪器设备制造商研发的 MIC-YWC-5 位移传感器连接 MIC-DCV-4 数据接收设备实行监测采集,成型 $100mm \times 100mm \times 400mm$ 的梁式试件。在标准环境下养护 24h 后,对内养生混凝土梁式试件进行脱模,并竖向放置于收缩台架上,其上通过环形夹固定位移传感器,如图 5-1 所示。位移传感器可通过尾部自由伸缩的顶针式测头来反映混凝土收缩变化的大小,数据监测周期为 28d,采集时间间隔为 1h,试验环境温度控制为 $20℃ \pm 2℃$,外界环境湿度保持在 $(60\% \pm 5\%)$ RH。顶针式伸缩测头可视为电路中的滑动变阻器,其长度变化可看作电阻值的变化,同时仪器可自动将电阻值转化为电压值(单位:mV),并传输至控制器云端,监测结束后可通过电压-位移转换公式与收缩变形计算公式对数据进行全周期规律分析,收缩变形 $\mu\varepsilon$ 的计算公式见式(5-1)。

图 5-1　干燥收缩测试

$$\mu\varepsilon = (U_t - U_0)/(1000 \times A \times 400 \times 10^6) \tag{5-1}$$

式中: U_t——t 龄期的电压值;

U_0——初始测试时刻电压值;

A——传感器信号灵敏度。

5.2.2 混凝土干缩试验设计

干燥收缩试验配合比方案基于优化所得 C40、C50 的最佳粉煤灰、砂率、减水剂以及 SAP 掺量进行设计,同时为进一步探索 SAP 目数以及掺量对混凝土干缩变形的影响,本节对 C40 内养生混凝土设置 20 ~ 40 目、40 ~ 80 目作为 SAP 目数对照试验,并对最优的 100 ~ 120 目 SAP 掺量,以上下浮动 0.02% 的掺量作为 SAP 掺量对照组进行干燥收缩试验,C50 内养生混凝土按照同样的试验设计思路进行研究方案设计,详见表 5-1。

干燥收缩试验方案 表 5-1

序号	组成材料用量/(kg/m^3)							
	水 + 内养生水	SAP	水泥	粉煤灰	砂	粗集料	细集料	减水剂
C40-J	160	0	368	65	745	790	198	2.81
C40-20	160 + 18.57	0.398						
C40-40	160 + 18.57	0.537						
C40-100-0.125%	160 + 16.01	0.541						
C40-100-0.145%	160 + 18.57	0.628						
C40-100-0.165%	160 + 21.13	0.714						
C50-J	155	0	450	50	748	818	215	3.50
C50-20	155 + 27.90	0.790						
C50-40-0.160%	155 + 24.80	0.800						
C50-40-0.180%	155 + 27.90	0.900						
C50-40-0.200%	155 + 31.00	1.000						
C50-100	155 + 27.90	1.075						

注:C40-J 代表基准组,C40-100-0.145% 中 C40 代表混凝土抗压等级,100 代表 100 ~ 120 目的 SAP,0.145% 代表 SAP 掺量。

5.2.3 SAP 目数对混凝土干燥收缩的影响

经传感器数据处理后,三种 SAP 目数下 C40、C50 内养生混凝土 28d 内的干燥收缩发展曲线如图 5-2 所示。总体而言,SAP 的掺入可在不同程度上抑制 C40 及 C50 混凝土干燥收缩的发展。

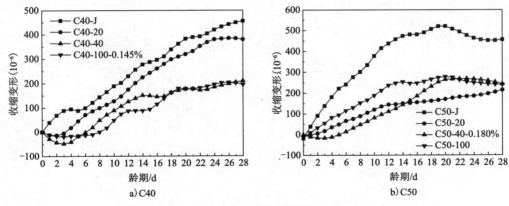

图 5-2　三种 SAP 目数下内养生混凝土干燥收缩发展曲线

如图 5-2a)、b)所示,在引入等量内养生水的条件下,SAP 目数的变化对混凝土干燥收缩变形有着较大的影响。对于 C40 混凝土,其基准组 28d 龄期时的收缩变形值为 451.99με,而掺入 20~40 目、40~80 目及 100~120 目 SAP 的 C40 混凝土 28d 收缩变形值分别为 383.29με、206.9με 与 199.66με,其相较基准组分别降低了 15.20%、54.22% 与 55.83%。其中,掺入 20~40 目 SAP 的内养生混凝土发展变化曲线与基准组类似,呈现平行发展的趋势,仅在早龄期 3d 内对收缩发展的抑制效果较为显著。这是由于 20~40 目 SAP 粒径较大、颗粒分布范围较小,且其存在早龄期释水快、养护半径小的缺陷,故而仅能保证内养生混凝土早龄期的养护效果。

掺入 40~80 目及 100~120 目 SAP 的混凝土收缩发展曲线在早龄期与基准组及 20~40 目 SAP 组相似,但在 15d 后其收缩曲线逐渐趋于平缓,分析原因为 40~80 目及 100~120 目 SAP 粒径与保水性能均优于 20~40 目 SAP,故而其在早龄期内释水较少,而在 15d 龄期后,由于混凝土内部化学结合水逐渐消耗殆尽,在内外湿度差及离子浓度差负压力下,SAP 蓄存的自由水逐渐释出以补足毛细孔水的散失,从而减轻毛细孔壁间的范德华力以抑制干燥收缩发展。

观察图 5-2b)可知,相较于 C40 内养生混凝土,各目数 SAP 对 C50 强度等级的混凝土收缩抑制效果更为显著,其主要原因在于 C50 混凝土水胶比较低,在水化、硬化过程中更易出现水分散失引起的毛细孔负压力增大,而 SAP 的引入恰好可在此时提供源源不断的水分补给,故而可显著降低混凝土干燥收缩变形的发展速率,控制收缩变形总量。

与 C40 混凝土不同的是,100~120 目 SAP 由于粒径较小,在水胶比较低的 C50 混凝土中极易产生“微结团”效应,因此难以均匀分布于 C50 混凝土内,导致其养护效果不及 20~40 目与 40~80 目 SAP。但 20~40 目 SAP 同样存在释水周期较短以及养护不均匀的缺点,故总体而言,40~80 目 SAP 对 C50 混凝土的内养生效果最佳,其 28d 的总体减缩率相较基准混凝土可达 45.64%。

5.2.4　SAP 掺量对混凝土干燥收缩的影响

控制最佳目数 SAP 处于吸液饱和状态,在最佳掺量基础上以 0.02% 的比例对其掺量进行上下微调,所测得的 C40、C50 混凝土干燥收缩发展曲线如图 5-3 所示。

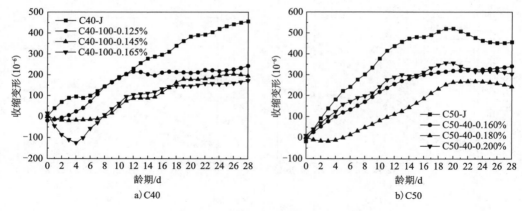

图 5-3　三种 SAP 掺量下内养生混凝土干燥收缩发展曲线

　　分析图 5-3a)、b)可知,SAP 掺量对 C40 及 C50 混凝土干燥收缩均有着较为显著的影响。就 C40 混凝土而言,其收缩变形呈现随着 SAP 掺量的逐步增大,28d 龄期内的干燥收缩逐渐变小的趋势,而 C50 混凝土则在中间最佳掺量下,28d 收缩变形最低。分析原因在于,40~80 目 SAP 的掺入会在水泥石结构内部引入粒径更大的释水凝胶孔隙,因此在 SAP 掺量过大时,其在补给周边原生孔内水分散失的过程中,不足以对自身引入的 40~80 目凝胶孔内毛细孔负压力进行缓解,同时,40~80 目 SAP 释水后的凝胶孔有着更大的气液弯月面曲率增大空间,故其收缩变形仍有变大的趋势。

　　由图 5-3a)可知,在各种 SAP 掺量下,100~120 目 SAP 对 C40 混凝土均表现出良好的干燥收缩抑制效果,其 28d 龄期时的平均收缩降低率在 55.29% 以上,最高减缩率在 SAP 用量为 0.165% 时可达 62.63%,相当于减小基准组一半以上的收缩,大大降低了 C40 内养生混凝土出现早期开裂的风险。

　　观察图 5-3b)可知,40~80 目 SAP 对于 C50 混凝土相较基准组的减缩率在掺量为 0.180% 时达到最高,且在收缩发展的全过程中,其收缩变形一直小于基准组与其余对照组,其在早龄期 3d 内更是出现混凝土体积微膨胀现象,且在 20d 龄期时出现收缩变形的转折点,而后整体呈现平稳发展的趋势。SAP 掺量为 0.200% 与 0.160% 的 C50 混凝土收缩发展曲线与内养生最优组基本一致,并且随着掺量的增加,混凝土收缩发展的转折点也有提前出现的趋势,且最终收缩变形也相对较小。故总体而言,在一定用量范围内,采用饱水 SAP 进行内部养生有利于抑制混凝土干缩变形的发展。

5.2.5　基于多元回归理论的 SAP 内养生混凝土干缩预测模型

　　SAP 的掺入可在混凝土水化硬化的过程中适时补充内部水化以及养生所需水分,故而其将改变不同龄期的水泥石内部相对湿度,从而对干燥收缩变形产生影响,基于此,需要重新基于 SAP 内养生参数建立相关收缩模型以便于预测。由 5.2.1 节可知,SAP 在应用中主要的参数为 SAP 目数以及掺量,但目数为一个范围参数,不具有统计性,同时额外引水量与掺量之间关联性较大。因此基于回归分析理论,本节将使用额外引水量(w_e)作为 SAP 目数以及掺量的替代参数并结合龄期(d)来进行混凝土干燥收缩变形预测模型(s)的建立。

回归分析法是运用数学统筹方法在不同因素之间建立多元函数关系的一种计算模型。且由试验数据曲线分析可知,干缩变形与额外引水量呈现二次多项式关系,与龄期则呈指数关系。因此,定义内养生混凝土干燥收缩变形的预测模型见式(5-2)。

$$s = a_0 + a_1 w_e + a_2 w_e^{2^*} + a_3 w_e \cdot d + a_4 e^d \tag{5-2}$$

基于模型公式(5-2),对 C40、C50 混凝土分别进行干缩变形预测,可得到如表 5-2 所示的干缩变形预测模型,其方差分析结果见表 5-3。

C40、C50 混凝土干缩变形预测模型 表 5-2

强度等级	拟合公式	决定系数 R^2
C40	$s_{40} = -552.75 + 82.28 w_e - 2.91 w_e^2 + 0.63 w_e \cdot d - 4.7 \times 10^{-11} e^d$	0.867
C50	$s_{50} = 6074.49 - 432.16 w_e + 7.69 w_e^2 + 0.40 w_e \cdot d - 7.1 \times 10^{-11} e^d$	0.911

方差分析结果 表 5-3

强度等级	模型	平方和	自由度	均方差	F 值	显著性概率
C40	回归分析	1.38×10^6	4	3.46×10^5	105.77	2.62
	残差	4.58×10^5	140	3272.58		
	总计	1.84×10^6	144			
C50	回归分析	1.38×10^6	4	3.44×10^5	171.02	7.63
	残差	2.82×10^5	140	2012.17		
	总计	1.66×10^6	144			

依据表 5-2 与表 5-3 中回归数据查统计表可知, $F_{(a=0.05)}(4, 140) = 2.25$,各强度等级混凝土 F 值均大于 $F_{(a=0.05)}(4, 140)$,显著性概率均远小于 0.05,因此可判定两种强度等级内养生混凝土干燥收缩变形与额外引水量、龄期之间存在显著的定量关系,同时两种强度等级混凝土干燥收缩变形预测模型的决定系数 R^2 值均在 0.85 以上,因此可通过此模型较为准确地预测 SAP 内养生混凝土的干燥收缩变形。

5.3　SAP 内养生混凝土自收缩试验研究

5.3.1　混凝土自收缩测试方法

混凝土自收缩是指水泥水化引起的有效水分逐渐消耗从而造成的内部自干燥及收缩现象,故为模拟铺装混凝土的自收缩过程,试验中采取密封养生的方法,通过在混凝土表面涂抹环氧树脂乳胶将其与外界环境隔绝,并测定其内部湿度的变化以及自收缩的发展。

在试验设计中,本研究将使用独立试件分别测试 SAP 混凝土的内部相对湿度与收缩变形,以防止在对同一试件进行监测时,嵌入式的温湿度探头会影响梁式试件收缩变形的正常发展。收缩变形的测试仍采用深圳莫尼特仪器设备制造商研发的 MIC-YWC-5 位移传感器连接

MIC-DCV-4 数据接收设备实行监测采集,试件成型尺寸、测试方法与干燥收缩相同。内部相对湿度的变化监测采用同一制造商研发的 MIC-TD-TM 温湿度集成传感器配合 MIC-DVD-4 信号采集设备进行,相对内部湿度(IRH)的监测采用小型正方体试件,其尺寸为 100mm × 100mm × 100mm,温湿度探头在塑性阶段便垂直插入试块中心 50mm 深度位置,并用橡皮泥将温湿度探头周围间隙封闭。数据监测周期为 28d,采集时间间隔为 1h,试验环境温度控制为 20℃ ±2℃,外界相对湿度保持在(60% ±5%)RH,试验测试过程如图 5-4 所示。

a) 自收缩测试　　　　　　　　　　b) 内部相对湿度测试

图 5-4　混凝土收缩测试过程

5.3.2　混凝土自收缩试验设计

自收缩试验配合比方案基于优化所得 C40、C50 的最佳粉煤灰、砂率、减水剂以及 SAP 掺量进行设计,同时本节对内养生铺装混凝土而言还设置基准混凝土,并以自然养护环境作为密封养护条件下自收缩发展的对照组,配合比具体方案详见表 5-4。

自收缩试验配合比方案　　　　　　　　　　　　　　表 5-4

序号	水 + 内养生水	SAP	组成材料用量/(kg/m³)					
			水泥	粉煤灰	砂	粗集料	细集料	减水剂
C40-J-密封	160	0	368	65	745	790	198	2.81
C40-J-自然	160	0						
C40-100-0.145%-密封	160 + 18.57	0.628						
C40-100-0.145%-自然	160 + 18.57	0.628						
C50-J-密封	155	0	450	50	748	818	215	3.50
C50-J-自然	155	0						
C50-40-0.180%-密封	155 + 27.9	0.900						
C50-40-0.180%-自然	155 + 27.9	0.900						

5.3.3　内养生 SAP 对内部湿度的调控作用分析

SAP 对于早期自收缩抑制的主要机理在于,其掺入后可促进混凝土内部自由水的重分布,调节水化进程,并且其可"潜伏"在水泥石毛细孔周边,并"智能"监测内部湿度的发展,适时打开锁水氢键进行补水作用。因此,本节将对SAP的湿度调控作用进行全曲线分析,图5-5为密封与自然干燥条件下C40、C50混凝土基准组与内养生组28d龄期内的相对湿度发展曲线。

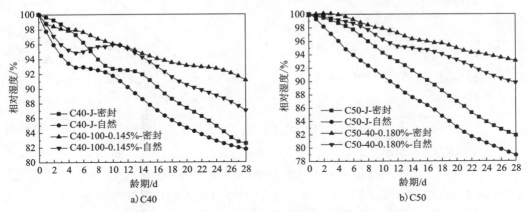

图5-5　密封与自然干燥条件下内养生混凝土相对湿度发展曲线

由图5-5可见,无论是在密封还是在自然干燥条件下,向混凝土内部引入饱水SAP,均可有效提升28d龄期内混凝土内部相对湿度。混凝土自收缩主要发生在凝结硬化初期,其主要由于混凝土体系内的化学结合水与物理吸附水不断水化消耗而产生,故而也称为自干燥收缩,而SAP的掺入则可在此阶段进行有效的水分供给,维持水泥石内部的相对湿度处于较高水平,从而降低自干燥收缩应力过大引起的开裂风险。

对于C40混凝土而言,在发生自收缩的密封状态下,掺有0.145% SAP的内养生组混凝土内部相对湿度在28d龄期时相对基准组可提升10.6%,即使在自然干燥条件下,其内部相对湿度也可保持在87% RH以上,说明混凝土在受自干燥作用时,SAP中的内养生水会及时释放从而传递到其周围水泥浆体的毛细孔中,使孔内含水量迅速回升至饱和或较高状态,避免内部相对湿度快速下降。对于C50混凝土,SAP的掺入对其内部湿度的补给作用则更为明显,在密封与自然干燥条件下,内养生组28d内部相对湿度较基准组均有着10%以上的提升,并且在28d末期均可稳定在89% RH以上的相对湿度水平。

对比不同条件下的混凝土内部湿度发展曲线可知,C50混凝土发展曲线较为规律,其由湿度饱和阶段进入湿度下降阶段后呈现快速下降的趋势。在密封状态下,C50-J组与C50-40-0.180%组的相对湿度差距在28d龄期内逐渐增大,C50-40-0.180%组经SAP内养生后的相对湿度远高于C50-J组,并且其差距在自然干燥条件下更为明显。对于C40混凝土,由于减少了早期温缩引起的水分散失,其在密封条件下的相对湿度在早龄期均保持较高水平。但随着龄期的增长,C40-J组无论是在密封还是在自然干燥条件下的相对湿度均快速降低,自然干燥条件下的内养生组在3d龄期内虽然也出现相对湿度小幅度降低现象,但在后期其相对湿度出现回升,表明SAP在监测到内外部湿度差较大时持续释放出内部蓄水,从而避免了内部湿度过快降低。

5.3.4　SAP 内养生混凝土的自收缩行为

图5-6为密封与自然干燥条件下C40、C50混凝土基准组与内养生组28d内的自收缩变形

发展曲线,其密封条件即代表混凝土自收缩状态,并加入自然干燥条件进行对照分析。

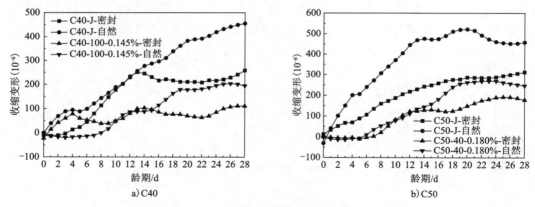

图5-6 C40、C50内养生混凝土自收缩变形发展曲线

对比图5-6a)与b)可知,在密封条件下,C40、C50混凝土的自收缩变形发展与图5-5中相对湿度的发展相吻合,基本呈现内部相对湿度增大的同时,其自收缩变形在稳步减小的趋势。C40混凝土在7d龄期时出现自收缩曲线交集现象,而后基准组在7d龄期后呈现加速发展态势,在13d龄期时达到峰值,而后出现小幅度波动,在28d龄期时达到248.11με;内养生组自收缩变形则一直呈现平稳发展趋势并伴随着小幅度波动,在28d龄期时达到111.03με,其减缩率可达55.25%。

C50混凝土自收缩发展与其内部湿度发展也呈现对应规律,在密封条件下,在收缩变形早期,由于C50混凝土掺入40~80目SAP,其释水速率相对较快,故而其3d龄期内均处于湿度饱和期(100%RH),混凝土自收缩完全消除甚至出现微膨胀现象,而C50基准组自收缩则完全处于稳步上升阶段,其28d自收缩变形为310.95με。同时,对比两种等级内养生组与基准组的自收缩变形差值可知,C40-100-0.145%组与C40-J组的差值远大于C50-40-0.180%组与C50-J组的差值,说明在密封条件下,C50-40-0.180%混凝土能够保持较小的自收缩变形,SAP内养生更适用于低水胶比的混凝土自收缩调控。

本节同样加入自然干燥环境与密封环境下的收缩变形进行对比,由图5-6a)、b)可知,对于SAP内养生组混凝土,其早龄期收缩变形在两种环境下均较为接近,尤其对于C50混凝土,其在14d龄期内的收缩变形曲线基本重合,说明SAP的释水自发性在早期可在很大程度上抵消由于干燥环境影响而产生的水分流失,从而保证混凝土始终保持在高湿状态,降低了由自干燥收缩带来的开裂风险。

5.3.5 早龄期(3d)内自收缩变形与内部相对湿度关系解析

基于5.3.3节中的数据分析可知,在早龄期(3d)内,由于胶凝材料的水化作用,内养生混凝土自收缩快速发展,在3d后混凝土的水化反应逐渐趋于平稳,自收缩呈平稳发展趋势。因此,为了更清晰地表现早龄期(3d)内自收缩变形与内部相对湿度之间的发展关系,图5-7与图5-8分别给出了C40与C50混凝土基准组与内养生组在密封条件下自收缩变形与内部相对湿度同龄期内的发展详图。本节同样设置自然干燥环境作为密封条件下收缩变形与内部相对湿度变化的对照组进行对照分析。

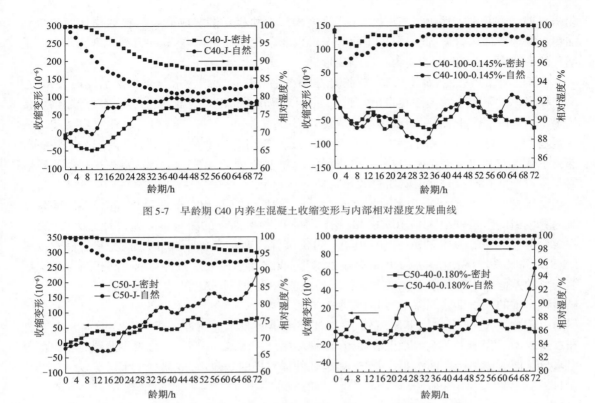

图 5-7　早龄期 C40 内养生混凝土收缩变形与内部相对湿度发展曲线

图 5-8　早龄期 C50 内养生混凝土收缩变形与内部相对湿度发展曲线

由图 5-7 与图 5-8 可知,早龄期(3d)内混凝土内部相对湿度的发展与自收缩变形发展之间存在显著对应关系,即随着内部相对湿度逐步由饱和向下降阶段过渡,混凝土在密封状态下的自收缩变形逐步增大且增速加快,C40-100-0.145% 试件在密封条件下的相对湿度变化范围为 98% ~ 100% RH,自收缩变形变化范围为 −68.083με ~ 6.3με;C40-J 试件在密封条件下的相对湿度变化范围为 87% ~ 100% RH,自收缩变形变化范围为 − 50.23με ~ 79.83με,相较之下,SAP 将 C40-J 混凝土早龄期(3d)内的相对湿度提高 12.64%,自收缩变形减缩率可达 74.8%。

由图 5-8 可知,早龄期(3d)内,C50-40-0.180% 与 C50-J 试件在密封条件下的内部相对湿度最低值分别为 100% RH 与 94% RH,自收缩变形最大值分别为 26.28με 与 83.05με,相较之下,SAP 将 C50 混凝土早龄期(3d)内的最低湿度提升 6.4%,将最大自收缩变形值降低68.36%。理论表明,混凝土在 3d 内的收缩变形会在很大程度上对内部原生裂缝数目产生影响,而 40 ~ 80 目 SAP 在 3d 内的最大减缩率可达 60% 以上,故而可对 C50 混凝土起到良好的内养生效果。

观察图 5-7 与图 5-8 中 C40、C50 混凝土内养生组在密封状态下的自收缩变形与内部相对湿度曲线可知,自收缩变形随龄期增长大体表现为"正弦"曲线式发展:起始状态表现为混凝土的体积膨胀变形或收缩变形,膨胀增长速率(收缩增长速率)逐步递减,并在降低至零时向体积收缩变形(膨胀变形)另一状态过渡,总体呈现以"膨胀—收缩"为循环的"正弦式"波浪形曲线变化过程。

内部相对湿度则大体呈现两梯度发展,首先是相对湿度为 100% RH 的湿度饱和阶段(Ⅰ);饱和阶段过后,开始进入湿度下降阶段(Ⅱ)。本试验研究始于混凝土初凝 24h,此时水化诱导期结束并进入水化加速期,水化产物逐步产生并相互搭接成凝胶网状结构从而包裹粗细集料而形成固体骨架,此时混凝土收缩变形主要以化学减缩为主,其一方面表现为水泥石毛细孔的形成,另一方面则表现为自收缩变形。

由于 SAP 的"智能"释水机制,在胶凝材料水化消耗化学结合水与自由水的同时,SAP 在离子梯度驱动下将会对毛细孔自由水进行补给以调节内部相对湿度,同时,水化过程中的大量放热将引起膨胀变形,故而表现为第一段短暂膨胀;膨胀过后,胶凝材料的水化反应逐步进入衰减期,由于 SAP 的释水动力在于内外离子浓度差与相对湿度差,故当 SAP 内部与水泥石外部离子浓度与相对湿度持平时,其将停止释放内养生水,故此后宏观表现为混凝土进入降温收缩阶段,自收缩变形呈现加速、阶梯式增长趋势。

对比自然干燥与密封环境下的早龄期混凝土收缩变形与相对湿度可见,其外界干燥环境对内养生组的影响较小,C40-100-0.145% 试件在两种条件下的相对湿度差值最大为 2%RH,收缩变形最大差值为 $3.22\mu\varepsilon$;C50-40-0.180% 试件在两种条件下的相对湿度差值最大仅为 1%RH,并且其均保持在 99%RH 的高湿度水平,收缩变形最大差值为 $70\mu\varepsilon$,其相对湿度与收缩变形的差值远小于基准组在两种条件下的差值水平,说明 SAP 的掺入可有效缓解混凝土在早龄期出现的失水干燥现象,达到内养生效果。

由于 SAP 呈水凝胶状,其密度较小,即使在大量吸收水泥浆液后仍有部分饱水 SAP 在拌和以及成型过程中上浮至混凝土表面,在出现早期外部干燥情况下,其会逐步向混凝土表面释出水分从而形成一层表面水膜,间接性地起到外部养护的功效,有效减少了干燥蒸发引起的干燥收缩。

5.4　SAP 内养生混凝土收缩发展与湿度梯度应力关系

通过对小型混凝土构件进行持续监测与数据分析,可获得基准组与内养生组混凝土在早期自由变形与内部相对湿度的基本曲线关系。在实际工程应用中,水泥混凝土以板状形式应用于桥面整体化层结构中,考虑 SAP 对水泥混凝土作用的尺寸效应,若能知晓实际缩尺整体化层板状结构中 SAP 对内部相对湿度的调控作用以及对早期自由变形的抑制效果,便可进一步地为整体化层实际的湿度梯度翘曲应力计算以及开裂风险评估等工作储备技术基础。因此,从板状水泥构件中获取早期内部相对湿度与自由变形的分布状况十分重要。

5.4.1　整体化层板中心与角隅处干燥收缩研究

桥面整体化层受温度变化以及内部湿度差的影响,在板内不同位置会产生梯度式的膨胀与收缩应力,这种应力作用一般沿着板平面横向发展,从而在面板中部与角隅位置产生翘曲或凸起变形,特别在应力水平超过整体化层的抗拉强度时,便会造成板的断裂或拱胀破坏。

因此,本节将成型缩尺整体化层板构件,构件尺寸依据实际工程中桥面整体化层尺寸按比例缩小,具体尺寸为 400mm×400mm×100mm。采用深圳莫尼特仪器设备制造商研发的 MIC-

YWC-5位移传感器连接MIC-DCV-4数据接收设备对缩尺板中心与角隅长径方向的干燥收缩实施监测采集,中心点监测位置距缩尺板长边200mm,角隅监测位置距缩尺板长边50mm,测点位置均距缩尺板短边50mm。为实现缩尺板不同位置处收缩变形的全过程跟踪,本节研究中进行位移传感器数据采集与曲线分析时,数据点采集间隔时间设定为1h,采集周期为700h,具体干燥收缩监测过程如图5-9所示。

图5-9　缩尺板中心与角隅处干燥收缩测试

在20℃±2℃、60% RH±5% RH的自然干燥环境下,试验测得C40基准组、C40-100-0.145%内养生组、C50基准组、C50-40-0.180%内养生组四种混凝土板中心及角隅位置干燥收缩随龄期发展全曲线如图5-10所示。

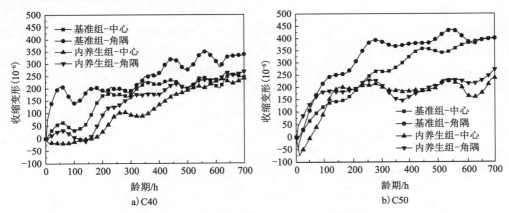

a) C40　　　　　　　　　　　　　b) C50

图5-10　C40、C50缩尺板中心与角隅处干燥收缩随龄期发展全曲线

由图5-10a)可知,对于C40混凝土,其在整个干缩发展过程中收缩变形基本保持C40-基准组-角隅 > C40-基准组-中心 > C40-内养生组-角隅 > C40-内养生组-中心的顺序。在前50h内,混凝土收缩发展呈现加速增长趋势,其中C40基准组角隅处的收缩变形增长最为迅速,其次为基准组中心点以及内养生组角隅处,而内养生组中心点在前50h龄期内变形值基本趋于0,甚至出现微膨胀现象。

分析上述规律,其主要原因在于:①缩尺板中心在湿度及温度差作用下产生收缩应力时,其受水泥石及骨架约束力作用较角隅位置更加集中,故其将抵消一部分收缩应力,宏观上则体现为中心处收缩变形小于角隅处。②SAP在早龄期会根据水泥石内部湿度情况自发释出内养生水,其会加速AFt晶体的形成,同时72h龄期内也为胶凝材料水化的加速增长期,水化放热引发的温升作用致使混凝土膨胀变形。在后期收缩变形发展中,角隅处基准组与内养生组收缩变形值差距在逐步增大，C40 基准组与 C40-100-0.145% 内养生组在 700h（28d）的收缩变形值分别为 337.72με、268.12με，其干缩降低率可达 20.61%，相较于小型混凝土构件，其减缩率有所降低，可见尺寸效应对 SAP 的内养生效果有所影响。

由图 5-10b）可知，对于 C50 整体化层缩尺板而言，SAP 对其干燥收缩的抑制效果优于 C40 整体化层缩尺板。观察其收缩变形曲线可知，基准组 C50 整体化层缩尺板角隅与中心处收缩发展在 700h 龄期中不断上升；内养生组 C50 整体化层缩尺板在 150h 前处于收缩发展的加速期，其收缩值占到 700h 的 82.7%，而后则处于小范围波动的稳步发展过程中。700h（28d）龄期时，C50 基准组在角隅与中心处的收缩变形值分别为 401.64με、400.65με，C50-40-0.180% 内养生组在角隅与中心处的收缩变形值分别为 271.75με、237.08με，其内养生组在两个部位的减缩率可分别达 32.34% 与 40.83%，其与小型构件的减缩率基本相符，可见 40～80 目 SAP 可减小尺寸效应对整体化层板内养生效果的影响，内养生效果不仅与 SAP 的释水效率相关，更与其水分可浸润的养护范围相关。

5.4.2　整体化层板内部相对湿度的空间分布状态分析

水泥混凝土的振捣、提浆施工工艺使得桥面整体化层混凝土在深度方向存在分层特征，其易导致整体化层各层的内部相对湿度呈现梯度分布规律，特别在各层位之间湿度差过大会引起较大的湿度翘曲应力，从而导致混凝土在板边缘发生翘曲变形。因此，对于上述基准组与内养生最佳组特别成型 400mm×400mm×100mm 薄板构件，分别在缩尺整体化层中轴线距边缘 1/4、1/2、3/4 处依次插入距表面深度为 1/4、1/2、3/4 位置的传感器测头对其内部相对湿度进行持续 700h（28d）龄期的监测，采集时间间隔与数据分析间隔同样设定为 1h，试验环境温度设定为 20℃±2℃，外界相对湿度控制在（60%±5%）RH，其层位示意图与试验过程见图 5-11。

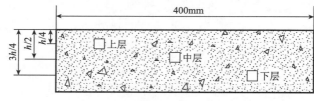

a）层位示意图

b）试验过程

图 5-11　缩尺板内部相对湿度的空间分布测试

图 5-12 与图 5-13 为 C40、C50 混凝土板基准组与内养生组不同层位处的内部相对湿度的发展曲线。

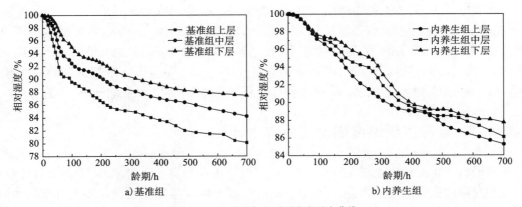

a) 基准组　　　　　　　　　　　　　b) 内养生组

图 5-12　C40 缩尺板相对湿度发展全曲线

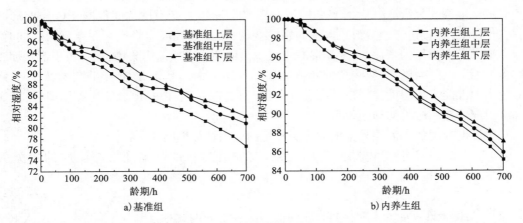

a) 基准组　　　　　　　　　　　　　b) 内养生组

图 5-13　C50 缩尺板相对湿度发展全曲线

由图 5-12 可知,对于 C40 整体化层缩尺板,其基准组在 150h(7d)龄期前,上、中、下层相对湿度较为接近,此时混凝土开始逐步由水化加速期向水化稳定期过渡,其在垂直方向上的相对湿度分布开始呈现梯度特点,其大小顺序为下层相对湿度 > 中层相对湿度 > 上层相对湿度,分析其原因,主要在于以下两点:

(1)在水化加速期内,缩尺板相对湿度变化主要因为水化耗水,其受外界水分蒸发效应影响较小,故而上、中、下层相对湿度分布较为接近。

(2)在水化进入稳定期后,自然干燥对缩尺板的蒸发作用开始占据主导地位,尤其对于暴露在环境中的上层混凝土,其相对湿度下降速率将会逐步加快,水分逐步由中、下层向上层混凝土迁移,因此呈现梯度分布规律。

使用 SAP 内养生后,150h(7d)龄期时各层位混凝土均能保持高湿度状态,其上、中、下层相对湿度分别为95.38%RH、96.51%RH 和 97.34%RH,相较基准组可分别有效提升 8.47%、6.05% 和 4.67%。在进入水化稳定期后,各层位相对湿度曲线逐步靠近,表明层位之间的温度差值逐渐减小,由此可见 SAP 在内养生阶段能够有效补给中、上层混凝土由于水分蒸发而产生的湿度降低,从而降低了上、中层与下层之间的湿度梯度,此特征对于抑制整体化层混凝土的湿度翘曲应力极为有利。

由图5-13可知,对于C50整体化层缩尺板,SAP的掺入也可有效提升整体化层混凝土板上、中、下层的整体湿度,其相对湿度垂直分布特征与C40内养生整体化层缩尺板类似,均表现为上层湿度 < 中层湿度 < 下层湿度,并且其各层位之间的湿度差值也随着龄期的增长而逐步减小,说明SAP内养生能够有效减小表面干燥的影响深度,大幅度减小整体化层各混凝土层位之间的湿度差,从而抑制湿度翘曲应力的增长,降低整体化层出现翘曲开裂以及收缩开裂的风险。

5.4.3 铺装层板湿度梯度翘曲应力计算

水泥混凝土桥面整体化层在服役过程中,其板顶长期暴露于温度循环、干湿交替环境中,当空气相对湿度低于混凝土内部时,水分便通过混凝土内部毛细孔通道逐渐上升至表面继而散失到空气中,并在混凝土内部沿深度方向形成自上而下的湿度梯度,由湿度梯度引发的不同层位混凝土毛细孔气液弯月面曲率变形不一致将会逐步演变为层位间混凝土收缩变形的差异,并将进一步在板边缘位置形成向上的翘曲变形,从而导致板边缘产生脱空现象。同时,在与行车荷载耦合作用的条件下,水泥混凝土板上表面便会产生应力集中,最终可引起桥面整体化层自上而下的竖向断裂,影响桥面整体化层的使用寿命。基于此,本节将对掺入SAP内养生后的水泥混凝土板湿度梯度以及翘曲应力进行研究,探讨经SAP水分补偿作用后,其对湿度梯度引起的翘曲应力的抑制效果。

基于湿度梯度的水泥混凝土整体化层板翘曲应力计算思路如下:

(1)建立材料变形与内部湿度的关系,其胶凝材料的收缩变形与湿度的相关关系见式(5-3)。

$$\varepsilon_p = 6150 \times (1 - RH) \times 10^{-6} \tag{5-3}$$

同时,为便于计算混凝土材料的收缩变形与湿度之间的关系,在式(5-3)中继续引入Pickett模型,见式(5-4)。

$$\varepsilon_c = \varepsilon_p \cdot (1 - V_A)^n = [6150 \times (1 - RH)] \times (1 - V_A)^n \times 10^{-6} \tag{5-4}$$

式中:ε_c——总体积变形;

ε_p——水泥水化后的体积变形;

V_A——粗、细集料的体积百分比;

n——粗细集料的收缩率,一般取值为1.68。

(2)根据弹性体的变形连续性条件,板的翘曲弯矩为:

$$\begin{bmatrix} M_x \\ M_y \end{bmatrix} = D \begin{bmatrix} 1 & \nu \\ \nu & 1 \end{bmatrix} \begin{bmatrix} C_x \\ C_y \end{bmatrix} \tag{5-5}$$

其中:

$$D = \frac{Eh^3}{12(1 - \nu^2)}$$

式中:h——混凝土板厚度;

E——弹性模量;

ν——泊松比;

M_x、M_y——板的翘曲弯矩；

C_x、C_y——混凝土板 x 与 y 方向(深度方向为 z)的曲率,并假设 $C_x = C_y$。因此可得:

$$M_x = M_y = M_{RH} = \int_{-h/2}^{h/2} \sigma(z) z\mathrm{d}z$$

$$= \int_{-h/2}^{h/2} 6150 \times (1 - RH(z))(1 - V_A)^n \times 10^{-6} z\mathrm{d}z \tag{5-6}$$

式中:M_{RH}——板的湿度翘曲力矩。

(3)假设等效温度梯度 ΔT_e 下水泥混凝土桥面整体化层温度翘曲与湿度梯度下的变形相等,将湿度梯度转化为等效温度梯度 ΔT_e,等效温度梯度 ΔT_e 下的力矩为:

$$M_T = \frac{E\Delta T_e a h^2}{12(1-\nu)} \tag{5-7}$$

由 $M_T = M_{RH}$ 可得:

$$\Delta T_e = \frac{12}{ah^2} \cdot \int_{-h/2}^{h/2} 6150 \times (1 - RH(z))(1 - V_A)^n \times 10^{-6} z\mathrm{d}z \tag{5-8}$$

式中:ΔT_e——$RH(z)$ 所对应的 z 深度处等效温度梯度;

　　　a——热膨胀系数;

　　　h——混凝土板模型厚度。

为模拟高等级公路水泥混凝土路面板实际湿度梯度应力分布情况,选取常见铺装层尺寸参数,即长×宽×高分别为 4.5m×3.75m×25cm,基于式(5-3)~式(5-8)中所需参数,对图5-12与图5-13中基准组与内养生组混凝土板内部相对湿度随深度变化规律进行计算与转化整理后,所得 C40、C50 基准组与内养生组混凝土板深度方向等效温度梯度见表5-5。经 COMSOL 有限元软件计算后,所得混凝土板内应力云图如图5-14所示,将内应力云图中混凝土板局部典型位置的内应力提取出来作直观分析,可得如表5-6所示的湿度应力。

混凝土板深度方向等效温度梯度　　　　　　　　　　　表5-5

序号	C40-J	C40-100-0.145%	C50-J	C50-40-0.180%
ΔT_e/℃	-18	-10	-12	-7

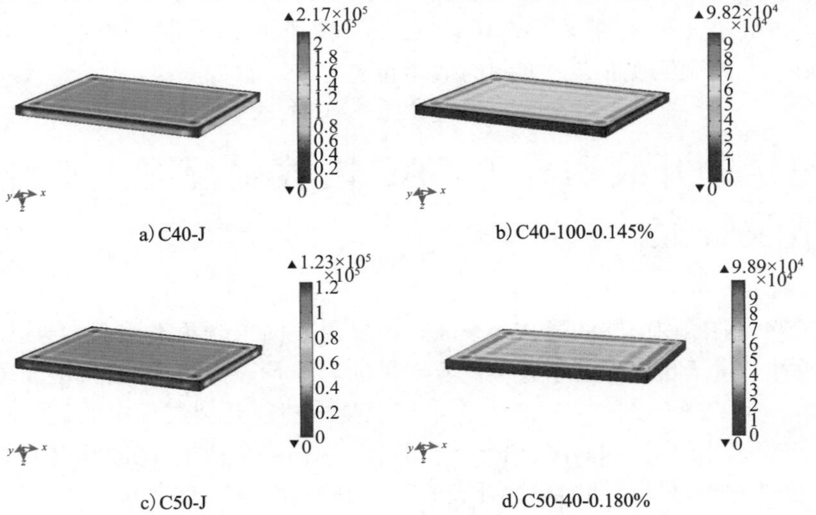

a) C40-J　　　　　　　　　　b) C40-100-0.145%

c) C50-J　　　　　　　　　　d) C50-40-0.180%

图5-14　混凝土板湿度内应力云图

混凝土板不同位置湿度应力   表 5-6

序号	湿度应力峰值位置	湿度峰值应力/kPa	板边翘曲应力/kPa
C40-J	板表面边缘	217	217
C40-100-0.145%	板表面边缘	98.2	98.2
C50-J	板表面边缘	123	123
C50-40-0.180%	板表面边缘	98.9	98.9

本书建模时所需参数参考申爱琴课题组相关研究报告。

通过 COMSOL 软件模拟 C40、C50 水泥混凝土基准组与内养生组内部湿度应力的分布状况云图与局部位置应力表可见,C40、C50 基准组与内养生组混凝土板的湿度应力峰值均位于板表面边缘位置,即混凝土板上表面表现出收缩翘曲的趋势,且应力表现出规律性的条带形板块区域分布,其应力集中位置主要分布于板边向内 25cm 左右,板角向内 20cm 左右,其余在板侧壁、板顶棱角位置湿度应力则相对较小,这也与实际工程中经常在板边附近出现断裂的现象相吻合。同时,向混凝土板块中心靠近,其湿度应力呈现减小趋势,板块中心湿度应力仅为板边湿度应力的 51.43% ~69.08%。

对比四种混凝土板表面条带区域翘曲应力,C40 基准组混凝土板边翘曲应力可达 217kPa,C40-100-0.145% 混凝土板边翘曲应力为 98.2kPa,其降低幅度可达 54.75%;C50 基准组混凝土板边翘曲应力为 123kPa,C50-40-0.180% 混凝土板边翘曲应力为 98.9kPa,降幅为 19.59%。由此可见,经 SAP 内养生后其板边翘曲应力均有所减小,由于 C40 混凝土自身水胶比较大,且其内部自由水蒸发通道相对多于 C50 混凝土,因此其湿度上下梯度分布导致的湿度应力则较大。加入 100 ~120 目 SAP 后,由于其长期养护控水保湿效果较佳,因此其可大幅度减小混凝土板的上下湿度差,从而可有效减少其湿度梯度应力,且对比 C50-40-0.180% 内养生混凝土板,其湿度梯度应力降低幅度更大,表明 SAP 内养生对混凝土板湿度翘曲应力的减少作用与 SAP 的长期养护效果密切相关,SAP 粒径越小,养护周期越长,其对于湿度补偿的效果越好,对于湿度翘曲应力抑制的效果也越好。

5.5 超早期开裂诱导下 SAP 内养生混凝土塑性阻裂试验研究

混凝土在超早龄期内面临的最初开裂风险主要由表面水分蒸发引起,当内部自由水扩散迁移的速率或补给量不足以抵消水分蒸发所带来的毛细孔表面张力时,混凝土便会发生最早期的开裂破坏。为了进一步探究 SAP 内养生对混凝土塑性开裂过程中的裂缝分布与形态扩展的影响,本节将采用改进后的开裂诱导平板装置,对平板内混凝土在 24h 内的裂缝参数进行整理,从而评价其对于超早龄期内塑性开裂的阻裂效果。

5.5.1　平板诱导开裂方案设计

1）试验装置

内养生混凝土平板诱导开裂试验的试模与装置为一体化设计,装置整体为薄板型平面结构。同时,为实现超早龄期内的混凝土开裂诱导,本试验在原有薄板结构底部设置三根尺寸为 360mm×70mm×60mm 的角钢,从而诱导混凝土在角钢顶点薄弱位置产生均匀开裂,薄板结构整体尺寸为 500mm×360mm×70mm,其测试装置如图 5-15 所示。

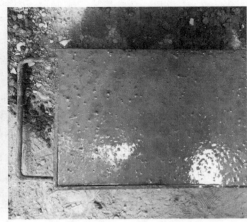

图 5-15　内养生混凝土超早期开裂诱导平板试模

2）测试步骤

①成型 C40、C50 混凝土大板,注意控制混凝土拌和时间与浇筑时抹面次数;

②用薄膜覆盖于混凝土板表面以防止水分散失,并将其移入标准养护室内待测;

③养护 2h 后撤去表面薄膜,设定开裂试验环境温度为 20℃±2℃,外界相对湿度保持在（60%±5%）RH 范围内,并启动鼓风与光照设备,控制风速以 3~4m/s 均匀平行地吹过大板表面,并记录试验开始时间,为保证试验数据的离散性,同一配合比的混凝土设置两组平行试件,并在同一环境下进行;

④观察记录裂缝参数,记录 24h 内平板裂缝数目、最终长度及宽度,裂缝出现较大弯折时应分段测量长度,选取裂缝中点附近处宽度作为其最大宽度,采用 LED 手持高清显微镜读取,其分度值为 1DIV/0.02mm。

3）计算方法

平均开裂面积 s:

$$s = \frac{1}{2N}\sum_{i=1}^{N}(W_i \cdot L_i) \tag{5-9}$$

单位裂缝条数 n:

$$n = \frac{N}{A} \tag{5-10}$$

单位总开裂面积 S:

$$S = s \cdot n \qquad\qquad (5\text{-}11)$$

式中: W_i——裂缝 i 中点处宽度, mm;

$\quad\quad L_i$——裂缝 i 开裂长度, cm;

$\quad\quad N$——裂缝总数(含微裂纹), 条;

$\quad\quad s$——平均开裂面积, m^2。

4)阻裂等级划分

混凝土阻裂等级评判标准见表 5-7。

混凝土阻裂等级评判标准 表 5-7

阻裂等级	L-I	L-II	L-III	L-IV	L-V
S	$S \geqslant 1000$	$700 \leqslant S < 1000$	$400 \leqslant S < 700$	$100 \leqslant S < 400$	$S < 100$

5)配合比方案

平板塑性开裂试验配合比方案用优化所得 C40、C50 的最佳粉煤灰、砂率、减水剂以及 SAP 掺量进行设计,同时为进一步探索 SAP 目数以及掺量对平板塑性开裂的阻裂效果,本节对 C40 内养生 SAP 混凝土设置了基准、20~40 目以及 40~80 目 SAP 作为目数对照组,并对最优的 100~120 目 SAP 掺量上下浮动 0.02% 作为对照组进行平板开裂试验,C50 内养生 SAP 混凝土按照同样的设计思路进行试验方案设计,详见表 5-8。

平板塑性开裂试验方案 表 5-8

序号	SAP 参数/(kg/m³)	
	水 + 内养生水	SAP
C40-J	160	0
C40-20	160 + X	0.398
C40-40	160 + X	0.537
C40-100-0.125%	160 + U	0.541
C40-100-0.145%	160 + X	0.628
C40-100-0.165%	160 + V	0.714
C50-J	155	0
C50-20	155 + Y	0.790
C50-40-0.160%	155 + W	0.800
C50-40-0.180%	155 + Y	0.900
C50-40-0.200%	155 + Z	1.000
C50-100	155 + Y	1.075

5.5.2 超早期内养生作用对裂缝参数的影响分析

按标准试验步骤对不同强度等级、不同目数以及掺量的混凝土板进行开裂试验,记录其对应指标,见表 5-9 与表 5-10。

C40 内养生混凝土 24h 超早期裂缝汇总 表 5-9

序号	试件编号	裂缝编号	起裂时间/min	最终宽度/mm	最终长度/cm
C40-J	I	①	75	0.432	36.0
	II	①	102	0.328	29.8
		②	126	0.432	25.3
C40-20	I	①	230	0.429	29.8
	II	①	245	0.378	36.0
C40-40	I	①	255	0.237	36.0
	II	①	238	0.338	27.8
C40-100-0.125%	I	①	225	0.182	23.1
	II	①	200	0.236	19.4
C40-100-0.145%	I	①	309	0.167	13.8
	II	①	320	0.120	9.5
C40-100-0.165%	I	①	298	0.188	18.4
	II	①	280	0.159	15.2

C50 内养生混凝土 24h 超早期裂缝汇总 表 5-10

序号	试件编号	裂缝编号	起裂时间/min	最终宽度/mm	最终长度/cm
C50-J	I	①	62	0.446	36.0
		②	50	0.180	12.2
	II	①	95	0.378	25.9
		②	91	0.469	36.0
C50-20	I	①	120	0.321	33.3
		②	126	0.289	36.0
	II	①	179	0.335	24.4
C50-40-0.160%	I	①	205	0.286	36.0
		①	217	0.258	28.1
	II	②	194	0.147	10.3
C50-40-0.180%	I	①	182	0.243	26.2
	II	①	215	0.184	12.7
C50-40-0.200%	I	①	253	0.157	16.4
	II	①	245	0.223	23.5
C50-100	I	①	235	0.168	20.5
	II	①	208	0.261	28.3

由表 5-9 与表 5-10 直观分析可知,SAP 的掺入可有效降低板块中出现第二条裂缝的可能性,并且可有效延缓首条裂缝的起裂时间,延缓效果可达 2 ~ 5 倍。对比内养生组与基准组裂缝的最终宽度与最终长度可知,基准组裂缝宽度一般在 0.3 ~ 0.5mm 之间,且一般裂缝产生后即为贯穿裂缝,而内养生组将大多数裂缝宽度控制在 0.1 ~ 0.3mm 之间,并且除少数裂缝贯穿

外,大部分裂缝在24h内的延展得到控制,裂缝最终长度范围集中在9.5~36mm之间。

依据式(5-9)~式(5-11),对表5-9与表5-10中数据进行整理,计算可得C40、C50混凝土不同目数以及掺量下对应的单位总开裂面积,绘制成柱状图如图5-16、图5-17所示。

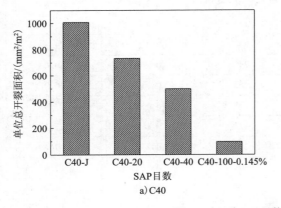

a) C40

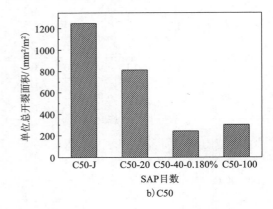

b) C50

图5-16　三种SAP目数平板试件单位总开裂面积

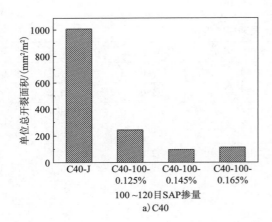

a) C40

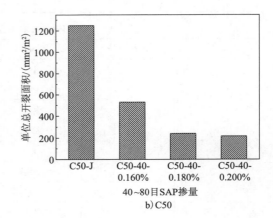

b) C50

图5-17　三种SAP掺量平板试件单位总开裂面积

由图5-16可知:

由于底部设置有角钢裂缝诱导装置,在浇筑后风吹24h条件下,C40、C50混凝土均出现不同程度的开裂。基准组C40混凝土早期阻裂等级为L-Ⅰ,在掺入20~40目、40~80目以及100~120目SAP后,其阻裂等级有不同程度的提升,C40-20、C40-40以及C40-100-0.145%混凝土早期阻裂等级分别提升至L-Ⅱ、L-Ⅲ以及L-Ⅴ,表明对于C40混凝土而言,随着SAP目数的增大,其对早期开裂的抑制效果逐步显著,这不仅表现为单位总开裂面积的逐步减小,也表现为起裂时间的逐步延迟。同时在试验过程中肉眼观察可见,掺有SAP的内养生组混凝土在风吹的过程中,混凝土表面层在较长时间内均保持湿润状态,内部源源不断地对表面补充水分直至混凝土出现微裂纹。

对于C50混凝土,在总引水量一定的条件下,40~80目和100~120目SAP阻裂效果最优,其均可将基准组L-Ⅰ阻裂等级提升至L-Ⅳ,并且两者的单位总开裂面积差值小于C40内养生组,这表明就内养生性能而言,100～120目 SAP 优异的持水以及释水机制同样适用于 C50 混凝土,但囿于混凝土自身拌和以及工作性条件,其易在 C50 较稠的水泥基体中结团而影响其内养生效果。

由图 5-17 可知:

对于 C40、C50 混凝土而言,在较优目数 SAP 的掺入下,内养生组均可有效减少 24h 内单位总开裂面积,掺入 100～120 目 SAP 的 C40 内养生混凝土平均阻裂率(单位总开裂面积的减少率)可达 83.52%,掺入 40～80 目 SAP 的 C50 内养生混凝土平均阻裂率也可达 73.64%,表明 100～120 目 SAP 对于 C40 混凝土的阻裂效果优于 40～80 目 SAP 对于 C50 混凝土的阻裂效果。

对比内养生组不同掺量下的单位总开裂面积,发现随着掺量的不断增加,两种强度等级混凝土的单位总开裂面积也在逐渐减小,C40 混凝土平板试件在三种 SAP 掺量下的早期阻裂等级均可达到 L-Ⅳ级;而 C50 混凝土平板试件早期阻裂等级除 C50-40-0.160% 仅达到 L-Ⅲ级外,其余两种 SAP 掺量下也均可达到 L-Ⅳ级。结合试验方案设计可知,所有方案中 SAP 均以使其达到饱和状态的用水量来设计额外引水量值,故 SAP 掺量的增加,带来的则是 SAP 额外引水量的增加,换言之,即为可供补偿混凝土表面水蒸发的量增多,但这个量值并不是越多越好,其也存在一定限度。

由图 5-17a)、b)可知,C40-100-0.145% 与 C40-100-0.165%、C50-40-0.180% 与 C50-40-0.200% 两者的单位总开裂面积十分接近。囿于试验条件的设置,本试验并未继续跟踪观测 24h 后裂缝的进一步扩展情况,或许掺有更多 SAP 的平板试件的阻裂效果会进一步凸显,但同时结合另一方面考虑,24h 后混凝土已基本进入硬化状态,其裂缝扩展速率明显缓慢,并且结合路用力学性能考虑,更多 SAP 意味着将会有更多的残留凝胶孔隙,其也不利于混凝土的力学强度,故综合而言 SAP 应以适中掺量为宜。

5.5.3　超早期内养生作用对混凝土裂缝细观形貌的影响

为更直观地展示 SAP 对于 C40、C50 混凝土的超早龄期阻裂效果,本试验利用手持式高清显微镜的放大效果,拍摄了如图 5-18 与图 5-19 所示的裂缝细观放大图,其中基准组为不掺 SAP 的 C40、C50 普通混凝土,内养生组则为对应的 C40-100-0.145% 与 C50-40-0.180% 内养生混凝土,拍摄时间为试验开始后 12h。

观察图 5-18 和图 5-19 可知,基准组混凝土的裂缝不仅为横向表面贯穿,并且其也从角钢顶部起由下而上纵向贯穿,在主裂缝的四周也延伸出各条细小的裂缝分支,观察裂缝内部也可见当裂缝由下而上贯穿时,其开裂路径基本围绕着水泥-集料界面区展开。对比基准组裂缝细观图,内养生组裂缝宽度明显小于基准组,其裂缝宽度基本可减少一半以上,并且在裂缝四周也未发现分出的微小裂纹,同时 C50 基准组混凝土表面可见明显的斑白现象,表明风吹过程中,基准组内部有较多水分溢出表面以补足水分散失,但在 12h 时其已基本干硬,内部不再有水分补给至表面,但相比内养生组表面其仍呈现略微的湿润,表明此时混凝土内部仍有少量的水分补给,从而抑制了裂缝的扩展,起到良好的阻裂效果。

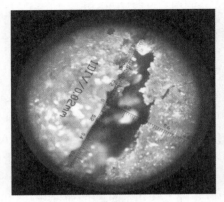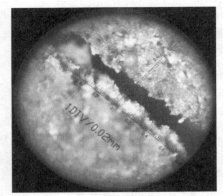

a)基准组   b)内养生组

图 5-18　C40 混凝土平板裂缝细观图

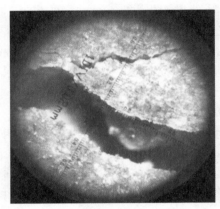

a)基准组   b)内养生组

图 5-19　C50 混凝土平板裂缝细观图

5.6 养护期环向约束下 SAP 内养生混凝土开裂风险评估

本书 5.5 节中研究了混凝土平板试件在超早期(24h)内开裂诱导下的阻裂效果。同样在浇筑 24h 后,混凝土在养护期 28d 内继续面临着后续由于干燥收缩、自收缩进一步发展,或受混凝土板内配筋约束所产生的各类开裂风险。平板试验通常用于定性评价混凝土初始裂缝的起裂时间以及最终裂缝的面积等特征参数,相比而言,钢环约束试验起始测试时间为混凝土标准养护 24h 后,可无缝衔接超早期诱导开裂试验,并且钢环约束试验可通过连续监测钢环内壁应变的发展,定量表征所附着的混凝土在养护龄期过程中环式收缩应力的发展,并可由此借助 ASTM 法对其进行开裂风险评估。

5.6.1　圆环法受限开裂方案设计

囿于传感器桥盒与采集器数量以及试验周期安排问题,本节重点针对 C40、C50 混凝土基准组与内养生最佳组进行圆环法约束开裂试验。采用的圆环如图5-20a）所示，圆环高度为100mm，外径为425mm，内径为305mm，环厚为12mm，图5-20b）为已粘贴应变片桥盒装置并与MIC-DCV-4电压采集器连通的整套试验系统实物图，试验装置由混凝土内外钢圈、铸钢基座以及内壁应变采集系统组成。

a）圆环　　　　　　　　　　　　　　　b）整套试验系统实物

图5-20　圆环约束开裂试验图

试验中应变片粘贴方式参考韩宇栋等人的研究，水平粘贴至钢环内壁的中线高度处，可获得较大的应变值，由此可提高试验精度。应变片粘贴位置的钢环内壁应绝对光滑，从而保证其与应变片的接触良好。试验采用的应变片同样购置于深圳市莫尼特仪器设备有限公司，电阻参数为120Ω±0.1%（25℃），与桥盒、电压采集器等均出自同一厂家，可保证测试装置之间的配伍性。桥盒与应变片的连接方式采用1/4桥（2线应变片）桥路形式，同时准备必要长度的电缆，与应变片焊接起来，以便将电缆电极与桥盒的相应接线柱对接，具体的桥路桥接方式以及桥盒-采集器接线图如图5-21所示。

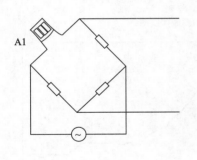 

a）桥路桥接方式　　　　　　　　　　　　b）桥盒-采集器接线图

图5-21　桥路桥接方式及桥盒-采集器接线图

应变采集系统接通后便可实时通过信号发射器将采集信号上传至云端进行监控采集，混凝土钢环约束试验开始于混凝土环浇筑完成1d后，其间需完成所有应变片与数据采集器的接线工作。1d后，需拆除混凝土外环使其外表面暴露于干燥环境中，同时在混凝土环上表面涂抹环氧树脂乳胶对其进行密封处理，构造外环单面干燥条件。整个圆环约束开裂试验在恒温恒湿条件下进行，试验中控制环境温度为20℃±2℃，环境相对湿度控制在（60%±5%）RH范围内，整个试验持续监测28d或到混凝土圆环出现贯穿裂缝为止。

内壁应变的变化通过应变片的实测值表征,其具体计算公式见式(5-12)。

$$\Delta\varepsilon = K(V_t - V_0)$$ (5-12)

式中:$\Delta\varepsilon$——混凝土环的变化量,$\mu\varepsilon$;

    K——应变片的测量灵敏度,$\mu\varepsilon/mV$;

    V_t——t 时刻应变片的实测值,mV;

    V_0——应变片的初始值,mV。

5.6.2 圆环约束开裂试验结果与分析

混凝土浇筑后进行 1d 标准养护,而后拆除外侧模,设计为单面干燥条件,试验得到 C40-J、C40-100-0.145%、C50-J 与 C50-40-0.180% 四种不同内养生水平混凝土受钢环约束试验结果,如图 5-22 和图 5-23 所示。

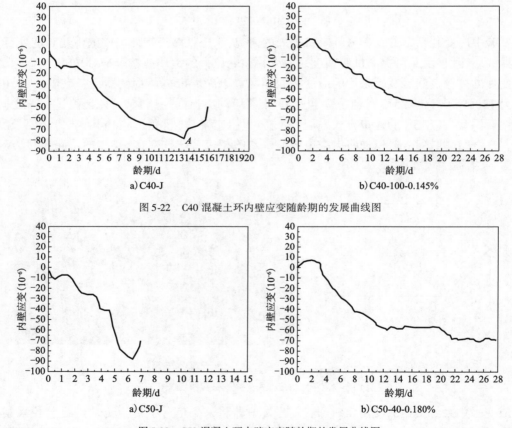

图 5-22　C40 混凝土环内壁应变随龄期的发展曲线图

图 5-23　C50 混凝土环内壁应变随龄期的发展曲线图

以图 5-22a)中 C40-J 混凝土环向约束内壁应变随龄期的发展曲线为例,对其发展特征进行分析。混凝土在 3d 早龄期内为收缩快速发展阶段,与此同时混凝土受到钢环的约束作用,因此将会产生朝向环内的收缩拉应力,内壁应变表现为受压,因此其压应变值随着收缩的发展而逐步增大,2d 龄期时钢环内壁应变约为 $-16\mu\varepsilon$,而后混凝土的水化速率逐步衰减,内壁应变进入平稳发展阶段。随着混凝土弹性模量的不断发展,处在干燥环境中的混凝土收缩应变以及作用于环内壁的压应力将会同时加速增大,在 4d 龄期时环内壁应变的发展速率明显加快。而当混凝土环内的收缩应力发展至某一水平达到混凝土此时的抗拉强度时,混凝土环即开裂(对应于图中即为 A 点),此时环内的收缩拉应力即开始释放,作用于环内壁的压应力迅速减小,应变峰值为 $-78\mu\varepsilon$,起裂龄期为 13.5d。此后混凝土环受到的约束力将会逐步减小,环内壁应变将会逐步趋向于 0。

基于此,对图 5-22b)进行分析可知掺入 SAP 的 C40 混凝土早期内壁应变为正,即其受拉应力作用,表明混凝土此时处于体积膨胀状态。在经历短暂的混凝土膨胀变形后,其内壁应变逐渐转为压应力并不断增大,但总体增长速率低于 C40-J 混凝土,表明 SAP 内养生可起到良好的收缩抑制效果,避免了内壁应变的快速增长。与 C40-J 混凝土不同的是,C40-100-0.145% 混凝土并未出现内壁应变转折现象(即混凝土环未开裂),而是在 17d 龄期后内壁应变趋于一个稳定值,约为 $-55\mu\varepsilon$。

分析图 5-23a)与 b)可知,SAP 的掺入也可抑制 C50 混凝土环的开裂。C50-J 混凝土起裂龄期为 6.5d,应变峰值为 $-88\mu\varepsilon$。相较于 C40 混凝土环,C50-J 混凝土环在出现内壁应变转点后,其压应变值迅速减小,且并未出现 C40-J 中的一个缓冲过程,其原因在于内壁应变曲线从转折点至减小过程代表着混凝土环从裂缝萌生到裂缝扩展的过程,而混凝土抗压强度较高时,其韧性则较低,因此 C50-J 混凝土的开裂扩展更为迅速,表现为内壁应变减小的速度更快。C50-40-0.180% 内养生混凝土也未出现环开裂现象,其内壁应变于 22d 龄期时趋于稳定,稳定值为 $-70\mu\varepsilon$。

5.6.3　基于内壁应变发展的开裂风险评估

基于内壁应变的环状混凝土的开裂风险评估可借鉴 ASTM 中的规定,以净开裂时间 t 与开裂应力速率 Q 建立坐标关系来定量表示,净开裂时间 t 即为从单面干燥开始到混凝土环出现裂缝所经历的时间,由于内养生组混凝土环并未出现开裂,故两者净开裂时间均按大于 28d 计。除此以外,开裂应力速率 Q 的计算方法见式(5-13),以单位时间内的应力发展来表征。

$$Q = \frac{\mathrm{d}\sigma_{\mathrm{t}}}{\mathrm{d}t} = \frac{G|a_{\mathrm{ave}}|}{2\sqrt{t}} \tag{5-13}$$

其中:
$$G = \frac{E_{\mathrm{st}} r_{\mathrm{ic}} h_{\mathrm{st}}}{r_{\mathrm{is}} h_{\mathrm{c}}}$$

式中:E_{st}——钢环模量,取 180GPa;

　　h_{st}——钢环厚度;

　　r_{is}——钢环内径;

　　h_{c}——混凝土环厚度,为混凝土环内径;

　　r_{ic}——混凝土环半径;

　　a_{ave}——平均应变率,单位为 $(\mathrm{m/m})\cdot\mathrm{d}^{-\frac{1}{2}}$。

结合 5.6.2 节数据,对各参数进行计算后汇总结果见表 5-11。

ASTM 法开裂风险计算相关参数 表 5-11

编号	净开裂时间 t/d	模量/GPa	平均应变率 $\times 10^{-6}/$ $[(m/m)\cdot d^{-1/2}]$	开裂应力速率 $Q/$ $(MPa\cdot d^{-1})$
C40-J	13.5		5.01	0.044
C40-100-0..145%	>28	64.72	4.23	0.026
C50-J	6.5		16.34	0.207
C50-40-0.180%	>28		6.13	0.037

基于 ASTM C1581/C1581M-09a 中附表 1-1 中对于各参数开裂风险的分级范围,可绘制如图 5-24 所示的开裂风险评估图,横坐标代表开裂应力速率,纵坐标代表净开裂时间,以纵、横坐标为依据的风险等级划分根据 ASTM C1581/C1581M-09a 中的规定,共分为四个区域,横坐标从左往右风险逐步提高,纵坐标从上往下风险逐步提高,开裂风险从右下角到左上角依次减小。C40-J、C40-100-0.145%、C50-J 以及 C50-40-0.180% 按照其净开裂时间与开裂应力速率计算值选择落点位置,如图 5-24 标注所示。

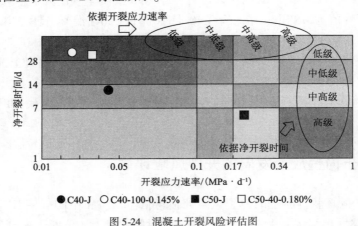

●C40-J ○C40-100-0.145% ■C50-J □C50-40-0.180%

图 5-24 混凝土开裂风险评估图

由图 5-24 可知,SAP 内养生可显著降低混凝土出现开裂的风险,经内养生作用后,两种混凝土开裂风险均处于低级,其风险由大到小排序为 C50-J > C40-J > C50-40-0.180% > C40-100-0.145%。对于 C40 混凝土而言,内养生可使其开裂风险下降两个等级,而 C50 混凝土开裂风险则可在内养生作用下下降三个等级,可见就降低环形约束开裂风险而言,SAP 对于 C50 混凝土的效果更为显著,其基准组无论是开裂应力速率还是净开裂时间,均处在高开裂风险范畴,而经内养生后,其开裂应力速率与净开裂时间均降低至低风险范畴。

5.7 服役期荷载下 SAP 内养生混凝土断裂性能

对 SAP 内养生混凝土超早期开裂诱导条件、养护期环向约束条件下的抗裂性能进行验证后,为保证 SAP 能够应用于混凝土此类薄板结构中,还需要继续考虑其在服役期间的抗断裂性能,即对其进行断裂韧性评价,如果断裂韧度太小,那么在车辆行驶过程中,混凝土板受压区便会发生爆裂,而受拉区也会因为抗裂性能不足而发生剪切破坏。因此,在早期湿度补偿作用下,SAP 能否继续促进水泥混凝土的水化程度从而弥补 SAP 释水后残留孔的减弱效果以提升混凝土的断裂韧性仍亟待研究。

5.7.1 断裂试验方案设计

SAP 内养生混凝土断裂试验配合比方案按表 5-8 设计,试件成型脱模后在标准环境下养护至规定龄期。三点断裂试验采用棱柱试件,其尺寸为 $100\text{mm} \times 100\text{mm} \times 400\text{mm}$,并在试件底面中线位置预切宽 2mm、深 10mm 的裂口,如图 5-25 所示。

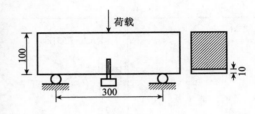

图 5-25　预开口试件及三点断裂加载示意图(图中试件尺寸单位:mm)

三点弯曲梁断裂试验参照《普通混凝土力学性能试验方法标准》(GB/T 50081—2002)采用 MTS-810 万能试验机进行,其加载位置如图 5-25 所示,加载速度为 $0.02\text{mm} \cdot \text{min}^{-1}$,同时在试件中部安装高精度夹式引伸计以获得梁的 $F\text{-}CMOD$(荷载-裂缝开口位移曲线),并通过计算确定混凝土的断裂能 G_f,为控制试验数据的离散性,三点弯曲梁试验每组设置三组平行试件,并取同一下降高度点的荷载平均值作为分析依据。

5.7.2 断裂参数及荷载-位移特征分析

混凝土的断裂性能可通过恒速加载下的 $F\text{-}CMOD$ 曲线表征,其可反映混凝土开裂并失去承载能力的全过程,图 5-26 与图 5-27 即为 C40 与 C50 SAP 内养生混凝土 $F\text{-}CMOD$ 曲线。为进一步直观对比各组混凝土的断裂参数,本节对 $F\text{-}CMOD$ 曲线中的开裂荷载 F_{fc} 与峰值荷载 F_{max} 作提取分析,表 5-12 与表 5-13 即为 C40 与 C50 对应的 $F\text{-}CMOD$ 曲线特征值参数表。

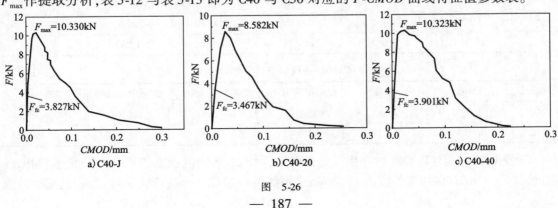

a)C40-J　　　　b)C40-20　　　　c)C40-40

图 5-26

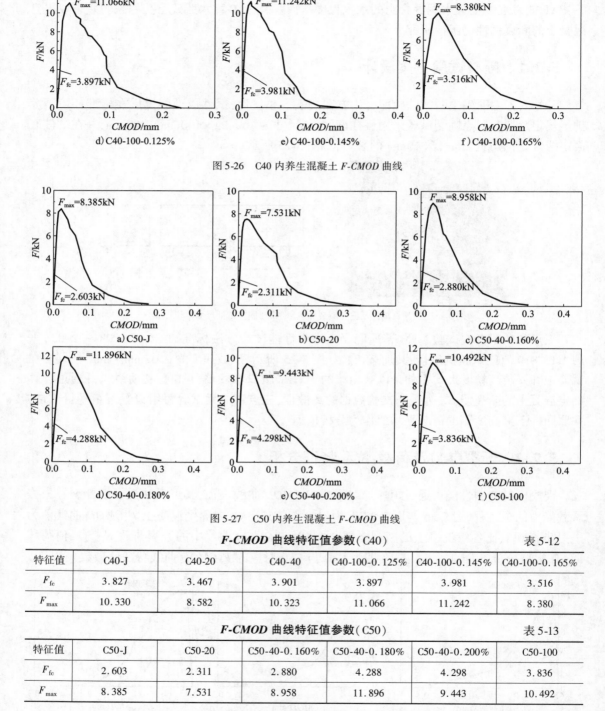

图 5-26　C40 内养生混凝土 F-CMOD 曲线

图 5-27　C50 内养生混凝土 F-CMOD 曲线

F-CMOD 曲线特征值参数（C40）　　　　　　　　　　　　　表 5-12

特征值	C40-J	C40-20	C40-40	C40-100-0.125%	C40-100-0.145%	C40-100-0.165%
F_{fc}	3.827	3.467	3.901	3.897	3.981	3.516
F_{max}	10.330	8.582	10.323	11.066	11.242	8.380

F-CMOD 曲线特征值参数（C50）　　　　　　　　　　　　　表 5-13

特征值	C50-J	C50-20	C50-40-0.160%	C50-40-0.180%	C50-40-0.200%	C50-100
F_{fc}	2.603	2.311	2.880	4.288	4.298	3.836
F_{max}	8.385	7.531	8.958	11.896	9.443	10.492

　　以图 5-26 为例分析 C40 内养生混凝土可知，六组方案的混凝土 F-CMOD 曲线形状相近，均可依据 F-CMOD 曲线走势将内养生混凝土裂缝发展过程分为裂缝萌生阶段、裂缝发展阶段

及裂缝失稳阶段。

（1）裂缝萌生阶段：荷载由起始值 0 发展到开裂荷载 F_{fc}，此阶段 *F-CMOD* 曲线呈线性变化，SAP 内养生混凝土出现第一阶段的开裂破坏，混凝土中水泥石与粗集料的过渡界面上裂缝开始萌生，对比 C40-J 基准组混凝土可见，SAP 的掺入可有效延缓混凝土的起裂时间（$\Delta F/\Delta CMOD$ 斜率降低）。

比较表 5-12 中不同组混凝土开裂荷载 F_{fc} 可知，除 C40-20 与 C40-100-0.165% 出现小幅度的降低外，其他相对基准组均有一定提高，C40-100-0.145% 开裂荷载可达到 3.981kN，这说明 SAP 的内养生效果与 SAP 目数、掺量等多种因素相关，要达到最佳内养生效果，须同时满足以下条件：①合适的 SAP 目数选用，掺入 100～120 目 SAP 的混凝土开裂荷载较掺入 20～40 目与 40～80 目 SAP 的混凝土均有所提升，原因在于 100～120 目 SAP 可通过释水内养生作用，在其粒径较小的凝胶孔内生成大量成簇的 $Ca(OH)_2$、C—S—H，从而形成致密产物结构，而 20～40 目 SAP 与 40～80 目 SAP 则由于自身粒径较大，释水养护周期较短，故其凝胶孔在 28d 龄期时难以做到完全填补，整体结构较松散，故表现为开裂荷载较小；②合理的 SAP 掺量设计，不同的 SAP 掺量对应着不同的内养生引水量，内养生引水量不足时难以保证胶凝材料的完全水化，而引入量过多时又会造成有效水胶比增大，引入孔隙增多。故在进行内养生材料参数设计时应权衡 SAP 目数与掺量两方面因素。

（2）裂缝发展阶段：曲线由开裂荷载 F_{fc} 发展到峰值荷载 F_{max}，此阶段荷载随 *CMOD* 的增加幅度逐渐减缓，混凝土出现第二阶段的开裂——水泥石破坏，裂缝随着水泥石与集料的过渡界面不断扩展，并且在集料的尖端处产生应力集中现象，从而切开集料所在面并向着硬化水泥石内部延伸，此时的混凝土已达到荷载极限状态。

对比表 5-12 中峰值荷载可知，其特征值变化规律与开裂荷载基本一致，C40-100-0.125% 与 C40-100-0.145% 相对高于 C40-J 基准组混凝土，C40-40 与基准组大体持平，而 C40-20 与 C40-100-0.165% 则相比基准组有着 18% 左右的降低。此规律可进一步验证开裂荷载分析中对于 SAP 参数的设计思路，选用较小粒径的 100～120 目 SAP，并使得 SAP 掺量（内养生引水量）可保证胶凝材料的完全水化且不引入过多孔隙。

（3）裂缝失稳阶段：曲线由峰值荷载 F_{max} 开始逐步下降，此时混凝土进入劣化失稳阶段，混凝土裂缝开展进入第三阶段，即集料、水泥石抵抗拉应力作用阶段。由图 5-26 可知，虽然 SAP 的掺入或多或少对混凝土开裂荷载与极限荷载造成不利影响，但当混凝土进入劣化失稳阶段后，其承载能力劣化失稳的速率却较基准组混凝土更为缓慢，换言之，即内养生组混凝土残存的硬化水泥石韧性与承载能力高于基准组混凝土。究其原因，可认为经养护 28d 后，水泥石内部水化程度增加，早期原生裂缝数量较基准组显著减少，故当裂缝沿最小耗能路径在水泥石内部扩展时，其无法就近寻找微裂纹入侵，从而减缓了混凝土的劣化失稳速率。

分析图 5-27 可知，C50 混凝土的 *F-CMOD* 曲线与 C40 曲线扩展趋势基本一致，其可分为裂缝萌生、加速损伤及失稳破坏三阶段。进一步对比表 5-12 与表 5-13 中 C40、C50 内养生混凝土的开裂荷载与峰值荷载可见，SAP 内养生对 C50 混凝土断裂性能的提升效果明显优于 C40 混凝土。除 C50-20 外，其余内养生组混凝土开裂荷载相对于基准组均有着较为明显的提升，C50-40-0.200% 增幅可达 65.12%，其次为 C50-40-0.180%，平均增幅可较 C40 混凝土增加 29.12%；同样 C50-40-0.180% 的峰值荷载增幅也最为显著，最高可达 41.87%，其次为 C50-100，平均增幅可较 C40 混凝土增加 23.83%。

分析以上规律,同时可进一步对上述 SAP 参数设计思路进行补充:选用的 SAP 粒径不可过大,但也需保证其在混凝土内部可均匀分散,不然若出现小粒径 SAP 的结团现象,则会使得内养生效果降低。但总体而言,SAP 对 C40、C50 混凝土可达到良好的内养生效果,其对于混凝土断裂力学的提高有积极作用。

5.7.3 SAP 内养生混凝土断裂能分析

断裂能 G_f 是裂缝在单位面积上扩展所需的能量,其表达式见式(5-14):

$$G_f = \frac{\int_0^{\delta_0} P(\delta)\,\mathrm{d}\delta + mg\delta_0}{A_{lig}} = \frac{W_0 + mg\delta_0}{A_{lig}} \tag{5-14}$$

式中:W_0——断裂功,N·mm;

m——试件在两个支座间的质量,kg;支座间距取 300mm,假设混凝土质地均匀,则 $m = 0.75M$(M 为 28d 龄期时试件的总质量);

g——重力加速度,取 9.8m/s²;

A_{lig}——韧带面积,mm²,$A_{lig} = (h - a_0)b$;

a_0——开口的初始深度;

h——试件高度,为预裂高度;

b——试件宽度,mm;

δ_0——跨中最大挠度,mm。

C40、C50 内养生混凝土断裂能计算参数见表 5-14 和表 5-15。

C40 内养生混凝土断裂能计算参数　　　　表 5-14

序号	断裂功/(N·mm)	质量/kg(28d)	跨中最大挠度/mm	韧带面积/mm²
C40-J	11411.593	9.710	3.018	
C40-20	9923.871	9.591	2.998	
C40-40	12114.494	9.582	3.226	
C40-100-0.125%	10210.113	9.538	2.933	9000
C40-100-0.145%	14526.055	9.616	3.256	
C40-100-0.165%	9433.282	9.468	3.085	

C50 内养生混凝土断裂能计算参数　　　　表 5-15

序号	断裂功/(N·mm)	质量/kg(28d)	跨中最大挠度/mm	韧带面积/mm²
C50-J	14918.16	9.814	2.725	
C50-20	7335.55	9.508	1.945	
C50-40-0.160%	7793.49	9.508	2.572	
C50-40-0.180%	23010.79	9.659	3.229	9000
C50-40-0.200%	15636.49	9.720	2.773	
C50-100	18820.28	9.554	2.785	

据上述公式计算出的 SAP 内养生混凝土断裂能 G_f 见图 5-28。

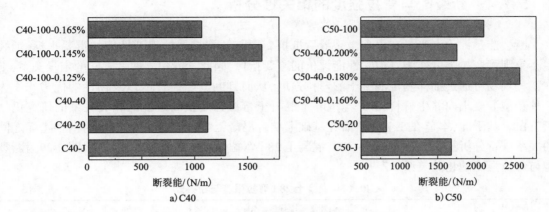

图 5-28 C40、C50 内养生混凝土断裂能

由图 5-28 与表 5-14、表 5-15 中计算参数可知,C40、C50 混凝土基准组在三点弯曲条件下断裂能分别为 1291.83N/m 和 1679.41N/m,达到峰值荷载时的跨中最大挠度分别为 3.018mm 和 2.725mm,而在最佳内养生状态下,其断裂能可分别达到 1638.06N/m 和 2582.22N/m,跨中最大挠度可分别达到 3.256mm 和 3.229mm。

1)C40 混凝土

由图 5-28a)可观察到,C40 混凝土内养生组与基准组断裂能均较为接近,但仅有 C40-40 与 C40-100-0.145% 高于基准组断裂能,增幅最高可达 26.8%,C40-20、C40-100-0.125% 与 C40-100-0.165% 均较基准组断裂能有着 10% 以内的下降,其下降与 SAP 目数以及由掺量引起的额外引水量变化均相关,20～40 目 SAP 粒径较大,故而在混凝土内部引入较多大孔,并且其释水速率较快,因此并不能保证其在长期养护过程中,通过促进释水凝胶孔周边胶凝材料的进一步水化来补足引入孔隙所带来的性能损失。同理,单位体积内水泥石水化与湿度养护所需的额外用水量是一定的,且一定 SAP 粒径范围所对应的内养生扩散半径也是固定的,故而 C40-100-0.125% 养护效果较差的原因也是内养生引水量的不足,但相对于引入更大凝胶孔而言,其影响略小。

2)C50 混凝土

由图 5-28b)可观察到,对于 C50 混凝土而言,较大目数 SAP 的掺入可有效提高混凝土的断裂能,增强其断裂韧性,C50-40-0.180% 与 C50-100 内养生混凝土断裂能可较基准组提升 54.25% 与 26.16%。且由表 5-15 中计算参数可知,其跨中最大挠度也较基准组有着显著的提升。这与 SAP 可促进 $Ca(OH)_2$ 进一步水化生成簇状 C—S—H 凝胶,减少混凝土自收缩与干燥收缩微裂缝的萌生,增强水泥石-集料基体过渡面黏结力密切相关。此外,通过分析六组断裂能数据,可进一步证实前述试验结论,目数较大的 SAP 更适用于混凝土结构中,大目数 SAP 可延长水分补给周期,从而不断供给水分蒸发以及胶凝材料水化引起的水分散失,降低产生早期开裂的可能性,但过多的额外引水也会导致 SAP 出现溶胀平衡失稳,引水无处"缓存"从而使得混凝土的有效水灰比增高,强度下降。

5.7.4 断裂能与弯拉强度的相关性分析

断裂能是评价混凝土在出现微裂缝后抵抗变形与开裂扩展的阻裂性能的重要指标，铺装混凝土则将弯拉强度作为其力学性能评价的主要指标，因此若能建立两者之间的定量关系，则在工程现场可通过抽样测定混凝土的弯拉强度，从而判断其阻裂性能以及韧性的优劣。作为一种新型混凝土内养生材料，SAP 与内养生混凝土弯拉强度及断裂能的相关关系的研究仍处于空白。基于此，本节在 5.7.3 节研究基础上结合混凝土弯拉强度试验结果，对两种指标之间的关系进行分析。表 5-16 为 C40、C50 混凝土 28d 弯拉强度与断裂能的实测值，图 5-29 为断裂能与弯拉强度的相关关系。

C40、C50 混凝土 28d 弯拉强度与断裂能　　　　　　　　表 5-16

序号	28d 弯拉强度/MPa	断裂能/(N/m)
C40-J	5.56	1291.828
C40-20	4.90	1124.433
C40-40	5.07	1370.353
C40-100-0.125%	5.25	1155.786
C40-100-0.145%	5.74	1638.064
C40-100-0.165%	4.95	1070.407
C50-J	6.04	1679.414
C50-20	5.97	830.1638
C50-40-0.160%	6.17	885.9161
C50-40-0.180%	6.14	2582.222
C50-40-0.200%	6.04	1759.401
C50-100	6.08	2112.87

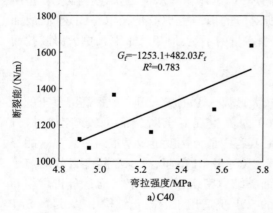 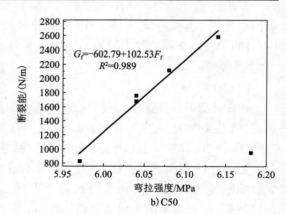

图 5-29　C40、C50 内养生混凝土断裂能与弯拉强度相关关系

由图 5-29 可知，C40 内养生混凝土的断裂能与弯拉强度之间的相关系数 R^2 为 0.783，总体呈现随弯拉强度增大，其断裂能逐步增大的趋势。C50 内养生混凝土断裂能与弯拉强度的相关关系更为显著，其相关系数可达 0.989，且同样呈正相关。这是由于随着 SAP 粒径、水分

补给时机与掺量的不断优化,SAP 内养生效果逐渐凸显并接近 SAP 残留孔隙负影响与水化程度提升正影响的平衡点,混凝土内部结构逐步密实,水泥石自身强度以及与集料的黏结强度不断提高,从而弯拉强度不断增长。同时,弯拉强度的提升也是混凝土脆性减弱、韧性增强的表现,且 SAP 内养生也可有效减少混凝土原生裂缝的萌生与扩展,故当裂缝沿最小耗能路径在水泥石内部扩展时,其无法就近寻找微裂纹入侵,从而减缓了混凝土的劣化失稳速率,表现为断裂能的提高。

5.8 离子驱动 SAP 内养生混凝土减缩阻裂机理及预测模型

SAP 作为一种新型混凝土内养生材料,其对混凝土的宏观调控作用在于调节混凝土内部水分供需关系,抑制混凝土早期自由变形的发展,降低出现早期裂缝的风险,同时,SAP 也需克服残留凝胶孔隙与早期力学性能损失的矛盾,最大限度地加深混凝土胶凝体系的水化程度,提高其力学强度与韧性。基于此,本节将从微观角度探索 SAP 掺入后对 SAP-水泥浆体水化产物组成与数量的影响,SAP 释水凝胶孔内及周边的微观形貌以及其水化提升作用对集料-水泥石界面过渡区结构的影响,从而更清晰地理解宏观性能的变化机理。同时,本节将结合宏观层面,运用 BP 神经网络预测方法基于本章数据结果优选出各指标的最优模型算法,为 SAP 内养生混凝土的推广应用提供依据。

5.8.1　SAP-水泥浆体水化产物组成研究

依据 Powers 水化模型理论,当且仅当水胶比大于 0.42 时,才可实现胶凝材料的充分水化。因此,SAP 的掺入定会造成相对于基准混凝土水化程度的改善,进而影响其 $Ca(OH)_2$、C—S—H 等水化产物的组成与含量,故而本节将通过 X-Ray 衍射分析(XRD)、DSC-TGA 热分析方法探究 SAP 目数以及掺量对 SAP-水泥浆体水化产物组成与相对含量的影响规律。

1)试样制备及方案设计

SAP-水泥浆体水化产物 XRD 试验方案详见表 5-17。

XRD 试验方案　　　　　　　　　　　　　　　　表 5-17

序号	C40		序号	C50	
	SAP 参数/(kg/m³)			SAP 参数/(kg/m³)	
	水 + 内养生水	SAP		水 + 内养生水	SAP
C40-J	160	0	C50-J	155	0
C40-20	160 + 18.57	0.398	C50-20	155 + 27.90	0.790
C40-40	160 + 18.57	0.537	C50-40-0.160%	155 + 24.80	0.800
C40-100-0.125%	160 + 16.01	0.541	C50-40-0.180%	155 + 27.90	0.900
C40-100-0.145%	160 + 18.57	0.628	C50-40-0.200%	155 + 31.00	1.000
C40-100-0.165%	160 + 21.13	0.714	C50-100	155 + 27.90	1.075

水化产物分析均采用粉末状的水泥净浆作为试验样品,水泥胶凝体系一般在7d龄期内为水化高峰期,而后便逐步放慢进入水化衰减期,同时也为研究早龄期内SAP对水化产物的影响,故选取经标准养护7d龄期的SAP-水泥胶凝材料试样,将其敲碎后取用中心部分,将碎块浸入无水C_2H_5OH中使其完全终止水化,经研磨器研磨并过$80\mu m$筛精取,在60℃下烘干至恒重备用。

水化产物的物相定性分析采用X-Ray衍射分析(XRD),通过德国布鲁克公司研发的D8ADVANCE全自动X射线衍射仪测取数据,并经软件处理后生成XRD图谱;水化产物成分的相对含量分析采用DSC-TGA热分析方法,试验设备采用美国TA仪器制造商研发的Q1000DSC+TG试验仪,试验温度控制为30~800℃,升温速率为10℃/min,每0.5s测取一次数据,采用氮气气氛,参比物选用Al_2O_3。

2)SAP-水泥浆体物相组成分析

图5-30与图5-31即为C40与C50混凝土在不同SAP目数与掺量条件下所对应的SAP-胶凝体系水泥净浆的XRD衍射图谱。由图可见,使用SAP内养生并未改变水泥浆体产物的种类,其主要对诸如$Ca(OH)_2$、AFt、$CaCO_3$以及一些未水化的β-C_2S水化晶体的衍射峰峰值强度产生影响。其中,$Ca(OH)_2$、$CaCO_3$的峰强一般用以反映水泥浆体的水化程度,AFt与β-C_2S也可在一定程度上表征胶凝体系的水化程度。

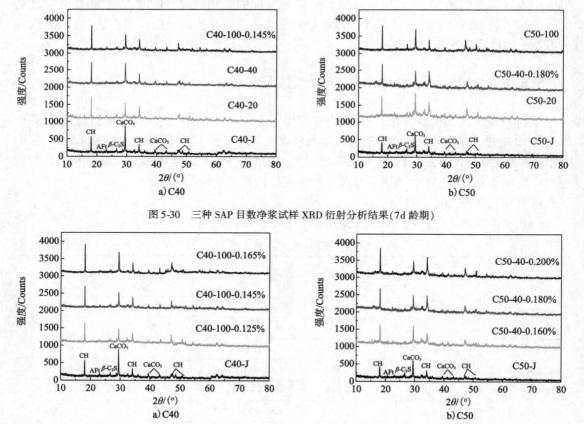

图5-30　三种SAP目数净浆试样XRD衍射分析结果(7d龄期)

图5-31　三种SAP掺量净浆试样XRD衍射分析结果(7d龄期)

分析图 5-30a)可知,在 7d 龄期时,C40 对应的净浆试样中所加入的 SAP 目数越大,其对应的 Ca(OH)$_2$ 的衍射峰峰值强度越大,代表净浆内胶凝材料水化反应越充分,同时 β-C$_2$S 的峰值强度越小。这表明掺入 SAP 后,其对于水化与湿度补偿用水的调控机制更利于 β-C$_2$S 在早龄期加速水化从而转化为水化产物。此外,在不同 SAP 目数下 AFt 与 CaCO$_3$ 的峰值强度均没有太大变化,分析原因可认为 AFt 主要是由水泥净浆中 C$_3$A 最先水化,并与石膏发生进一步反应而生成,CaCO$_3$ 则需要进一步消耗 Ca(OH)$_2$ 而生成,但在 7d 早龄期内 SAP 释出的水分主要用于水泥石内部湿度补偿,故对 AFt 与 CaCO$_3$ 含量影响甚微。

分析图 5-30b)中 7d 龄期内 C50 所对应净浆 XRD 图谱,可发现 7d 龄期时也表现为 SAP 目数越大,其对于水化程度、对于 Ca(OH)$_2$ 含量的提升效果更为显著,提升效果依次为 100~120 目、40~80 目以及 20~40 目,这与早龄期弯拉强度试验结果基本相符。

由图 5-31a)、b)可知,在 C40 与 C50 各自对应的最佳 SAP 目数下,其 Ca(OH)$_2$ 峰值强度均随着掺量的不断增加而增大,其在三种掺量下的 Ca(OH)$_2$ 峰值强度均较基准组浆体有明显提升,并且 40~80 目 SAP 对于 C50 对应浆体 Ca(OH)$_2$ 峰值强度的提升程度显著高于 100~120 目 SAP 对于 C40 对应浆体。同样,对于 β-C$_2$S 晶体物质的峰值强度变化,在早龄期 7d 内其峰值强度也随着对应最佳 SAP 掺量的增加而降低。分析上述规律的原因,可认为随着掺量的增多,其水泥石单位体积内可分散的颗粒越多,故而 SAP 对早期水化进程的提升作用也越显著。但由于 100~120 目 SAP 凝胶体内化学键极性较强,其对于内部蓄存水以及周边自由水的锁水效果更显著,故而在早龄期范围内,其释水供给量少于 40~80 目 SAP,由此表现为两种目数对对应水泥浆体的水化产物峰值强度提升作用的差异。

3)SAP 对化学结合水与 Ca(OH)$_2$ 含量的影响

上文中 XRD 试验可定性分析 SAP-水泥浆体水化产物的组成,而 DSC-TGA 则可通过样品在温升过程中质量和热量的变化定量确定每种水化产物的具体组成数量,从而对 SAP 的影响进行定量分析。基于此,本节选取胶凝材料水化高峰期 3d、SAP 释水高峰期 14d 以及 SAP 养护完成期 28d 的 C40、C50 对应浆体基准组与内养生组试样进行 DSC-TGA 综合热水化产物定量测试,从而进一步探索随内养生龄期增长,SAP 对水化产物的提升作用规律。经试验测试与软件数据处理后,生成的 3d、14d 及 28d 龄期时 SAP 内养生浆体材料测试结果如图 5-32、图 5-33 所示。

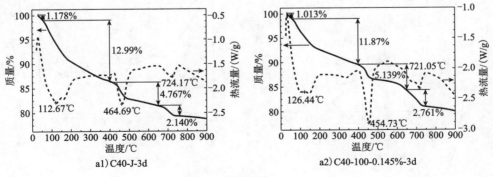

图 5-32

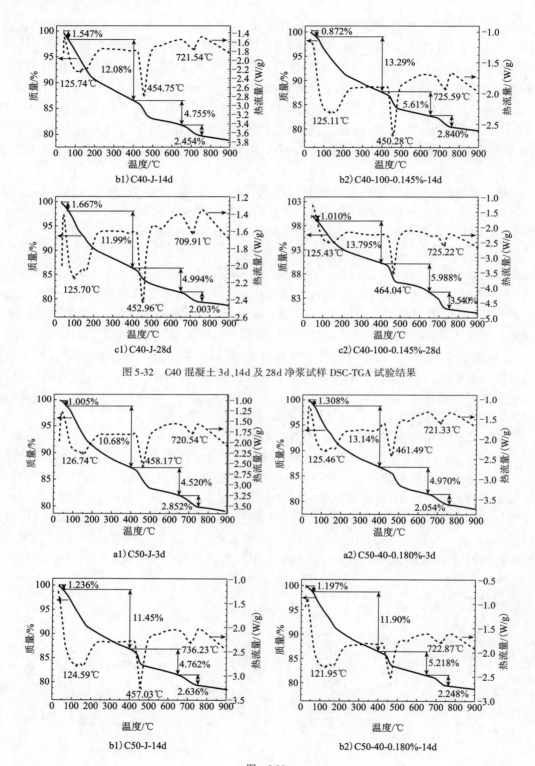

b1) C40-J-14d

b2) C40-100-0.145%-14d

c1) C40-J-28d

c2) C40-100-0.145%-28d

图 5-32　C40 混凝土 3d、14d 及 28d 净浆试样 DSC-TGA 试验结果

a1) C50-J-3d

a2) C50-40-0.180%-3d

b1) C50-J-14d

b2) C50-40-0.180%-14d

图　5-33

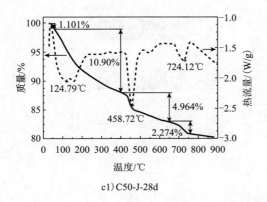
c1）C50-J-28d

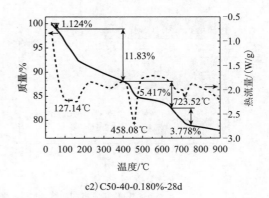
c2）C50-40-0.180%-28d

图 5-33　C50 混凝土 3d、14d 及 28d 净浆试样 DSC-TGA 试验结果

由图 5-32 与图 5-33 可知,在温升过程中 12 组 DSC 曲线均出现了三处明显的吸热峰,与其相对应的即为 C—S—H、AFt、AFm 等水化产物脱去游离水的过程、$Ca(OH)_2$ 失水过程以及 $CaCO_3$ 脱去 CO_2 的过程,其中每个阶段对应的温度范围分别为 70～400℃,出现第一个失重肩峰,其质量损失主要由水化产物脱水造成,故而可由此推断出 C—S—H 凝胶等水化产物中化学结合水的相对含量;400～600℃,出现第二个失重肩峰,主要发生的是 $Ca(OH)_2$ 脱水过程,由此可推断出 $Ca(OH)_2$ 的相对含量;650～700℃,失重的主要原因在于 $CaCO_3$ 的分解。

对于各水化产物的相对含量,无法通过 DSC-TGA 曲线中的热失重百分率来准确描述,因此仍需综合不同温升阶段试样的质量损失率与水化反应原理对其进行计算,水泥水化程度的表征指标主要为水化产物化学结合水含量以及 $Ca(OH)_2$ 含量两个指标,其对应的计算方法见式(5-15)与式(5-16)。

$$m(H_2O) = m_B + m_C + m_D \times \frac{M_{H_2O}}{M_{CO_2}} \tag{5-15}$$

$$m[Ca(OH)_2] = m_C \times \frac{M_{Ca(OH)_2}}{M_{H_2O}} + m_D \times \frac{M_{Ca(OH)_2}}{M_{CO_2}} \tag{5-16}$$

式中:　　$m(H_2O)$——化学结合水含量,%;

　　$m[Ca(OH)_2]$——$Ca(OH)_2$ 含量,%;

　　$m_B、m_C、m_D$——分别为 70～400℃、400～650℃、650～750℃ 热失重量,%;

$M_{H_2O}、M_{CO_2}、M_{Ca(OH)_2}$——分别为 H_2O、CO_2、$Ca(OH)_2$ 的相对分子质量。

根据式(5-15)与式(5-16)以及 DSC 综合热曲线,对化学结合水以及 $Ca(OH)_2$ 含量进行分析计算,同时将其绘制成如图 5-34 和图 5-35 所示的直方图用于直观分析,图 5-34a)、b)为不同 SAP 养护龄期 C40 基准组与内养生组对应水泥净浆 3d、14d 及 28d 化学结合水、$Ca(OH)_2$ 的相对含量,图 5-35a)、b)为不同 SAP 养护龄期 C50 基准组与内养生组对应水泥净浆 3d、14d 及 28d 化学结合水、$Ca(OH)_2$ 的相对含量。

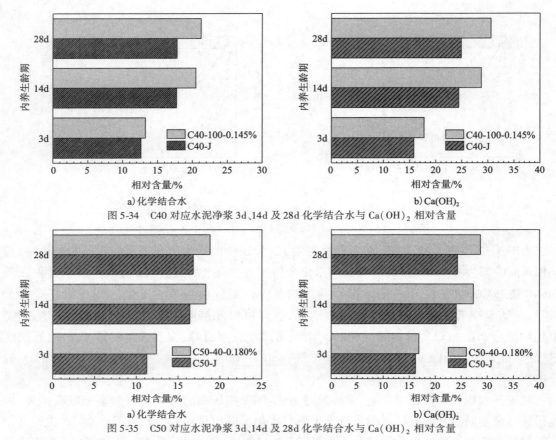

图 5-34　C40 对应水泥净浆 3d、14d 及 28d 化学结合水与 Ca(OH)$_2$ 相对含量

图 5-35　C50 对应水泥净浆 3d、14d 及 28d 化学结合水与 Ca(OH)$_2$ 相对含量

分析图 5-34 与图 5-35 可知,加入 SAP 内养生材料后,C40、C50 对应浆体在 3d、14d 及 28d 龄期内的化学结合水相对含量均有所提高。C40 内养生组较基准组可分别提升 5.04%、15.59% 及 19.27%;C50 内养生组较基准组可分别提升 8.26%、11.31% 及 11.91%;且随着内养生高峰期的完成,SAP 对于水泥浆体 14d 龄期时的水化提升作用愈加明显,而在 28d 龄期时,其相对 14d 龄期时的提升幅度则有所减弱。主要原因在于 SAP 释水内养生的主要龄期为 7~14d,此阶段 SAP 可释出大量内养生水,胶凝材料可结合更多自由水反应形成更多的 C—S—H、AFt、Ca(OH)$_2$ 等水化产物,水化增强效果最为显著,而在 14d 龄期之后,水泥石强度逐步形成,内外离子浓度差趋于稳定且 SAP 凝胶体内仅残留少量水分,故其内养生作用减弱,从而对于水化产物的 14~28d 生成效果降低。

就 Ca(OH)$_2$ 相对含量而言,C40 内养生组较基准组可分别提升 12.37%、17.69% 及 22.78%;C50 内养生组较基准组可分别提升 3.96%、13.7% 及 18.12%,其同样呈现如化学结合水测试结果中所示趋势:相对基准组浆体有较大幅度提升,且随着内养生龄期的增长,其会在 14d 龄期时出现产物高峰期,28d 龄期后增速平缓。

上述结论可与砂浆内养生力学性能中的试验结果相对应,也可证明 14d 龄期内为 SAP 的内养生主要龄期。此外,基准组水泥浆体在 14d 龄期后水化产物鲜有增加,而 SAP 内养生混凝土在 14d 龄期后水化产物仍有较明显的增加,进而表明 SAP 也有调节水化进程,保证胶凝材料持续、均匀水化的功效。

5.8.2　SAP 内养生混凝土微观形貌及结构研究

吸水饱和后的 SAP 以凝胶形式存在于混凝土中,其在吸水溶胀后会产生一定体积膨胀,SAP 释水后便会在混凝土内留下等体积孔隙,同时由于 SAP 组成设计中以摄入水泥浆体的方式来计算额外引水量,故而在 SAP 释水孔内的水泥浆体也会生成一定水化产物以弥补残留孔隙所带来的结构劣化。此外,SAP 所释出水分也将促进周边胶凝材料水化程度的提升。因此,为直观表征 SAP 在水泥石中的水化作用以及残留孔内及周边水化产物形貌与结构,本节将采用扫描电镜法(SEM)并结合能谱分析(EDS)对其进行研究。

1)试样制备及方案设计

本节主要研究对象为硬化后水泥石中的 SAP 孔(图 5-36)以及水泥-集料界面过渡区,其研究试验方案参考表 5-17 制定。对微观形貌与结构的测试选用 Hitachi S- 4800 场发射扫描电镜和 HitachiE-1045 离子喷溅仪,放大倍率为×20 ~ ×800000 倍。SEM 试验选用边长小于 1cm 的立方体,其中应包括水泥砂浆与集料的界面,经取样、粗打磨、抛光、化学处理、烘干以及喷金后备用。

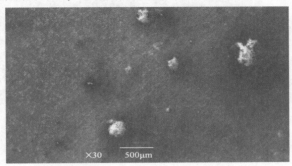

图 5-36　硬化后水泥石中的 SAP 孔

2)SAP 凝胶孔内及周边微观形貌研究

由于 SAP 即使在溶胀后粒径也较小,以及其在拌和过程中的分散性,在每片试样中不一定均可见 SAP 凝胶孔。因此,本节基于 SAP 目数与孔隙形状优选出如图 5-37 所示的三种目数 SAP 在 C40 混凝土切片试样中 7d 与 28d 龄期时凝胶孔形貌。

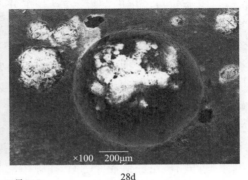

7d　　　　　　　　　a)20~40目SAP　　　　　　28d

图　5-37

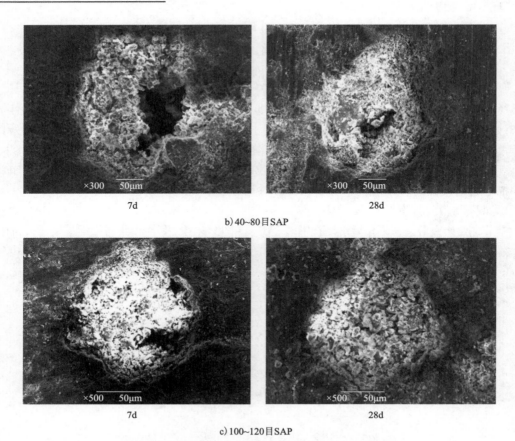

7d   28d

b) 40~80目SAP

7d   28d

c) 100~120目SAP

图 5-37 三种目数 SAP 在 C40 混凝土切片试样中 7d 与 28d 龄期时凝胶孔形貌

　　试验使用的三种 SAP 粒径范围分别为 20~40 目(380~830μm)、40~80 目(180~380μm)以及 100~120 目(120~150μm),由图 5-37 中 SEM 扫描电镜尺寸计算可知,吸液达到溶胀平衡后的 20~40 目 SAP 基本呈规则的圆形,而 40~80 目与 100~120 目 SAP 则因为颗粒易聚集结团,故而其留下的 SAP 释水孔呈现不规则形状,但总体而言聚丙烯酸钠型 SAP 残留的孔隙粒径较干粉状态下变化较小,体积膨胀率较低。因此,将其应用为一种新型的聚合物内养生材料,不仅可吸收达自身质量数十倍的溶液,并且其水分不轻易散失,在混凝土中残留孔隙较小。

　　比较三种不同目数 SAP 孔隙,不难发现 SAP 残留孔隙内水化产物的数量是决定其力学强度以及韧性的重要因素。在 20~40 目 SAP 中仅可发现少量水化产物,虽然随着龄期的增长,其水化产物仍不断增多,但相对于残留孔的大小而言其仍不足以布满整个空间,且水化产物主要集中在孔隙内部,孔隙边缘水化产物较少,与周边水泥石的交联度不够,故而在遭受外部荷载持续作用过程中,其在 SAP 孔隙处的抵抗变形能力不足,孔隙将逐步压密并在垂直于荷载作用方向的孔壁上出现微裂纹,进而在荷载进一步增大过程中出现结构破坏。

　　对比 40~80 目与 100~120 目 SAP,SAP 孔隙内部的水化产物逐步增多,并且随着龄期的增长,其水化产物也可布满整个 SAP 孔隙内部与边缘,且从图中可见,SAP 孔内的水化产物相比孔外结构更为致密,水化产物更为丰富,从而可弥补由残留封闭孔带来的结构不完整,提高其抵抗变形的能力。

分析三种目数 SAP 孔内水化产物差异的主要原因在于,三种目数 SAP 引水倍率的差距小于其粒径范围的差距,引水倍率直接决定其可促进的水化程度,但由于 20～40 目 SAP 粒径最大,故而其促进的水化产物额外生成量不足以填满其残留的较大孔隙,并且 20～40 目 SAP 保水稳定性较差,因此其在真实的水化环境中将最先释水,其可供内养生的供水周期也就越短。同时,在早期水化过程中,其拌和过程中的自由水可用于胶凝材料的水化,导致 20～40 目 SAP 在此过程中释放的水分直接蒸发到空气中,并未起到水化增强作用,宏观上则体现为力学强度以及断裂韧性的不足。

同理,100～120 目 SAP 相较于 40～80 目 SAP 有着更小的凝胶孔隙,并且其释水养护周期也更长,从而可源源不断地促进水化产物的逐步生成,因此其孔隙填充效果也优于 40～80 目 SAP,宏观表现为其力学、收缩与阻裂性能更优。

为进一步研究 SAP 凝胶孔内水化产物的形貌特征,本节选取 C50-J 混凝土中裂隙处 28d 龄期时的水化产物图与 C50-100 混凝土 SAP 凝胶孔边缘 28d 龄期时水化产物图进行对比分析,其 1000 倍微观形貌与 5000 倍的水化产物放大图如图 5-38 和图 5-39 所示。

a) 1000 倍微观图

b) 5000 倍水化产物图

图 5-38　C50-J 混凝土裂隙处 28d 龄期时水化产物图

a) 1000 倍微观图

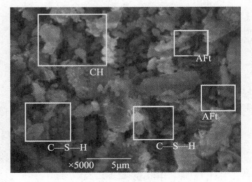
b) 5000 倍水化产物图

图 5-39　C50-100 混凝土 SAP 凝胶孔边缘 28d 龄期时水化产物图

分析图 5-39 可知,虽然 100～120 目 SAP 在混凝土内部可留下约 135μm 的孔隙,但是在内养生 28d 后,在其 SAP 凝胶孔边缘可见大量致密的水化产物群。对其边缘形貌进行放大处理后可发现水化产物种类繁多,包括层状 $Ca(OH)_2$ 晶体(图上简示为 CH)、簇状 C—S—H 凝胶以及一定数量的 AFt,并且各种水化产物之间紧密重叠,形成致密的网状结构。反观图 5-38 中水化产物放大图,基准混凝土中水化产物主要为粗粒的六角形 Ca(OH)$_2$,且内部较为疏松,产物间未形成凝聚结构,且存在多处微裂纹,可见 SAP 内养生可有效促进混凝土的水化程度并增加水化产物的数量与结晶聚合度。

3)SAP 内养生水泥石-集料界面过渡区微观结构研究

由于泌水及水膜效应,混凝土集料附近常存在一定宽度的界面薄弱区,其"本体"浆体存在孔隙率高、水化产物结晶粗大、黏结强度低的缺点,所以水泥石-集料的界面过渡区形貌及结构也是影响其宏观性能的重要因素。C40 混凝土由于基准水胶比较高,故其在浇筑过程中更易发生泌水现象,并在水泥石与集料界面过渡区形成更厚的一层水膜,对界面过渡区结构的扰动更大。因此,本节选取 C40-J、C40-100-0.145% 混凝土试样,在对其界面过渡区微观形貌的观测基础上,采用 EDS 能谱方法对界面过渡区进行扫描分析,图 5-40 即为 C40-J 与 C40-100-0.145% 试样界面过渡区 28d 龄期时的微观形貌。

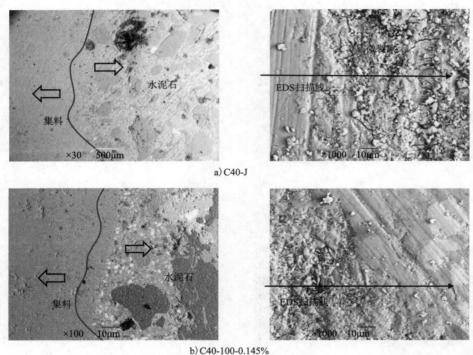

a) C40-J

b) C40-100-0.145%

图 5-40 C40 混凝土界面过渡区 28d 龄期时微观形貌

由图 5-40 可知,基准组试样存在明显的水泥石与集料分界面,且在界面过渡区 1000 倍微观形貌图中清晰可见较多乱向扩展的原生裂缝,长度从 5μm 至 20μm 不等,使得整体结构更为松散。其产生原因是早期缺少可供蒸发的自由水分,从而产生过大的收缩应力导致其开裂。而内养生组试样的界面区分则不明显,且其微观形貌图呈现完整、密实状态,未见明显裂纹。

图 5-41 为 EDS 试验结果计算得出的 Ca/Si 随 EDS 测点移动的变化曲线,其 EDS 扫描线轨迹如图 5-40 所示。

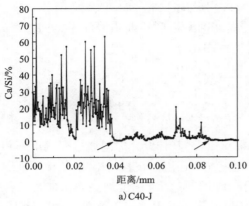

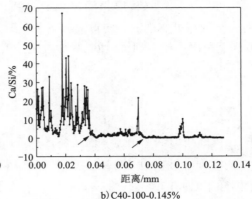

a) C40-J   b) C40-100-0.145%

图 5-41　Ca/Si 随 EDS 测试点移动的变化曲线

由图 5-41 可知,集料部分 Ca/Si 较大,界面过渡区次之,水泥石部分 Ca/Si 则最小,并且 SAP 的掺入减小了混凝土的 Ca/Si,主要原因在于 SAP 的持续内养生作用促进了胶凝材料的水化进程,并且生成低碱度的 C—S—H 凝胶与杆状 AFt,促进三维网状结构的形成。

界面过渡区的宽度为 Ca/Si 出现两次拐点之间的距离,即图 5-41 中箭头所指位置,计算可知 C40-J 界面过渡区宽度为 0.046mm,C40-100-0.145% 界面过渡区宽度为 0.038mm,可见 SAP 内养生减小了界面过渡区宽度,宏观表现为混凝土力学强度与韧性的提升。

5.8.3　基于 BP 神经网络的 SAP 内养生混凝土性能预测

SAP 的掺入使得内养生混凝土在不同阶段有着与普通混凝土不同的水化进程、湿度分布规律,进而影响着整个内部结构的形成,从而对混凝土的宏观力学、减缩以及阻裂性能产生影响。影响 SAP 内养生混凝土性能的因素较多,不同因素之间还存在着交互作用,用线性函数模量对其进行预测的结果并不理想,往往表现出非线性规律。考虑到性能预测的特殊性,本研究拟采用 BP 神经网络进行 SAP 内养生混凝土力学、减缩以及阻裂性能的预测,将基准水胶比、额外水胶比和引水倍率等因素引入模型作为自变量,以混凝土的弯拉强度、干缩应变以及断裂能作为输出变量,通过对实测数据的学习模拟,从而优选出最佳的算法并进行模型建立,为 SAP 内养生混凝土的性能预测提供一种有效的手段。

1) BP 神经网络概述

BP 神经网络是人工神经网络中常见的一种,是在现代神经科学研究基础上提出的一种数学算法,其具有信息存储量大、计算能力强等特点,并且其能够针对不同数据特点进行自主模型训练。BP 神经网络本质上是一种三层前向反馈神经网络,其具有输入层、隐含层以及输出层,如图 5-42 所示即为一个隐含层数量为 3 的 BP 神经网络拓扑结构图。

其输入向量为 $X = (x_1, x_2, \cdots, x_i, \cdots, x_m)^T$,隐含层向量为 $Y = (y_1, y_2, \cdots, y_j, \cdots, y_n)^T$,输出向量为 $O =$

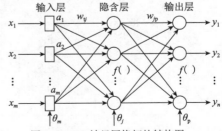

图 5-42　BP 神经网络拓扑结构图

$(o_1, o_2, \cdots, o_k, \cdots o_l)^T$,结构层之间传递通过式(5-17)所示的 Sigmoid 型激励函数实现。Sigmoid 型激励函数可实现输入向量的归一化处理,提高网络模型的训练精度,并可有效降低计算成本和缩短网络模型训练时间,其导数表达式见式(5-18)。

$$f(x) = \frac{1}{1 + e^{-x}} \tag{5-17}$$

$$f'(x) = \frac{e^{-x}}{(1 + e^{-x})^2} = f(x)[1 - f(x)] \tag{5-18}$$

BP 神经网络模型采用误差逆传播算法进行模型学习,其神经元之间通过权值矩阵和激励函数连接,在训练过程中通过神经元输出响应的误差逆向逐层修正权值矩阵,从而不断缩小模型与数据样本之间的误差。在模型的训练过程中,输出结果的准确度通过输出向量与目标向量的误差平方和来评价,其计算公式见式(5-19),模型算法采用 Matlab 数据库中内置方法,包括误差梯度下降算法(traingd)、可变学习速率算法(traingda)、列文伯格-马夸尔特算法(trainlm)、缩放共轭梯度训练算法(trainscg)、贝叶斯正则化算法(trainbr)以及动量梯度下降算法(traingdm)等。

$$E = \frac{1}{l}(t - o)^2 = \frac{1}{l}\sum_{k=1}^{l}(t_k - o_k)^2 \tag{5-19}$$

式中:E——样本误差;

t_k——第 k 个样本的实际真实值;

o_k——该模型对应输入第 k 个样本时的输出值;

l——样本的总数。

2)基于弯拉强度的力学预测模型建立

对于路面或桥面铺装层此类薄板结构,其需要拥有良好的弯拉强度与韧性才可保证在经受行车荷载作用时具有可靠的抵抗变形破坏的能力,且弯拉强度较优的混凝土,其抗压强度一般也较优。因此,本节将重点针对 SAP 内养生混凝土的弯拉强度建立其力学性能的预测模型。本研究网络训练借助 Matlab r2015b 软件通过编程实现。基于弯拉强度数据分析发现,SAP 的主要材料参数可总结为额外水胶比与引水倍率,同时为增大模型精度与训练量,本模型继续加入基准水胶比作为输入模型向量,采用内养生混凝土 28d 弯拉强度作为输出向量,单元数量 m 为 3,n 为 1。隐含层神经元 J 数目设定参考公式(a 为 1 ~ 10 的常数)代入,最后采用迭代次数、最大相对误差、误差平方和作为神经网络模型预测性能评价指标。图 5-43 为弯拉力学强度模型神经网络训练结构图。

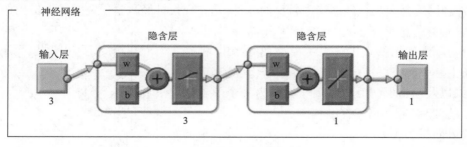

图 5-43 弯拉力学强度模型神经网络训练结构

为对神经网络模型进行优化并提高其泛化能力,本书采用 Bayesian Regularization(BR)、Levenberg-Marquardt(LM)、Scaled Conjugate Gradient(SCG)三种训练算法,不同训练算法神经网络弯拉强度预测结果如表 5-18 与图 5-44 所示。

不同训练算法神经网络弯拉强度预测结果　　　　　　　　　表 5-18

计算结果	训练算法		
	LM	BR	SCG
迭代次数	30	221	414
相关系数	0.891	0.850	0.914
最大相对误差	0.086	0.080	0.688
误差平方和	0.975	1.659	0.822

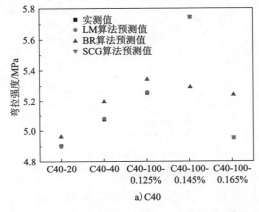
a) C40

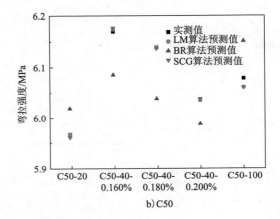
b) C50

图 5-44　不同训练算法神经网络弯拉强度预测值对比图

由表 5-18 可知,虽然算法模型有差异,但三种算法均可在达到最小梯度后停止模型学习,并且迭代次数均控制在 10000 次以内,其中 LM 算法的迭代次数最小,仅需要 30 次便可实现最小梯度,但其预测数据的相关系数则小于需要 414 次迭代的 SCG 算法,最大相对误差也较 BR 算法更大。由图 5-44 分析比较三组预测值与实测值的落点可发现,LM 与 SCG 算法预测值较为接近,与 BR 算法预测值相差较大,且 SCG 算法预测值与实测值误差更小,故综合运算数据与预测数据优劣性而言,本研究认为 SCG 算法模型更适用于内养生混凝土 28d 弯拉强度的预测,可直接采用基准水胶比、额外水胶比和引水倍率作为输入自变量,通过加入 SCG 算法配以图 5-43 所示的神经网络训练结构生成预测模型,可直接获取对应的 28d 弯拉强度。

3)基于干缩应变的减缩预测模型建立

混凝土的干燥收缩可占到整体收缩变形的 70%,并且贯穿混凝土成型的全过程,且 SAP 掺入后可显著改善混凝土内部湿度分布与水分供给,从而有效减少混凝土由于水分蒸发而引起的干燥收缩。因此,本节将采用混凝土 28d 龄期时的干缩应变值作为建立内养生混凝土减缩神经网络预测模型的依据。为优化出最适用于 SAP 内养生混凝土干缩应变的学习预测算法模型,本节采用 LM、BR、SCG 三种训练算法,输入向量 T 对应基准水胶比、额外水胶比以及 SAP 引水倍率,输出向量 P 对应 28d 干燥收缩应变,模型训练中隐含层神经元 J 依据上述经验公式选取,最后采用迭代次数、最大相对误差、误差平方和作为神经网络模型预测性能评价指标。不同训练算法神经网络干缩应变预测结果见表5-19与图5-45。

不同训练算法神经网络干缩应变预测结果　　　　　　表5-19

计算结果	训练算法		
	LM	BR	SCG
迭代次数	33043	10000	16226
相关系数	0.955	0.979	0.947
最大相对误差	0.066	0.053	0.064
误差平方和	474.62	265.74	437.28

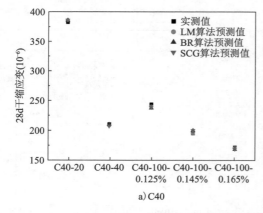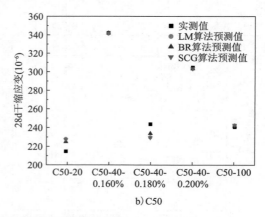

图5-45　不同训练算法神经网络干缩应变预测值对比图

由表5-19可知,基于28d干燥收缩应变的实测数据,三种算法的迭代次数普遍较大,LM与SCG算法的迭代次数均超过10000,误差平方和也较大,相较而言,BR算法有着更快的迭代效率,并且在迭代10000次后可达到0.979的相关系数,且最大相对误差与误差平方和均小于另外两种算法。

观察图5-45中C40与C50混凝土不同算法下神经网络干缩应变的预测值与实测值的落点可见,C40内养生混凝土的预测值落点基本重合,表明预测值与实测值的契合程度较高,但对于C50内养生混凝土,其C50-20与C50-40-0.180%两种混凝土落点差距较大,相较而言BR算法模型所得预测值落点更接近实测值落点,同时对比三种算法的迭代次数与相关系数,故本研究推荐BR算法作为内养生混凝土28d干燥收缩应变BP神经网络模型的算法,以基准水胶比、额外水胶比和引水倍率作为输入自变量,调用BR算法可快速精确地获得28d干燥收缩应变预测值。

4)基于断裂能的阻裂预测模型建立

内养生混凝土的阻裂性能可通过服役期混凝土的断裂性能来表征,且混凝土断裂损伤以在三分点加载过程中裂纹萌生并不断扩展直至失去承载力为其寿命,因此本节将采用断裂能作为其阻裂性能的判定标准。为优化出最适用于断裂能预测的算法模型,从而为SAP内养生混凝土断裂能预测提供有效手段,本节采用LM、GDA、SCG三种训练算法,输入向量T对应基准水胶比、额外水胶比以及SAP引水倍率,输出向量P对应断裂能,经参数设定后开始模型训练,同样以基于干缩应变的减缩预测模型、基于断裂能的阻裂预测模型中所用迭代次数等指标对三种算法性能进行评价与优选。不同训练算法神经网络断裂能预测结果见表5-20与图5-46。

不同训练算法神经网络断裂能预测结果 　　　　　　　　　　　　表 5-20

计算结果	训练算法		
	LM	GDA	SCG
迭代次数	22	10000	561
相关系数	0.999	0.978	0.984
最大相对误差	0.001	0.201	0.006
误差平方和	1.475	126.384	72.240

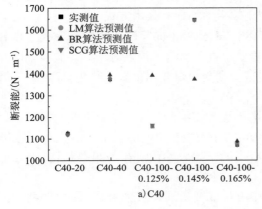
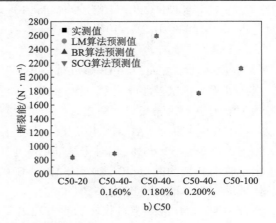

图 5-46　不同算法断裂能预测值对比图

由表 5-20 与图 5-46 可知：LM、GDA 及 SCG 算法模型预估结果差异较为明显，迭代次数与误差平方和最大可相差两个数量级。相较之下，LM 算法达到最小梯度的运算速度最快，迭代 22 次即可结束模型学习，其训练次数远少于 GDA 算法、SCG 算法。LM 算法最大相对误差仅为 0.001，误差平方和为 1.475，表明该算法下无论是单个数据还是整体数据集的预测偏差均较小。同时，对比不同预测值与实测值的落点位置可知，GDA 算法在 C40-100-0.125%、C40-100-0.145% 下的预测值落点与实测点位置偏差较大，在其他目数以及掺量情况下的预测准确度也不如 LM 算法与 SCG 算法。综合而言，LM 算法在 C40 与 C50 内养生 SAP 混凝土 10 种试样下的预测值均与实测值重合，最大相对误差与误差平方和均处于较低水平，表现出高度的预测精准度。因此，本研究推荐 LM 算法作为内养生混凝土断裂能参数的预估算法，并进行模型建立。

5.9　本章小结

本章依托广东省交通运输厅科技项目，对 SAP 内养生混凝土的减缩、阻裂特性，水泥石及界面过渡区微观结构演化特征进行探索，多角度深入研究 SAP 对混凝土早期减缩阻裂的调控机制，建立 SAP 内养生混凝土性能预测模型，主要得到以下结论：

（1）通过对 SAP 引水倍率、保水稳定性等材料参数的系统研究可得，20～40 目、40～80 目与 100~120 目 SAP 在 C40 对应净浆中达到溶胀平衡状态的稳定吸液倍率分别为 48.38 倍、34.42 倍和 29.41 倍;在 C50 对应净浆中达到溶胀平衡状态的稳定吸液倍率分别为 35.08 倍、31.87 倍和 26.41 倍,且在 60℃的模拟水化条件下各目数 SAP 可在 4h 初凝期内保持 89% 以上的预储水,适用于混凝土内养生。

(2)在 SAP 目数与掺量选择合理的条件下,SAP 内养生可显著减少砂浆试件的早期干缩并增强混凝土后期抗弯拉与抗压强度;基于混合型多指标灰靶决策分析得出,对于水胶比为 0.37 的砂浆而言,100~120 目 SAP 的养生效果最好,SAP 最佳适用掺量范围为 0.145%~0.187%;对于水胶比为 0.31 的砂浆而言,40~80 目 SAP 的养生效果最好,SAP 的最佳适用掺量范围为 0.155%~0.2%;预吸水方式干燥收缩控制效果不如拌和吸水方式。

(3)SAP 掺量与粉煤灰用量对 C40 及 C50 混凝土 7d 及 28d 抗弯拉强度均有着较为显著的影响;就抗压强度而言,SAP 掺量对 C40 SAP 内养生混凝土影响最为显著,减水剂、砂率以及粉煤灰因素则依次位于其之后;C50 SAP 内养生混凝土则受粉煤灰用量影响最为显著,SAP 掺量的影响则位于粉煤灰与砂率之后。

(4)100~120 目 SAP 对 C40 混凝土具有良好的干燥收缩抑制作用,当掺量为 0.165% 时,减缩率最高可达 62.63%,相对于基准组减小了一半以上的收缩,大大降低了 C40 内养生混凝土出现收缩开裂的风险;40~80 目 SAP 对 C50 混凝土的干燥收缩内养生效果最佳,其 28d 的总体减缩率为基准混凝土的 45.64%。

(5)C40、C50 混凝土自收缩变形表现出与内部相对湿度协同发展的规律,即内部相对湿度增大的同时,其自收缩变形在逐步减小;加入 SAP 内养生后,混凝土在密封与自然干燥条件下 14d 龄期内的收缩变形曲线基本重合,表明 SAP 的释水养护机制在早期可基本抵消由于外部干燥蒸发所产生的水分流失,从而保证混凝土始终保持在较高的湿度水平,这可有效缓解混凝土自干燥收缩及表面干燥失水现象。

(6)C40、C50 混凝土板在垂直方向上的相对湿度呈现梯度分布特征,下层湿度 > 中层湿度 > 上层湿度;掺入 SAP 内养生后,其对桥面整体化层下、中、上层相对湿度的提升效果逐层提升,使得层位湿度分布趋于均匀,进一步表明 SAP 内养生能够有效减小表面干燥的影响深度,并大幅度减小混凝土板层位之间的湿度梯度。

(7)铺装层的湿度应力峰值呈条带状分布于板表面边缘位置,即在上表面表现出收缩翘曲的趋势;且 SAP 对 C40 混凝土板湿度翘曲应力的抑制效果优于对 C50 内养生混凝土板,主要因为 SAP 的应力抑制作用与其长期养生效果密切相关,SAP 养生周期越长,其对湿度补偿的效果越好,对湿度翘曲应力抑制效果也越好。

(8)SAP 的掺入可有效延缓首条裂缝的起裂时间,并降低板块中出现第二条裂缝的可能性,减小 24h 后裂缝的最终宽度与长度;100~120 目 SAP 可将 C40 混凝土早期阻裂等级由基准组 L-Ⅰ 提升至 L-Ⅴ;40~80 目 SAP 可将 C50 混凝土早期阻裂等级由基准组 L-Ⅰ 提升至 L-Ⅳ;同时,SAP 内养生可显著降低混凝土出现开裂的风险,延缓内壁应变的增长速率,对于 C40 混凝土而言,可使其开裂风险下降两个等级,而 C50 混凝土开裂风险则可降低三个等级,并可保证开裂应力与净开裂时间均处于低风险范围之内。

(9)内养生混凝土的 *F-CMOD* 曲线(裂缝-开口位移曲线)可分为裂缝萌生、裂缝发展及裂缝失稳三个阶段;选用适当目数与额外引水量(掺量),SAP 内养生可显著提高混凝土弯曲断裂时的起裂荷载与峰值荷载，并可减缓混凝土劣化失稳的速率，提高混凝土的断裂韧性。

（10）SAP对水化末期的养护效果较佳，其可提升胶凝材料的水化活性，增强总体水化程度；小粒径的内养生SAP可更为有效地促进混凝土基体中C—S—H凝胶、$Ca(OH)_2$以及AFt等水化产物的生成，且对SAP释水凝胶孔内及周边的填充、养护效果也更好，可有效减少试样界面过渡区的原生裂缝，减小界面过渡区宽度，使其更为完整、密实。

（11）采用基准水胶比、额外水胶比与引水倍率作为输入条件，借助BP神经网络模型可有效预测SAP内养生混凝土的力学、收缩以及阻裂性能，其中SCG算法适用于内养生混凝土28d弯拉强度的预测，BR算法适用于内养生混凝土28d干燥收缩应变的预测，LM算法适用于内养生混凝土断裂能的预测；基于不同指标，调用对应算法进行模型建立，可获得较为准确的预测值。

● 本章参考文献

[1] 申爱琴,等.基于SAP内养护的桥梁隧道混凝土抗裂性能研究[R].西安:长安大学,2020.

[2] 王旭辉.隧道SAP内养生混凝土组成设计及性能研究[D].西安:长安大学,2018.

[3] 韩宇栋,张君,王振波.预吸水轻骨料对高强混凝土早期收缩的影响[J].硅酸盐学报,2013,41(8):1070-1078.

[4] 李国栋,王宗林.高性能混凝土板式构件的早期收缩特性及预测模型[J].土木建筑与环境工程,2017,39(1):93-100.

[5] 韩宇栋,张君,紫民.预湿陶砂对混凝土板早期湿度分布及发展的影响[J].建筑材料学报,2017,20(3):326-332.

[6] 张翛,赵鸿铎,赵队家,等.水泥混凝土路面板湿度翘曲应力计算方法[J].交通运输工程学报,2016,16(1):1-7.

[7] 高翔,魏亚.水泥混凝土路面板湿度梯度模拟与分析[J].工程力学,2014,31(8):183-188.

[8] 魏亚.水泥混凝土路面板湿度翘曲形成机理及变形计算[J].工程力学,2012,29(11):266-271.

[9] 韩宇栋.现代混凝土收缩调控研究[D].北京:清华大学,2014.

[10] 马芹永,白梅.珍珠岩基相变骨料混凝土断裂特性试验与分析[J].建筑材料学报,2018,21(3):365-369.

[11] 漆贵海,彭小芹,叶浩文,等.聚丙烯纤维对超高强混凝土断裂特性的影响[J].建筑材料学报,2015,18(3):487-492.

[12] 覃潇,申爱琴,郭寅川,等.多场耦合下路面混凝土细观裂缝的演化规律[J].华南理工大学学报(自然科学版),2017,45(6):81-88,102.

[13] 李瑶.硅酸盐水泥—硅灰复合胶凝材料低温水化特征研究[D].大连:大连理工大学,2016.

[14] 李响.复合水泥基材料水化性能与浆体微观结构稳定性[D].北京:清华大学,2010.

[15] 薛翠真.掺建筑垃圾复合粉体材料的公路小型构造物混凝土性能及结构研究[D].西安:长安大学,2017.

[16] 周胜波,申爱琴,张远,等.基于不同算法的道路混凝土干缩神经网络预测[J].建筑材料学报,2014,17(3):414-419,424.

[17] 李艳博,李晓辉,杨小龙,等.基于人工神经网络模型的橡胶沥青混凝土再生疲劳寿命预测[J].中外公路,2016,36(1):239-245,424.

[18] 申爱琴,喻沐阳,周笑寒,等.橡胶沥青混合料疲劳损伤及全周期寿命预估[J].建筑材料学报,2018,21(4):620-625.

[19] HENKENSIEFKEN R,BENTZ D,NANTUNG T,et al. Volume change and cracking in internally cured mixtures made with saturated lightweight aggregate under sealed and unsealed conditions[J]. Cement and concrete composite,2009,31(7):427-437.

[20] 刘昊.混凝土早期收缩和开裂的研究[D].哈尔滨:哈尔滨工业大学,2013.

第6章　SAP内养生混凝土抗渗性能及抗盐冻性能

在我国大部分地区,渗透性损伤及盐冻损伤是水泥混凝土构造物最普遍的耐久性劣化形式。水泥混凝土的抗渗性能在很大程度上取决于其内部孔隙、裂隙的分布及连通性,并控制着外界水分、侵蚀性物质进入结构内部的速率。盐冻破坏引起的路表剥蚀与结构松散会加剧结构内部微裂纹扩展,甚至产生贯穿性裂缝。前期研究表明,SAP 的加入能够增强水泥混凝土水化程度,并大幅减少收缩变形,因此其应具有优良的抗渗透性破坏及抗盐冻破坏的能力。

本章将在现有规范基础上主要研究 SAP 内养生混凝土抗渗性能及抗盐冻性能,采用环境作用后的断裂特征参数损失率(劈裂抗拉强度、断裂韧性及断裂能损失率)来综合评价内养生混凝土的耐久性。深入研究 SAP 目数与掺量对混凝土抗渗性能和抗盐冻性能的影响规律,并分别建立抗氯离子渗透预测模型、盐冻融损伤回归方程。

6.1　SAP 内养生混凝土抗渗机理和试验方法

致使水泥混凝土发生耐久性病害的本质原因是外界物质的侵入与混凝土自身不均匀原生孔隙、裂隙的存在。水泥混凝土的抗渗性能反映了环境中气体、液体以及侵蚀性介质在压力、浓度梯度或电场作用下,在混凝土中渗透、扩散及迁移的难易程度。渗透性越低,水分及侵蚀性介质越不易侵入,对混凝土产生的破坏越小。混凝土直接暴露在大气中,主要受到 H_2O 和 Cl^- 的侵入作用,并在车辆荷载的同步作用下加速裂隙成核并降低结构密实度,进而削弱混凝土抵抗盐冻、汽车尾气碳化和外界腐蚀的能力。

水泥混凝土中 Cl^- 的迁移形式主要包括静水压下的对流、毛细管吸附作用、扩散、热迁移以及电迁移。当水泥混凝土处于非饱和状态时,Cl^- 的迁移机理为毛细管吸附作用与扩散,当达到饱和状态时,扩散则为 Cl^- 迁移主要形式。

考虑 Cl^- 对混凝土的侵入性作用,本节将采用 RCM 法对 C40、C50 SAP 内养生混凝土的抗氯离子渗透性能进行研究,如图 6-1 所示,试验配合比参照表 4-2。《普通混凝土长期性能和耐久性能试验方法标准》(GB/T 50082—2009)规定 RCM 法试验条件和测试方法,需提前 24h 配制适量饱和 $Ca(OH)_2$ 溶液、10% 质量浓度的 NaCl 阴极溶液、0.3mol/L 的 NaOH 阳极溶液以及

0.1mol/L 的 $AgNO_3$ 溶液(作显色剂);试件规格为 $\phi100mm \times 50mm$ 的圆柱体试件,各组试件通电加速侵蚀之后,垫上劈裂条在压力机上沿轴向劈分为两半,喷洒显色剂后发生明显颜色变化,测量其氯离子渗透深度。

通过式(6-1)计算氯离子扩散系数 D_{RCM}:

$$D_{RCM} = \frac{0.0239(273 + T)L}{(U - 2)t}\left[X_d - 0.0238\sqrt{\frac{(273 + T)LX_d}{U - 2}}\right] \tag{6-1}$$

式中:D_{RCM}——氯离子扩散系数,$0.1 \times 10^{-12}m^2/s$;

　　　U——试验中使用的电压,V;

　　　T——溶液温度平均值,℃;

　　　L——试件的厚度,mm;

　　　X_d——渗透深度的平均值,mm;

　　　t——通电时间,h。

利用上述方法计算的氯离子扩散系数,参考《混凝土耐久性检验评定标准》(JGJ/T 193—2009),查阅相关文献,借助表 6-1 所示的评价标准,来评价 SAP 内养生混凝土试件的抗渗性能。

RCM 法评价标准 表 6-1

氯离子扩散系数 $D_{RCM}/(0.1 \times 10^{-12}m^2/s)$	抗氯离子渗透性能	典型的混凝土种类
>16	差	水胶比大于 0.6
8 ~ 16	一般	水胶比在 0.5 ~ 0.6 之间
2 ~ 8	较好	水胶比小于 0.4
<2	非常好	低水胶比

此外,考虑氯离子与荷载对混凝土的作用常同时发生,本节还将对比研究不同内养生混凝土在经受氯离子渗透后的劈裂抗拉性能(从一定程度上表征抗裂性),其通过经快速氯离子抗渗试验后的试件的劈裂抗拉强度来表征,加载速度设定为 $0.05 \sim 0.08MPa/s$,试验过程见图 6-2。

 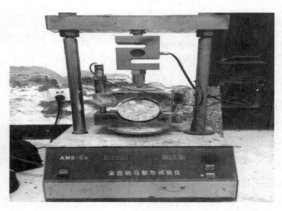

图 6-1　RCM 法快速氯离子抗渗试验　　　　图 6-2　氯离子渗透后的劈裂抗拉强度试验

6.2　SAP内养生混凝土抗氯离子渗透试验研究

6.2.1　SAP目数对混凝土抗渗性能的影响

图6-3为SAP目数对C40、C50混凝土氯离子扩散系数及渗后劈裂抗拉强度的影响规律。

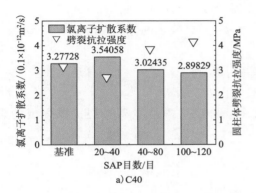
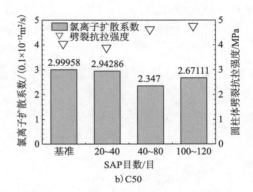

图6-3　不同SAP目数下混凝土氯离子扩散系数及渗后劈裂抗拉强度试验结果

由图6-3可见,SAP目数对C50混凝土抗渗性能的提升效果优于C40混凝土。究其原因,C50混凝土水胶比较小,在早期出现的自收缩微裂纹数量远比C40混凝土要多,抗渗性能较弱,而SAP的早期持续释水能够有效抑制混凝土毛细孔负压的产生,大幅减少自收缩微裂纹。

由图6-3a)可知,对于C40混凝土来说,SAP目数越大,氯离子扩散系数越小,渗后劈裂抗拉强度越高。C40-40及C40-100组混凝土的氯离子扩散系数分别为基准组的92.28%和88.44%,且渗后劈裂抗拉强度分别比基准组提升了21.74%和31.38%。这主要是因为:

①基准组在28d龄期时微观结构相对疏松,而40~80目、100~120目SAP在混凝土中分布区域较为广泛,目数大小适中,即便早期留下了释水孔洞,其在释水过程中也能够对孔洞起到良好的水化填充作用,能够促进孔周边水泥进一步水化,使得孔隙细化,进而降低Cl⁻渗透程度,故抗渗性能优于基准组,其中100~120目SAP孔内水化产物与孔边界处的缝隙紧密结合,水化填充程度最优。

②结合前面章节试验结果,认为40~80目、100~120目SAP能够在较长时间内释水内养生,促进SAP残留孔周胶凝材料的进一步水化以及粉煤灰的二次水化,增大混凝土密实度;而20~40目SAP则会过早释放完所储水分,其水化效果及密实度欠佳;SAP能够缓解自干燥效应、干燥效应引发的毛细管负压,减少早期湿度收缩裂缝和Cl⁻扩散通道。

③当 Cl⁻ 随水分一起渗入混凝土孔隙中时,SAP 的二次吸液能够吸收大量 Cl⁻,增大溶液渗流阻力。

C40-20 组混凝土的抗渗性能不如基准组,这主要是由于 20 ~ 40 目 SAP 在水泥石中产生的残留孔洞过大,同时其所释内养生水对残留孔洞的水化填充作用相对较弱。另外,较大的 SAP 残留孔洞极易与周边毛细孔相互连通,给 Cl⁻ 提供迅速渗透的条件。上述原因致使该组混凝土氯离子扩散系数增大,渗后劈裂抗拉强度降低。

由图 6-3b) 中 C50 内养生混凝土的抗渗性能试验结果可知,C50-20、C50-40 及 C50-100 组试件的氯离子扩散系数分别为基准组的 98.11%、78.24% 和 89.05%,其次,C50-20 组混凝土渗后劈裂抗拉强度比基准组降低了 3.96%,而 C50-40 及 C50-100 组分别比基准组提升了 14.47% 和 17.78%。可见,与 C40 内养生混凝土相同,C50 混凝土掺加 100 ~ 120 目 SAP 时混凝土抗渗性能最好,其次是 40 ~ 80 目 SAP、20 ~ 40 目 SAP。

除此之外,混凝土的氯离子扩散系数与渗后劈裂抗拉强度之间呈典型的负相关关系。

6.2.2　SAP 掺量对混凝土抗渗性能的影响

图 6-4 为 SAP 掺量对 C40、C50 混凝土氯离子扩散系数及渗后劈裂抗拉强度的影响规律。

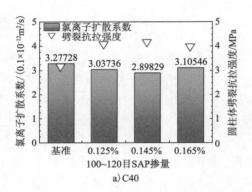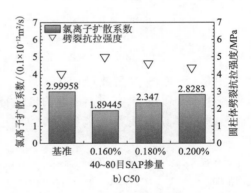

图 6-4　不同 SAP 掺量下混凝土氯离子扩散系数及渗后劈裂抗拉强度试验结果

总体上来说,各 SAP 掺量下内养生混凝土的抗渗性能均优于基准混凝土,特别是 C50 混凝土,当 40 ~ 80 目 SAP 掺量为 0.160% 时,其氯离子扩散系数小于 2,参考表 6-1 的评价标准,抗渗性能非常好。这说明:①SAP 所释水分与胶凝材料生成的水化产物足以对残留孔起到良好的填充作用;②SAP 在混凝土生成的较为封闭的孔隙,能够阻断 Cl⁻ 的迁移通道;③SAP 对盐溶液的吸附作用阻碍了 Cl⁻ 进一步渗透。

由图 6-4a) 可见,对于 C40 混凝土,随着 100 ~ 120 目 SAP 掺量的增大,混凝土氯离子扩散系数先减小后增大,同时渗后劈裂抗拉强度先增大后减小,在掺量为 0.145% 时抗渗性能达到最佳。SAP 掺量为 0.125%、0.145% 和 0.165% 时,混凝土的氯离子扩散系数分别为基准组的 92.68%、88.44% 和 94.76%,渗后劈裂抗拉强度分别比基准组提升了 28.77%、31.39% 和 25.55%。这说明 SAP 掺量太少时,其对混凝土的水化促进作用相对较弱,混凝土密实度也相对较低,但当 SAP 掺量过多时,即便水化填充作用较好,SAP 在材料内部产生的孔洞数量也较多,故抗渗性能略有降低。

由图 6-4b)可见,对于 C50 混凝土,40~80 目 SAP 在掺量为 0.160% 时抗渗性能最佳,且掺量越大,抗渗性能越弱,分析是因为 40~80 目 SAP 粒径相对较大。

6.3　SAP 内养生混凝土抗氯离子渗透预测模型建立

SAP 内养生作为一种新型水泥混凝土耐久性提升技术,在耐久性设计方面尚欠缺经验。为更好地对 SAP 内养生混凝土抗渗性能进行调控,有必要建立相应抗氯离子渗透预测模型,该模型的建立能够更加有针对性地对不同水胶比、不同内养生参数的混凝土设计进行指导。根据试验数据的分析可知,影响水泥混凝土抗渗性能的因素主要为强度等级(水胶比)、SAP 粒径及 SAP 掺量。考虑 C40、C50 不同强度等级内养生混凝土所对应的 SAP 最佳粒径、掺量存在差异性,本节统一采用与以上两参数直接相关的内养生水胶比 W_{ic}/B 作为内养生参数,将 W_{ic}/B 与 W/B 分别作为自变量,将氯离子扩散系数作为因变量,建立多元非线性回归模型,其中 W_{ic}/B 可从表 4-1 中获知。

经单因素拟合发现,C40、C50 内养生混凝土的氯离子扩散系数 D_{RCM} 与 W_{ic}/B 之间均呈二次多项式关系,具体见式(6-2)和式(6-3),相关系数 R^2 分别为 0.98165 和 0.99495。此外,D_{RCM} 与 W/B 之间呈线性关系,相关系数 R^2 均高于 0.96。

$$C40: \quad D_{RCM} = -19.684 \times W_{ic}/B + 309.664 \times (W_{ic}/B)^2 + 3.279 \tag{6-2}$$

$$C50: \quad D_{RCM} = -101.883 \times W_{ic}/B + 1602.183 \times (W_{ic}/B)^2 + 2.999 \tag{6-3}$$

基于以上所述,采用多元非线性回归分析方法,结合 2 种 W/B 和 4 种 W_{ic}/B(共 8 个试验组)的氯离子扩散系数试验结果,对 D_{RCM} 与 W_{ic}/B、W/B 进行二元非线性回归,回归曲面模型及方程分别见图 6-5 及式(6-4),回归统计结果见表 6-2。

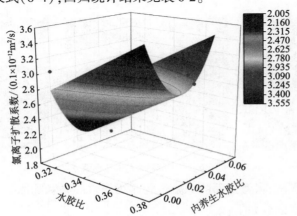

图 6-5　掺 SAP 的混凝土抗氯离子渗透性能回归模型

$$D_{RCM} = 13.498 \times W/B - 46.246 \times W_{ic}/B + 723.629 \times (W_{ic}/B)^2 - 1.440 \quad (6\text{-}4)$$

回归统计结果 表6-2

模型	平方和	自由度	均方差	F 值	相关系数 R^2
回归	63.760	4	15.940	185.055	0.856
残差	0.345	4	0.086	—	—
总计	64.105	8	—	—	—

由表6-2可知,$F = 185.055 > F_{(\alpha = 0.05)}(4,4) = 6.388$,说明 SAP 内养生混凝土 28d 氯离子扩散系数与其水胶比、内养生水胶比之间有较为显著的关系,所拟合的回归模型式(6-4)是合理、科学的。此外,回归模型的相关系数 $R^2 = 0.856$,说明式(6-4)能够较准确地预测 SAP 内养生混凝土氯离子扩散系数与水胶比、内养生水胶比三者之间的定量关系。

6.4 基于断裂特征参数的内养生混凝土抗盐冻性能评价及试验方法

6.4.1 混凝土盐冻损伤机理

水泥混凝土的冻融破坏形式主要包括淡水冻融和盐溶液冻融。淡水冻融主要是因为渗入孔隙中的水分结冰膨胀导致混凝土被破坏;盐溶液冻融则会对混凝土产生双重作用,冬季道路撒除冰盐形成的盐溶液在混凝土中的渗透性远大于淡水,孔隙结构的饱和程度也比在淡水中大得多,同时,盐溶液结冰后具有更大的体积膨胀率,加剧了混凝土的冻融破坏。水泥混凝土路面在经受盐冻融后常出现表面大面积剥落、松散、掉块、开裂等病害(图6-6),严重影响道路行驶安全。

图6-6 水泥混凝土路面盐冻破坏

对于冬季降雪的省份,水泥路面的冻融过程多为淡水冻融和除冰盐双重作用,相应混凝土的盐溶液冻融损伤机理分析如下:

目前水泥混凝土的冻融损伤理论主要包括美国学者 T. C. Powers 提出的静水压理论和渗

透压理论,瑞典学者 Fagerlund 提出的临界水饱和度理论,以及德国学者 Setzer 提出的微冰晶透镜模型理论。其中认可度较高的是静水压理论和渗透压理论。

静水压理论认为,混凝土在结冰过程中,部分孔隙水结冰膨胀并产生一定瞬息膨胀力,而孔隙中尚未结冰的水分会产生向外迁移的趋势,并在此过程中须克服一定的黏滞阻力,产生一定的静水压力。当静水压力超过混凝土抗拉强度时,混凝土则产生破坏。但该理论无法解释水泥混凝土在结冰过程中,非引气混凝土在温度保持不变时出现膨胀,而引气混凝土在结冰过程中出现收缩的现象,因此研究者在此基础上提出了渗透压理论。

渗透压理论认为,水泥混凝土孔隙中水分的结冰点与其孔径尺寸相关,孔径越小,孔中水分的结冰点越低。另外,大孔隙中的水分结冰而造成其蒸气压下降,此时小孔隙中未结冰的水会向大孔隙中渗透,从而形成一定的渗透压,导致混凝土破坏。

Fagerlund 的临界水饱和度理论认为,水泥混凝土的冻融损伤主要取决于孔隙、裂隙中的水含量,水泥混凝土的临界水饱和度为 80%。但后来发现,低渗透性混凝土在含有极少量可冻结水的情况下也能产生使水泥石产生微裂纹的拉应力,气孔的存在则可释放此拉应力。

Setzer 的微冰晶透镜模型理论认为,水泥混凝土在冰冻过程中产生的冷缩效应以及在融化过程产生的湿胀效应会使孔隙饱和程度持续增大。冰冻过程中的冷缩致使孔内水向微冰晶透镜发生不可逆迁移,融化过程中冰转化成水(体积变小),湿胀基本停止,此时外部水分会快速渗入孔隙内部,一旦达到临界水饱和度后即发生破坏。

对于盐溶液作用下混凝土的冻融过程,除以上基于物理模型推导假设得出的冻融机理外,还存在化学腐蚀破坏、物理剥蚀破坏、胶剥落等机理。

(1)化学腐蚀破坏机理

混凝土在除冰盐环境中会发生一系列化学反应。一方面会加速碱-集料反应,使混凝土发生不均匀膨胀而开裂;另一方面会与胶凝材料水化产物 $Ca(OH)_2$ 反应生成膨胀性物质,当 $Ca(OH)_2$ 被大量消耗时,$Ca(OH)_2$ 与 C—S—H 之间的平衡会被破坏,致使 C—S—H 分解,进而削弱混凝土内部结构之间的黏结力,出现剥落现象。

(2)物理剥蚀破坏机理

盐溶液具有较高的吸湿性和保水性,会大幅增大混凝土的饱水程度与渗透压。此外,除冰盐在融雪化冰过程中会从混凝土中吸收大量热量,致使混凝土温度骤降,产生毛细孔温度应力,进而加剧混凝土的冻融损伤程度。

(3)胶剥落机理

胶剥落机理认为,水泥混凝土的盐冻破坏主要是由于冰的热线膨胀系数大于水泥混凝土的热线膨胀系数,当温度降低时,二者之间会产生不协调变形。混凝土在服役过程中表面存在一定量的微裂缝,由路表渗入裂缝的盐溶液在冻结后会对混凝土产生较大应力,致使表层砂浆沿裂缝不断剥落,粗集料暴露,最终产生盐冻破坏。

SAP 湿度补偿介质的加入会在混凝土中引入若干微小的封闭孔隙,同时内养生水分会促进胶凝材料水化,进而影响混凝土原生孔结构及密实度,对混凝土的抗盐冻性能产生直接影响。因此,系统分析 SAP 内养生参数对混凝土抗盐冻性能的影响规律,确定出科学、合理的材料参数,对于增强混凝土的耐久性具有重要意义。

6.4.2　SAP 内养生混凝土抗盐冻性能试验方法

目前对于水泥混凝土抗盐冻性能的测试方法,从试验条件设置上分为慢冻法和快冻法,快冻法虽然耗时短且操作方法简单,但其较快的温升和温降速率与实际路面工程中的冻融过程不符,慢冻法相对更加接近实际情况。在受冻面的设置上,抗盐冻性能测试方式则分为单面受冻和整体受冻两种,虽然在路表撒除冰盐时水泥混凝土属单面受冻,但在实际环境下混凝土饱水程度较高,其状态与室内试验中的整体受冻模式相似。研究表明,水泥混凝土表面盐溶液浓度在 2% ~6% 之间时产生的结冰压最大,所受盐冻剥蚀程度最为严重。

现有抗盐冻性能评价指标主要包括质量损失、抗压强度及损失、相对动弹模量、单位面积剥蚀量、气泡间距系数及超声波传播时间等,其中我国规范《普通混凝土长期性能和耐久性能试验方法标准》(GB/T 50082—2009)中规定的评价指标为相对动弹模量及单位面积剥蚀量。可见,目前研究大多是从水泥混凝土冻融后的物理和力学性能(主要是抗压强度)损失来分析其抗盐冻性能。

然而,水泥混凝土路面属大面积薄板结构,开裂敏感性远大于结构混凝土,其在冻融循环和荷载弯拉作用下,疲劳损伤不断扩展和累积,致使混凝土体积膨胀、内部结构疏松,并伴随微裂缝萌生。此时水泥混凝土冻融损伤的表现虽为表层砂浆的剥落,但实际上材料内部水化物和毛细孔孔壁同样发生了破坏。其次,即使混凝土产生了冻融损伤,其对于抗压强度损失的敏感性也较低,且单纯以强度为指标难以解决实际工程问题,而断裂特征参数包含混凝土抗弯拉强度和变形两方面信息,能够更全面、更科学地表征混凝土的整体冻融损伤程度。

综合考虑水泥混凝土盐冻环境及服役受力特征,借鉴美国《暴露于防冻化学药品的混凝土表面抗蚀刻性的标准试验方法》(ASTM C672—2003)规范中的冻融循环升降温制度(慢冻法)开展 SAP 内养生混凝土抗盐冻性能试验,与该规范不同的是:①规范采用单面受冻模式,而本试验采用整体受冻模式;②规范的抗盐冻性能评价指标包括超声波传播时间和单位面积剥蚀量,而本试验采用单位面积剥蚀量、相对动弹模量及断裂特征参数来全面评价;③规范中待测的水泥混凝土试件为正方体试件,而本试验则采用 100mm ×100mm ×400mm 的长方体试件,为断裂特征参数的测试奠定基础。

试验步骤如下:①试件成型且脱模后置于标准养生条件中养生 24d;②将试件置于 4% 的 NaCl 溶液中浸泡 28d;③试验前测试初始质量、动弹模量及断裂特征参数;④先将试件置于 −17℃ ±2.8℃ 的低温试验箱内冻结 16 ~18h,再于常温(23℃ ±1.7℃)环境下融化 6 ~8h,以此为一次循环;⑤每 10 次盐冻融循环后测试其质量、动弹模量及断裂特征参数;⑥更换 NaCl 溶液继续进行盐冻融循环。

断裂性能试验采用三点弯曲试验来测试(图 6-7),其中断裂特征参数包含断裂韧度及断裂能,为保证加载过程中裂纹朝同一方向扩展,测试前须在试件跨中底部预制 1cm 的裂缝,缝宽 1 ~2mm。断裂韧度和断裂能的计算方法分别如下所示。

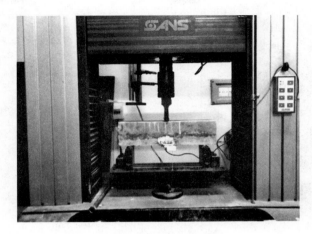

图6-7　三点弯曲断裂性能试验

（1）断裂韧度

断裂韧度是表征混凝土受荷时抵抗裂缝扩展能力的重要参数之一，采用 ASTM 研究得出的公式进行计算：

$$K_{IC} = f\left(\frac{a}{h}\right)\frac{F_{max}S}{th^{3/2}} \tag{6-5}$$

$$f\left(\frac{a}{h}\right) = 2.9\left(\frac{a}{h}\right)^{1/2} - 4.6\left(\frac{a}{h}\right)^{3/2} + 21.8\left(\frac{a}{h}\right)^{5/2} - 37.6\left(\frac{a}{h}\right)^{7/2} + 38.7\left(\frac{a}{h}\right)^{9/2} \tag{6-6}$$

式中：K_{IC}——断裂韧度，MPa·m$^{1/2}$；

　　　F_{max}——试验最大荷载，N；

　　　S——试件的跨度，mm；

　　　h——试件高度，mm；

　　　t——试件宽度，mm；

　　　a——预裂缝深度，mm。

（2）断裂能

断裂能是指试件从承受荷载作用开始直至断裂时，外力对试件单位面积物体所做的功，是描述水泥混凝土断裂特征的重要参数，其大小与混凝土内部结构损伤及黏结程度密切相关。试件在加载过程中所承受的力除荷载外，还包括两个支座之间试件的自重，故经三点弯曲试验所得荷载-位移曲线所围成的面积并非表示断裂总能量 W，W 还应包括支座间试件自重所做的功。断裂能 G_f 的计算公式如下：

$$G_f = W/A_{lig} = (W_0 + mg\delta_0)/A_{lig} = \frac{\left[\int_0^{\delta_0} P(\delta)\,d\delta + mg\delta_0\right]}{b(h - a_0)} \tag{6-7}$$

式中：G_f——断裂能，N/mm；

　　　W_0——P-δ 曲线的积分面积，N·mm，P 和 δ 分别为加载点的应力（N）和应变（mm）；

m——支座间试件的质量，kg；

g——重力加速度，取 $9.8\mathrm{m/s^2}$；

δ_0——跨中最大位移，mm；

A_{lig}——韧带面积，$\mathrm{mm^2}$；

a_0——试件预裂缝深度，mm；

b——试件宽度，mm；

h——试件高度，mm。

6.5 SAP 内养生混凝土抗盐冻性能分析

6.5.1 盐冻融前后混凝土单位面积剥蚀量及相对动弹模量分析

图6-8、图6-9 为 C40、C50 内养生混凝土经盐冻后的单位面积剥蚀量与相对动弹模量测试结果。

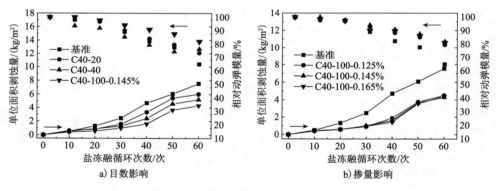

图6-8　C40 内养生混凝土抗盐冻性能试验结果

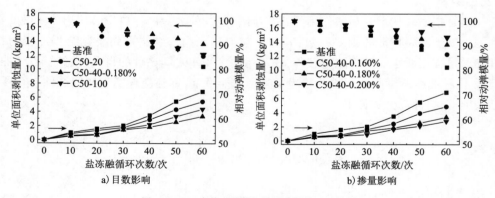

图6-9　C50 内养生混凝土抗盐冻性能试验结果

由图 6-8a)可见,各 SAP 目数下内养生混凝土的单位面积剥蚀量均小于基准组。盐冻融循环次数小于或等于 20 次时,各组试件的单位面积剥蚀量接近,当盐冻融循环次数大于或等于 30 次时,各 SAP 目数内养生试件的试验结果差距迅速拉开,目数越小,单位面积剥蚀量越大。经 60 次盐冻融循环后,C40-20、C40-40、C40-100 组的单位面积剥蚀量分别比基准组降低了 20.13%、30.72%、42.78%。

但通过观察相对动弹模量值发现,C40-40 组的相对动弹模量在盐冻融循环 10~50 次之间小于基准组,分析是因为 40~80 目 SAP 在材料内部产生了较大的残留孔洞,该孔洞与周边细小毛细孔相连通。根据渗透压理论可知,孔径较大,孔中溶液结冰点越高,尤其是盐溶液,其具有较高的吸湿性和保水性,会大幅提升孔隙饱水程度,当残留孔中水分结冰而造成其蒸气压下降时,小毛细孔中未结冰的盐溶液会向残留孔中渗透,进一步增大渗透压,导致混凝土破坏。其次,C40-20、C40-100 组相对动弹模量在各冻融循环次数下均大于基准组,经 60 次盐冻融循环后分别比基准组提升了 17.81% 和 26.47%,说明在合适的目数下,SAP 能够有效提升混凝土抗盐冻性能。

由图 6-8b)可见,SAP 掺量对混凝土单位面积剥蚀量及相对动弹模量的影响较小。单位面积剥蚀量随 SAP 掺量的增大而逐渐减小,相对动弹模量随 SAP 掺量的增大而增大。这是因为在较大的 SAP 目数下,残留孔以封闭孔的形式存在于混凝土内部,内部液体的结冰点较低,同时,SAP 掺量越多,内养生区域范围越大,混凝土孔隙更为密实,在盐冻融过程中 SAP 吸收的盐溶液总量越多,渗入混凝土内部的阻力相对更大。

由图 6-9a)可见,C50-40 组混凝土的单位面积剥蚀量和相对动弹模量均最优,其次是 C50-100 组,此处同样可通过 100~120 目 SAP 在较低水胶比混凝土中产生的结团效应来解释,结团导致 SAP 吸液总量及内养生效果下降,同时在混凝土中产生较大孔隙,致使盐冻融破坏程度大于 C50-40 组。除此之外,即便 C50-20 组的单位面积剥蚀量小于基准组,但其相对动弹模量在冻融循环 20 次以后不如基准组,说明实际上 20~40 目 SAP 已使得混凝土内部孔洞出现疏松,但尚未在其表面体现出来。当冻融循环 50 次之后,C50-20 组相对动弹模量出现大于基准组的现象,推测是因为 SAP 在冻融过程中出现持续吸水-释水,使水泥进一步水化。

由图 6-9b)发现,混凝土的单位面积剥蚀量和相对动弹模量随 SAP 掺量的变化规律与 C40 混凝土一致,掺量越大,抗盐冻性能越好。

6.5.2　盐冻融前后混凝土断裂韧度及其损失率分析

水泥混凝土试件的断裂特征参数计算均来源于其荷载-位移曲线,由于本研究中试验组数较多,因此以 C40 和 C50 内养生混凝土基准组与配合比优化得出的最优目数中间掺量组为例进行荷载-位移曲线绘制,如图 6-10 所示。根据曲线中数据及式(6-5)、式(6-6)计算冻融前后 SAP 内养生混凝土的断裂韧度及其损失率,计算结果见表 6-3。

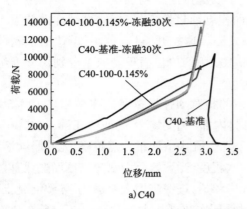
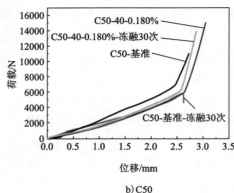

a) C40

b) C50

图6-10 C40、C50 内养生混凝土荷载-位移曲线示例

C40、C50 内养生混凝土冻融前后断裂韧度及其损失率 表6-3

序号	冻融前断裂韧度/ (MPa·m$^{1/2}$)	冻融20次断裂韧度/ (MPa·m$^{1/2}$)	冻融20次断裂韧度 损失率/%	冻融30次断裂韧度/ (MPa·m$^{1/2}$)	冻融30次断裂韧度 损失率/%
C40-基准	0.6923	0.3506	49.357	0.2663	61.534
C40-20	0.6004	0.3093	48.484	0.2194	63.458
C40-40	0.6117	0.3491	42.930	0.2563	58.100
C40-100-0.125%	0.7762	0.4645	40.157	0.3621	53.350
C40-100-0.145%	0.8596	0.5332	37.971	0.4642	45.998
C40-100-0.165%	0.7468	0.5678	23.969	0.4749	36.409
C50-基准	0.7614	0.4399	42.225	0.2912	61.755
C50-20	0.6822	0.3607	47.127	0.2132	68.748
C50-40-0.160%	1.1411	0.8274	27.491	0.7093	37.841
C50-40-0.180%	0.8362	0.5177	38.089	0.3692	55.848
C50-40-0.200%	0.7823	0.4952	36.699	0.3833	51.003
C50-100	0.8356	0.5226	37.458	0.3765	54.943

由表6-3可知,除掺加20~40目SAP的混凝土以外,C40和C50内养生混凝土在冻融20次、30次后的断裂韧度损失率均低于基准组混凝土。为更加直观地对比SAP内养生参数对混凝土断裂韧度损失率的影响,根据表6-3中相关数据绘制图6-11和图6-12。

结合表6-3和图6-11可知,针对C40混凝土,SAP目数越大,各冻融次数条件下试件断裂韧度越大,同时断裂韧度损失率越小。相比基准组,100~120目SAP显著提升了混凝土断裂韧度,并降低了断裂韧度损失率,能够兼顾材料的力学性能和抗盐冻性能;此外,C40-20及C40-40组在冻融20次时的断裂韧度均低于基准组(分别为基准组的88.22%和99.57%),但其冻后断裂韧度损失率分别比基准组降低了 0.87% 和 6.43%。但在冻融 30 次后,C40-20 组的断裂韧度损失率大于基准组,而 C40-40 组的断裂韧度损失率仍小于基准组,说明采用 20~40 目的 SAP 会降低混凝土的抗盐冻性能,而 40~80 目的 SAP 能够在小幅降低混凝土力学性能的前提下显著提升抗盐冻性能。

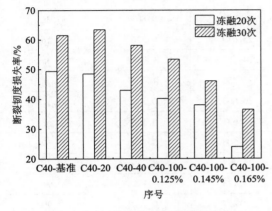

图 6-11　C40 盐冻融后断裂韧度损失率　　　　图 6-12　C50 盐冻融后断裂韧度损失率

究其原因,在相同的内养生引水量下,100~120 目 SAP 目数较大且数量最多,其残留孔洞更容易被 C—S—H 凝胶等水化产物填充,并促进孔周边区域水泥石孔隙的细化,致使孔中液体的结冰点降低;SAP 残留孔洞为封闭孔,能够起到引气作用,从而释放孔中的拉应力,减少冻融破坏;SAP 能够在混凝土融化过程中吸收部分盐溶液,降低水泥石中的 Cl^- 浓度,从而减少因 $Ca(OH)_2$ 与盐类反应造成的化学腐蚀,降低混凝土孔隙饱水程度、渗透压及盐溶液的膨胀程度,减少冻融微裂纹的数量。

对比不同 SAP 掺量下 C40 混凝土的断裂韧度损失率可知,SAP 掺量越大,断裂韧度损失率越低,这归因于 100~120 目 SAP 对混凝土优良的孔隙细化、水化填充及引气效应。

结合表 6-3 和图 6-12 可知,对于 C50 混凝土,其具有 SAP 目数越大,各冻融次数条件下试件断裂韧度越大,断裂韧度损失率越小的规律,其中发现 C50-40 和 C50-100 组试验结果数值非常接近。此外,随着 SAP 掺量的增大,冻融 20 次和 30 次条件下混凝土的断裂韧度损失率呈先增大后减小的规律。

6.6　盐冻融条件下混凝土断裂能的衰减

表 6-4 为 SAP 内养生混凝土经历盐冻融后的断裂能及其损失率。此外,分别将 C40、C50 混凝土的断裂能损失率绘制成图,具体见图 6-13、图 6-14。

C40、C50 内养生混凝土盐冻融前后断裂能及其损失率　　　　表 6-4

序号	冻融前断裂能/ (N/mm)	冻融 20 次断裂能/ (N/mm)	冻融 20 次断裂能 损失率/%	冻融 30 次断裂能/ (N/mm)	冻融 30 次断裂能 损失率/%
C40-基准	1.146	0.832	27.400	0.694	39.442
C40-20	1.110	0.754	32.072	0.641	42.252
C40-40	1.281	0.937	26.854	0.803	37.315
C40-100-0.125%	1.323	0.992	25.019	0.826	37.566
C40-100-0.145%	1.635	1.240	24.159	1.057	35.352
C40-100-0.165%	1.481	1.150	22.350	1.034	30.182
C50-基准	0.624	0.458	26.603	0.392	37.179
C50-20	0.580	0.414	28.621	0.350	39.655
C50-40-0.160%	1.173	0.909	22.506	0.778	33.674
C50-40-0.180%	1.169	0.871	25.492	0.739	36.784
C50-40-0.200%	1.140	0.922	19.123	0.799	29.912
C50-100	1.147	0.915	20.227	0.780	31.997

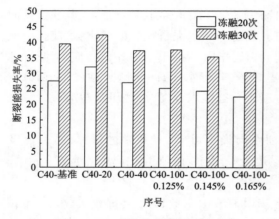

图 6-13　C40 盐冻融后断裂能损失率　　　　图 6-14　C50 盐冻融后断裂能损失率

由表 6-4 可知,除掺加 20~40 目 SAP 的混凝土以外,C40、C50 内养生混凝土在冻融 20次、30 次后的断裂能损失率均低于基准组混凝土;此外,SAP 目数越大,断裂能损失率越小。以上规律与 SAP 目数对断裂韧度损失率的影响一致。

从图 6-13 可知,对于 C40 混凝土,采用 C40-100-0.165% 组时混凝土的断裂能损失率最低,冻融 20 次和 30 次条件下分别比基准组降低了 5.108% 和 9.31%。分析是因为普通混凝土中的水泥石-集料界面过渡区普遍存在 $Ca(OH)_2$ 板状晶体富集、定向排列的现象,该区域材料水胶比较高且孔隙较多,在承受荷载时裂缝常沿着界面过渡区迅速扩展。当掺入 SAP 后,SAP 能够在拌和初期吸持部分界面过渡区水分,降低该区域水胶比,打破 $Ca(OH)_2$ 晶体定向排列的规律,并在养生期对该区域进行释水养生,增加水化产物 C—S—H 凝胶体的生成数量,降低 $Ca(OH)_2$ 晶体的数量,使界面过渡区结构更加密实、坚固,从而增大冻融后断裂能并减小冻融后断裂能损失率。

此外，随着 100~120 目 SAP 掺量的增大，冻融后混凝土的断裂能损失率逐渐减小。

从图 6-14 可知，对于 C50 混凝土，SAP 目数对混凝土断裂能损失率的影响与 C40 混凝土一致。但随着 40~80 目 SAP 掺量的增大，冻融后混凝土的断裂能损失率先增大后减小，经历 30 次盐冻融循环后，其值分别为 33.674%、36.784% 和 29.912%。这是因为 40~80 目 SAP 的释水残留孔并非十分细小，当掺量较小时，在混凝土中产生的总孔隙较少，并存在良好的水化填充作用；当掺量较大时，虽然产生的总孔隙数量较多，但引入的内养生水也较多，同样能够对材料起到良好的密实作用。

6.7　SAP 内养生混凝土盐冻融损伤回归方程

SAP 内养生混凝土属多相多孔复合材料，结构内部存在裂隙、孔隙等原始损伤。在盐冻融循环作用下，这些原始损伤会进一步扩展并不断积累，致使水泥混凝土试件表面产生剥蚀、内部材料疏松，导致材料抵抗裂缝扩展能力下降。为确立 SAP 内养生混凝土抗盐冻性能影响因素与各项评价指标（单位面积剥蚀量 Q_s、相对动弹模量 P、断裂韧度损失率 $D_{K_{IC}}$ 以及断裂能损失率 D_{G_f}）之间的定量关系，在前述抗盐冻性能试验结果的基础上，采用多元回归分析方法，建立 SAP 内养生混凝土盐冻融损伤回归方程，从而为其耐久性设计奠定理论基础。

根据 6.5~6.6 节中的试验结果可知，影响 SAP 内养生水泥混凝土抗盐冻性能的主要因素包括强度等级（水胶比 W/B）、SAP 目数、SAP 掺量以及冻融次数 N，这些因素对性能的影响并非独立，而是相互作用的。基于上文，应建立多因素共同作用下 Q_s、P、$D_{K_{IC}}$ 以及 D_{G_f} 的定量数学方程。

与 6.3 节相同，考虑不同强度水泥混凝土所对应的 SAP 最佳目数、掺量存在差异，统一将 W_{ic}/B 作为内养生参数。然后将 W/B、W_{ic}/B 和 N 同时作为自变量，将 Q_s、P、$D_{K_{IC}}$、D_{G_f} 分别作为因变量，建立多元非线性回归方程。

根据抗盐冻试验结果，W/B、N 与 Q_s、P、$D_{K_{IC}}$、D_{G_f} 之间呈线性数学关系，而 W_{ic}/B 与 Q_s、P、$D_{K_{IC}}$、D_{G_f} 之间呈二次多项式关系。基于上文，采用 Origin 数据分析软件将 W/B、W_{ic}/B 和 N 三个因素对混凝土 Q_s、P、$D_{K_{IC}}$ 以及 D_{G_f} 的影响进行多元回归分析，分别得到式（6-8）~式（6-11）所示的盐冻融损伤回归方程，相应回归统计结果见表 6-5。

$$Q_s = -4.315 \times W/B - 29.107 \times W_{ic}/B + 204.485 \times (W_{ic}/B)^2 + 0.055 \times N + 1.941$$
$$(6\text{-}8)$$

$$P = -35.415 \times W/B + 57.471 \times W_{ic}/B - 437.935 \times (W_{ic}/B)^2 - 0.365 \times N + 115.536$$
$$(6\text{-}9)$$

$$D_{K_{IC}} = 15.995 \times W/B - 705.953 \times W_{ic}/B + 8412.217 \times (W_{ic}/B)^2 + 1.347 \times N + 14.951$$
$$(6\text{-}10)$$

$$D_{G_f} = -16.395 \times W/B + 74.162 \times W_{ic}/B - 3117.261 \times (W_{ic}/B)^2 + 1.092 \times N + 10.944$$
$$(6\text{-}11)$$

回归统计结果

表 6-5

抗盐冻指标	模型	平方和	自由度	均方差	F 值	相关系数 R^2
Q_s	回归	24.755	5	4.951	82.238	0.872
	残差	0.662	11	0.060	—	—
	总计	25.417	16	—	—	—
P	回归	146568.977	5	29313.795	9268.997	0.854
	残差	34.788	11	3.163	—	—
	总计	146603.765	16	—	—	—
$D_{K_{IC}}$	回归	31903.963	5	6380.793	130.769	0.865
	残差	536.738	11	48.794	—	—
	总计	32440.701	16	—	—	—
D_{G_f}	回归	14525.987	5	2905.197	591.167	0.934
	残差	54.058	11	4.914	—	—
	总计	14580.045	16	—	—	—

表 6-5 中抗盐冻指标 Q_s、P、$D_{K_{IC}}$、D_{G_f} 对应的 F 值分别为 82.238、9268.997、130.769 以及 591.167,均大于 $F_{(\alpha=0.05)}(5,11) = 4.704$。此外,式(6-8)~式(6-11)回归方程的相关系数均大于 0.850,说明 SAP 内养生混凝土单位面积剥蚀量、相对动弹模量、断裂韧度损失率以及断裂能损失率与其水胶比、内养生水胶比、冻融次数之间存在较为显著的关系,式(6-8)~式(6-11)能够较精确地对 SAP 内养生混凝土的抗盐冻性能进行预测。

6.8　本章小结

本章研究了 SAP 目数、掺量等因素对 C40、C50 混凝土抗渗性能和抗盐冻性能的影响规律,并建立了相应抗氯离子渗透预测模型、盐冻融损伤回归方程,主要研究结论如下:

(1)SAP 目数越大,氯离子扩散系数越小,渗后劈裂抗拉强度越高。C40-40 及 C40-100 组试件的氯离子扩散系数分别为基准组的 92.28% 和 88.44%,渗后劈裂抗拉强度分别比基准组提升了 21.74% 和 31.38%;C50-40 及 C50-100 组试件的氯离子扩散系数分别为基准组的 78.24% 和 89.05%,渗后劈裂抗拉强度分别比基准组提升 14.47% 和 17.78%。

(2)较大的 SAP 目数在释水过程中能够对孔洞起到良好的水化填充作用,并促进孔周边水泥石的进一步水化,细化孔隙,降低 Cl^- 渗透深度;SAP 的二次吸液能够吸收大量 Cl^-,增大溶液渗流阻力。

(3)总体来说,SAP 目数越小,单位面积剥蚀量越大,相对动弹模量越小,因为较大的 SAP 残留孔易与周边细小毛细孔相连通,增大渗流速率,且孔径越大,结冰点越高,当残留孔中水分结冰而造成其蒸气压下降时,毛细孔中的盐溶液会向残留孔中渗透,增大渗透压。SAP 掺量对混凝土单位面积剥蚀量及相对动弹模量的影响较小。

（4）SAP目数越大,冻融后的断裂韧度损失率及断裂能损失率越小。SAP残留孔洞能够起到引气作用,从而释放孔中拉应力;SAP在混凝土融化过程中对盐溶液的吸收能够降低 Cl^- 浓度,减少化学腐蚀,降低混凝土孔隙饱水程度、渗透压及盐溶液的膨胀程度,减少冻融微裂纹的数量;SAP掺量越大,断裂韧度损失率及断裂能损失率越低,这归因于其对混凝土优良的孔隙细化、水化填充及引气效应。

● 本章参考文献

[1] 中华人民共和国住房和城乡建设部,中华人民共和国国家质量监督检验检疫总局.普通混凝土长期性能和耐久性能试验方法标准:GB/T 50082—2009[S].北京:中国建筑工业出版社,2010.

[2] 中华人民共和国住房和城乡建设部.混凝土耐久性检验评定标准:JGJ/T 193—2009[S].北京:中国建筑工业出版社,2010.

[3] 城乡建设环境保护部.普通混凝土长期性能和耐久性能试验方法:GBJ 82—85[S].北京:中国标准出版社,1985.

[4] 孙增智.道路水泥混凝土耐久性设计研究[D].西安:长安大学,2010.

[5] 覃潇.SAP内养生路面混凝土水分传输特性及耐久性研究[D].西安:长安大学,2018.

[6] 申爱琴,郭寅川,等.SAP内养护隧道混凝土组成设计、性能及施工关键技术研究[R].西安:长安大学,2020.

[7] POWERS T C. A working hypothesis for further studied of frost resistance of concrete[J]. Journal of the american concrete institute,1945,16(4):245-272.

[8] FAGERLUND G. Significance of critical degrees of saturation at freezing of porous and brittle materials[J]. ACI structural journal,1975:13-65.

[9] SETZER M J. Draft recommendation for test method for the freeze – thaw resistance of concrete Tests with water（CF）or with sodium chloride solution（CDF）[J]. Materials & structures,1995,28(3):175-182.

[10] 吴泽媚.氯盐和冻融对混凝土破坏特征及机理研究[D].南京:南京航空航天大学,2012.

[11] 周志云,史晓婉,李强,等.除冰盐浓度对混凝土盐冻影响的研究[J].水资源与水工程学报,2012,23(5):102-105.

[12] TANG L,PETERSSON P E. Slab test:Freeze/thaw resistance of concrete——Internal deterioration[J]. Materials & structures,2004,34(10):754-759.

[13] SETZER M J,HEINE P,KASPAREK S,et al. CIF-Test-Capillary suction,internal damage and freeze thaw testReference method and alternative methods A and B[J]. Materials & structures,2001,34(9):515-525.

[14] 王阵地.多因素耦合作用下混凝土性能劣化的评价及研究[D].北京:中国建筑材料科学研究总院,2010.

[15] 慕儒.冻融循环与外部弯曲应力、盐溶液复合作用下混凝土的耐久性与寿命预测[D].南

京:东南大学,2000.

[16] 杨全兵.混凝土盐冻破坏机理(Ⅱ):冻融饱水度和结冰压[J].建筑材料学报,2012,15 (6):741-746.

[17] ASTM C672/C672M-12, Standard Test Method for Scaling Resistance of Concrete Surfaces Exposed to Deicing Chemicals, ASTM International, West Conshohocken, PA, 2012.

第7章

SAP内养生混凝土抗碳化性能及耐酸雨侵蚀性能

广西湿热环境加速了CO_2在混凝土内部的扩散,对混凝土的抗碳化性能造成影响。对于长期暴露在大气中的混凝土来说,抗碳化性能对混凝土构筑物的安全性、耐久性至关重要。同时,广西地区酸雨频发,全自治区14个地级市酸雨平均pH值为5.06~6.78,酸雨频率范围为0~69.0%,且酸雨类型由硫酸型酸雨逐渐过渡为硫酸与硝酸混合型酸雨。因此,混凝土必须具有足够强的耐酸雨腐蚀性能,才能保护其免受酸雨侵蚀,进而保证混凝土构筑物的安全耐用,延长其使用寿命。

本章结合地域特点,开展混凝土抗碳化性能及耐酸雨侵蚀性能研究。通过室内混凝土碳化试验,研究SAP参数对混凝土抗碳化性能的影响,并提出碳化深度预测模型,最后以混凝土28d碳化深度为决策指标,通过归一法计算分析,确定基于抗碳化性能的内养生混凝土的SAP参数建议值,为内养生混凝土在广西地区的推广应用提供理论依据。同时,在各学者对酸雨侵蚀机理研究的基础上,通过对广西地区酸雨成分及pH值进行调研,配制了酸雨模拟液,并进行室内酸雨侵蚀模拟试验并提出评价指标,研究了SAP参数对混凝土耐酸雨侵蚀性能的影响。

7.1 混凝土碳化机理、影响因素分析及测试方法

为了深入研究混凝土的抗碳化性能,并建立碳化深度预测模型,首先必须掌握混凝土的碳化机理,其次必须分析影响混凝土抗碳化性能的主要因素。鉴于此,本节在前人研究的基础上进行总结、归纳,并提出针对湿热地区的混凝土碳化试验方法。

7.1.1 混凝土的碳化机理分析

混凝土的碳化过程主要是CO_2和混凝土中的碱性物质[包括氢氧化钙、水化硅酸钙凝胶、钙矾石、低硫型的水化硫酸铝钙和未水化水泥颗粒(C_3S和C_2S)]反应,使混凝土内部碱性环境逐渐被中性化,也称混凝土的中性化。主要化学反应如下:

$$Ca(OH)_2 + CO_2 \longrightarrow CaCO_3 + H_2O$$
$$C\text{—}S\text{—}H + CO_2 \longrightarrow CaCO_3 + H_2O + SiO_2$$

随着酸性物质的扩散,碳化深度超过钢筋保护层厚度时,钢筋表面致密的钝化薄膜将被破坏,在酸性物质的侵蚀下,钢筋发生锈蚀,并逐渐膨胀,最终导致混凝土保护层开裂、剥落。

7.1.2 混凝土碳化深度的影响因素分析

混凝土原材料和施工质量差异会导致混凝土密实程度不同,加之混凝土所处环境的不同,均会直接对混凝土碳化速率造成影响。因此,本节按照影响因素来源进行分类,将主要因素大致分为以下三类。

(1)原材料因素

影响混凝土碳化速率的原材料因素主要包括水泥、水、集料、掺合料、外加剂等原材料的种类和掺量。例如:不同种类的水泥,其矿物组成不同,使得混凝土的渗透性和碱性也有所不同,且随着水泥用量的增加,混凝土碳化速率逐渐减缓;水灰比的大小直接影响混凝土的密实程度,水灰比减小,混凝土密实程度增加,碳化速率减缓;集料类型和掺量的变化会引起混凝土级配的变化,从而对混凝土的密实程度产生影响。

由此看来,原材料直接影响混凝土结构的密实程度和混凝土中碱性物质的含量。混凝土越密实,孔隙率越低,孔径越小,CO_2的扩散速率越小,则混凝土的抗碳化能力越强;混凝土中的碱性物质含量越高,需要的CO_2越多,减缓了CO_2的扩散速率,则混凝土的抗碳化能力增强。

(2)施工因素

由于混凝土拌和、铺筑、养生等施工操作的规范和熟练程度得不到保证,实际工程中混凝土的密实程度和试验室混凝土试件差别较大,对混凝土的抗碳化性能产生影响。若搅拌时间过短,混凝土拌合物中的胶凝材料分散不匀,混凝土密实度降低,而过长的搅拌时间又会降低拌合物的和易性,增大含气量,降低混凝土的密实度。混凝土在铺筑时,混凝土的振捣时长也直接影响着混凝土的密实度:振捣时间太短,达不到使混凝土密实的效果;振捣时间太长,又会使得混凝土容易产生离析,密实度降低。而养护条件的不同会导致水泥水化程度差异较大:在早期温度适宜、水分充足的环境下,水泥可以得到充分的水化,生成的水泥石更加密实,而早期养护不良导致水泥水化不充分的混凝土,其表层渗透性增大,更容易被碳化。

(3)环境因素

从混凝土拌和、铺筑、养生,到道路最后的通车运营,混凝土所处环境的CO_2浓度、温度、相对湿度等因素,以及通车服役后受到的荷载应力,这些因素无时无刻不对混凝土的抗碳化性能产生影响。其中,高浓度CO_2直接提高混凝土的碳化速率。碳化速率与温度也成正比例变化,较高的温度可以促进CO_2的扩散速度,加速CO_2与碱性物质的化学反应,进而使混凝土碳化加快。混凝土的碳化速率与相对湿度呈抛物线关系,相对湿度较低,CO_2则无法在水中溶解,进行下一步的碳化反应;相对湿度较高,混凝土内部气相空间被压缩,抑制了CO_2扩散,从而降低了混凝土的碳化速率。相关研究表明:当相对湿度在50%~70%时,混凝土的碳化速率较快。不同应力状态,混凝土碳化速率区别较大:混凝土受到拉应力时,混凝土内部裂缝的宽度、长度增大,混凝土碳化速率增大;混凝土受到压应力时,混凝土内部裂缝宽度减小,混凝土碳化速率减缓。

7.1.3　基于广西湿热环境的内养生混凝土碳化试验方法

广西地区岩溶地貌分布广泛,雨量充沛,且酸雨频率较高。混凝土长期暴露在湿热的环境中,饱受水、CO_2 和 SO_4^{2-} 等的侵蚀,为保证其在服役期内的质量安全,延长其使用寿命,提出内养生混凝土的拌和及成型工艺如下:

①将粗、细集料干拌 20s;

②加入水泥、SAP 粉末,再干拌 30s;

③加入水、内养生水、高性能减水剂一起搅拌 90s;

④按照《公路工程水泥及水泥混凝土试验规程》(JTG E30—2005)中的规定进行试件的成型;

⑤考虑广西当地的气候环境,成型后采用恒温恒湿试验箱[设置环境温度(30±2)℃,相对湿度 RH 为 80%]对混凝土试件进行养护。

28d 后按照《普通混凝土长期性能和耐久性能试验方法标准》(GB/T 50082—2009)中的碳化试验要求进行混凝土抗碳化性能的测试。试件为 100mm×100mm×400mm 的棱柱体,每组设置 3 个平行试件,每个试件留一个侧面,其余面用石蜡进行密封。考虑广西湿热环境的影响,同时为了加快混凝土碳化速率,试验过程中相对湿度的条件设置参考规范规定,混凝土碳化箱设置为温度(30±2)℃,相对湿度 70%±5%,CO_2 浓度 20%±3%,如图 7-1 所示。通过式(7-1),分别测试混凝土碳化 3d、7d、14d、28d 后的碳化深度。

$$\bar{d}_t = \frac{1}{n}\sum_{i=1}^{n} d_i \tag{7-1}$$

式中:$\bar{d}_t$——试件碳化 td 后的平均碳化深度,mm;

　　　d_i——各测点的碳化深度,mm;

　　　n——测点总数。

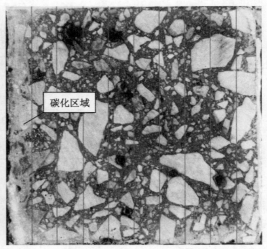

图 7-1　混凝土抗碳化性能测试

参考《混凝土质量控制标准》(GB 50164—2011)对混凝土抗碳化性能等级进行划分,具体见表7-1。

等级	T-Ⅰ	T-Ⅱ	T-Ⅲ	T-Ⅳ	T-Ⅴ
碳化深度 d/mm	$d \geq 30$	$20 \leq d < 30$	$10 \leq d < 20$	$0.1 \leq d < 10$	$d < 0.1$

7.2　SAP 内养生混凝土碳化试验研究

广西较高的温度加快了 CO_2 的扩散,使得混凝土的碳化速率加快。混凝土构筑物必须具有较好的抗碳化性能,以防止钢筋表面钝化薄膜被破坏,导致其锈蚀,进而使得混凝土发生剥落破坏,影响其使用寿命和安全性。内养生材料 SAP 通过释放内养生水分,可以达到促进水泥水化的效果,并增大混凝土密实度,对混凝土抗碳化性能有明显的改善效果。

本节基于混凝土碳化试验,以 SAP 目数和掺量为变量,研究了 SAP 参数对混凝土 3d、7d、14d 和 28d 碳化深度的影响。

7.2.1　混凝土碳化试验方案设计

混凝土碳化试验基于表7-2提出的 C50 混凝土初步配合比,同时为进一步研究 SAP 目数和掺量对内养生混凝土抗碳化性能的影响,本节设置基准组和掺 30～60 目、60～100 目、100～120 目、120～180 目 SAP 的内养生组进行 SAP 目数影响的研究,在 100～120 目 SAP 组最佳掺量的基础上,上下浮动 0.025%,进行 SAP 掺量影响的研究。具体试验方案见表7-3。

水灰比	组成材料/(kg/m³)						
	水泥	水	碎石	砂	减水剂	SAP	内养生额外引水量
0.33	479	158	1100	733	2.63	0.479	0.0594B

编号	组成材料/(kg/m³)							SAP 目数/目
	水泥	碎石	砂	减水剂	水	SAP	内养生额外引水量	
ZJ	479	1100	733	2.63	158	—	—	—
30～60						0.862	0.0594B	30～60
60～100						0.575	0.0594B	60～100

续上表

| 编号 | 组成材料/(kg/m³) | | | | | | | SAP目数/目 |
	水泥	碎石	砂	减水剂	水	SAP	内养生额外引水量	
100~120-1						0.359	0.04479B	100~120
100~120-2	479	1100	733	2.63	158	0.479	0.0594B	100~120
100~120-3						0.599	0.07465B	100~120
120~180						0.671	0.0594B	120~180

注:B 为胶凝材料的质量;ZJ 表示基准组;100~120-1、100~120-2 和 100~120-3 分别表示混凝土中 100~120 目 SAP 掺量为 0.075%、0.100% 和 0.125%。

7.2.2 SAP 目数对混凝土抗碳化性能的影响

根据试验方案,使用酚酞表征混凝土碳化深度,通过式(7-1)计算得到的各组混凝土 3d、7d、14d 和 28d 的碳化深度值如表 7-4 和图 7-2 所示。

混凝土碳化深度测试结果一(单位:mm)　　　　　　　表 7-4

龄期	ZJ	30~60	60~100	100~120-2	120~180
3d	3.3	3.7	2.9	1.5	3.5
7d	5.2	5.5	3.8	2.1	4.8
14d	7.1	7.8	5.9	3.4	6.8
28d	10.9	11.4	8.2	5.1	10.1

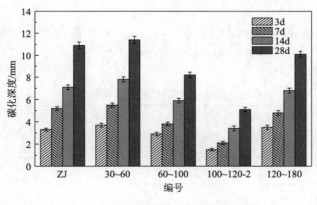

图 7-2　SAP 目数对混凝土抗碳化性能的影响

分析表 7-4 和图 7-2 可知:

(1)掺入 SAP 对改善混凝土的抗碳化性能有显著的效果。其中 100~120 目 SAP 的改善效果最好,与基准混凝土相比,其28d碳化深度降低53.21%,其次是60~100目SAP。但是,当在混凝土中掺入30~60目SAP时,混凝土28d碳化深度高于基准组。分析其原因在于,30~60目SAP的粒径最大,吸水后其体积膨胀且较早释放完所储水分,内养生效果较差,水化填充作用减弱,混凝土内部残留的孔隙较大,在较大的毛细孔压力下,残留孔隙的连通性增强,有利于CO_2的扩散,因而出现掺30~60目SAP的内养生组抗碳化性能低于基准组的现象。

(2)随SAP粒径的减小,混凝土的抗碳化性能呈先升高后降低的趋势。随SAP粒径的减小,掺入的SAP越多,SAP在混凝土中分散的范围越广,内养生范围也越广。此外,SAP粒径越小,释水后残留的孔隙越小,且生成的水化产物可以较好地进行二次填充,再次细化孔隙,从而较好抑制CO_2的扩散,改善混凝土的抗碳化性能。但当掺入粒径更小的120~180目SAP时,出现混凝土的抗碳化性能降低的现象。分析其原因在于,120~180目SAP粒径太小,且其掺量增加,引入的内养生水量增加,大量的小粒径SAP掺入混凝土中,极易发生"微团聚"效应,即未吸水饱和的SAP颗粒被饱和的SAP颗粒包裹,阻止其进一步吸收内养生水,从而限制了SAP的内养生范围,减弱了内养生作用。此外,"抱团"的SAP颗粒释水后大大增加了残留孔的孔径,且内养生水分未被吸收,增加了混凝土的水灰比,增大了混凝土的孔隙率。这些作用共同导致掺120~180目SAP的混凝土抗碳化性能下降。

(3)四组混凝土0~3d、3~7d、7~14d和14~28d的平均碳化速率分别为10.81%、3.44%、3.10%和2.29%。可见,混凝土前期碳化速率较快,随碳化龄期的增长,碳化速率逐渐降低。其原因在于,混凝土中的碱性物质碳化后,生成$CaCO_3$和游离水,$CaCO_3$对混凝土孔隙进行填充,游离水进一步促进水泥水化,均增大了混凝土的密实度,从而在一定程度上降低了混凝土的碳化速率,因此出现随碳化龄期的增长,混凝土碳化速率逐渐减慢的现象。但由于混凝土被碳化后会产生收缩,进而产生微细裂纹,因此,CO_2会持续不断地进入混凝土中发生碳化反应。

7.2.3 SAP 掺量对混凝土抗碳化性能的影响

表7-5和图7-3为基准组(ZJ)和100~120目SAP掺量为0.075%(100~120-1)、0.100%(100~120-2)、0.125%(100~120-3)的内养生组混凝土3d、7d、14d和28d的碳化深度值。

混凝土碳化深度测试结果二(单位:mm)　　　　　　　　　　　表7-5

龄期	ZJ	100~120-1	100~120-2	100~120-3
3d	3.3	2.3	1.5	2
7d	5.2	3.1	2.1	2.9
14d	7.1	4.5	3.4	4.3
28d	10.9	6.5	5.1	5.6

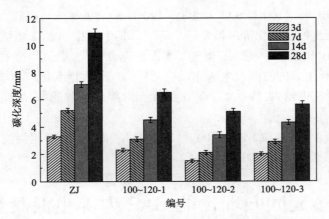

图 7-3　SAP 掺量对混凝土抗碳化性能的影响

分析表 7-5 和图 7-3 可知：

（1）100~120 目 SAP 的掺入，大大改善了混凝土的抗碳化性能，掺量为 0.075%、0.100% 和 0.125% 的内养生组混凝土 28d 碳化深度较基准组分别降低了 40.37%、53.21% 和 48.62%。当 100~120 目 SAP 掺量为 0.100% 时，对混凝土抗碳化性能的改善效果最为显著。由此说明，适量的 100~120 目 SAP 掺入混凝土中，由于水化程度提高而增加的水化产物可以较好地填充 SAP 的残留孔隙，并达到相对较好的平衡状态，充分发挥 SAP 的内养生作用。

（2）随 100~120 目 SAP 掺量的增加，混凝土抗碳化性能呈先升高后降低的趋势。分析认为，掺量较低的 SAP 颗粒，虽然其释水后残留的少量孔隙可以得到较好的填充，但是 SAP 分布及养生范围有限，导致内养生效果较差；SAP 掺量较高时，SAP 释水后残留的孔隙增多，新增的水化产物不足以对大量的孔隙进行填充，使得混凝土孔隙率增大，从而降低了混凝土的抗碳化性能。

7.2.4　SAP 参数对混凝土抗碳化性能等级的影响

图 7-4 为基准组和各内养生组混凝土的抗碳化性能等级。

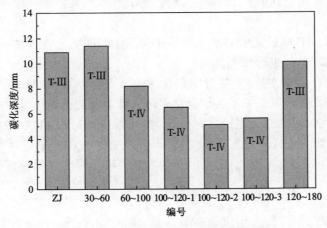

图 7-4　SAP 参数对混凝土抗碳化性能等级的影响

分析图 7-4 可知,60~100 目 SAP 和 100~120 目 SAP 的掺入可以较大程度地改善混凝土抗碳化性能,将混凝土的抗碳化等级提升一个等级。其中 100~120-2 组混凝土的抗碳化性能最好。合适目数 SAP 的掺入,一方面,促进了水泥的充分水化,水化产物大幅增加,CO_2 扩散到相同的深度需要消耗更多的时间发生碳化反应;另一方面,大量水化产物填充了混凝土内部的孔隙,使得混凝土密实度增大,降低了 CO_2 在混凝土内部的扩散速率,从而增强了内养生混凝土的抗碳化性能。

此外,60~100 组、100~120-1 组、100~120-2 组和 100~120-3 组混凝土抗碳化性能等级达到 T-IV,混凝土抗碳化性能较好。

7.3 基于多元回归理论的 SAP 内养生混凝土碳化深度预测模型

为了研究混凝土碳化深度的发展规律,众多研究者在 Fick 第一定律[式(7-2)]的基础上提出了大量的混凝土碳化深度预测模型。其中,混凝土碳化深度与碳化时间的二分之一次方成正比这一理论,得到大家的普遍认可。

$$X_C = k\sqrt{t} \tag{7-2}$$

式中:X_C——碳化深度,mm;

　　　k——碳化系数;

　　　t——碳化时间,d。

通过 7.1.2 节的分析可知,混凝土碳化深度主要受到三方面因素的影响,即原材料因素、施工因素和环境因素。若采用同样的原材料,在同样的混凝土基准配合比、施工条件及环境条件下,可将混凝土碳化系数 k 视为常数。而与普通混凝土有所区别的是,内养生混凝土的改善机制在于 SAP 内养生材料吸收内养生水分,并储存在混凝土中。在水泥凝结硬化过程中,由于混凝土内部相对湿度和离子浓度下降,SAP 释放内养生水分,对混凝土进行湿度补偿,并进一步促进水泥水化,从而起到内养生作用。此外,SAP 释水后残留的孔隙也对混凝土抗碳化性能造成较大影响。

因此,本节使用 SAP 掺量 c、SAP 平均粒径 d 和碳化时间 t 三个参数一起对内养生混凝土的碳化深度 X_C 的发展趋势进行预测。

由图 7-2 和图 7-3 可知,内养生混凝土碳化深度 X_C 与 SAP 平均粒径 d 呈二次多项式关系,与 SAP 掺量 c 呈二次多项式关系。结合众多研究者对混凝土碳化深度的研究结果,认为混凝土碳化深度与碳化时间的二分之一次方成正比。同时考虑到 SAP 粒径和 SAP 掺量是两个相对独立的自变量,即其中任一自变量的变化,不会改变另一自变量与因变量之间的关系,只会引起另一变量的系数变化。因此,定义内养生混凝土碳化深度预测模型如下:

$$X_C = (a_0 + a_1 c + a_2 c^2)(a_3 + a_4 d + a_5 d^2)\sqrt{t} \tag{7-3}$$

根据式(7-3),以七组混凝土相应的 SAP 掺量 c 和 SAP 平均粒径 d 为自变量,以其 3d、7d、14d 和 28d 的碳化深度 X_C 为因变量,对其进行数据拟合,得到图 7-5 和表 7-6 所示的结果。

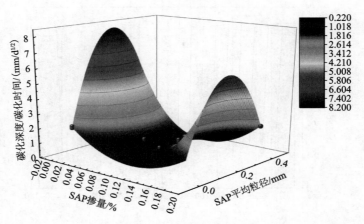

图7-5 数据拟合结果

内养生混凝土碳化深度预测模型及方差分析结果 表7-6

拟合公式	相关系数 R^2
$X_C = (1.41 - 25.42c + 129.78c^2)(1.38 + 42.42d - 101.99d^2)\sqrt{t}$	0.888

方差分析结果

模型	平方和	自由度	均方差	F 值	显著性概率
回归分析	70.87684	6	11.81281	427.1556	0
残差	0.6084	22	0.02765	—	—
总计	71.48524	28	—	—	—

查 F 分布上侧分位数表可知，$F_{(\alpha=0.05)}(6,22) = 2.55$。由表7-6可知，$F = 427.1556 \gg 2.55$，即认为SAP掺量 c 和SAP平均目数 d 对混凝土碳化深度 X_C 有显著影响。此外，内养生混凝土碳化深度预测模型的相关系数 R^2 为 0.888，因此，该模型可以较为准确地预测SAP内养生混凝土的碳化深度。

7.4 基于抗碳化性能的内养生混凝土 SAP 参数建议值

以 ZJ 组为标准，计算各组混凝土28 d碳化深度与ZJ组28 d碳化深度的比值，对各组碳化深度数值进行归一化处理并绘图，如图7-6所示，对内养生混凝土的SAP参数值进行优选。

由图7-6可知，100～120-2 组所占的比例最小，即 100～120-2 组混凝土的 28 d 碳化深度最小。因此，当对混凝土的抗碳化性能要求较高时，应选择对混凝土抗碳化性能改善效果最好的掺量为 0.100% 的 100～120 目 SAP。

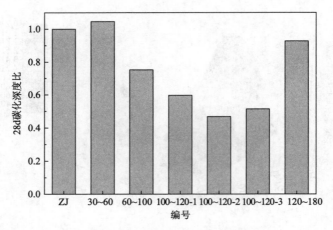

图 7-6　SAP 参数对混凝土 28d 碳化深度的影响

7.5　酸雨侵蚀机理分析及酸雨侵蚀模拟试验

为了准确模拟自然环境中酸雨对混凝土的侵蚀作用,研究内养生混凝土耐酸雨侵蚀性能,本节在分析酸雨对混凝土侵蚀机理的基础上,通过对广西地区酸雨的成分及酸碱度进行调研,提出了人工酸雨配制方案及室内试验方法,并采用质量变化率、抗压强度和抗弯拉强度三大指标来表征内养生混凝土的耐酸雨侵蚀性能。

7.5.1　酸雨对混凝土的侵蚀机理分析

近年来,化石燃料燃烧和燃油汽车排放产生了大量污染气体,使大气中的二氧化硫和氮氧化物含量急剧增加,并在大气中发生一系列液相氧化反应,形成酸雨。酸雨中富含的 SO_4^{2-}、NO_3^-、H^+、NH_4^+、Mg^{2+} 等,不仅使得土壤酸化、植物衰亡,还对建筑材料造成腐蚀,使其出现裂缝、空洞,逐渐丧失强度,发生结构破坏,最终危及人类的生产活动和人身安全。酸雨对混凝土的侵蚀破坏主要分为酸腐蚀和硫酸盐侵蚀两大类。

1)酸腐蚀

水泥的水化产物主要为碱性的硅酸盐、铝酸盐及相当数量的 $Ca(OH)_2$,碱性水化产物稳定存在的条件是处在最低石灰饱和浓度下。因此,混凝土溶出性侵蚀的速度主要取决于 $Ca(OH)_2$ 含量、水泥熟料矿物组成和掺合料成分等。酸雨中的 H^+ 与水化产物中的 $Ca(OH)_2$ 发生反应,使得液相石灰浓度逐渐降低,当其低于极限浓度时,水化硅酸钙和水化铝酸钙开始分解,表现为混凝土强度降低。其反应方程式为

$$Ca(OH)_2 + 2H^+ \longrightarrow Ca^{2+} + 2H_2O$$

$$3CaO \cdot 2SiO_2 \cdot 3H_2O + 6H^+ \longrightarrow 3Ca^{2+} + 2SiO_2 + 6H_2O$$

$$3CaO \cdot Al_2O_3 \cdot 6H_2O + 6H^+ \longrightarrow 3Ca^{2+} + Al_2O_3 + 9H_2O$$

2）硫酸盐侵蚀

溶于水的硫酸盐与混凝土水化产物发生反应，产生硫酸盐侵蚀破坏，其实质是外界环境中 SO_4^{2-} 一方面与水化产物发生反应，生成溶解度较低且体积发生膨胀的盐类矿物（如钙矾石、石膏等），产生膨胀应力并逐渐增大，当膨胀应力超过混凝土抗拉强度时，混凝土发生膨胀、开裂、剥落破坏；另一方面其使混凝土水化产物 $Ca(OH)_2$ 和 C—S—H 凝胶等组分溶出或分解，导致混凝土黏结性下降，发生强度破坏。生成的盐类结晶首先会填充混凝土的内部毛细孔，使得混凝土密实程度得到提升，表现为混凝土强度提高。随着硫酸盐侵蚀的进行，生成的盐类结晶持续增加，结晶压力逐渐增大，当其超过混凝土抗拉强度时，混凝土结构破坏，强度大幅降低，最终彻底失效。

根据结晶产物和破坏形式的不同，硫酸盐侵蚀破坏主要分为以下几类。

（1）硫酸盐结晶膨胀破坏

当外界环境中 SO_4^{2-} 浓度足够高时，侵入混凝土内部的 Na_2SO_4 吸水结晶析出体积更大的 $Na_2SO_4 \cdot 10H_2O$，产生较大的结晶压力，导致混凝土膨胀并发生破坏。

（2）钙矾石膨胀破坏

外界环境中 SO_4^{2-} 与水泥石中的 $Ca(OH)_2$ 作用生成 $CaSO_4$，$CaSO_4$ 又与水泥石中的固态水化铝酸钙反应生成难溶的且体积为水化铝酸钙 25 倍的钙矾石（$3CaO \cdot Al_2O_3 \cdot 3CaSO_4 \cdot 32H_2O$），当混凝土中液相碱度较高时，钙矾石产生较大的吸水膨胀作用，使得混凝土表面产生少数较粗的裂缝。此外，当侵蚀溶液中 SO_4^{2-} 浓度小于或等于 1000mg/L 时，只有钙矾石晶体形成。以 Na_2SO_4 为例，其反应方程式为

$$Na_2SO_4 \cdot 10H_2O + Ca(OH)_2 \longrightarrow CaSO_4 \cdot 2H_2O + 2NaOH + 8H_2O$$
$$3(CaSO_4 \cdot 2H_2O) + 4CaO \cdot Al_2O_3 \cdot 12H_2O + 15H_2O \longrightarrow 3CaO \cdot Al_2O_3 \cdot 3CaSO_4 \cdot 32H_2O + Ca(OH)_2$$

（3）石膏膨胀破坏

当外界环境中的 SO_4^{2-} 浓度大于 1000mg/L 时，不仅有钙矾石生成，还会有体积为 $Ca(OH)_2$ 两倍的二水石膏结晶生成，在混凝土内部产生膨胀应力，引起混凝土遍体溃散，发生结构破坏。反应方程式为

$$Na_2SO_4 \cdot 10H_2O + Ca(OH)_2 \longrightarrow CaSO_4 \cdot 2H_2O + 2NaOH + 8H_2O$$

7.5.2 广西地区酸雨调查及酸雨溶液的配制

2018 年广西壮族自治区生态环境状况公报显示，广西壮族自治区 14 个地级市酸雨平均 pH 值范围为 5.06 ~ 6.78，全自治区年平均 pH 值为 5.54；14 个地级市酸雨频率范围为 0 ~ 69.0%，其中桂林市酸雨频率最高，达 69.0%。

此外，通过黄红铭在 2011 年至 2018 年期间对广西 14 个设区市 31 个大气降水监测点的采集数据发现：广西地区的酸雨为硫酸型-硝酸型混合型酸雨，SO_4^{2-}/NO_3^-（当量浓度比）为 1.37 ~ 3.99，且呈逐年下降的趋势。其中，2018 年的当量浓度比为 1.37。

鉴于此，本节主要以质量分数为 98% 的浓硫酸和质量分数为 65% 的浓硝酸来配制酸雨模拟液，并通过分析纯硫酸铵控制当量浓度比为 1.37。同时，为了缩短试验周期，本研究配制

pH 值为 4 的人工酸雨进行内养生混凝土耐酸雨侵蚀性能的研究。人工酸雨具体掺配方案见表 7-7。

人工酸雨的化学组成(单位:mol/L)　　　　　　　　表 7-7

pH 值	SO_4^{2-}	NH_3^+	NO_3^-	H^+
4.0	5.48×10^{-5}	4.96×10^{-5}	4×10^{-5}	1×10^{-4}

7.5.3　酸雨侵蚀模拟试验及评价指标

1)酸雨侵蚀模拟试验

根据对崇左地区 2018 年各月降雨天数的统计(全年 365 天,降雨 156 天),并按照 100% 的酸雨频率设计室内酸雨侵蚀试验。本项目采用周期浸泡法模拟自然环境中的干湿交替,具体制度为:将试件浸泡于酸雨溶液中 10h,模拟降雨过程中混凝土被腐蚀情况;取出试件自然晾干 14h,模拟雨停后混凝土的自然情况;以此为一个循环周期(24h)。

考虑混凝土试件在浸泡过程中发生的一系列物理化学反应会使得人工酸雨模拟液的 pH 值发生变化,因此,为了保持每次"降雨"的酸雨模拟液与真实情况相符,每循环一次,就需要重新测定溶液的 pH 值,并使其达到设计的 pH 值,且每循环 10 次后,重新调配模拟液。

按照 7.1.3 节中的试验方法对混凝土进行拌和并成型,放置在温度为 (30 ± 2)℃,相对湿度为 80% 的恒温恒湿箱中养护,26d 后取出,在 60℃ 的烘箱中烘 48h。试件烘干后,称其质量 m_0,然后浸泡在酸雨模拟液中进行混凝土酸雨腐蚀试验,分别在每循环 10 次后擦干其表面溶液,并自然放置 3d 后测试试件的质量变化和力学性能,直到浸泡循环次数达到 80 次,试验结束。试验过程中要特别注意防止酸性溶液伤害人体皮肤。试件为 100mm × 100mm × 100mm 的立方体和 100mm × 100mm × 400mm 的棱柱体,每组设置 3 个平行试件。混凝土耐酸雨侵蚀试验试件如图 7-7 所示。

图 7-7　混凝土耐酸雨侵蚀试验试件

2)评价指标

(1)质量变化率

酸雨中的 H^+ 与水化产物氢氧化钙、水化硅酸钙和水化铝酸钙反应,生成易溶于水的盐类,使得混凝土质量损失。因此,试件质量的变化在一定程度上反映了混凝土被腐蚀的程度。本节采用质量变化率 S 来表征混凝土耐腐蚀性能的优劣,其计算公式如下:

$$S = \frac{m_0 - m_t}{m_0} \times 100\% \tag{7-4}$$

式中：m_t——t 次循环后试件的质量，g；

　　m_0——试件浸泡前的质量，g。

（2）力学性能

力学性能是混凝土最基本的性能。混凝土浸泡在酸雨中，一方面，酸雨中的 H^+ 与混凝土中的水化产物发生反应，使得混凝土强度降低；另一方面，SO_4^{2-} 与水化产物反应生成的盐类结晶首先会填充混凝土的内部毛细孔，使得混凝土强度提高，但随着盐类结晶逐渐增多，混凝土结构被破坏，强度又降低。因此，混凝土力学性能的变化规律体现了混凝土耐腐蚀性能的优劣。

SAP 混凝土力学性能（立方体抗压强度、抗弯拉强度）按照《公路工程水泥及水泥混凝土试验规程》（JTG E30—2005）中的方法进行测试。

7.6　SAP 内养生混凝土耐酸雨侵蚀试验研究

广西地区酸雨现象严重，这就对广西地区混凝土构筑物的耐酸雨侵蚀性能提出更高要求。本项目所选择的 SAP 内养生材料，不仅促使水泥充分水化，增大混凝土密实度，而且可以细化孔结构，有效抑制了 H^+ 和 SO_4^{2-} 在混凝土中的扩散，提高了混凝土的耐酸雨侵蚀性能。因此，本节基于混凝土模拟酸雨侵蚀试验，以 SAP 目数和掺量为变量，研究 SAP 参数对混凝土经受酸雨循环侵蚀 10 次、20 次、30 次、40 次、50 次、60 次、70 次和 80 次后的质量变化率、抗压强度和抗弯拉强度的影响。

7.6.1　混凝土耐酸雨侵蚀试验方案设计

酸雨侵蚀试验基于表 7-2 提出的 C50 混凝土初步配合比，同时为进一步研究 SAP 目数和掺量变化对内养生混凝土质量变化率、抗压强度和抗弯拉强度的影响，以此来评价内养生混凝土的耐酸雨侵蚀性能，本节设置基准组和掺 30～60 目、60～100 目、100～120 目、120～180 目SAP 的内养生组进行 SAP 目数影响的研究；在 100～120 目 SAP 组最佳掺量的基础上，上下浮动 0.025%，进行 SAP 掺量影响的研究。具体试验方案见表 7-3。

7.6.2　SAP 参数对混凝土质量变化率的影响

根据试验方案，用内养生混凝土的质量变化率来表征其耐酸雨侵蚀性能，并通过式（7-4）计算得到各组混凝土在经酸雨循环侵蚀 10 次、20 次、30 次、40 次、50 次、60 次、70 次和 80 次后的质量变化率，结果如表 7-8 和图 7-8 所示。

不同酸雨循环侵蚀次数下基准组与 SAP 混凝土质量变化率测试结果(单位:%)　　表 7-8

循环次数	ZJ	SAP 目数					
		30~60	60~100	100~120-1	100~120-2	100~120-3	120~180
10 次	0.17	0.13	0.1	0.07	0.06	0.09	0.08
20 次	0.25	0.21	0.16	0.22	0.17	0.13	0.2
30 次	0.43	0.32	0.3	0.25	0.24	0.31	0.27
40 次	0.31	0.2	0.35	0.37	0.28	0.34	0.34
50 次	0.07	0.14	0.24	0.22	0.17	0.26	0.21
60 次	−0.1	0	0.05	0.09	0.13	0.05	0.1
70 次	−0.4	−0.17	−0.08	−0.04	0	−0.07	−0.12
80 次	−0.5	−0.28	−0.16	−0.13	−0.06	−0.1	−0.21

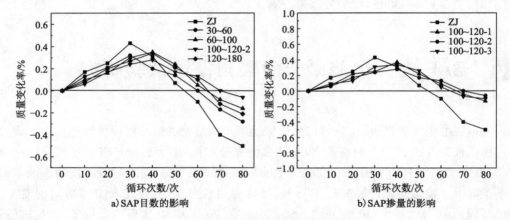

a) SAP 目数的影响　　　　　　　b) SAP 掺量的影响

图 7-8　SAP 参数对混凝土质量变化率的影响

分析表 7-8 和图 7-8 可知:

(1)随酸雨侵蚀时间的延长,各组混凝土的质量变化率均呈先增长再降低的趋势。分析其原因在于:侵蚀前期,未水化的水泥持续水化,且溶液中的 H^+ 在混凝土中的侵入深度较小,SO_4^{2-} 与水化产物发生反应,生成难溶的钙矾石、石膏等,使得混凝土质量增加,质量变化率也随之增长;侵蚀后期,随 H^+ 侵入深度的增加,混凝土中的水化硅酸钙和水化铝酸钙分解加快,且混凝土在结晶压力的作用下,开始破坏、脱落,使得混凝土质量逐渐下降,质量变化率开始降低。

(2)SAP 的掺入显著降低了混凝土质量增加的幅度,并延缓了混凝土质量降低的时间并降低了其下降幅度:内养生组混凝土的质量增加幅度最大为 0.37%,并普遍在酸雨循环侵蚀 70 次及以后开始出现质量下降的现象,且其下降幅度最高为 0.28%;基准组混凝土的质量增加幅度最大为 0.43%,并在酸雨循环侵蚀 60 次后开始下降,且其质量下降幅度最高达 0.50%。可见,SAP 的掺入有效提高了水泥的水化程度和混凝土的密实度,对酸雨侵蚀起到了很好的延缓和抑制作用。

(3)掺量为 0.100% 的 100~120 目 SAP 内养生组,混凝土质量的增加幅度最小,为 0.28%;质量的降低幅度最小,为 0.06%;质量开始降低时间最晚,循环 80 次后开始出现质量下降。这说明 100~120-2 组混凝土的水泥水化程度最高,密实度最高,改善混凝土内部孔结构效果最明显,一定程度上抑制了 H^+ 和 SO_4^{2-} 的侵蚀速率,提高了混凝土的耐酸雨侵蚀性能。

综上,60~100 组、100~120-1 组、100~120-2 组和 100~120-3 组内养生混凝土在酸雨循环侵蚀 80 次后的质量变化率均小于或等于 0.20%,说明其耐酸雨侵蚀性能较好。

7.6.3 SAP 参数对混凝土力学性能的影响

混凝土力学性能的优劣是决定混凝土结构是否安全耐用的关键,而酸雨会对混凝土力学性能产生严重影响。为研究内养生混凝土耐酸雨侵蚀性能的优劣,并探讨 SAP 参数的具体影响,本节研究了不同 SAP 目数、掺量下内养生混凝土在酸雨循环侵蚀 10 次、20 次、30 次、40 次、50 次、60 次、70 次和 80 次后的抗压强度和抗弯拉强度值及其变化规律。

1)抗压强度

经酸雨腐蚀后的内养生混凝土抗压强度测试结果如表 7-9 和图 7-9 所示。

不同酸雨循环侵蚀次数下混凝土抗压强度测试结果(单位:MPa)　　表 7-9

循环次数	ZJ	SAP 目数					
		30~60	60~100	100~120-1	100~120-2	100~120-3	120~180
0 次	68.15	64.66	67.06	67.32	69.87	68.92	66.32
10 次	70.06	67.52	67.76	67.92	70.75	69.76	69.71
20 次	71.30	68.31	69.30	69.14	72.33	71.871	71.76
30 次	73.81	70.68	70.13	71.36	73.40	74.16	72.82
40 次	70.03	69.30	71.20	72.58	74.17	74.90	73.23
50 次	68.06	67.22	68.91	69.42	72.91	72.17	70.44
60 次	64.80	66.53	67.52	68.13	71.12	70.53	68.95
70 次	62.11	64.84	66.85	67.35	70.45	68.72	66.17
80 次	60.52	63.51	65.63	66.34	69.05	68.11	64.91

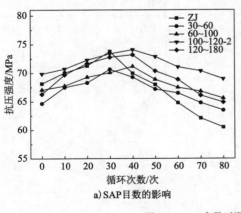

a)SAP目数的影响

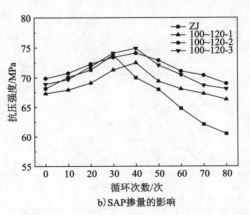

b)SAP掺量的影响

图 7-9　SAP 参数对混凝土抗压强度的影响

分析表 7-9 和图 7-9 可知:

(1)随酸雨侵蚀时间的延长,各组混凝土的抗压强度均呈现先增长再降低的趋势。

(2) SAP 的掺入,显著延缓了混凝土抗压强度降低的时间并降低了其下降的幅度;内养生组混凝土普遍在酸雨循环侵蚀 40 次及以后开始出现抗压强度下降的现象,基准组混凝土的抗压强度在循环 30 次后开始下降;酸雨循环侵蚀 80 次后,内养生组混凝土抗压强度下降幅度最大为 2.17%,基准组混凝土的抗压强度下降幅度为 11.20%。这说明 SAP 的掺入改善了混凝土的孔结构,并提高了密实度,对酸雨侵蚀起到了很好的延缓作用。

(3) 分析图 7-9a) 可知:相比混凝土初始强度,内养生混凝土在酸雨循环侵蚀过程中,抗压强度随 SAP 目数的增加分别提高了 9.32%、6.18%、6.06% 和 10.45%,100～120-2 组提高的幅度最小;经过 80 次酸雨循环侵蚀后,随 SAP 目数的增加,各组内养生混凝土抗压强度较初始强度分别下降了 1.79%、2.17%、1.24% 和 2.11%,100～120-2 组下降的幅度最小。这说明 100～120-2 组混凝土的水泥水化程度最高,生成的水化产物最多,混凝土的密实程度最高,酸雨侵入该组混凝土内部与其他组相同的深度,需要消耗更多的 H^+ 和 SO_4^{2-} 与水化产物反应,因此需要更长的时间,这在一定程度上抑制了酸雨对混凝土的侵蚀。因此,100～120 目 SAP 改善混凝土耐酸雨侵蚀性能的效果最好。

(4) 分析图 7-9b) 可知:相比混凝土初始强度,内养生混凝土在酸雨循环侵蚀过程中,抗压强度随 100～120 目 SAP 掺量的增加分别增加了 7.73%、6.06% 和 8.71%;经过 80 次酸雨循环侵蚀后,随 100～120 目 SAP 掺量的增加,各组内养生混凝土抗压强度较初始强度分别下降了 1.49%、1.24% 和 1.16%;100～120-1 组、100～120-2 组和 100～120-3 组混凝土抗压强度总下降幅度分别为 9.21%、7.30%、9.87%,100～120-2 组混凝土抗压强度下降的幅度最小。这说明 100～120 目 SAP 的掺量太大或太小,均会对混凝土的水化程度、密实度、内部的孔结构造成不利影响:SAP 掺量太小,水泥水化不充分;SAP 掺量太大,SAP 释水后残留的孔隙增多,对混凝土密实度造成不利影响。

2) 抗弯拉强度

经酸雨侵蚀后的内养生混凝土抗弯拉强度测试结果如表 7-10 和图 7-10 所示。

不同酸雨循环侵蚀次数下混凝土抗弯拉强度测试结果 (单位:MPa)　　　　表 7-10

循环次数	ZJ	SAP 目数					
		30～60	60～100	100～120-1	100～120-2	100～120-3	120～180
0 次	6.81	6.58	6.73	6.76	7.04	6.94	6.66
10 次	7.11	6.86	6.82	6.91	7.27	7.01	6.98
20 次	7.60	7.37	7.27	7.16	7.75	7.38	7.47
30 次	8.24	8.01	7.83	7.95	7.68	8.35	8.72
40 次	7.89	7.75	8.16	8.35	8.64	8.85	8.00
50 次	7.21	7.64	7.83	7.89	8.31	8.57	7.52
60 次	6.74	7.09	7.68	7.63	7.85	8.04	7.27
70 次	6.46	6.78	7.34	7.26	7.73	7.64	7.05
80 次	5.99	6.54	7.11	7.17	7.36	7.50	6.95

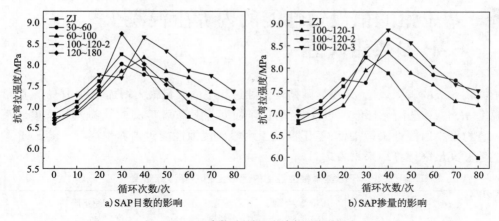

图7-10　SAP参数对混凝土抗弯拉强度的影响

分析表7-10和图7-10可知：

（1）随酸雨侵蚀时间的延长，各组混凝土的抗弯拉强度均呈现出先增长再降低的趋势。

（2）SAP的掺入，显著延缓了混凝土抗弯拉强度降低的时间和幅度：内养生组混凝土普遍在酸雨循环侵蚀40次后开始出现抗弯拉强度下降的现象，基准组混凝土的抗弯拉强度在循环30次后开始下降；酸雨循环侵蚀80次后，内养生组混凝土抗弯拉强度最大下降幅度为0.61%，基准组混凝土的下降幅度为12.04%。这说明SAP的掺入有效提高了水泥的水化程度和混凝土的密实度，抑制了混凝土内部微裂缝的发生和发展，改善了集料界面区结构，对酸雨侵蚀起到了很好的延缓作用。

（3）分析图7-10a）可知：相比混凝土初始强度，内养生混凝土在酸雨循环侵蚀过程中，抗弯拉强度随SAP目数的增加分别增加了21.71%、21.21%、22.79%和31.06%，60～100组增加的幅度最小；经过80次酸雨循环侵蚀后，随SAP目数的增加，各组内养生混凝土抗弯拉强度较初始强度分别下降了0.55%、-5.57%、-4.55%和-4.42%，60～100组下降的幅度最小；随SAP目数的增加，各组内养生混凝土抗弯拉强度总下降幅度分别为22.25%、15.64%、18.25%和26.64%，60～100组混凝土抗弯拉强度下降的幅度最小。这说明60～100目SAP对抑制混凝土内部微裂缝的发生和发展，改善集料界面区结构的效果最明显，削弱了酸雨对混凝土抗弯拉强度的影响，增强了混凝土的耐酸雨侵蚀性能。

（4）分析图7-10b）可知：相比混凝土初始强度，内养生混凝土在酸雨循环侵蚀过程中，抗弯拉强度随100～120目SAP掺量的增加分别增加了23.60%、22.79%和27.57%；经过80次酸雨循环侵蚀后，随100～120目SAP掺量的增加，各组内养生混凝土抗弯拉强度较初始强度分别下降了-6.10%、-4.55%和-8.13%，各组内养生混凝土抗弯拉强度总下降幅度分别为17.50%、18.25%、19.44%，三组混凝土抗弯拉强度总下降幅度均较小且较相近。这说明在合理的SAP掺量范围内，SAP掺量的变化对混凝土内部微裂缝及界面过渡区结构的影响较小，也进一步证实了SAP优良的内养生效果。

7.7 基于耐酸雨侵蚀性能的内养生混凝土 SAP 参数建议值

依据3.6节的灰靶理论,并以酸雨循环侵蚀过程中的质量最大增加幅度 $a(\%)$、质量最大降低幅度 $b(\%)$ 和酸雨循环侵蚀80次后的抗压强度总下降幅度 $c(\%)$、抗弯拉强度总下降幅度 $d(\%)$ 为极小值极性决策指标,基于混凝土耐酸雨侵蚀性能对内养生混凝土的SAP参数值进行优选。其最终计算结果见表7-11。

基于耐酸雨侵蚀性能的混凝土靶心度计算结果　　　　　　　表7-11

编号	质量最大增加幅度 $a/\%$	质量最大降低幅度 $b/\%$	抗压强度总下降幅度 $c/\%$	抗弯拉强度总下降幅度 $d/\%$	靶心度
ZJ	0.43	0.50	19.52	33.08	0.44
30~60	0.32	0.28	11.10	22.25	0.58
60~100	0.35	0.16	8.35	15.64	0.78
100~120-1	0.37	0.13	9.21	17.50	0.68
100~120-2	0.28	0.06	7.30	18.25	0.92
100~120-3	0.34	0.10	9.87	19.44	0.65
120~180	0.34	0.21	12.56	26.64	0.53

由表7-11可知,100~120-2组的靶心度最大,且远超其他组。因此,当对混凝土的耐酸雨侵蚀性能要求较高时,应选择对混凝土耐酸雨侵蚀性能改善效果最好的掺量为0.100%的100~120目SAP。

7.8 本章小结

本章基于第3章优选的内养生混凝土配合比,通过混凝土碳化试验,以4种SAP目数和3种SAP掺量为变量,研究了SAP参数对混凝土抗碳化性能的影响,并提出内养生混凝土碳化深度预测模型。最后以混凝土28d碳化深度为决策指标,通过归一法计算分析,最终确定基于抗碳化性能的内养生混凝土的SAP参数建议值。

(1)SAP的掺入,对改善混凝土的抗碳化性能有显著的效果,且随SAP目数的减小,混凝土的抗碳化性能呈先升高后降低的趋势。其中100~120目SAP的改善效果最好,与基准混凝土相比,其28d碳化深度降低53.21%。

(2)100~120目SAP的掺入,大大改善了混凝土的抗碳化性能,且随100~120目SAP掺量的增加,混凝土抗碳化性能呈先提高后降低的趋势。当100~120目SAP掺量为0.100%时,其对混凝土抗碳化性能的改善效果最显著。

（3）基于现有的碳化深度预测模型，通过比较分析了相同条件下内养生混凝土碳化深度的主要影响因素，本章提出采用SAP掺量c、SAP平均目数d和碳化时间t建立预测模型，用来预测内养生混凝土的碳化深度X_c的发展趋势。通过数据拟合、分析发现：$F = 427.1556 \gg F_{(\alpha = 0.05)}(6, 22) = 2.55$，且$R^2 = 0.888$，验证该模型可以预测SAP内养生混凝土的碳化深度。

（4）通过归一法计算分析，当对混凝土的抗碳化性能要求较高时，应选择对混凝土抗碳化性能改善效果最好的掺量为0.100%的100～120目SAP。

（5）本章以质量分数为98%的浓硫酸、质量分数为65%的浓硝酸（当量浓度比为1.37）和蒸馏水配制pH值为4的人工酸雨模拟液。此外，本章采用酸雨浸泡10h、自然晾干14h的周期浸泡法模拟自然环境中的干湿交替。每循环一次，重新测定溶液的pH值，并使其达到设计pH值，每循环10次后，重新调配模拟液。

（6）随酸雨侵蚀时间的延长，各组混凝土的质量变化率均呈先增长再降低的趋势；SAP的掺入显著降低了混凝土质量变化率的增加幅度，并延缓了混凝土质量变化率降低的时间，降低了其下降幅度；掺量为0.100%的100～120目SAP内养生组，混凝土质量变化率增加的幅度最小，为0.28%；质量变化率降低的幅度最小，为0.06%；质量变化率开始降低时间最晚，循环80次后开始出现质量变化率下降。

（7）随酸雨侵蚀时间的延长，各组混凝土的抗压强度和抗弯拉强度均呈先增长再降低的趋势；SAP的掺入显著延缓了混凝土抗压强度和抗弯拉强度降低的时间以及下降的幅度；在酸雨循环侵蚀过程中，掺量为0.100%的100～120目SAP内养生组混凝土抗压强度降低的幅度最小，为7.30%，掺有60～100目SAP的内养生组混凝土抗弯拉强度下降的幅度最小，为15.64%。

（8）以酸雨循环侵蚀过程中的质量最大增加幅度、质量最大降低幅度和酸雨循环侵蚀80次后的抗压强度总下降幅度、抗弯拉强度总下降幅度为极小值极性决策指标，通过灰靶理论分析得出：当对混凝土的耐酸雨侵蚀性能要求较高时，应选择对混凝土耐酸雨侵蚀性能改善效果最好的掺量为0.100%的100～120目SAP。

（9）结合混凝土28d干缩试验，以28d碳化深度、酸雨循环侵蚀过程中的质量最大增加幅度、质量最大降低幅度以及酸雨循环侵蚀80次后的抗压强度和抗弯拉强度总下降幅度为决策指标，通过加权灰靶理论分析认为：掺量为0.100%的100～120目SAP对混凝土各性能的提升效果最好。

● **本章参考文献**

[1]　中华人民共和国交通运输部.公路工程水泥及水泥混凝土试验规程:JTG E30—2005[S].北京:人民交通出版社,2005.

[2]　申爱琴,郭寅川,等.广西湿热地区SAP内养生桥梁混凝土组成设计与性能研究[R].西安:长安大学,2020.

[3]　申爱琴,郭寅川,等.基于SAP内养护的桥梁隧道混凝土抗裂性能研究[R].西安:长安大学,2020.

［4］ ALIZADEH F,GHODS P,CHINI M. Effect of curing conditions on the service life design of RC structures in the Persian Gulf Region［J］. Journal of material in civil engineering,2008,20（1）:20.

［5］ 曾德强.早期养护方式对混凝土力学性能和耐久性的影响［D］.重庆:重庆大学,2011.

［6］ 高杰.表面涂抹阻锈剂对低强度混凝土耐久性影响的试验研究［J］.混凝土,2011（7）:140-142.

［7］ 张东伍,栗潮.不同强度等级混凝土的碳化行为分析［J］.河南建材,2013（5）:42-43,45.

［8］ SHEN Dejian,SHI Huafeng,TANG Xiaojian,et al. Effect of internal curing with super absorbent polymers on residual stress development and stress relaxation in restrained concrete ring specimens［J］. Construction and building materials,2016,120:309-320.

［9］ KARAKOSTA E,DIAMANTOPOULOS G,KATSIOTIS M S,et al. In situ monitoring of cement gel growth dynamics. use of a miniaturized permanent halbach magnet for precise 1H NMR studies［J］. Industrial and engineering chemistry research,2010,49（2）:613.

［10］ 姚武,佘安明,杨培强.水泥浆体中可蒸发水的^{1}H核磁共振弛豫特征及状态演变［J］.硅酸盐学报,2009,37（10）:1602-1606.

［11］ 佘安明,姚武.质子核磁共振技术研究水泥早期水化过程［J］.建筑材料学报,2010,13（3）:376-379.

［12］ SHE Anming,YAO Wu,YUAN Wancheng. Evolution of distribution and content of water in cement paste by low field nuclear magnetic resonance［J］. Journal of central south university,2013,20（4）:1109-1114.

［13］ FRIEDEMANN K,SCHÖNFELDER W,STALLMACH F,et al. NMR relaxometry during internal curing of Portland cements by lightweight aggregates［J］. Materials and structures,2008,41（10）:1647-1655.

［14］ 李享涛.高吸水树脂基内养护水分在水泥浆体中的释放及水化规律［J］.混凝土与水泥制品,2017（7）:1-5.

［15］ 黄红铭,黄增,韦江慧,等.2011—2018年广西酸雨污染变化特征及影响因素分析［J］.化学工程师,2019,33（10）:41-44,75.

疲劳损伤是指材料在外界荷载反复循环作用下发生内部力学性能劣化,进而导致体积单元损伤的现象。此时的破坏强度往往远小于材料强度。水泥混凝土属多孔介质,材料内部存在无数微裂隙、孔隙等原生缺陷,在行车荷载反复弯拉作用下,内部结构易发生应力集中,当应力超过其抗拉强度时,会使原有微裂纹扩展或者出现新的微裂缝。同时,随着微裂缝数量及开裂程度的逐渐增大,混凝土承受应力有效面积将不断变小,经多次受力后将导致混凝土产生疲劳开裂,严重的甚至导致其发生结构性破坏。因此,深入研究 SAP 内养生参数对混凝土疲劳性能的影响规律,对于延长铺装混凝土使用寿命至关重要。

在水泥混凝土耐久性能劣化因素中,疲劳荷载是主要因素。因此,本章将首先针对疲劳荷载作用下水泥混凝土疲劳损伤机理进行分析,介绍疲劳试验方法及参数确定,探索 SAP 目数与掺量对混凝土疲劳寿命的影响规律,并分别建立 SAP 内养生混凝土疲劳方程。

8.1 疲劳荷载作用下混凝土损伤机理

疲劳荷载是造成水泥混凝土性能劣化的主要因素,Z. P. Brandtzaeg 于 1990 年首次发现在受荷载作用的混凝土内部存在微裂缝,指出混凝土的破坏是由于其内部存在的大量微裂缝受到外界与裂缝伸展方向平行的压力时逐渐扩展,当形成连通的裂缝时,整个混凝土试件将出现断裂破坏。

吴国雄从混凝土损伤过程是内部微小缺陷扩展、汇集,最后导致承受应力有效面积减小的观点出发,通过应力计算分析,提出荷载作用下路面裂缝扩展的机理为:随着荷载作用次数的增加,混凝土路面的断裂韧度下降,且下降速率随着荷载作用次数的增加而增大,当应力强度因子越大时,断裂韧度下降得越快;在考虑路面损伤过程中中性轴上移时,路面板断裂韧度下降的速度会更快,达到断裂临界状态的作用次数会更少;路面断裂破坏的过程,实际上是板底裂缝不断扩展、累计损伤不断增加、断裂韧度不断下降的过程,三者相互促进。

目前,针对荷载作用下的混凝土损伤机理,部分学者基本达成共识,认为硬化后混凝土内部在未施加荷载时已经存在黏结裂缝,当荷载水平小于 0.3 时,黏结裂缝基本上不会扩展;荷载水平达到 0.5 时,荷载作用将会引发新的黏结裂缝;荷载水平达 0.7 时,黏结裂缝继续扩展并向基体中延伸,随着裂缝增多,相邻裂缝将连接起来并形成连续裂缝;当荷载水平达到 1.0 时,形成贯通裂缝,混凝土达到屈服极限。

可见,荷载作用下混凝土破坏与内部裂缝的发展过程有着密切关系,在荷载作用下,混凝土内部新微裂缝形成、扩展,由于集料阻裂作用,内部产生大量分叉裂缝,即这些裂缝是沿着曲折路径扩展的,在后期裂缝连接汇合形成贯通裂缝而导致混凝土最终发生破坏。

不同荷载水平对混凝土损伤过程类似但程度差异较大,0.3 荷载水平时,经历 400 万次荷载作用后混凝土内部的微裂缝还没有形成明显的汇聚,伴随着大量孔隙成核;0.5 荷载水平时,疲劳破坏样品图片中可见到有裂缝汇聚并扩展,伴随有部分孔隙和微裂缝成核;而 0.8 荷载水平时,内部裂缝密度明显增大,裂缝延伸和扩张程度也较大,且在孔隙成核的同时伴随有大量微裂缝成核。

根据荷载作用下混凝土细观结构的变化规律,可将荷载作用下混凝土结构损伤发展过程描述为以下几个阶段,损伤劣化过程如图 8-1 所示。

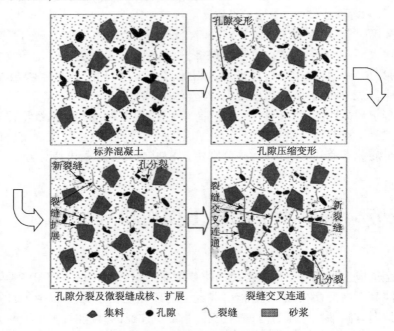

图 8-1 荷载作用下混凝土细观结构损伤机理

(1)孔隙压缩变形过程:在荷载作用早期孔隙整体被压缩产生变形,部分椭圆形或长条形孔变形时在边缘产生应力集中,并向周围扩展。

(2)孔隙分裂及微裂缝成核、扩展过程:随着荷载作用次数的增加,部分变形足够大的孔开始分裂,小孔成核,同时在不规则孔边缘会产生更多放射性微裂缝并向远处扩展,而在集料与砂浆交界处,裂缝将沿切向和法向两个方向进行扩展。

(3)裂缝交叉连通过程:在荷载作用后期,裂缝贯通孔隙,部分孔隙间的微裂缝汇聚形成长裂缝,同时垂直于集料表面的裂缝向浆体扩展。根据荷载水平不同,形成不同程度的贯通裂缝,同时伴随着裂缝宽度小幅增加以及微裂缝的进一步成核。

8.2 疲劳试验方法及参数确定

铺装混凝土属于薄板结构,长期处于受弯拉应力状态,其性能设计是以养护28d龄期混凝土抗弯拉强度作为控制指标,当外界应力超过混凝土极限抗弯拉强度时,混凝土将发生破坏。随着高性能混凝土的广泛应用,材料性能得到了大幅提高,特重、重交通路面水泥混凝土抗弯强度指标要求提高到4.5MPa以上,因此当前水泥混凝土很少出现荷载作用下的一次性破坏,多数是由于重复荷载引起的疲劳破坏,人们也逐渐开始重视疲劳作用引起水泥混凝土耐久性能劣化问题。

8.2.1 弯拉疲劳荷载作用下混凝土性能及疲劳试验方法

1)弯拉疲劳荷载作用下混凝土性能

自1890年Féret首次开展混凝土抗弯曲疲劳试验以来,国内外学者分别从荷载水平、幅度、加载频率、加载方式等方面开展了混凝土在弯拉状态下的疲劳性能研究。

李永强等针对等幅疲劳荷载下混凝土的弯曲疲劳性能进行了研究,指出荷载水平为0.55时,经历300万疲劳荷载次数作用后的混凝土未出现疲劳破坏;当荷载水平在0.6以上时,60个混凝土试件均在300万疲劳荷载次数之前出现断裂。冯秀峰等开展了变幅下混凝土梁疲劳抗弯试验,试验结果表明变幅下的构件疲劳寿命要小于等幅下的构件疲劳寿命。

Graeff、石小平等选择不同荷载水平和低高应力比研究了混凝土的疲劳性能,最大疲劳荷载次数达200万次,指出低高应力比变化会影响疲劳方程中的回归系数,而对疲劳方程的数学形式没有影响;Goel等开展了5个荷载水平下自密实混凝土的疲劳性能试验,试验的最小荷载水平为0.70,得到的混凝土最大疲劳寿命是193.2348万次。

此外,高维成、Li Hui、Gaedicke、Li Wenting等也陆续开展了不同试验条件下的混凝土抗弯疲劳性能试验,文献中所采用的试验参数详细情况见表8-1。

用已有文献开展的水泥混凝土抗弯疲劳试验参数对比 表8-1

文献来源	试件尺寸/ (cm×cm×cm)	荷载水平 S	低高应力比 R	加载频率 f/Hz	加载方式
李永强等	10×10×51.5	0.50、0.60、0.675、0.75、 0.80、0.90	0.1	10	跨中集中加载
冯秀峰等	8×8×330	随机变幅加载		2~8	三分点
Graeff等	15×15×55	0.5、0.7、0.9	0.2、0.15、0.10	15	三分点
石小平等	10×10×50	0.50、0.55、0.60、0.65、 0.70、0.75、0.80、0.85、 0.90	0.08、0.2、0.5	1和20	三分点 正弦波
Goel等	10×10×50	0.70、0.75、0.80、0.85、 0.90	0.1	10	三分点 正弦波

文献来源	试件尺寸/ (cm×cm×cm)	荷载水平 S	低高应力比 R	加载频率 f/Hz	加载方式
高维成等	15×15×55	0.7、0.75、0.77、0.8、 0.825、0.85、0.95	0.08、0.2、0.5	1 和20	三分点 正弦波
Li Hui 等	10×10×40	0.7、0.75、0.8、0.85	0.1	10	三分点 正弦波
Gaedicke 等	20×20×15	0.90	0.1、0.4、0.7	3~4	正弦波
Li Wenting 等	7×7×28	0.6	—	10	三分点 正弦波

2)疲劳试验方法

弯拉荷载疲劳试验在100kN的MTS Landmark万能试验机上进行,如图8-2所示。考虑铺装混凝土实际受力状态(受荷波形及车速),试验选择三分点正弦波加载,加载频率为10Hz,低高应力比为0.1。考虑试验的操作简便性及实际公路状况,加载模式选取控制应力模式,其具有测试时间较短、疲劳数据精度高的优点。

图8-2 MTS Landmark 万能试验机

8.2.2 疲劳荷载参数确定

研究表明,铺装混凝土在一般荷载作用下的应力水平处于0.2~0.65范围之间,而随着交通运输业的不断发展,重载、超载现象的出现致使应力水平可达到0.65~0.8。对于疲劳荷载水平的选择,当弯拉应力低于30%抗弯拉强度时,混凝土的应力、应变呈线性关系,混凝土可以承受无限次荷载重复作用,破坏周期较长;当弯拉应力高于30%抗弯拉强度时,其会对水泥混凝土结构造成塑性损伤;若施加弯拉应力过高(高于80%抗弯拉强度),试件易过早发生断裂,从而失去研究意义。基于以上所述,同时考虑试验的合理性,认为疲劳荷载水平选取为0.5、0.65和0.8时能够较大限度模拟目前高等级水泥混凝土路面的典型受荷形式,其分别反映普通疲劳水平、中周疲劳偏高荷载水平及低周疲劳高荷载水平对水泥混凝土的损伤情况。本试验过程中的疲劳失效判定标准设定为试件断裂。

8.3 不同荷载水平下 SAP 内养生混凝土疲劳关系曲线

C40 内养生混凝土的疲劳试验结果见表 8-2，相应的疲劳荷载应力水平-加载次数关系曲线见图 8-3。

C40 内养生混凝土疲劳试验结果 　　　　表 8-2

序号	抗弯拉强度/MPa	应力水平	P_{min}/kN	P_{max}/kN	疲劳加载次数/万次
C40-基准	5.07	0.50	0.99	9.94	90.4327
		0.65	1.29	12.92	9.7643
		0.80	1.59	15.90	0.1387
C40-20	4.68	0.50	0.92	9.18	45.9027
		0.65	1.19	11.93	6.4134
		0.80	1.47	14.68	0.0751
C40-40	5.56	0.50	1.09	10.90	96.6326
		0.65	1.42	14.17	14.4379
		0.80	1.74	17.44	0.4780
C40-100-0.125%	5.35	0.50	1.05	10.49	108.9217
		0.65	1.36	13.64	17.3577
		0.80	1.68	16.78	0.5125
C40-100-0.145%	5.74	0.50	1.13	11.26	113.9327
		0.65	1.46	14.63	19.9718
		0.80	1.80	18.01	0.5057
C40-100-0.165%	5.55	0.50	1.09	10.88	135.0759
		0.65	1.42	14.15	20.7641
		0.80	1.74	17.41	0.5668

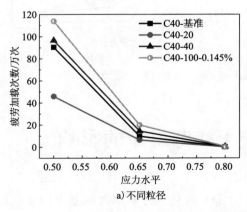

a) 不同粒径

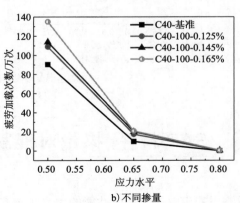

b) 不同掺量

图 8-3　C40 内养生混凝土疲劳荷载应力水平-加载次数关系曲线

C50 内养生混凝土疲劳试验结果见表 8-3，相应的疲劳荷载应力水平-加载次数关系曲线见图 8-4。

C50 内养生混凝土疲劳试验结果　　　　　　　　　　　表 8-3

序号	抗弯拉强度/MPa	应力水平	P_{min}/kN	P_{max}/kN	疲劳加载次数/万次
C50-基准	6.04	0.50	1.18	11.84	82.78231
		0.65	1.54	15.40	7.0025
		0.80	1.90	18.95	0.0777
C50-20	5.97	0.50	1.17	11.71	98.16599
		0.65	1.52	15.22	8.8790
		0.80	1.87	18.73	0.1659
C50-40-0.160%	6.17	0.50	1.21	12.10	118.0248
		0.65	1.57	15.73	14.5788
		0.80	1.94	19.36	0.3620
C50-40-0.180%	5.64	0.50	1.11	11.06	149.097
		0.65	1.44	14.38	18.7899
		0.80	1.77	17.69	0.6894
C50-40-0.200%	5.68	0.50	1.11	11.14	133.3203
		0.65	1.45	14.48	16.4532
		0.80	1.78	17.82	0.5789
C50-100	5.54	0.50	1.09	10.86	114.5257
		0.65	1.41	14.12	14.0534
		0.80	1.74	17.38	0.4746

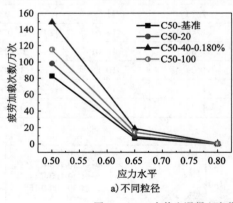
a) 不同粒径

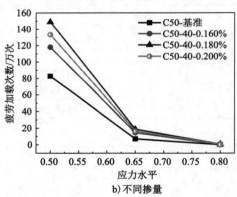
b) 不同掺量

图 8-4　C50 内养生混凝土疲劳荷载应力水平-加载次数关系曲线

8.4　SAP 粒径、掺量对混凝土疲劳寿命的影响

影响内养生混凝土疲劳性能的因素主要包括 SAP 所释水分对水泥混凝土的水化填充密实程度、水泥石和集料界面过渡区薄弱的特征。水泥石和集料界面过渡区具有水胶比高、强度

低、疏松多孔等缺点,同时也决定了水泥石与集料之间的黏结性,其密实度和宽度直接影响混凝土疲劳性能。因此,在疲劳性能的研究中应结合水化填充密实程度和界面过渡区特征综合分析。

界面过渡区的宽度可根据 EDS 能谱测试结果计算得出。石灰岩集料的主要成分为 $CaCO_3$,故该区域 Ca/Si 值最大;界面过渡区含有大量 $Ca(OH)_2$,但 Ca 含量远低于石灰岩集料,故 Ca/Si 值迅速下降;水泥石中富含多种水化产物,C—S—H 凝胶数量较多,并含有一定量的 $Ca(OH)_2$,因此 Ca/Si 值再次下降。基于以上所述,可根据 Ca/Si 值的变化特征计算出界面过渡区宽度。图 8-5 中列出了 C40-基准、C40-40 及 C40-100-0.145% 试件界面过渡区微观形貌及随扫描路径的 Ca/Si 值,图 8-5b) 横坐标从左到右相继代表集料、界面过渡区及水泥石区域,△标识之间的范围则为界面过渡区范围。

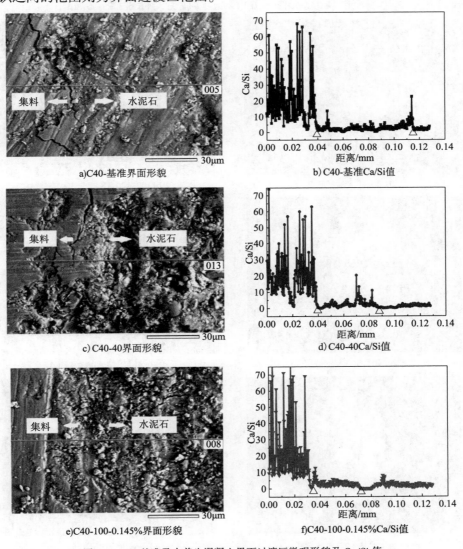

a)C40-基准界面形貌　　b)C40-基准Ca/Si值

c)C40-40界面形貌　　d)C40-40Ca/Si值

e)C40-100-0.145%界面形貌　　f)C40-100-0.145%Ca/Si值

图 8-5　C40 基准及内养生混凝土界面过渡区微观形貌及 Ca/Si 值

注:30μm 表示放大倍率。

8.4.1 SAP 粒径对混凝土疲劳寿命的影响

对于 C40 混凝土,由表 8-2 和图 8-3a)可知,应力水平越高,SAP 对混凝土疲劳寿命提升的效果越显著;C40-40 及 C40-100-0.145% 组在各应力水平下的疲劳寿命均高于基准组,其中 C40-40 组在应力水平为 0.50、0.65 和 0.80 时的疲劳寿命分别比基准组提高了 6.86%、47.86% 和 245%,C40-100-0.145% 组在不同应力水平下分别比基准组提高了 25.99%、105% 和 265%,可见 C40-100-0.145% 组的疲劳寿命最大;而 C40-20 组在应力水平为 0.50、0.65 和 0.80 时的疲劳寿命仅为基准组的 50.76%、65.68% 和 54.15%。

结合图 8-5 中的界面过渡区微观形貌、Ca/Si 值沿集料-界面过渡区-水泥石路径的变化图和 SAP 残留孔隙水化填充微观形貌(图 8-6),对上述疲劳寿命规律分析如下。

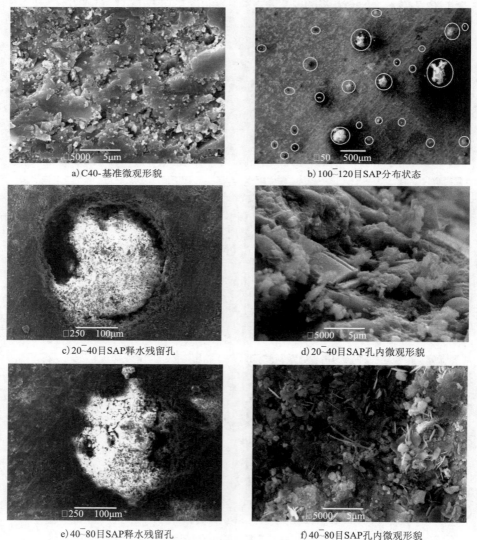

a) C40-基准微观形貌

b) 100~120目 SAP 分布状态

c) 20~40目 SAP 释水残留孔

d) 20~40目 SAP 孔内微观形貌

e) 40~80目 SAP 释水残留孔

f) 40~80目 SAP 孔内微观形貌

图 8-6

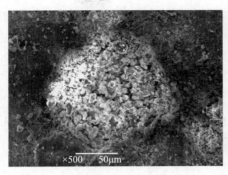

g) 100~120目SAP释水残留孔 　　　　h) 100~120目SAP孔内微观形貌

图 8-6　C40 混凝土微观形貌（28d）

（1）由图 8-6e）~ h）可知，40 ~ 80 目、100 ~ 120 目 SAP 试件中的内养生水化产物能够均匀填充孔隙，并形成较为密实的微观结构，进而提升疲劳性能；图 8-6c）、d）中 20 ~ 40 目 SAP 试件残留孔较大，且 C—S—H、Ca（OH）$_2$ 等水化产物未密实填充该孔洞，导致材料结构较为疏松，疲劳性能下降。

（2）40 ~ 80 目、100 ~ 120 目 SAP 在拌和初期保水性能优良，在新拌混凝土中会吸收部分拌合水（包括聚集在界面过渡区中的水膜），从而降低界面过渡区水胶比，同时破坏 Ca（OH）$_2$ 晶体的择优取向。在硬化后持续释放水分，供未水化水泥及粉煤灰颗粒进行二次水化，促进界面过渡区 C—S—H 凝胶的产生，消耗部分 Ca（OH）$_2$[Ca（OH）$_2$ 易产生层状解理，联结性较弱]，降低孔隙率及裂纹扩展速率；而 20 ~ 40 目 SAP 保水性能较弱，不仅不能吸持界面过渡区水膜中的水分，反而会释放部分水分，无法起到优化作用。

由图 8-5a）、c）、e）发现，基准试件在水泥石-集料界面过渡区处存在明显裂缝，C40-40 试件裂纹则较浅，而 C40-100-0.145% 试件水泥石与集料之间的黏结性优良，未出现裂纹；再由图 8-5b）、d）、f）计算得出，C40-40（48μm）和 C40-100-0.145%（37μm）试件的界面过渡区宽度仅为 C40-基准试件（75μm）的 64.00% 和 49.33%。以上界面过渡区特征均为"小粒径 SAP 增大界面过渡区密实度、减小界面过渡区宽度"提供了有力证据。

（3）较小粒径的残留孔隙能够起到"拱壳"作用，有效分散受荷过程中的应力，避免了应力集中，从而提升了混凝土疲劳性能。

为证实小粒径 SAP 对混凝土界面过渡区性能的改善作用，对应力水平为 0.65 时不同 SAP 粒径试件疲劳破坏时的断面图（图 8-7）进行观察。可见，C40-基准和 C40-20 试件的疲劳裂纹均沿界面过渡区扩展，而 C40-40、C40-100-0.145% 试件则是从集料中心断裂，充分证实了 40 ~ 80 目、100 ~ 120 目 SAP 对界面过渡区性能的优化作用，可以提升疲劳性能。

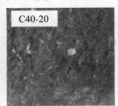
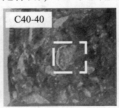
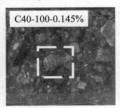

图 8-7　不同 SAP 粒径下内养生混凝土的疲劳裂纹断裂特征（以 C40 为例）

对于 C50 混凝土,结合表 8-3 和图 8-4a)可知,应力水平越高,SAP 对混凝土疲劳性能的提升效果越明显,各 SAP 粒径下混凝土的疲劳寿命均高于基准组。其中,C50-20 试件在应力水平为 0.50、0.65 和 0.80 时的疲劳寿命分别比基准组提高了 18.58%、26.80% 和 114%,C50-40-0.180% 试件分别提高了 80.1%、168% 和 787%,C50-100 试件分别提高了 38.35%、101% 和 511%,疲劳寿命提升效果由大到小排序为 40~80 目 > 100~120 目 > 20~40 目。

8.4.2　SAP 掺量对混凝土疲劳寿命的影响

对于 C40 混凝土,由图 8-3b)可知,疲劳寿命随 100~120 目 SAP 掺量的增大而增大,这是因为在合理的 SAP 粒径下,掺量越大,在早期吸持的水泥石-集料界面过渡区水分越多,该区域越密实。同时,掺量越大,SAP 分布越广泛,内养生范围越广,"拱壳"作用越明显,因此疲劳寿命有所提升。

图 8-8 为应力水平为 0.65 时,各 SAP 掺量下 C40 混凝土疲劳破坏时的断面图,可见 SAP 掺量越大,集料断裂的面积越大,即界面过渡区力学性能越优良。

a) C40-100-0.125%　　　　b) C40-100-0.145%　　　　c) C40-100-0.165%

图 8-8　不同 SAP 掺量下内养生混凝土的疲劳裂纹断裂特征(以 C40 为例)

对于 C50 混凝土,由图 8-4b)可知,疲劳寿命随 40~80 目 SAP 掺量的增大呈先增大后减小的规律,由大到小排序为 C50-40-0.180% > C50-40-0.200% > C50-40-0.160%,这与 40~80 目 SAP 粒径相对较大有关(与粒径为 100~120 目 SAP 相比)。

8.5　SAP 内养生混凝土疲劳方程的建立

根据疲劳试验数据,可拟合出 SAP 内养生混凝土不同荷载应力水平与加载次数之间的关系式,包括两种形式:第一种是考虑低应力不变的情况,此种情况下建立的疲劳方程为单对数形式,见式(8-1);第二种是考虑低应力变化的情况,此种情况下将引入系数 R ($R = \sigma_{\min}/\sigma_{\max}$),建立双对数形式的疲劳方程,见式(8-2)。

$$S = \sigma_{\min}/f_{\mathrm{r}} = a - b\lg N \tag{8-1}$$

$$S = \sigma_{\min}/f_{\mathrm{r}} = a - b(1 - D)\lg N \Rightarrow \lg \overline{S} = \lg A - B\lg N \tag{8-2}$$

上述式中: S——应力水平;

σ_{max}——反复施加应力的最大值,MPa;

σ_{min}——反复施加应力的最大值,MPa;

f_r——水泥混凝土抗弯拉强度,MPa;

N——疲劳加载次数,次;

a、b——拟合系数;

D——所施加的低应力与高应力之比;

$\overline{S}$——等效应力水平,$\overline{S} = S(1-D)/(1-SD)$。

本节选取疲劳性能较为优良的 SAP 内养生混凝土,对其建立疲劳方程,具体见表 8-4。

C40、C50 SAP 内养生混凝土疲劳方程　　　　　　　　表 8-4

序号	单对数形式疲劳方程	双对数形式疲劳方程
C40-40	$S = 1.03596 - 0.0837\lg N, R^2 = 0.8459$	$\lg \overline{S} = \lg 1.15856 - 0.05978\lg N, R^2 = 0.8727$
C40-100-0.125%	$S = 1.27334 - 0.12478\lg N, R^2 = 0.9361$	$\lg \overline{S} = \lg 1.72338 - 0.08967\lg N, R^2 = 0.8849$
C40-100-0.145%	$S = 1.26403 - 0.12231\lg N, R^2 = 0.9184$	$\lg \overline{S} = \lg 1.69438 - 0.08775\lg N, R^2 = 0.8619$
C40-100-0.165%	$S = 1.26891 - 0.12214\lg N, R^2 = 0.9357$	$\lg \overline{S} = \lg 1.71072 - 0.08777\lg N, R^2 = 0.8843$
C50-40-0.160%	$S = 1.22395 - 0.11638\lg N, R^2 = 0.9500$	$\lg \overline{S} = \lg 1.59019 - 0.08375\lg N, R^2 = 0.9037$
C50-40-0.180%	$S = 1.29335 - 0.12626\lg N, R^2 = 0.9655$	$\lg \overline{S} = \lg 1.78731 - 0.09101\lg N, R^2 = 0.9255$
C50-40-0.200%	$S = 1.27822 - 0.12478\lg N, R^2 = 0.9651$	$\lg \overline{S} = \lg 1.74289 - 0.08994\lg N, R^2 = 0.9249$
C50-100	$S = 1.26335 - 0.12363\lg N, R^2 = 0.9638$	$\lg \overline{S} = \lg 1.70012 - 0.08910\lg N, R^2 = 0.9230$

基于 C40、C50 内养生混凝土的双对数形式绘制疲劳方程图,详见图 8-9。

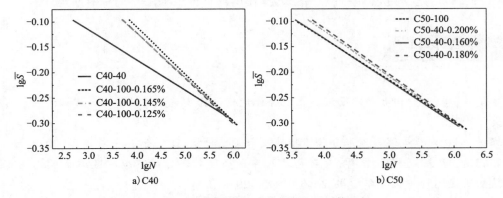

图 8-9　SAP 内养生混凝土疲劳方程图(双对数形式)

由图 8-9a)可见,C40-40 组混凝土的疲劳方程斜率小于 C40-100 组,同时各 SAP 掺量下 C40-100 组的疲劳方程斜率相当,掺量越大,斜率越大,即在相同的等效应力水平下,疲劳寿命由大到小排序为 C40-100-0.165% > C40-100-0.145% > C40-100-0.125% > C40-40;由图 8-9b)可见,各组混凝土的疲劳方程斜率相当,在相同的等效应力水平下,疲劳寿命由大到小排序为 C50-40-0.180% > C50-40-0.200% > C50-100 > C50-40-0.160%。

8.6 本章小结

本章首先针对疲劳荷载作用下水泥混凝土疲劳损伤机理进行分析,介绍疲劳试验方法及参数确定,探索 SAP 粒径与掺量对混凝土疲劳寿命的影响规律,并分别建立 SAP 内养生混凝土疲劳方程,主要研究结论如下:

(1)应力水平越高,SAP 对疲劳性能的提升效果越显著,其中较小粒径 SAP 对混凝土疲劳寿命提升效果优良;C40-40 组在应力水平为 0.50、0.65、0.80 时的疲劳寿命分别比基准组提高 6.86%、47.86% 和 245%,C40-100-0.145% 组分别提高了 25.99%、105% 和 265%,C50-40-0.180% 组分别提高了 80.1%、168% 和 787%,C50-100 组分别提高了 38.35%、101% 和 511%。

(2)较小粒径的 SAP 不仅能够增大材料密实度,减少微裂缝数量,且能够在拌和期吸持部分界面过渡区水分,降低该区域水胶比,破坏 $Ca(OH)_2$ 晶体的择优取向,同时在硬化后持续释放水分,促进 C—S—H 的产生,从而增强水泥石和集料之间的黏结性;SAP 残留孔可起到"拱壳"作用,有效分散应力以提升疲劳性能。

(3)C40-基准和 C40-20 试件的疲劳裂纹均沿水泥石-集料界面过渡区扩展,而 C40-40 和 C40-100-0.145% 试件则从集料中心断裂,证实了 40~80 目及 100~120 目 SAP 对界面过渡区性能的优化作用。

(4)混凝土疲劳寿命随 100~120 目 SAP 掺量的增大而增大,这是由于在合理的 SAP 粒径下,掺量越大,在早期吸持的水泥石-集料界面过渡区水分越多,该区域越密实。同时,掺量越大,SAP 分布越广泛,内养生范围越广,"拱壳"作用越明显,因此疲劳寿命有所提升。

● 本章参考文献

[1] 申爱琴,等. SAP 内养护路面混凝土配合比优化设计及施工关键技术研究[R].西安:长安大学,2020.

[2] 覃潇. SAP 内养生混凝土水分传输特性及耐久性研究[D].西安:长安大学,2018.

[3] 郭寅川,申爱琴,何天钦,等.疲劳荷载与冻融循环耦合作用下季冻区路面水泥混凝土孔结构研究[J].中国公路学报,2016,29(8):29-35.

[4] 郭寅川,申爱琴,何天钦,等.疲劳荷载和冻融循环耦合作用下路面混凝土微裂缝扩展行为[J].交通运输工程学报,2016,16(5):1-9.

[5] 覃潇,申爱琴,郭寅川,等.多场耦合下路面混凝土细观裂缝的演化规律[J].华南理工大学学报(自然科学版),2017,45(6):81-88,102.

[6] 史才军,元强.水泥基材料测试分析方法[J].北京:中国建筑工业出版社,2018.

[7] KORD J P. Nuclear magnetic relaxation of liquids in porous media[J]. New journal of physics,

2011,13(3):035016.

[8] 周胜波.荷载、温度和湿度耦合作用下路面水泥混凝土细观结构动态演化研究[D].西安:长安大学,2014.

[9] 董淑慧,张宝生,葛勇,等.轻骨料-水泥石界面区微观结构特征[J].建筑材料学报,2009,12(6):737-741.

[10] LO Y,GAO X F,JEARY A P. Microstructure of pre-wetted aggregate on lightweight concrete[J]. Building and environment,1999,34(6):759-764.

[11] 胡曙光,王发洲,丁庆军.轻集料与水泥石的界面结构[J].硅酸盐学报,2005,33(6):713-717.

[12] 陈衍,何真,王磊,等.内养护对水泥浆水化及微观结构的影响[J].混凝土,2010(12):40-42.

[13] IGARASHI S I. Experimental study on prevention of autogenous deformation by internal curing using super-absorbent polymer particles[C]. International RILEM Conference on Volume Changes of Hardening Concrete:Testing and Mitigation,2006.

[14] FARZANIAN K,TEIXEIRA K P,ROCHA I P,et al. The mechanical strength,degree of hydration,and electrical resistivity of cement pastes modified with superabsorbent polymers[J]. Construction and building materials,2016,109:156-165.

[15] 孙增智.道路水泥混凝土耐久性设计研究[D].西安:长安大学,2010.

[16] 中华人民共和国住房和城乡建设部,中华人民共和国国家质量监督检验检疫总局.普通混凝土长期性能和耐久性能试验方法[M].北京:中国建筑工业出版社,2010.

[17] BRANDTZAEG Z P,TABBARA M R,KAZEMI M T,et al. Random particle model for fracture of aggregate or fiber composites[J]. ASCE Journal of engineering mechanics,1990,116(8):1686-1705.

[18] 吴国雄.水泥混凝土路面开裂机理及破坏过程研究[J].重庆:西南交通大学,2003.

[19] 李兆霞.损伤力学及其应用[M].北京:科学出版社,2002.

[20] 梁军林.水泥混凝土路面断裂破坏机理研究[C].//2005年全国公路科技青年论坛论文集.北京:人民交通出版社,2005.

[21] 吕惠卿,张湘伟,张荣辉.水泥混凝土路面断裂破坏研究[J].重庆交通大学学报(自然科学版),2010,29(1):54-57,68.

[22] 李永强,车惠民.在等幅重复应力作用下混凝土弯曲疲劳性能研究[J].铁道学报,1999,21(2):76-79.

[23] 冯秀峰,宋玉普,朱美春.随机变幅疲劳荷载下预应力混凝土梁疲劳寿命的试验研究[J].土木工程学报,2006,39(9):32-38.

[24] GRAEFF A G,PILAKOUTAS K,NEOCLEOUS K,et al. Fatigue resistance and cracking mechanism of concrete pavements reinforced with recycled steel fibres recovered from post-consumer tyres[J]. Engineering structures,2012,45:385-395.

[25] 石小平,姚祖康,李华,等.水泥混凝土的弯曲疲劳特性[J].土木工程学报,1990,23(3):11-22.

[26] GOEL S,SINGH S P. Flexural fatigue strength and failure probability of Self Compacting Fibre Reinforced Concrete beams[J]. Engineering structures,2012,40(4):131-140.

[27] 高维成. 水泥混凝土路面疲劳特性研究[D]. 西安:长安大学,2000.

[28] LI Hui,ZHANG Maohua,OU Jinping. Flexural fatigue performance of concrete containing nano-particles for pavement[J]. International journal of fatigue,2007,29(7):1292-1301.

[29] GAEDICKE C,ROESLER J,SHAH S. Fatigue crack growth prediction in concrete slabs[J]. International journal of fatigue,2015,31(8-9):1309-1317.

[30] LI Wenting,SUN Wei,JIANG Jinyang. Damage of concrete experiencing flexural fatigue load and closed freeze/thaw cycles simultaneously[J]. Construction and building materials,2011, 25(5):2604-2610.

第9章 纳米SiO₂改性SAP内养生混凝土耐久性

水泥混凝土构造物在施工及养护阶段,由于水泥水化以及水分的蒸发作用,很容易干燥收缩,同时由于季冻区气候温差大,环境更为恶劣,混凝土的温度收缩严重。在交通荷载及环境综合作用下,季冻区铺装混凝土早期开裂破坏频发,致使服役期水分、空气中的有害气体等沿着裂缝进入混凝土内部,进而对混凝土造成冻融、腐蚀等耐久性损伤,导致混凝土构造物出现各种病害。

前几章研究了SAP内养生混凝土各项性能,并取得了大量成果,但是鉴于季冻区特殊的气候环境,传统SAP内养生混凝土难以应对季冻区恶劣的气候环境。因此,本章开展C40纳米SiO₂改性SAP内养生混凝土耐久性研究,重点分析纳米SiO₂对SAP内养生混凝土各项性能的影响规律。

9.1 纳米SiO₂改性SAP内养生混凝土研究背景及意义

我国北方季冻区天气寒冷、气温昼夜变化大,特别是在初春冰雪融化时,白天温度高,夜间温度低,冻融循环交替,铺装混凝土受到冻融交替与车辆荷载的交互作用,出现冻融损坏、磨损、开裂及侵蚀等破坏,直接影响铺装混凝土的使用年限。究其原因,主要是耐久性不足,只有提高水泥混凝土的耐久性,才能进一步实现其设计使用寿命的目标,减少后期养护、维修费用。裂缝是混凝土耐久性下降的直接"导火索",特别是混凝土在浇筑、养护时,不可避免地会出现一些早期收缩裂缝、原生微裂缝等,这些微裂缝后期在车辆荷载和气候环境的共同作用下会逐渐连接、贯通,进而形成宏观裂缝,水分、氯离子、灰尘等沿着裂缝进入混凝土内部,会对混凝土产生侵蚀破坏;季冻区混凝土内部水分反复结冰、融化,对混凝土产生冻融破坏;铺装混凝土在车辆荷载的频繁制动下耐磨性下降,发生磨损类破坏。基于以上分析,提高水泥混凝土耐久性对减轻其病害、延长使用寿命有重大意义。

为提高水泥混凝土耐久性,国内外学者开始专注于新技术、新材料研究,成果颇多,主要有化学养生、轻集料混凝土、聚合物改性混凝土及纤维改性混凝土等。化学养生如喷射养生剂等,相比传统养护方式,养生剂确实在一定程度上补偿了水泥水化所需水分,减少了混凝土表面收缩裂缝,但养生剂价格高昂、施工复杂,而且也仅是对混凝土表面进行养生,仍存在减缩不及时、不彻底现象;轻集料混凝土具有轻质高强的特点,但其施工工艺水平落后、混凝土收缩变形大;聚合物改性混凝土如聚乙烯醇等在混凝土内部形成刚柔并济的聚合物膜,对混凝土抗冻性、抗渗性及抗裂性有明显改善,但其施工和易性差,不利于推广;纤维改性混凝土,如常见的钢纤维等对混凝土抗缩减裂性、抗冲击、抗变形等均具有较大提升,但其分散性差,对混凝土抗渗、耐磨等耐久性改善效果不明显。

大量工程统计数据表明,水泥混凝土在浇筑、养护期间产生的微裂缝是后期耐久性下降的根本原因。基于此,课题组前期将研究重点放在了养护技术上,经研究发现,水泥混凝土内养生技术在抑制混凝土收缩裂缝方面要显著优于传统养护方式(如洒水、蓄水、化学养护等)。课题组选取了效果较好的超吸水性树脂(简称SAP)作为湿度补偿介质,研究了SAP内养生混凝土的水分传输特性、力学强度及耐久性等,并取得了一定的成果,解决了水泥混凝土收缩抗裂性不足、早期收缩裂缝严重的问题,但是传统SAP内养生混凝土强度、抗冻性及耐磨性等难以应对季冻区恶劣的冻融环境及重载交通。

基于以上分析,SAP虽解决了水泥混凝土收缩开裂问题,但是SAP内养生水泥混凝土仍存在冻融破坏、氯盐侵蚀及磨耗严重等现象。纳米材料被定义为在三维立体空间内至少存在一维空间是小于纳米尺寸(1~100nm)的或者说是由其作为最小基本单元所构成的细微材料。纳米材料由于其特殊的空间结构及纳米级的尺寸大小,具有特殊的效应,如表面能效应、宏观量子隧道效应及三维尺寸效应等。这些独特的效应使得纳米材料在各行各业都得到了广泛应用,包括服装制造业、塑料制品业、医药行业以及纸质行业等,纳米材料甚至被称为"21世纪最具潜力的新型材料"。基于其独特优势,近年来纳米材料也开始被广泛应用于水泥混凝土中,利用其分子填充效应、化学反应活性以及晶核作用,均匀填充混凝土空隙、促进水泥水化,增强了混凝土密实性,从而改善了混凝土抗渗性、抗冻性及耐磨性等耐久性。

纳米材料种类繁多,包括纳米金属材料、纳米金属氧化物、无机非金属纳米及纳米矿粉等,但是大部分纳米材料价格高昂,限制了其在水泥混凝土中的推广和应用。纳米SiO_2是一种无机非金属纳米材料,相比其他纳米材料,纳米SiO_2火山灰活性强烈、表面能更高,能与水泥水化产物反应生成$C—S—H$凝胶,均匀填充混凝土的空隙、裂缝,增强水泥石界面黏结性,且其价格低廉、施工工艺简单、性价比较高,具有广阔的推广和应用前景,因此本章最终选用纳米SiO_2用于改性SAP内养生混凝土耐久性研究。

本章借鉴第3章混凝土配合比设计方法,通过正交试验优化得到C40纳米SiO_2改性SAP内养生混凝土初步配合比,见表9-1,基于表9-1中C40混凝土配合比,对季冻区纳米SiO_2改性SAP内养生混凝土抗渗性、抗冻性、耐磨性等耐久性进行研究,旨在科学、合理地解决季冻区C40混凝土弯拉强度、抗冻性、耐磨性及抗氯离子渗透性不足的问题。研究成果不仅可以针对我国北方季冻区水泥混凝土工程,且可供类似地区混凝土构筑物工程设计施工借鉴,为纳米SiO_2改性SAP内养生混凝土在基础设施建设中的应用提供宝贵的技术经验和数据支持,对现代水泥混凝土基础设施建设和未来发展具有重要理论指导意义。

C40 纳米 SiO₂ 改性 SAP 内养生路面混凝土最佳配合比　　表 9-1

强度等级	水胶比	组成材料/(kg/m³)								
		水泥	纳米 SiO₂	水	砂	大石	小石	减水剂	SAP	额外引水量
C40	0.36	397.7	12.3	148	719	938	235	6.15	0.779	24.6

9.2　纳米 SiO₂ 改性 SAP 内养生混凝土收缩性能

课题组前期大量试验表明,SAP 在提升混凝土抗裂性方面具有良好效果,本节开展纳米 SiO₂ 改性 SAP 内养生路面混凝土收缩性能研究,通过调查季冻区混凝土路面常见的收缩开裂类型,设计混凝土干缩及温缩试验,分析纳米 SiO₂ 对 SAP 内养生路面混凝土收缩性能的影响规律。

9.2.1　季冻区混凝土收缩开裂类型及影响因素分析

9.2.1.1　季冻区混凝土收缩开裂类型

季冻区混凝土的收缩类型与其他混凝土的收缩类型基本类似,包括自收缩、干燥收缩、塑性收缩以及温度收缩等,每一种收缩类型对混凝土的作用方式都不同,需要根据各自的特点采取对应的研究方法。由于季冻区混凝土受到的气候、温差作用较大,外部环境湿度差异性大,从拌和、摊铺、碾压成型及养护至开放交通,混凝土在这期间受到干燥收缩影响较大,而在服役期间,由于日温差大,受温度收缩的影响较大。因此,本节主要从干燥收缩和温度收缩两方面来分析季冻区混凝土的收缩状况,介绍季冻区混凝土的主要收缩类型,从而有针对性地解决季冻区混凝土的收缩问题。

(1)干燥收缩

季冻区混凝土的干燥收缩现象基本出现在早期养生时期,且存在时间较长。养生期间,混凝土基本处于内部水化以及凝结硬化过程,由于季冻区外部环境湿度变化大,混凝土面板内外湿度状况不一致,使得混凝土面板内自由水蒸发、散失,从而产生干燥收缩现象。干燥收缩常出现在混凝土表面处,且细小易被忽略,容易引起雨水渗透,加剧渗透破坏,从而影响其耐久性。

(2)温度收缩

季冻区混凝土的温度收缩主要来自两方面:其一是混凝土在养护期间,水泥水化反应产生大量热量,使混凝土温度有所上升,达到峰值,在水泥水化反应结束后,混凝土温度又会下降,造成混凝土面板内部温度梯度增大,导致混凝土体积开始减小,这是混凝土早期的温度收缩。除此之外,季冻区气候恶劣,日温度变化大,外界气温的突然上升和下降,也会导致混凝土面板产生热胀冷缩,造成混凝土体积发生变化。白天太阳照射在混凝土上表面,导致混凝土面板上层温度较高,而底层温度较低,产生面板拱起现象;在夜晚混凝土上表面温度骤降,甚至低于底层温度,从而产生面板凹陷现象,这是外界温度变化引起的混凝土温度收缩。

9.2.1.2 季冻区混凝土收缩开裂影响因素分析

在9.2.1.1节介绍了季冻区混凝土常见的两种收缩开裂类型,混凝土从拌和、浇筑、养护到通车营运,不可避免会出现收缩开裂现象,通过大量工程实践以及试验研究发现,混凝土长期处于带裂缝工作状态。既然无法完全避免收缩裂缝的产生,就只能在一定程度上缓解混凝土收缩,抑制裂缝的扩展劣化。为了研究季冻区混凝土收缩开裂问题,掌握混凝土收缩开裂的影响因素至关重要。

通过对季冻区混凝土工作环境、交通荷载的调查发现,影响季冻区混凝土收缩开裂的因素主要可归纳为内因和外因两部分。内因主要包括水胶比、混凝土级配、水泥等胶凝材料品种、减水剂等,外因主要是指养护方式,外界环境温度、湿度以及轴载状况等。就内因而言,前期通过调研、室内试验,优选水泥、减水剂等原材料,优化混凝土配合比,同时基于前几章对SAP内养生混凝土的深入研究,发现SAP吸释水特性能够有效抑制混凝土的早期收缩。因此,在混凝土配比中引入SAP。外因是季冻区混凝土产生收缩开裂的主要因素,就养护方式而言,可以通过内养生与外养护同时进行,抑制混凝土早期收缩开裂。

9.2.2 干缩性能研究

9.2.2.1 混凝土干缩试验设计

本节干缩试验数据选用千分表进行采集,测量精度为0.001mm,数据采集过程如图9-1所示。将混凝土试件在24h脱模后移入标准养护室内,放置在提前准备好的收缩支架上,将千分表固定安装在试件上方,然后调零,开始干缩数据的采集。混凝土干缩试验的测试龄期为28d,每隔1d读取千分表数值,研究纳米SiO_2对SAP内养生混凝土连续干缩变形的影响。按式(9-1)计算混凝土试件干缩率。

$$\varepsilon_{st} = \frac{L_0 - L_t}{L_b} \tag{9-1}$$

式中:ε_{st}——t天龄期时混凝土干缩率;

$\quad L_0$——千分表初始读数;

$\quad L_t$——t天龄期时千分表读数;

$\quad L_b$——混凝土初始长度,记400mm。

为了对比研究纳米SiO_2掺量以及龄期对SAP内养生混凝土干缩率的影响,试验设计基准组与纳米SiO_2掺量分别为2%、3%以及4%的改性混凝土试件,测试混凝土试件从脱模至28d龄期内的连续收缩变形。试验将室内温度控制在(20 ± 5)℃,湿度为$(70 \pm 5)\%$RH,具体试验方案见表9-2。

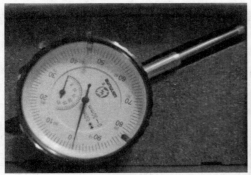
a)千分表

b)试验过程

图9-1　纳米 SiO_2 改性 SAP 内养生混凝土干缩试验

纳米 SiO_2 改性 SAP 内养生混凝土干缩试验方案　　　　表 9-2

编号	纳米 SiO_2 掺量/%	SAP 掺量/%	试件尺寸/ $(mm \times mm \times mm)$	混凝土等级	温度/℃	龄期/d	评价指标
JZ	0						
NS-2%	2						
NS-3%	3	0.19	$100 \times 100 \times 400$	C40	20 ± 5	28	干缩率
NS-4%	4						

9.2.2.2　纳米 SiO_2 掺量对 SAP 内养生混凝土干缩性的影响

通过式(9-1)计算出28d龄期内不同纳米 SiO_2 掺量的 SAP 内养生混凝土试件干缩率,用于评价纳米 SiO_2 对 SAP 内养生混凝土干燥收缩性能的影响,测试结果见表9-3。由于试验数据较多,为了直观了解纳米 SiO_2 掺量对 SAP 内养生混凝土干缩率的影响规律,基于表9-3数据绘制折线图,如图9-2所示。

纳米 SiO_2 改性 SAP 内养生混凝土干缩率测试值　　　　表 9-3

龄期	干缩率/ $(\times 10^{-6})$			
	JZ	NS-2%	NS-3%	NS-4%
1d	20.0	22.5	27.5	32.5
2d	32.5	35.0	37.5	55.0
3d	47.5	52.5	65.0	70.0
4d	50.0	61.0	68.5	90.0
5d	52.5	70.0	76.5	105.0
6d	65.0	80.5	90.0	117.5
7d	65.0	92.5	98.5	126.5
8d	72.5	100.0	112.5	137.0
9d	82.5	107.5	118.0	151.5
10d	89.0	113.5	126.5	155.0
11d	95.5	118.5	135.0	166.5

龄期	干缩率/(×10⁻⁶)			
	JZ	NS-2%	NS-3%	NS-4%
12d	102.0	121.0	140.0	172.5
13d	109.5	126.5	147.5	179.5
14d	114.0	135.5	159.0	186.5
15d	120.0	141.0	170.0	194.5
16d	124.5	146.5	180.0	203.0
17d	131.5	151.0	185.5	210.0
18d	139.0	155.0	192.5	216.5
19d	150.5	162.5	195.0	228.0
20d	161.0	170.0	201.5	236.5
21d	173.5	176.5	207.5	243.5
22d	188.0	184.0	213.0	255.0
23d	196.0	190.5	218.5	259.0
24d	203.5	193.0	224.0	265.5
25d	212.5	192.5	229.5	272.5
26d	227.5	195.0	235.5	278.5
27d	234.0	198.5	239.0	284.5
28d	241.5	200.0	243.5	291.0

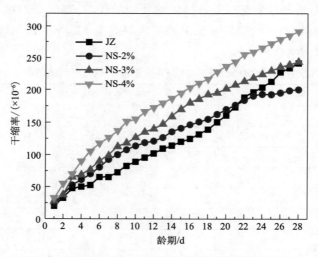

图 9-2　纳米 SiO_2 改性 SAP 内养生混凝土干缩率发展曲线

　　分析图 9-2 混凝土 28d 连续干缩率发展规律,可以发现,整体上四组内养生混凝土试件干缩率随龄期的增加均呈上升趋势,且干缩率均较低,不超过 300×10^{-6}。四组混凝土试件整体干缩性较好,这主要与 SAP 的内养生作用有关,在水泥凝结硬化期间,SAP 持续释水,补充水泥水化所需的水分,从而有效降低了混凝土干缩率。而纳米 SiO_2 的加入则会对 SAP 内养生混凝土早期(14d前)干缩率产生较大影响,且随纳米 SiO₂ 掺量的增加,影响效果越明显。但随着龄期的增加,后期较低掺量的纳米 SiO₂ 改性混凝土干缩率增长缓慢,逐渐趋于平稳,在 21d 龄期时,2% 纳米 SiO₂ 掺量改性混凝土干缩率增长逐渐平缓,开始低于基准 SAP 内养生混凝土干缩率,在 28d 龄期时,相比基准 SAP 内养生混凝土,干缩率降低了 17.18%,3% 纳米 SiO₂ 改性混凝土 28d 干缩率基本接近基准 SAP 内养生混凝土,而基准 SAP 内养生混凝土干缩率随龄期持续增长。总体来看,适量纳米 SiO₂ 会造成 SAP 内养生混凝土前期干缩率轻微增长,对后期混凝土干缩率影响不大,但是纳米 SiO₂ 掺量不宜过大,当纳米 SiO₂ 掺量为 4% 时,改性混凝土干缩率会明显增长。

分析上述原因,纳米 SiO₂ 造成 SAP 内养生混凝土早期干缩率轻微增长,且纳米 SiO₂ 掺量越多,干缩率增长越显著,这主要是由于纳米 SiO₂ 粒径小、比表面积较大,引起内养生混凝土需水量增大,SAP 释放的内养生水分不足以补偿纳米 SiO₂ 吸附的水分,但是纳米 SiO₂ 能有效填充混凝土原生孔隙及 SAP 释水后的残余孔洞,降低了结构孔隙率,增强了浆体密实性,从而减小了混凝土试件在干燥环境中的水分损失,因此后期 2% 纳米 SiO₂ 掺量的改性混凝土干缩率逐渐稳定,甚至低于基准 SAP 内养生混凝土。

9.2.2.3　龄期对纳米 SiO₂ 改性 SAP 内养生混凝土干缩性的影响

为了研究不同龄期对纳米 SiO₂ 改性 SAP 内养生混凝土干缩性能的影响规律,本节选取了 1d、3d、7d、14d、21d 及 28d 龄期时混凝土干缩率数值,见表9-4。基于表中数据绘制柱状图,以便分析龄期对季冻区纳米 SiO₂ 改性 SAP 内养生混凝土干缩率的影响规律,如图9-3 所示。

不同龄期下纳米 SiO₂ 改性 SAP 内养生混凝土干缩率　　　　　　表9-4

编号	干缩率/($\times 10^{-6}$)					
	1d	3d	7d	14d	21d	28d
JZ	20.0	47.5	65.0	114.0	173.5	241.5
NS-2%	22.5	52.5	92.5	135.5	176.5	200.0
NS-3%	27.5	65.0	98.5	147.5	207.5	243.5
NS-4%	32.5	70.0	126.5	179.5	243.5	291.0

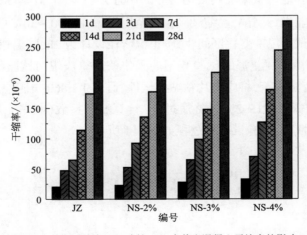

图9-3　龄期对纳米 SiO₂ 改性 SAP 内养生混凝土干缩率的影响

从图 9-3 可以看出,四组内养生混凝土试件,当龄期从 1d 增长到 28d 时,混凝土干缩率均呈阶梯式增长。基准 SAP 内养生混凝土前 7d 干缩率增长幅度较小,混凝土干缩变形较小,从 1d 到 3d、3d 到 7d 龄期,干缩率分别增长了 137.5% 和 36.84%;而纳米 SiO_2 改性组混凝土前 7d 干缩率增长幅度较大,且纳米 SiO_2 掺量越多,增长趋势越明显,纳米 SiO_2 掺量为 4% 时,复合改性混凝土在 1d 到 3d、3d 到 7d 龄期,干缩率分别增长了 115.38% 和 80.71%。观察几组混凝土试件 14d 龄期后干缩率变化趋势,可以明显观察到,后期纳米 SiO_2 改性组混凝土干缩率增长幅度要明显小于基准组,从 14d 到 21d、21d 到 28d 龄期,基准组 SAP 内养生混凝土干缩率分别增长了 52.19%、39.19%,2% 纳米 SiO_2 掺量的改性混凝土干缩率分别增长了 30.26% 和 13.31%,说明适量纳米 SiO_2 对 SAP 内养生混凝土后期干缩率有所改善。

综上所述,适量纳米 SiO_2 对 SAP 内养生混凝土早期干燥收缩有不利影响,而在后期对干缩变形有一定抑制改善作用,这主要与 SAP 的内养生特性以及纳米 SiO_2 的填充效应和黏结作用有关。基于课题组对 SAP 内养生水分传输机制的研究,发现 SAP 对混凝土材料的内养生作用的关键时期在前 7d,后期内养生作用逐渐减弱。因此前期纳米 SiO_2 的加入,吸附了内养生混凝土内部大量水分,造成纳米 SiO_2 改性混凝土早期干缩变形增大,但是随着龄期的增长,纳米 SiO_2 充分填充混凝土原生孔隙及 SAP 释水后残留孔洞,混凝土结构更加密实,因此减小了混凝土因水分损失产生的体积收缩,同时纳米 SiO_2 的填充效应会增强水泥砂浆黏结性,使得后期纳米 SiO_2 改性混凝土试件干缩率小于基准组 SAP 内养生混凝土。

9.2.3　温缩性能研究

9.2.3.1　温缩试验方法及方案设计

根据对季冻区代表地区全年气候变化趋势的调查分析,本节对季冻区纳米 SiO_2 改性 SAP 内养生混凝土温缩性能进行测试,温缩试验温度范围设置在 $-30 \sim 30℃$ 以内,整个试验过程以 $10℃$ 为温度梯度作为试验温度变化区间,每个恒温阶段设计为 2h,降温速率为 $0.5℃/min$。纳米 SiO_2 改性 SAP 内养生混凝土温缩试验数据的采集使用重庆银河试验仪器有限公司生产的 GL405F 型高低温交变试验箱,将应变片粘贴于试件,通过 TS3860 电阻应变仪测试混凝土收缩变形 $\mu\varepsilon$,$\mu\varepsilon$ 的计算公式见式(9-2),最终通过 $\mu\varepsilon$ 计算温缩系数(收缩变形 $\mu\varepsilon$/温度梯度),用温缩系数评价其温缩性能,试验设备及过程如图 9-4 所示。

$$\mu\varepsilon = \frac{U_t - U_0}{1000 \times A \times 400 \times 10^6} \tag{9-2}$$

式中:$\mu\varepsilon$——收缩变形;

　　U_t——t 龄期时的电压值;

U_0——初始时刻电压值；

A——传感器信号灵敏度。

a) 温缩试验箱　　　　　　　　　　　　　　　b) 测试过程

图 9-4　纳米 SiO₂ 改性 SAP 内养生混凝土温缩试验

混凝土温缩试验与干缩试验方案大致相同，仍然设置基准 SAP 内养生混凝土与纳米 SiO₂ 掺量分别为 2%、3% 以及 4% 的改性混凝土，每组混凝土设置三个平行试件，将混凝土试件养护至 28d 龄期时，测试其温缩性能。试验开始前，先将混凝土温缩试件平放在高低温交变试验箱内部支架上，然后贴上应变片等，检查各设备连接情况，最后按照试验设计的温度区间等条件，设置好试验参数，正式开始混凝土温缩试验。试验过程中要随时注意观察高低温交变试验箱内温度变化，由于传感器探头比较灵敏，试验过程中要尽量避免挪动试件，确保测量数据的准确性，具体试验方案见表 9-5。

纳米 SiO₂ 改性 SAP 内养生混凝土温缩试验方案　　　　　　　　表 9-5

编号	纳米 SiO₂ 掺量/%	试件尺寸/mm	混凝土等级	温度范围/℃	温度变化间隔/℃	龄期/d	评价指标
JZ	0						
NS-2%	2						
NS-3%	3	100×100×400	C40	−30~30	10	28	温缩系数
NS-4%	4						

9.2.3.2　纳米 SiO₂ 掺量对 SAP 内养生混凝土温缩性能的影响

针对季冻区气候环境特点，本节将在 −30~30℃ 温度范围内测试季冻区纳米 SiO₂ 掺量对 SAP 内养生混凝土温缩性能的影响。以 10℃ 为温度梯度，以此记录不同温度区间内纳米 SiO₂ 改性 SAP 内养生混凝土温缩应变大小，试验数据见表 9-6。同时以表 9-6 试验数据为基础，计算得到温缩系数，绘制纳米 SiO₂ 掺量与温缩系数对应的关系曲线图，如图 9-5 所示。

不同纳米 SiO₂ 掺量的 SAP 内养生混凝土温缩试验结果 表 9-6

编号	不同温度区间纳米改性 SAP 内养生混凝土温缩应变/($\times 10^{-6}$)					
	20~30℃	10~20℃	0~10℃	-10~0℃	-20~-10℃	-30~-20℃
JZ	7.6	12.6	14.5	31.1	20.9	14.4
NS-2%	5.5	10.8	12.3	25.8	18.9	12.1
NS-3%	5.2	11.1	13.3	24.1	17.8	10.8
NS-4%	8.2	14.1	15.2	35.3	28.5	16.5

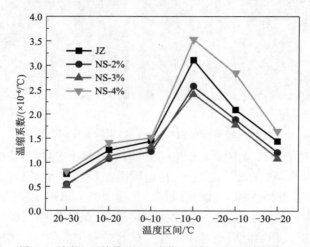

图 9-5　纳米 SiO₂ 掺量对 SAP 内养生混凝土温缩系数的影响

分析表 9-6 试验数据和图 9-5 不同纳米 SiO₂ 掺量下混凝土温缩系数发展规律,可以得出如下结论:

(1)基准 SAP 内养生混凝土与纳米 SiO₂ 改性 SAP 内养生混凝土温缩系数随温度区间变化,整体发展趋势一致,温度区间从 20~30℃ 变化到 -30~-20℃,温缩系数均先增大后减小,当温度区间为 -10~0℃ 时,各组混凝土试件温缩系数均达到最大值,说明当温度区间在 -10~0℃ 时,混凝土会产生较大温度收缩。

(2)在 SAP 内养生混凝土中加入适量纳米 SiO₂,能够改善其温缩性能。从图 9-5 可以明显看出,在不同温度区间下,2% 和 3% 纳米 SiO₂ 掺量的改性混凝土温缩系数较为接近,且要明显低于基准 SAP 内养生混凝土,在 -10~0℃ 温度区间,基准 SAP 内养生混凝土温缩系数为 $3.11 \times 10^{-6}/℃$,而此时 3% 纳米 SiO₂ 改性混凝土温缩系数为 $2.41 \times 10^{-6}/℃$,是基准 SAP 内养生混凝土的 77.49%。但是当纳米 SiO₂ 掺量增加到 4% 时,各温度区间内混凝土温缩系数均大于基准 SAP 内养生混凝土,在 -20~-10℃ 温度区间内,4% 纳米 SiO₂ 改性混凝土温缩系数是 $2.85 \times 10^{-6}/℃$,是基准 SAP 内养生混凝土的 136.36%,主要是因为纳米 SiO₂ 掺量过大会影响其分散均匀性,纳米 SiO₂ 会发生团聚等现象,对混凝土密实性造成不利影响,导致混凝土孔隙结构不良,易产生较大体积收缩,最终使得温缩系数变大。

(3)适量纳米 SiO₂ 能够降低 SAP 内养生混凝土温缩系数,改善其温缩性能,这可用纳米 SiO₂ 分子填充效应和晶核作用解释。适量纳米 SiO₂ 在 SAP 内养生混凝土中分散均匀,充分填充其混凝土孔隙及 SAP 释水残留孔洞,增强混凝土结构密实性;同时纳米 SiO_2 吸附水泥水化产物,形成致密三维稳定结构,在混凝土温度发生较大变化时,纳米 SiO_2 与水化产物生成的三维稳定结构产生均匀体积膨胀,弥补了温度下降造成的 SAP 内养生混凝土收缩。

9.2.3.3　不同温度区间下纳米 SiO_2 改性 SAP 内养生混凝土温缩系数的变化

表 9-7 显示了不同温度区间下纳米 SiO_2 改性 SAP 内养生混凝土温缩系数。为了更直观地分析不同降温区间对几组纳米 SiO_2 掺量的改性 SAP 内养生混凝土温度收缩性能的影响规律,将表 9-7 中温缩系数绘制成柱状图,如图 9-6 所示。

不同温度区间纳米 SiO_2 改性 SAP 内养生混凝土温缩系数　　　　　　表 9-7

编号	温缩系数/($\times 10^{-6}$/℃)					
	20~30℃	10~20℃	0~10℃	-10~0℃	-20~-10℃	-30~-20℃
JZ	0.76	1.26	1.45	3.11	2.09	1.44
NS-2%	0.55	1.08	1.23	2.58	1.89	1.21
NS-3%	0.52	1.11	1.33	2.41	1.78	1.08
NS-4%	0.82	1.41	1.52	3.53	2.85	1.65

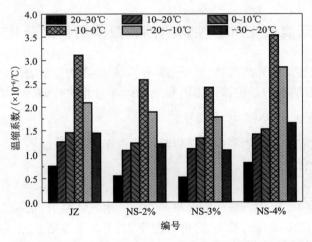

图 9-6　温度对纳米 SiO_2 改性 SAP 内养生混凝土温缩性能的影响

从图 9-6 中观察到,对几组混凝土温度收缩影响较大的温度区间为 -10~0℃ 和 -20~-10℃。众所周知,季冻区冬季气候温度基本在 -25~0℃ 范围内,且昼夜温差较大,混凝土易收缩开裂,加之冬季频繁冻融循环,对混凝土抗渗性、抗冻性及使用寿命造成极大影响。基于此,本节重点对 -10~0℃ 和 -20~-10℃ 两个温度区间内纳米 SiO_2 改性 SAP 内养生混凝土温缩性能进行分析。

首先从图 9-6 可以看出,温度区间的变化对四组混凝土试件温度收缩的影响规律一致,均是随温度的逐渐降低,温缩系数呈先增大后减小的趋势,在 -10~0℃ 温度变化区间,各组混凝土温缩系数达到最大。同时能够明显看到,基准 SAP 内养生混凝土和 4% 纳米 SiO_2 掺量的改性混凝土温缩系数受温度区间变化的影响较大,温度变化在 -10~0℃ 范围时,基准 SAP 内养生混凝土温缩系数为 3.11×10^{-6}/℃,4% 纳米 SiO_2 掺量的改性混凝土温缩系数为 $3.53 \times$

$10^{-6}/℃$;当温度区间为$-20 \sim -10℃$时,基准SAP内养生混凝土温缩系数为$2.09 \times 10^{-6}/℃$,4%纳米SiO_2掺量的改性混凝土温缩系数为$2.85 \times 10^{-6}/℃$,温缩系数分别降低了32.80%和19.26%。相比之下,纳米SiO_2掺量为3%时,改性混凝土温缩系数受温度区间变化的影响较小,温度区间从$-10 \sim 0℃$降低到$-20 \sim -10℃$,温缩系数从$2.41 \times 10^{-6}/℃$减小为$1.78 \times 10^{-6}/℃$,仅降低了26.14%,与基准组混凝土温缩性能相比有了极大改善。

综上所述,$-10 \sim 0℃$温度区间对SAP内养生混凝土温度收缩影响较大,适当掺量的纳米SiO_2能有效抑制SAP内养生混凝土温度收缩。根据热胀冷缩原理,混凝土在0℃以下时更容易发生温度收缩,因此纳米SiO_2改性SAP内养生混凝土在$-30 \sim 0℃$温度范围内温缩系数要大于$0 \sim 30℃$区间内温缩系数,然而温度过低会使混凝土收缩变形达到极限状态,温缩系数反而会降低。

9.3 纳米 SiO_2 改性 SAP 内养生混凝土抗渗性

9.3.1 季冻区混凝土抗渗性影响因素及渗透机理分析

混凝土抗渗性能够反映外界气体、水分、氯离子、灰尘等物质沿表面裂缝进入混凝土内部,在混凝土内渗透、扩散的潜力。抗渗性是混凝土耐久性研究的基础。

9.3.1.1 混凝土抗渗性影响因素

季冻区混凝土抗渗性影响因素主要可以概括为以下三类。

1)原材料及配合比因素

(1)水灰比

水灰比是影响混凝土抗渗透性能的最主要指标。水灰比越大,混凝土中的自由水就越多,多余水分蒸发后留下的毛细孔道就多,亦即孔隙率大,又多为连通孔隙,混凝土抗渗性越差。

(2)水泥细度及品种

使用粗颗粒含量多的水泥,水化后其主要含凝胶孔和大毛细孔,具有较高的渗透性;而采用细颗粒含量多的水泥,除了凝胶孔外,生成微毛细孔结构,毛细孔体积大大减小,从而提高了水泥石的抗渗性。但是使用细水泥时,需要增加其用水量,还会导致混凝土抗裂性降低,应引起注意。

(3)集料含泥量和级配

集料含泥量高,则总表面积增大,混凝土灌浆料达到同样流动性所需用水量增加,毛细孔道增多;另外,含泥量大的集料界面黏结强度低,混凝土灌浆料的抗渗性也将降低。若集料级配差,则集料空隙率大,填满空隙所需水泥浆用量增大,同样导致毛细孔道增加,影响抗渗性。如水泥浆不能完全填满集料空隙,则抗渗性更差。

(4)外掺剂

为了保证混凝土的和易性和强度并降低成本,在混凝土中都会掺入外加剂和外掺料,因此,外加剂和外掺料已经成为混凝土的第五大组成部分。粉煤灰、硅粉等粉细料属活性掺合料,对提高混凝土的抗渗性起一定作用,它们的加入可以改善砂的级配(补充天然砂中部分小于0.15mm颗粒),填充混凝土部分空隙,提高混凝土的密实性和抗渗性。

砂率直接影响混凝土抗渗性,与普通混凝土相比,抗渗性混凝土采用富砂率,因为水泥砂浆不仅起黏结填充作用,还能形成一定厚度的砂浆保护层,这层砂浆保护层包裹在粗集料的表面并使这些粗集料颗粒相互间隔一定距离,这样,一方面使混凝土达到了最大密实度,另一方面又能切断混凝土内部的毛细孔道,从而提高抗渗性。

(5)其他

在一定水灰比限值内,水泥用量、矿物掺合料和砂率对混凝土抗渗性的影响比较明显。足够的水泥用量和适宜的砂率,可以保证混凝土中水泥砂浆的数量和质量,使混凝土获得良好的抗渗性。

2)自然环境因素

混凝土直接暴露在自然环境中,环境温度、湿度及其变化对混凝土的使用性能及耐久性有重要影响。

冷冻干燥是指混凝土中被冻结的水,在温度回升时升华为水蒸气造成水分损失的干燥过程。冷冻干燥将严重影响混凝土中水泥的进一步水化,对早龄期混凝土的影响极大;冷冻干燥还会导致混凝土变脆和发生过量的收缩,从而使混凝土易开裂。

冻融循环是严重的冷冻干燥过程,冻结后的自由水在温度回升时大量升华、蒸发,如果温度继续升高,混凝土中结合水还可进一步蒸发损失,使其受到强收缩和内部渗透压及结晶压力的作用,从而开裂。

混凝土中的水泥在较高温度条件下快速水化,形成疏松的细观结构;在高温条件下,混凝土结构中的结合变得更加疏松,从而降低了混凝土的强度和稳定性。

日温差的作用导致混凝土面板翘曲变形,产生附加应力,温度翘曲应力与荷载应力产生的综合疲劳作用,是混凝土结构设计中需要考虑的主要因素。

年温差对铺装混凝土的作用,导致接缝张开或闭合,是面板分块和接缝密封设计需要考虑的主要因素。长间距胀缝水泥混凝土路面还可能因较大的年温差而导致面板屈曲拱起。

3)交通荷载因素

在行车荷载作用下,铺装混凝土表面受压,压应力与混凝土抗压强度相比很小,不会导致受压微裂缝的扩展。但受轮胎荷载的弯拉疲劳作用,弯拉疲劳应力与抗弯拉强度相比相对较高,可导致混凝土中微裂缝的扩展。当荷载水平超过极限弯拉强度的50%时,混凝土的力学性能明显劣化,其内因是混凝土的内部结构受到破坏,包括微裂隙的扩展以及孔隙连通性的改变,这也难免会降低混凝土的抗渗性。

9.3.1.2　混凝土渗透机理分析

季冻区混凝土由于其工作环境特殊,渗透破坏与冻融现象密切相关。由于季冻区温差大、冻融现象频繁发生,水泥混凝土路表砂浆层在低温下很容易脱落,发生麻面、坑槽等损坏,汽车尾气及空气中的二氧化碳等气体沿混凝土损伤处进入混凝土面板内部,导致混凝土发生渗透侵蚀。

通过前几章研究可知,构造物混凝土通常是带裂缝工作的,而且混凝土是一种固、液、气三相并存的带孔性材料。自然界中的有害气体、汽车尾气以及雨水等物质能通过孔隙及裂缝进入混凝土内部,对混凝土内部结构、物质组成产生渗透破坏。特别是季冻区混凝土路面,在冬季会遭遇强降雪,冰雪融化速度较慢,融化的水分进入混凝土内部,造成持续性渗透破坏。有时为了加快路面冰雪融化速度,会人为撒布除冰盐,融化的盐溶液也会使混凝土受到氯离子侵蚀,有研究表明,水分在混凝土中更是起到了搬运作用。

9.3.2 抗氯离子渗透试验方法及方案设计

参考《普通混凝土长期性能和耐久性能试验方法标准》(GB/T 50082—2009),本节选取 RCM 法来测试纳米 SiO_2 改性 SAP 内养生混凝土抗氯离子渗透性,通过氯离子扩散系数 D_{RCM} 来表征纳米 SiO_2 对 SAP 内养生混凝土抗渗性的改善效果,试验装置及部分抗渗试件断面分别如图 9-7 和图 9-8 所示。试件采用 $d = 100mm$,$h = 50mm$ 的圆柱体,将其养护至 28d 龄期后,将各组试件放置在提前 1d 配制的 10% 质量浓度的 NaOH 溶液和 0.3mol/L 摩尔浓度的 NaCl 溶液中,通电加速氯离子对混凝土试件的侵蚀,试验过程中记录阳极溶液初始温度、电流等参数,最终通过式(9-3)来计算 D_{RCM}。

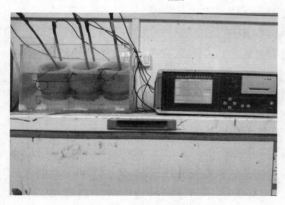

图 9-7　RCM 法快速氯离子渗透试验装置

图 9-8　部分抗渗试件断面

$$D_{RCM} = \frac{0.0239 \times (273 + T)L}{(U - 2)t}\left(X_d - 0.0238\sqrt{\frac{(273 + T)LX_d}{U - 2}}\right) \tag{9-3}$$

式中:D_{RCM}——非稳态氯离子扩散系数,精确到 $0.1 \times 10^{-12} m^2/s$;

　　　　U——所用电压绝对值,V;

　　　　T——阳极溶液初始温度与结束温度平均值,℃;

　　　　L——试件厚度,精确到 0.1mm;

　　　　X_d——氯离子渗透深度平均值,精确到 0.1mm;

　　　　t——试验持续时间,h。

通过式(9-3)计算得到的 D_{RCM} 作为混凝土抗氯离子渗透性的评价指标,分析纳米 SiO_2 对 SAP 内养生混凝土抗氯离子渗透性的改善效果。参考《混凝土耐久性检验评定标准》(JGJ/T 193—2009)中对混凝土氯离子渗透性等级的评价规定,分析纳米 SiO_2 改性 SAP 内养生混凝土的氯离子扩散性,见表9-8。

基于 RCM 法的氯离子渗透性评价 表9-8

等级	RCM- I	RCM- II	RCM-III	RCM-IV	RCM-V
$D_{RCM}/$ $(0.1 \times 10^{-12} m^2/s)$	$D_{RCM} \geqslant 4.5$	$3.5 \leqslant D_{RCM} < 4.5$	$2.5 \leqslant D_{RCM} < 3.5$	$1.5 \leqslant D_{RCM} < 2.5$	$D_{RCM} < 1.5$

除此之外,为了验证纳米 SiO₂ 改性 SAP 内养生混凝土在经过氯离子渗透后的力学强度,采用压力机测试经氯离子渗透后的试件的劈裂抗拉强度,可以从另一个角度反映出混凝土试件的抗裂性,以此研究纳米 SiO₂ 对 SAP 内养生混凝土的抗氯离子渗透性的增强效果。基于季冻区冻融环境因素,在研究混凝土抗渗性时,设计了冻融前和冻融后两种试验背景,并考虑到渗透试件尺寸非标准冻融试件尺寸,因此设计冻融循环次数为 50 次,分别在每种试验背景下,研究不同纳米 SiO₂ 掺量的改性 SAP 内养生混凝土试件的抗氯离子渗透性,试验方案见表9-9。

抗氯离子渗透性试验方案 表9-9

编号	纳米 SiO₂ 掺量/%	SAP 掺量/%	试件尺寸/mm	混凝土等级	冻融次数/次	龄期/d	评价指标
JZ	0						
NS-2%	2						氯离子扩散系数、劈裂抗拉强度
NS-3%	3	0.19	φ100×50	C40	0/50	28	
NS-4%	4						

9.3.3　冻融前后纳米 SiO₂ 掺量对 SAP 内养生混凝土抗渗性的影响

根据表9-9 抗氯离子渗透性试验方案,测试冻融前后纳米 SiO₂ 改性 SAP 内养生混凝土氯离子扩散深度,最终通过式(9-3)计算得到混凝土氯离子扩散系数数据,见表9-10,基于冻融前后纳米 SiO₂ 改性 SAP 内养生混凝土氯离子扩散系数绘制柱状图,如图9-9 所示。

冻融前后 SiO₂ 改性 SAP 内养生混凝土氯离子扩散系数 表9-10

编号	纳米 SiO₂掺量/%	SAP 掺量/%	氯离子扩散系数/$(\times 0.1 \times 10^{-12} m^2/s)$	
			冻融 0 次	冻融 50 次
JZ	0		4.342	5.769
NS-2%	2	0.19	3.758	4.188
NS-3%	3		3.275	3.115
NS-4%	4		1.905	2.836

由表9-10 和图9-9 可以看出,不论是在冻融前还是在冻融后,掺加纳米 SiO₂ 后,SAP 内养生混凝土抗渗性都有明显改善。总体来看,冻融前和冻融后混凝土氯离子扩散系数变化趋势一致,即随纳米 SiO₂ 掺量的增加而下降,当纳米 SiO₂ 掺量为 4% 时,冻融前的氯离子扩散系数甚至达到了 $0.1905 \times 10^{-12} m^2/s$,相比基准 SAP 内养生混凝土下降了 56.13%,抗渗性最好。冻融对各组混凝土试件抗渗性的影响程度由小到大依次为:NS-3% < NS-2% < NS-4% < JZ。

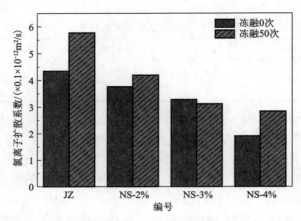

图 9-9　不同纳米 SiO_2 掺量下 SAP 内养生混凝土氯离子扩散系数

　　由图 9-9 可知,冻融使得基准 SAP 内养生混凝土氯离子扩散系数增大了 32.87%,分析原因,可能是 SAP 在释水后残留的孔洞在冻融后进一步劣化扩大,从而增大了氯离子渗透率。4% 纳米 SiO_2 掺量的改性 SAP 内养生混凝土在冻融前后氯离子扩散系数均最小,但是在经过冻融后其增幅却高达 48.87%,甚至高于基准 SAP 内养生混凝土,这是由于高纳米 SiO_2 掺量会明显增大混凝土结构密实性,在前期对抗渗性有显著改善,但是在季冻区频繁冻融情况下,会对混凝土内部结构造成损伤,这时纳米 SiO_2 掺量过大,反而会增大氯离子的渗透性。反观 3% 纳米 SiO_2 掺量的改性混凝土,在冻融 50 次后,其氯离子扩散系数有轻微降低,基本保持稳定,当然不排除试验测量误差导致的可能,但从理论分析,适量的纳米 SiO_2 掺量,可以填充 SAP 残留孔洞,同时也不会影响水泥基材料内部结构的形成。

　　通过以上分析可知,纳米 SiO_2 的掺入对 SAP 内养生混凝土抗渗性有一定改善,但并不是越多越好,特别是对于季冻区混凝土而言,通过对比冻融前后混凝土抗渗性,综合认为 3% 掺量的纳米 SiO_2 改性 SAP 内养生混凝土抗渗性最优。

9.3.4　氯离子渗透后混凝土劈裂抗拉强度的变化

　　为了分析混凝土试件在氯离子渗透后其强度的变化,参考相关文献,对氯离子渗透后混凝土试块进行劈裂试验,通过氯离子渗透后混凝土劈裂抗拉强度从侧面表征纳米 SiO_2 对 SAP 内养生混凝土强度及抗裂性的影响,试验结果见表 9-11。

氯离子渗透后 SiO_2 改性 SAP 内养生混凝土劈裂抗拉强度　　　表 9-11

编号	纳米 SiO_2 掺量/%	SAP 掺量/%	圆柱体劈裂抗拉强度/MPa	
			冻融 0 次	冻融 50 次
JZ	0		4.29	3.83
NS-2%	2		5.06	4.75
NS-3%	3	0.19	5.09	5.07
NS-4%	4		3.69	2.02

分析表 9-11 可知,基准 SAP 内养生混凝土试件在冻融前和冻融后,氯离子渗透后劈裂抗拉强度值均较低,2%、3% 纳米 SiO₂ 掺量的改性混凝土氯离子渗透后劈裂抗拉强度有了明显提升,对比发现,4% 纳米 SiO₂ 掺量的改性混凝土氯离子渗透后劈裂抗拉强度比基准 SAP 内养生混凝土有显著降低,冻融循环对不同纳米 SiO₂ 掺量的改性混凝土氯离子渗透后劈裂抗拉强度均有不同程度的影响。为了更直观地对比分析冻融循环、纳米 SiO₂ 掺量对 SAP 内养生混凝土氯离子渗透后劈裂抗拉强度的影响程度,基于表 9-11 混凝土渗后劈裂抗拉强度数据绘制柱状图,如图 9-10 所示。

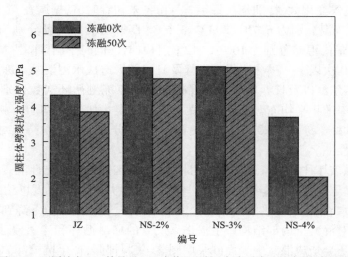

图 9-10　不同纳米 SiO₂ 掺量下 SAP 内养生混凝土氯离子渗透后劈裂抗拉强度

由图 9-10 可以看出,与抗渗性相同的是,冻融前和冻融 50 次后,SAP 内养生混凝土氯离子渗透后劈裂抗拉强度整体变化规律一致;不同的是,SAP 内养生混凝土氯离子渗透后劈裂抗拉强度随纳米 SiO₂ 掺量的增加并非线性增加,而是呈抛物线形增大,在纳米 SiO₂ 掺量为 3% 时,混凝土劈裂抗拉强度最大。当纳米 SiO₂ 掺量为 3% 时,在冻融 50 次后,混凝土氯离子渗透后劈裂抗拉强度仅下降了 0.39%,而基准 SAP 内养生混凝土和 4% 纳米 SiO₂ 掺量的改性 SAP 内养生混凝土氯离子渗透后劈裂抗拉强度分别下降了 10.72%、45.26%。对比冻融前后混凝土渗后劈裂抗拉强度,发现 3% 纳米 SiO₂ 掺量的改性混凝土冻融 50 次后氯离子渗透后劈裂抗拉强度最稳定。当纳米 SiO₂ 掺量为 4% 时,冻融前和冻融后混凝土氯离子渗透后劈裂抗拉强度均最低,分别比基准组下降了 13.99%、47.26%。

分析以上原因,认为主要与纳米 SiO₂ 的填充效应、较高的化学反应活性以及分散性有关。当纳米 SiO₂ 掺量为 2%、3% 时,纳米 SiO₂ 颗粒能够均匀分散于水泥浆体中,纳米 SiO₂ 因其具有较高的化学反应活性,与水泥水化产生的 Ca(OH)₂ 发生二次水化反应,减少了水泥浆中 Ca(OH)₂ 含量,改善了界面区黏附性。除此之外,纳米 SiO₂ 颗粒充分填充 SAP 释水后的残留孔洞,增大结构密实度,起到了提高劈裂抗拉强度的作用,当纳米 SiO₂ 掺量达到 4% 时,可能会影响纳米 SiO₂ 颗粒在水泥浆体中的分散均匀性,进而会影响水泥石强度。

9.4　纳米 SiO_2 改性 SAP 内养生混凝土抗冻性

9.4.1　季冻区混凝土冻融破坏调研及机理分析

东北季冻区气候变化大,特别是在每年3月份冬末初春时节,据调查,沈阳、哈尔滨及长春3月份日平均最高气温分别为6.7℃、2.3℃、3.5℃,日平均最低气温分别为 −4℃、−9.7℃、−7.6℃,3月份日最高温差分别为10.7℃、12℃、11.1℃。同时季冻区降雪量大,降雪频繁,年平均降雪次数为20次以上。季冻区降雪频繁及日温差大造成水泥混凝土冻融循环严重,相关数据显示,沈阳、哈尔滨以及长春城市水泥混凝土路面年冻融循环次数分别为114次、129次和119次,东北季冻区年平均冻融循环次数为120次以上。如此频繁的冻融循环,使得水泥混凝土内部水分持续处于冻结膨胀—融化的交替状态,水分的冻结消融持续对混凝土结构造成损伤,影响了使用性能。

混凝土的冻融破坏往往与渗透破坏密切相关,季冻区铺装混凝土性能衰减、使用性下降主要是冻融循环与渗透破坏交替作用导致的。季冻区在1月份最低温度可达到 −38℃,且日温差大,白天路面雨水、融化的冰雪沿裂缝进入混凝土内部,在夜间气温下降到冰点后,混凝土内部水分结冰膨胀,对混凝土内部结构产生损伤。反复的冻融循环和渗透侵蚀不仅对混凝土内部组成造成破坏,还会造成混凝土表面砂浆层剥落、集料裸露,产生坑槽等,对混凝土承载力及使用性能产生不利影响。

9.4.2　季冻区冻融试验参数确定

根据前期对我国季冻区气候环境的调研可知,季冻区气候条件恶劣,早晚温差大,尤其是在冬末春初融雪时分,日温差极大,混凝土雨雪冻融情况十分严重。李晔等人研究发现,沈阳、哈尔滨等地,混凝土年平均冻融循环次数可达到120次,同时为了快速消除路面冰雪,大面积使用除冰盐,更加重了混凝土的损伤。另外,混凝土直接与车辆荷载接触,疲劳荷载对它的损伤也不容忽视,因此对其耐磨性等路用性能具有极高的要求。

基于季冻区气候变化大、日温差大、冻融现象频繁发生等特点,本节将展开纳米 SiO_2 改性 SAP 内养生混凝土在 −20~5℃温度范围内的抗冻性研究,分析混凝土试件在冻融300次时的内部损伤及表面剥蚀状况。

9.4.3　抗冻性试验方法及方案设计

通过9.3节抗渗性结果可知,圆柱体混凝土试件在冻融50次后,适量纳米 SiO_2 掺量对其抗渗性、氯离子渗透后劈裂抗拉强度有明显改善。然而在季冻区恶劣气候环境下,50次的冻融循环条件还不足以说明混凝土抗冻性好坏,因此,本节进一步研究纳米 SiO_2 改性 SAP 内养生混凝土的抗冻性。冻融试验参考《普通混凝土长期性能和耐久性能试验方法标准》(GB/T 50082—2009)规定的快冻法,基于季冻区寒冷气候环境,冻融循环温度范围选取 −20~5℃,试验设备如图9-11 所示。

a) 混凝土快速冻融试验机　　　　　　　　　b) 动弹模量测定仪

图9-11　混凝土抗冻试验设备

　　基于上述混凝土抗冻性测试方法,对纳米 SiO₂ 改性 SAP 内养生混凝土抗冻性进行测试,设置 25 次冻融循环为数据采集间隔,分析纳米 SiO₂ 掺量及冻融循环对 SAP 内养生混凝土抗冻性的影响规律,具体试验方案见表9-12。

纳米 SiO₂ 改性 SAP 内养生混凝土抗冻性试验方案　　　　　　表 9-12

编号	纳米 SiO₂ 掺量/%	SAP 掺量/%	试件尺寸/mm	混凝土等级	最低冻结温度/℃	龄期/d	评价指标
JZ	0						
NS-2%	2	0.19	100×100×400	C40	−20、−15、−10	28	质量损失率、相对动弹模量
NS-3%	3						
NS-4%	4						

9.4.4　纳米 SiO₂ 掺量对 SAP 内养生混凝土抗冻性的影响

　　根据表9-12 试验方案,对不同纳米 SiO₂ 掺量的改性 SAP 内养生混凝土进行冻融试验研究,分析纳米 SiO₂ 掺量对 SAP 内养生混凝土相对动弹模量及质量损失率的影响规律。试验结果见表9-13 和表9-14。

不同纳米 SiO₂ 掺量下 SAP 内养生混凝土相对动弹模量　　　　表 9-13

编号	累计冻融次数/次											
	25	50	75	100	125	150	175	200	225	250	275	300
JZ	95.60%	93.63%	92.07%	90.99%	87.77%	85.44%	80.96%	76.84%	73.84%	68.13%	65.19%	61.40%
NS-2%	95.70%	94.72%	92.93%	91.72%	89.33%	87.05%	86.57%	84.76%	81.03%	78.37%	75.46%	73.96%
NS-3%	97.59%	95.44%	94.72%	93.54%	91.44%	90.98%	88.80%	86.95%	84.66%	81.95%	77.44%	75.65%
NS-4%	96.39%	94.71%	93.58%	92.07%	90.25%	87.86%	85.24%	84.37%	81.91%	77.31%	74.32%	71.92%

不同纳米 SiO₂ 掺量下 SAP 内养生混凝土质量损失率

表 9-14

编号	累计冻融次数/次											
	25	50	75	100	125	150	175	200	225	250	275	300
JZ	−0.17%	−0.18%	0.33%	0.91%	1.52%	2.11%	2.44%	2.82%	2.95%	3.35%	4.05%	4.20%
NS-2%	−0.14%	−0.41%	0.20%	0.28%	0.66%	0.87%	0.96%	1.04%	1.34%	1.45%	2.22%	2.44%
NS-3%	−0.19%	−0.30%	0.22%	0.25%	0.47%	0.60%	0.72%	0.86%	1.08%	1.13%	2.01%	2.19%
NS-4%	−0.09%	−0.15%	0.22%	0.34%	0.59%	0.73%	0.84%	1.22%	1.42%	1.52%	2.58%	2.75%

从表 9-13 和表 9-14 可知,无论是基准 SAP 内养生混凝土还是纳米 SiO₂ 改性混凝土,随冻融循环次数的增加,混凝土相对动弹模量均逐渐下降,质量损失率则逐渐增大,冻融循环 300 次时,基准 SAP 内养生混凝土相对动弹模量最低为 61.40%,质量损失率最高为 4.20%。相比之下,3% 纳米 SiO₂ 掺量的改性混凝土相对动弹模量最高为 75.65%,质量损失率最低为 2.19%。为了更直观地比较不同纳米 SiO₂ 掺量对 SAP 内养生混凝土试件抗冻性的影响规律,基于表 9-13 和表 9-14 数据绘制折线图,如图 9-12 和图 9-13 所示。

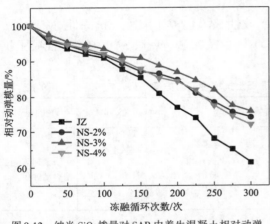

图 9-12 纳米 SiO₂ 掺量对 SAP 内养生混凝土相对动弹模量的影响

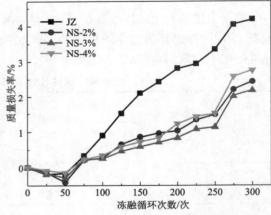

图 9-13 纳米 SiO₂ 掺量对 SAP 内养生混凝土质量损失率的影响

由图 9-12 和图 9-13 可知,当冻融循环次数增加到 300 次时,基准 SAP 内养生混凝土和纳米 SiO₂ 改性混凝土试件相对动弹模量及质量损失率都没达到规范规定的冻融试验停止标准。而相对动弹模量降低可反映冻融循环对混凝土内部结构的破坏,质量损失率可以反映混凝土试件在冻融后的完整性及外部损伤状况,四组混凝土试件在冻融 300 次后抗冻性仍较好。通过查阅相关文献,发现 SAP 能够在混凝土养生早期长时间持续释水,促进胶凝材料进一步水化,增强混凝土内部结构致密性,从而使得混凝土在冻融 300 次后,仍未完全破坏。

通过比较可以发现,纳米 SiO₂ 的加入明显提升了 SAP 内养生混凝土的抗冻性,在冻融循环次数达到 300 次时,基准 SAP 内养生混凝土的相对动弹模量降低为 61.40%、质量损失率增加为 4.20%。当纳米 SiO₂ 掺量分别为 2%、3%、4% 时,内养生混凝土冻融 300 次时,对应的相对动弹模量分别为 73.96%、75.65% 和 71.92%,对应的质量损失率分别为 2.44%、2.19% 和 2.75%。分析可得,纳米 SiO₂ 掺量为 3% 时,内养生混凝土相对动弹模量下降幅度最小,质量损失率增加最小,抗冻性最优。适当掺量的纳米 SiO$_2$,能够填充混凝土孔隙以及 SAP 释水后的残留孔洞,从而增大内部结构致密性,降低冻融循环对内养生混凝土结构稳定性的破坏程度,提高混凝土抗冻性。

9.4.5 冻融循环次数对复合改性混凝土抗冻性的影响

表 9-15 为不同冻融循环次数下纳米 SiO$_2$ 改性 SAP 内养生混凝土质量损失率及相对动弹模量测试数据,据其绘制折线图,如图 9-14 所示,便于分析随冻融循环次数的增加,内养生混凝土试件抗冻性评价指标的变化规律。

不同冻融循环次数下复合改性混凝土质量损失率及相对动弹模量　　　　表 9-15

编号	考察指标	冻融累计循环次数/次											
		25	50	75	100	125	150	175	200	225	250	275	300
JZ	质量损失率/%	−0.17	−0.18	0.33	0.91	1.51	2.11	2.44	2.82	2.95	3.35	4.05	4.20
NS-3%		−0.19	−0.30	0.22	0.25	0.47	0.60	0.72	0.86	1.08	1.13	2.01	2.19
JZ	相对动弹模量/%	95.60	93.63	92.07	90.99	87.77	85.44	80.96	76.84	73.84	68.13	65.19	61.40
NS-3%		97.59	95.42	94.72	93.54	91.44	90.98	88.80	86.95	84.66	81.95	77.44	75.65

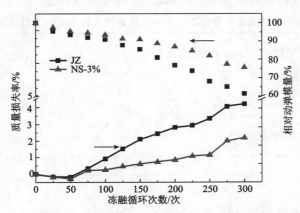

图 9-14　冻融循环次数对纳米 SiO$_2$ 改性 SAP 内养生混凝土抗冻性的影响

从图 9-14 可以看出,基准 SAP 内养生混凝土与 3% 纳米 SiO$_2$ 掺量的改性 SAP 内养生混凝土随冻融次数的增大,质量损失率整体表现为增长趋势,相对动弹模量表现为逐渐下降趋势。在冻融循环次数从 0 次增加到 25 次、50 次时,两组混凝土试件质量损失率均小于零,即在冻融 50 次之前,混凝土试件质量不减反增,这可能与混凝土冻融试验前未能完全吸水饱和有关。在冻融 75 次之前,基准 SAP 内养生混凝土与纳米 SiO$_2$ 改性 SAP 内养生混凝土的冻融指标比较接近,在冻融次数由 75 次增加到 100 次时,基准 SAP 内养生混凝土质量损失率从 0.33% 增加到 0.91%,增长较快,而纳米 SiO$_2$ 改性 SAP 内养生混凝土质量损失率从 0.22% 增加到 0.25%,增长缓慢。冻融次数到 100 次之后,基准 SAP 内养生混凝土质量损失率增长速度较快,且相对动弹模量也迅速下降,当冻融次数达到 300 次时,质量损失率已经达到 4.20%,相对动弹模量也降为 61.4%。相反,纳米 SiO$_2$ 改性 SAP 内养生混凝土质量损失率及相对动弹模量随冻融次数的增加,升降幅度较小,整体趋势较为平缓。

综上所述,冻融循环次数从 0 次逐渐增加到 300 次,对基准 SAP 内养生混凝土的冻融破坏较为严重,而纳米 SiO₂ 的加入有效减轻了冻融破坏的程度,同时观察冻融后的试件外观形态,综合分析,认为纳米 SiO₂ 能够明显减小冻融循环次数对混凝土外表形态及内部结构的损坏。这主要与纳米 SiO₂ 的晶核作用及分子填充效应有关,纳米 SiO₂ 在水泥浆中形成以其为核心的三维稳态结构,当冻融循环次数增加时,能够增强混凝土内部结构稳定性;同时纳米 SiO₂ 充分填充混凝土内部孔隙及 SAP 释水残留孔洞,增强混凝土密实性,从而提高了混凝土抗冻性。

9.4.6 季冻区不同冻结温度下混凝土抗冻性指标的变化

基于上述冻融试验结果,考虑到季冻区温差大,C40 混凝土在不同冻结温度下,其抗冻性也存在差异。为了研究不同冻结温度对混凝土抗冻性的影响,本节选取基准 SAP 内养生混凝土和 3% 纳米 SiO₂ 掺量的改性 SAP 内养生混凝土,设置了 −25℃、−20℃、−15℃ 以及 −10℃四个温度用于分析不同冻结温度下混凝土试件在冻融 125 次后抗冻性指标的变化规律,试验结果见表 9-16,据其绘制折线图,有利于直观分析冻结温度对季冻区纳米 SiO₂ 改性 SAP 内养生混凝土质量损失率及相对动弹模量的影响规律,如图 9-15 所示。

不同冻结温度下复合改性混凝土质量损失率及相对动弹模量　　　　表 9-16

编号	考察指标	冻融循环次数/次	最低冻结温度/℃			
			−10	−15	−20	−25
JZ	质量损失率/%		0.985	1.154	1.515	2.016
NS-3%		125	0.187	0.293	0.464	0.754
JZ	相对动弹模量/%		91.70	89.57	87.77	82.45
NS-3%			94.29	9.59	91.44	87.37

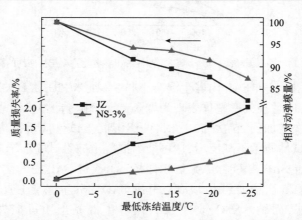

图 9-15　最低冻结温度对纳米 SiO₂ 改性 SAP 内养生混凝土抗冻性的影响

从图 9-15 可以看出,基准 SAP 内养生混凝土与纳米 SiO₂ 改性 SAP 内养生混凝土试件质量损失率均随最低冻结温度的降低逐渐增大,与此同时,对应的相对动弹模量则不断下降。当

最低冻结温度为 -10℃时,基准 SAP 内养生混凝土在冻融 125 次时,质量损失率和相对动弹模量分别是 0.985%、91.70%,当最低冻结温度由 -10℃下降到 -25℃时,基准 SAP 内养生混凝土质量损失率从 0.985% 增加到 2.016%,相对动弹模量从 91.70% 降低到 82.45%,混凝土冻融破坏明显加重。当最低冻结温度从 -10℃下降到 -25℃时,3% 纳米 SiO₂掺量的改性 SAP 内养生混凝土质量损失率从 0.187% 增加到 0.754%,相对动弹模量从 94.29% 降低到 87.37%,改性混凝土冻融破坏不明显。

这主要是因为冻结温度降低,会引起混凝土材料内部孔隙自由水分冻结时间延长,从而导致由冻结膨胀产生的膨胀应力持续对混凝土结构产生破坏,加剧试件的冻融破坏,因此可以得出,冻结温度越低,混凝土冻融破坏现象越严重。同时通过对比可以发现,在任意最低冻结温度下,纳米 SiO₂改性 SAP 内养生混凝土试件抗冻性均优于基准 SAP 内养生混凝土,说明纳米 SiO₂能够有效改善 SAP 内养生混凝土抗冻性,不受最低冻结温度的影响。

9.5　纳米 SiO₂ 改性 SAP 内养生混凝土抗腐蚀性

季冻区降雪频繁,路面或桥面结冰现象较为普遍,影响行车安全。为了快速融化冰雪、降低交通事故发生率,常常撒布除冰盐,这导致混凝土盐冻破坏较严重。与普通冻融循环相比,盐冻对混凝土强度、内部结构等造成的损伤更严重,也严重影响使用性能。本节以相对动弹模量、单位面积剥蚀量及剩余弯拉强度为评价指标,深入分析纳米 SiO₂掺量对 SAP 内养生混凝土抗盐冻性能的影响规律,并对冻融后的混凝土试件进行抗弯拉强度测试,探讨盐冻对混凝土抗弯拉强度的损伤程度。

9.5.1　除冰盐对季冻区混凝土的破坏作用

季冻区混凝土的盐冻破坏机理本质与淡水冻融破坏机理一样,盐冻破坏主要是受淡水冻融以及除冰盐的共同作用,除冰盐在季冻区混凝土中的应用是一把双刃剑。一方面,除冰盐用于混凝土路面,可以降低水的冰点,达到快速清除路面冰雪,恢复道路交通的目的,如图 9-16 所示。查阅相关文献,可发现 3.5% 的 NaCl 溶液能够降低水的冰点 2℃左右,对毛细孔溶液的冰点降低效果更明显,有利于加速路面结冰融化。另一方面,除冰盐的大量使用,加剧了混凝土氯离子渗透破坏,且盐溶液冻结过程中的体积膨胀率要比普通淡水高 10% 左右,易导致混凝土孔隙出现开裂现象,盐溶液沿裂缝进入混凝土内部,产生腐蚀破坏,导致混凝土出现大面积蜂窝、麻面等病害,如图 9-17 所示。

根据 Mather 等学者对混凝土盐冻循环的研究,结合季冻区气候环境特点,混凝土在除冰盐作用下的盐冻循环次数要大于淡水冻融循环。主要是除冰盐的增加会加速混凝土路面冰雪融化,会产生大量盐溶液,随着路面冰雪的融化,盐溶液增多,由于季冻区温度变化差异性大,当溶液再次达到水的冰点时,将再次发生结冰现象,这样会导致冻融次数增多。除此之外,Rosli 和 Harnik 等学者的研究认为,除冰盐在加速冰雪融化的同时,会吸收较多热量,这会造成混凝土表面温度迅速下降,使得混凝土面板内外出现温差,引起的温度应力会加剧混凝土盐冻破坏。

图 9-16　在路面撒布除冰盐

图 9-17　混凝土路面蜂窝、麻面

9.5.2　盐冻耦合条件下混凝土抗腐蚀性影响因素

通过深入分析混凝土盐冻破坏机理,并查阅国内外文献,发现与第 6 章抗渗性影响因素相似,水灰比、砂浆体积分数、养护龄期等对混凝土抗盐冻性也有重要影响,以下重点介绍含气量、成型面、盐冻循环次数、除冰盐浓度对季冻区混凝土抗盐冻性的影响。

1)含气量

为了减少冰雪融化的水分进入混凝土内部孔隙,造成冻胀结冰的现象,通常向混凝土中掺入引气剂,可改善混凝土拌和时产生的气孔结构,形成闭合、稳定的小气泡,使混凝土孔隙结构密实,从而减小混凝土孔隙结构水分进入结冰造成的冻胀差,有效缓解混凝土盐冻破坏。混凝土内部含气量也被认为是影响混凝土抗盐冻性的重要因素。

2)成型面

混凝土试件成型面的冻融损坏往往比非成型面冻融损坏严重,这与混凝土试件的振捣、养护等相关。孙增智通过试验发现,在经过相同盐冻循环次数后,混凝土成型面砂浆层有大量碎屑脱落,集料裸露,而非成型面只有少量碎屑掉落。

3)盐冻循环次数

盐冻循环次数是影响季冻区混凝土抗盐冻性最直接、最关键的因素。据调查,沈阳、长春等地的年冻融循环次数均在 200 次以上,基于前面对混凝土盐冻破坏机理的深入分析可知,由于除冰盐的使用,混凝土盐冻循环次数比淡水冻融循环次数还要多。因此,本节将盐冻循环次数作为一个研究变量,分析其对季冻区纳米 SiO_2 改性 SAP 内养生混凝土抗盐冻性的影响规律。

4)除冰盐浓度

氯化钠作为一种常见的除冰盐,由于廉价易得、除冰效果好,被广泛用于融化道路冰雪。欧阳男、曹瑞实等人研究表明,不同盐溶液浓度对混凝土抗盐冻性有显著影响,因此在具体使用时,要优选一个适当的除冰盐浓度,保证其既能很好地融化道路冰雪,又能降低盐溶液对混凝土材料的破坏程度。

9.5.3 季冻区混凝土抗腐蚀性试验参数及方案确定

9.5.3.1 季冻区典型盐冻破坏试验参数选取

徐慧宁等人对季冻区路面温度分布规律的研究表明,哈尔滨 1 月平均温度为 −20℃ 时,其路面以下 2cm 处平均温度在 −10℃,处于冻结线以下。季冻区气候环境调查显示,哈尔滨 1 月份最低气温可达到 −34℃,此时路面温度可达到 −20℃,在此温度下,路面雨水、雾气等极易结冰,影响道路正常使用。因此,为研究季冻区混凝土在最不利气温环境下的盐冻破坏特性,将试验最低温度设置为 −20℃。除了温度以外,除冰盐浓度对混凝土抗腐蚀性同样具有重要影响,除冰盐浓度过低会影响冰雪融化速度,过高则会加剧混凝土腐蚀破坏。基于上述分析,本节选取 2%、4%、6%、8% 四种氯化钠盐溶液浓度,研究不同盐溶液浓度对季冻区纳米 SiO₂ 改性 SAP 内养生混凝土抗腐蚀性的影响。

9.5.3.2 抗腐蚀性试验方案设计

路面混凝土受盐溶液腐蚀现象最为严重,其通常与除冰盐作用下融化的雪水直接接触,再加上季冻区频繁冻融循环作用,混凝土结构盐冻损坏现象日趋严重,对混凝土的耐久性及使用性能造成了极大影响。

因此,本节为了研究纳米改性 SAP 内养生混凝土在盐溶液作用下的抗腐蚀性,设计了 SAP 内养生混凝土基准组以及纳米 SiO₂ 掺量分别为 2%、3%、4% 的对照组。混凝土抗腐蚀性试验依旧采用快速冻融机完成,先将试件在水中养护至 24d,之后浸入质量分数 4% 的 NaCl 溶液中 4d,再进行盐冻试验。相关研究发现,与普通淡水冻融不同的是,在氯盐作用下,混凝土试件处于饱水状态,在此状态下采用混凝土质量损失率评价盐冻性能不够严谨,为此,考虑采用单位面积剥蚀量代替质量损失率评价混凝土抗盐冻性,计算公式如下:

$$Q_s = \frac{m}{A} \tag{9-4}$$

式中:Q_s——单位面积剥蚀量,kg/m²;

$\quad\quad m$——试件累计剥蚀量,kg;

$\quad\quad A$——试件冻融面积,m²。

另外,混凝土在盐冻后的弯拉性能亦能够直观反映其受氯盐腐蚀破坏程度,对评价混凝土使用性能具有重要意义。基于此,对于混凝土抗腐蚀性评价,最终采用单位面积剥蚀量、相对动弹模量以及剩余弯拉强度为评价指标。由于盐冻对混凝土试件破坏较大,试验时每隔 15 次对试件进行单位面积剥蚀量计算和相对动弹模量测试,当混凝土表面剥蚀量为 5% 以上或相对动弹模量下降 30% 以上则停止试验,并测量试验后试件剩余弯拉强度,具体试验方案见表 9-17。

表 9-17

纳米 SiO_2 改性 SAP 内养生混凝土抗腐蚀性试验方案

编号	纳米 SiO_2 掺量/%	SAP 掺量/%	试件尺寸/mm	混凝土等级	试验温度/℃	龄期/d	评价指标
JZ	0						
NS-2%	2						单位面积剥蚀量、相对动弹模量、剩余弯拉强度
NS-3%	3	0.19	100 × 100 × 400	C40	−20 ~ 5	28	
NS-4%	4						

9.5.4 纳米 SiO_2 掺量对 SAP 内养生混凝土抗腐蚀性的影响

根据表 9-17 试验方案,对不同纳米 SiO_2 掺量的改性 SAP 内养生混凝土在 4% 盐溶液浓度下进行抗氯盐腐蚀试验研究,基于混凝土单位面积剥蚀量、相对动弹模量试验数据,分析纳米 SiO_2 掺量对 SAP 内养生混凝土抗腐蚀性的影响规律。试验结果见表 9-18 和表 9-19。

不同纳米 SiO_2 掺量下 SAP 内养生混凝土单位面积剥蚀量(单位:kg/m^2)　表 9-18

除冰盐浓度	编号	累计盐冻循环次数/次								
		15	30	45	60	75	90	105	120	135
4%	JZ	0.095	0.422	0.948	1.292	1.607	1.981	2.293	2.633	2.910
	NS-2%	0.056	0.277	0.517	0.602	0.902	1.269	1.574	1.818	2.038
	NS-3%	0.052	0.095	0.148	0.290	0.422	0.675	1.052	1.386	1.703
	NS-4%	0.051	0.116	0.178	0.424	0.727	0.908	1.394	1.764	2.122

不同纳米 SiO_2 掺量下 SAP 内养生混凝土相对动弹模量　表 9-19

除冰盐浓度	编号	累计盐冻循环次数/次								
		15	30	45	60	75	90	105	120	135
4%	JZ	96.02%	93.03%	90.16%	87.58%	83.45%	79.40%	76.16%	73.57%	70.11%
	NS-2%	96.99%	95.09%	93.73%	90.99%	86.34%	83.62%	81.45%	78.61%	75.79%
	NS-3%	97.24%	95.65%	94.79%	92.56%	89.05%	87.15%	85.00%	82.56%	79.37%
	NS-4%	96.54%	95.42%	94.42%	91.36%	88.18%	85.21%	82.28%	78.81%	74.27%

从表 9-18 和表 9-19 可知,对于 4% 盐溶液浓度的纳米 SiO_2 改性 SAP 内养生混凝土,无论是基准 SAP 内养生混凝土,还是纳米 SiO_2 改性 SAP 内养生混凝土,其单位面积剥蚀量均随盐冻循环次数的增加逐渐增加,相对动弹模量则逐渐减小。为了更加直观地对比不同纳米 SiO_2 掺量对 SAP 内养生混凝土抗腐蚀性的影响,据表 9-18 和表 9-19 数据绘制折线图,便于分析随盐冻循环次数的增加,混凝土抗冻性指标变化规律,如图 9-18 和图 9-19 所示。

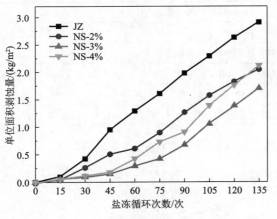

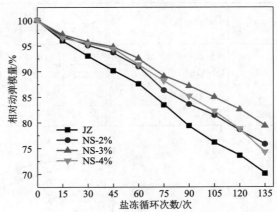

图9-18 纳米 SiO₂ 掺量对混凝土单位面积剥蚀量的影响　　图9-19 纳米 SiO₂ 掺量对混凝土相对动弹模量的影响

如图 9-18 和图 9-19 所示,相比基准 SAP 内养生混凝土,纳米 SiO₂ 的加入极大提高了 SAP 内养生混凝土抗氯盐腐蚀性能,具体表现为相同盐冻循环次数下,单位面积剥蚀量明显降低, 相对动弹模量明显升高。在相同盐冻循环次数下,随纳米 SiO₂ 掺量的增加,SAP 内养生混凝土 单位面积剥蚀量先减后增,相对动弹模量则先增后减,当纳米 SiO₂ 掺量为 3% 时,单位面积剥 蚀量最小,相对动弹模量最大,混凝土抗腐蚀性最好。纳米 SiO₂ 掺量并非越多越好,盐冻循环 次数在 0～120 次时,纳米 SiO₂ 掺量对混凝土抗腐蚀性的改善效果为 NS-3% > NS-4% > NS- 2%;而当盐冻循环次数大于 120 次时,4% 纳米 SiO₂ 掺量的改性混凝土单位面积剥蚀量逐渐大 于 2% 纳米 SiO₂ 掺量组,同时相对动弹模量也开始小于 2% 纳米 SiO₂ 掺量组。当盐冻循环次 数达到 135 次时,基准 SAP 内养生混凝土单位面积剥蚀量增加至 2.910kg/m²、相对动弹模 量降低为70.11%,此时 2%、3%、4% 纳米 SiO₂ 掺量的改性混凝土试件,单位面积剥蚀量分 别为2.038kg/m²、1.703kg/m² 及 2.122kg/m²,相对动弹模量分别为 75.79%、79.37% 和 74.27%。

综上所述,纳米 SiO₂ 能够极大提高 SAP 内养生混凝土的抗腐蚀性,其最佳掺量为 3%。这 是因为适量掺量纳米 SiO₂ 均匀填充 SAP 内养生混凝土孔隙,能减小混凝土孔隙率及孔径,增 强 SAP 内养生混凝土结构密实性;另外,在冻融过程中,SAP 会吸收部分盐溶液,促使胶凝物 质二次水化,从而加大盐溶液渗入混凝土内部阻力,纳米 SiO₂ 与 SAP 的综合作用增强了混凝 土抗腐蚀性。

9.5.5　盐冻循环次数对纳米 SiO₂ 改性 SAP 内养生混凝土抗腐蚀性的影响

表 9-20 为不同盐冻循环次数下基准 SAP 内养生混凝土与 3% 纳米 SiO₂ 掺量的改性混凝 土盐冻指标测试数据。据表 9-20 盐冻数据绘制折线图,如图 9-20 所示,以便对比分析两组内 养生混凝土随盐冻循环次数的增加,混凝土抗腐蚀性的变化规律。

不同盐冻循环次数下纳米 SiO$_2$ 改性 SAP 内养生混凝土抗腐蚀性测试数据　　表 9-20

编号	考察指标	纳米 SiO$_2$ 掺量/%	盐冻累计循环次数/次								
			15	30	45	60	75	90	105	120	135
JZ	单位面积剥蚀量/(kg/m^2)	0	0.095	0.422	0.948	1.292	1.607	1.981	2.293	2.633	2.910
NS-3%		3	0.052	0.095	0.148	0.290	0.422	0.675	1.052	1.386	1.703
JZ	相对动弹模量/%	0	96.02	93.03	90.16	87.58	83.45	79.40	76.16	73.57	70.11
NS-3%		3	97.24	95.65	94.79	92.56	89.05	87.15	85.00	82.56	79.37

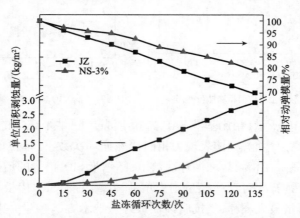

图 9-20　盐冻循环次数对纳米 SiO$_2$ 改性 SAP 内养生混凝土抗腐蚀性的影响

从表 9-20 和图 9-20 能够看出，无论盐冻循环次数为多少，纳米 SiO$_2$ 改性 SAP 内养生混凝土盐冻破坏程度总小于基准 SAP 内养生混凝土，具体表现为单位面积剥蚀量的减小和相对动弹模量的增大。当盐冻循环次数为 30 次、90 次、135 次时，基准 SAP 内养生混凝土相对动弹模量分别为 93.03%、79.40%、70.11%，纳米 SiO$_2$ 改性组相对动弹模量分别为 95.65%、87.15%、79.37%，比基准组提高了 2.62%、7.75% 及 9.26%，说明随着盐冻循环次数的增加，纳米 SiO$_2$ 对 SAP 内养生混凝土抗腐蚀性的提高越明显。当盐冻循环次数达到 135 次时，普通 SAP 内养生混凝土试件单位面积剥蚀量达到了 2.91kg/m^2，而此时纳米 SiO$_2$ 改性 SAP 混凝土试件单位面积剥蚀量仅为 1.703kg/m^2。图 9-21 为 135 次盐冻循环作用下各混凝土试件表面剥蚀状况。从图 9-21 可以明显看到基准 SAP 内养生混凝土试件表面砂浆脱落严重，集料明显裸露，有较多孔隙，纳米 SiO$_2$ 的掺入显著降低了混凝土盐冻损坏程度，有效提高了 SAP 内养生混凝土抗腐蚀性，其中 3% 纳米 SiO$_2$ 掺量改善效果最明显，混凝土表面尚完整，可见轻微砂浆脱落。

9.5.6　除冰盐浓度对纳米 SiO$_2$ 改性 SAP 内养生混凝土抗腐蚀性的影响

除冰盐在混凝土中使用时，其浓度的合理选取一直是众多学者研究的重点，既要求快速融化路面冰雪，又要降低盐溶液对道路混凝土的腐蚀破坏程度。本节为研究除冰盐浓度对道路混凝土腐蚀破坏程度的影响，基于 3% 纳米 SiO$_2$ 掺量的改性 SAP 内养生混凝土试件，选取 2%、4%、6% 和 8% 的盐溶液浓度分别进行抗盐冻试验，试验结果见表 9-21 和表 9-22。

a) 基准组

b) 2%纳米SiO₂掺量组

c) 3%纳米SiO₂掺量组

d) 4%纳米SiO₂掺量组

图 9-21 盐冻循环作用下混凝土试件表面剥蚀状况

不同盐冻循环次数纳米 SiO₂ 改性 SAP 内养生混凝土单位面积剥蚀量（单位：kg/m²） 表 9-21

纳米 SiO₂ 掺量/%	除冰盐 浓度/%	累计盐冻循环次数/次							
		15	30	45	60	75	90	105	120
3	2	0.024	0.079	0.086	0.153	0.181	0.293	0.518	0.728
	4	0.052	0.095	0.148	0.290	0.422	0.675	1.052	1.386
	6	0.035	0.057	0.118	0.227	0.313	0.450	0.672	0.785
	8	0.033	0.079	0.086	0.153	0.181	0.293	0.518	0.728

不同盐冻循环次数纳米 SiO₂ 改性 SAP 内养生混凝土相对动弹模量 表 9-22

纳米 SiO₂ 掺量/%	除冰盐 浓度/%	累计盐冻循环次数/次							
		15	30	45	60	75	90	105	120
3	2	99.40%	99.48%	99.16%	95.91%	92.73%	90.66%	87.39%	84.54%
	4	97.24%	95.65%	94.79%	92.56%	89.05%	87.15%	85.00%	82.56%
	6	98.30%	96.47%	95.59%	93.46%	91.90%	89.48%	88.43%	86.49%
	8	99.43%	98.54%	97.03%	96.19%	93.45%	91.04%	89.03%	87.34%

从表9-21及表9-22可以看出,对于3%纳米SiO_2掺量的改性SAP内养生混凝土,随着盐冻循环次数的增加,无论是在何种除冰盐浓度下,纳米SiO_2改性SAP内养生混凝土试件单位面积剥蚀量整体呈上升趋势,相对动弹模量整体呈下降趋势。当盐冻循环次数达到120次时,4%盐溶液浓度下纳米SiO_2改性SAP内养生混凝土单位面积剥蚀量增加到1.386%,当除冰盐浓度较低,为2%时,单位面积剥蚀量为0.728%,当除冰盐浓度较高,分别为6%和8%时,纳米SiO_2改性SAP内养生混凝土单位面积剥蚀量分别为0.785%、0.728%,可以看出,盐冻120次时,4%盐溶液浓度下混凝土单位面积剥蚀量最大。

除冰盐浓度对纳米SiO_2改性SAP内养生混凝土相对动弹模量的影响也具有相似规律,当盐冻循环次数达到120次时,4%盐溶液浓度下纳米SiO_2改性SAP内养生混凝土相对动弹模量降低到82.56%,当除冰盐浓度较低为2%时,相对动弹模量为84.54%,当除冰盐浓度较高分别为6%和8%时,纳米SiO_2改性SAP内养生混凝土相对动弹模量分别为86.49%、87.34%,说明盐冻120次时,4%盐溶液浓度下混凝土相对动弹模量降低最显著。

为了更直观地对比不同除冰盐浓度下,纳米SiO_2改性SAP内养生混凝土在不同盐冻循环次数下的抗腐蚀性评价指标差异性,据表9-21及表9-22数据绘制折线图,如图9-22和图9-23所示。

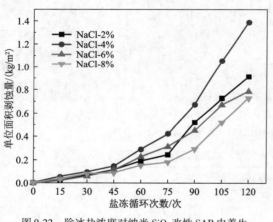

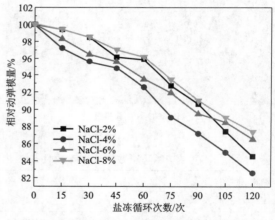

图9-22 除冰盐浓度对纳米SiO_2改性SAP内养生混凝土单位面积剥蚀量的影响　　图9-23 除冰盐浓度对纳米SiO_2改性SAP内养生混凝土相对动弹模量的影响

从图9-22和图9-23可以看出,3%纳米SiO_2掺量的改性SAP内养生混凝土试件抗盐冻性总体较好,当盐冻循环次数增加到120次时,四组不同盐溶液浓度下混凝土试件均未达到《公路工程水泥及水泥混凝土试验规程》(JTG E30—2005)规定的盐冻试验停止标准,混凝土试件外部形态尚完整。同时发现在相同盐冻循环次数下,纳米SiO_2改性SAP内养生混凝土试件盐冻破坏程度并非随除冰盐浓度的增加而加重,整体呈先增大后减小的趋势,在除冰盐浓度为4%时,混凝土破坏最严重。当盐冻循环次数达到120次时,纳米SiO_2改性SAP内养生混凝土在不同盐溶液浓度下破坏程度由强到弱依次为NaCl-4% > NaCl-2% > NaCl-6% > NaCl-8%。由此可见,较低盐溶液浓度对混凝土的盐冻破坏程度反而较大,这与曹瑞实、欧阳男等人的研究结论一致。这主要与除冰盐的作用原理有关,除冰盐主要是通过降低冰点的方式达到融化路面冰雪的目的,当除冰盐浓度过高,超过4%时,盐溶液冰点降低,造成混凝土试件周围盐溶液结冰量减小,甚至不结冰,从而大大减少了盐溶液在混凝土内部毛细孔中的冻胀破坏。因此,除冰盐浓度过大,混凝土单位面积剥蚀量反而减小,相对动弹模量降低。

9.5.7　盐冻前后混凝土抗弯拉强度的衰变

表9-23为纳米SiO$_2$改性SAP内养生混凝土试件盐冻前与盐冻135次后抗弯拉强度的测试结果,为分析盐冻前后纳米SiO$_2$掺量对SAP内养生混凝土抗弯拉强度的影响规律,据表9-23数据绘制柱状图,如图9-24所示。

盐冻前后SiO$_2$改性SAP内养生混凝土抗弯拉强度测试结果　　　　　　　表9-23

编号	纳米SiO$_2$掺量/%	SAP掺量/%	抗弯拉强度/MPa	
			盐冻0次	盐冻135次
JZ	0		5.02	2.19
NS-2%	2	0.19	5.46	3.06
NS-3%	3		6.66	5.66
NS-4%	4		5.13	3.77

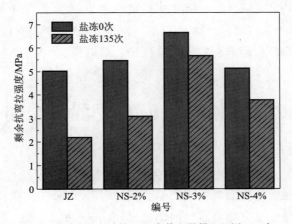

图9-24　纳米SiO$_2$改性SAP内养生混凝土经历135次
盐冻循环后抗弯拉强度的变化

由图9-24可知,盐冻循环对纳米SiO$_2$改性SAP内养生混凝土抗弯拉强度有较大影响,特别是基准组SAP内养生混凝土,冻融前基准SAP内养生混凝土抗弯拉强度为5.02 MPa,盐冻循环135次后,剩余抗弯拉强度仅为2.19 MPa,下降了56.37%。对比盐冻前后混凝土剩余抗弯拉强度,无论是盐冻前还是盐冻循环135次后,纳米SiO$_2$对SAP内养生混凝土抗弯拉强度都具有明显改善效果。当纳米SiO$_2$掺量为3%时,SAP内养生混凝土经历135次盐冻循环,剩余抗弯拉强度为5.66MPa,较未冻融前仅降低了15.02%,显著降低了盐冻循环对抗弯拉强度的影响。纳米SiO$_2$不仅对基准SAP内养生混凝土抗弯拉强度有明显提升,而且能够明显降低盐冻循环后SAP内养生混凝土抗弯拉强度的衰减幅度,按盐冻后混凝土抗弯拉强度衰减幅度由小到大排序为 NS-3% < NS-4% < NS-2% < JZ,盐冻循环结束后,测试混凝土剩余抗弯拉强度,部分试件断块如图 9-25 所示。

图 9-25　盐冻作用下部分混凝土试件断块

综上所述,盐冻循环能显著降低基准 SAP 内养生混凝土抗弯拉强度,纳米 SiO_2 能够有效减缓盐冻循环造成的 SAP 内养生混凝土抗弯拉强度衰减。究其原因,认为主要在于纳米 SiO_2 填充 SAP 释水后形成的残留孔洞,从而提高基准 SAP 内养生混凝土抗弯拉强度,同时纳米 SiO_2 与水泥水化过程中产生的水化产物 $Ca(OH)_2$ 发生二次水化反应,改善了界面区 Ca/Si 比,有利于提高水泥石界面强度,能够有效降低盐冻循环对混凝土抗弯拉强度的影响。

9.6　纳米 SiO_2 改性 SAP 内养生混凝土耐磨性

耐磨性是路面混凝土的重要性能之一。路面混凝土直接与车轮接触,承受车辆荷载的直接作用力,车辆频繁制动会使路面混凝土产生磨损,使其表面砂浆层脱落,集料裸露,造成混凝土路面抗滑性下降,容易引发交通事故。因此,提高季冻区路面混凝土耐磨性对于降低交通事故发生率、改善路面混凝土使用性能具有重要作用。

本节采用冻融循环前后混凝土试件单位面积磨损量来评价纳米 SiO_2 改性 SAP 内养生路面混凝土的耐磨性,分析冻融循环以及纳米 SiO_2 掺量对 SAP 内养生路面混凝土耐磨性的影响规律,同时基于灰色预测模型来预估路面混凝土磨损量。

9.6.1　季冻区混凝土磨损机理及影响因素分析

9.6.1.1　混凝土磨损机理

耐磨性是指水泥混凝土路面粗构造在车辆荷载、环境等因素长期作用下保持原功能的能力,粗构造通过刻槽成型,一般槽深为 3~4mm。混凝土的磨损是物理力学和化学反应综合作用的复杂过程,也可以认为是接触面混凝土材料逐渐被磨耗、损失的过程。

陈瑜、孙增智等人认为混凝土磨耗形式主要为疲劳磨耗和磨粒磨耗,混凝土的磨损破坏往往是这几种磨耗形式综合作用的结果。基于混凝土磨耗方式、磨损理论,可以将季冻区混凝土磨损机理解释为路面材料的"损失过程",主要包括以下几点。

(1)路面混凝土孔洞的产生

随着车轮荷载重复在混凝土上疲劳加载,车轮和混凝土接触面上产生镜面相力,积累到一定程度会降低混凝土材料的位错密度,磨粒磨损进一步形成、累积,导致混凝土产生孔洞,同时季冻区冻融循环的频繁作用也会加剧混凝土孔洞、坑槽的形成。

(2)路面混凝土微裂缝的产生

随着荷载的反复作用,路面混凝土孔洞逐渐增多,最终相互贯通产生微裂缝,在车轮荷载的物理力学作用下,这些微裂缝会扩展、延伸至路表,在荷载、冻融循环等因素的作用下形成碎屑。

(3)路面混凝土磨损破坏过程的循环

路面混凝土抗压强度一般容易满足要求,主要问题还是抗弯拉强度不足、脆性大及韧性差等。这些问题都易导致混凝土孔洞以及微裂缝的形成,微裂缝相互贯通,进而造成路表砂浆层的破裂,使得混凝土磨粒增多,大量磨粒在车辆荷载作用下又会重新导致孔洞的产生,反复循环,加速混凝土的磨损破坏。

9.6.1.2　季冻区混凝土耐磨性影响因素分析

为了深入研究季冻区纳米 SiO₂ 对 SAP 内养生混凝土耐磨性的影响规律,有必要分析季冻区混凝土耐磨性的影响因素。混凝土耐磨性的影响因素众多,主要包括原材料性质、配合比、交通荷载、施工养护等因素,各因素对耐磨性的影响程度各不相同。

(1)原材料性质

只有原材料技术指标符合路面使用要求,混凝土的各项性能才能有所保证。这里原材料性质主要是指水泥安定性、细度,粗集料成分含量、最大公称粒径(NMPS),细集料的含泥量以及砂的细度模数等,其中水泥技术性质和砂的细度模数等参数主要通过相关规范的要求进行选取。对原材料技术性质必须严格把控,如果细集料含泥量过高,这些灰尘在路面成型时会由于密度过小而上浮,最后富集于路面砂浆层,从而对路面耐磨性产生较大影响。孙增智等人研究了 NMPS 对混凝土耐磨性的影响规律,试验结果发现,混凝土单位面积磨损量与 NMPS 呈负相关,NMPS 越大,混凝土单位面积磨损量越小,在 NMPS 为 31.5mm 时,耐磨性最好。

(2)配合比

良好的原材料性质是保证混凝土耐磨性的基础,而混凝土配合比则是提高耐磨性的一个有效手段,水泥用量、水灰比、减水剂用量、砂率等参数的确定都对混凝土的耐磨性起着至关重要的作用。

(3)交通荷载

与其他耐久性不同的是,荷载是对混凝土路面耐磨影响最为直接的一种外界因素。如之前提到的,疲劳磨耗和磨粒磨耗是最主要的两种磨耗方式,它们都与车辆荷载密切相关,交通量大、轴载重、重复对混凝土进行疲劳加载,对路面粗构造带来较严重的磨粒磨耗和疲劳磨耗,从而影响混凝土耐磨性。

9.6.2 季冻区混凝土耐磨性试验参数确定及方案设计

9.6.2.1 基于季冻区气候特征的冻融循环次数确定

通过对季冻区代表城市哈尔滨、长春、沈阳等地气候环境及冻融状况进行调查,发现季冻区多地年平均冻融循环次数较大,平均在 120 次左右,从前面混凝土抗冻及抗盐冻试验发现,冻融循环会造成混凝土表面砂浆层脱落,致使混凝土粗集料及内部砂浆裸露。从冻融试验结果分析可知,反复冻融循环不仅会造成混凝土表面砂浆的剥落、松散,同时还会使混凝土内部结构产生损伤,导致混凝土内部结构疏松、砂石分离、抗压强度降低等。而由季冻区混凝土磨损机理分析可知,混凝土表面砂浆层厚度、内部结构组成等对其耐磨性具有重要影响,因此,研究冻融循环次数对耐磨性的影响至关重要。结合季冻区冻融环境状况以及参考刮俊等人研究报告,研究季冻区纳米 SiO_2 改性 SAP 内养生混凝土耐磨性时,将试验冻融循环次数确定为 100 次。

9.6.2.2 混凝土磨损量测试方法及方案设计

基于季冻区特殊的气候环境,传统的磨耗试验不能很好地表征季冻区 SAP 内养生混凝土的耐磨性,因此设计耐磨性试验方案时,在进行磨耗试验前先对试件进行冻融循环,以此来研究季冻区纳米 SiO_2 改性 SAP 内养生混凝土耐磨性。耐磨性试验可参照《公路工程水泥及水泥混凝土试验规程》(JTG 3420—2020)中水泥混凝土耐磨性试验方法进行,设备采用磨耗试验机,采用150mm×150mm×150mm 的立方体试件对纳米 SiO_2 改性 SAP 内养生混凝土进行耐磨性试验,试验设备及部分试件如图 9-26 和图 9-27 所示。将试件养护至 28d 后,放入 60℃的恒温烘箱中烘干 12h,以使试件处于干燥状态,并尽快进行磨耗试验,试验方案见表 9-24。注意在整个试验过程中始终用吸尘器对准试件磨损面,同时用刷子及时清理磨损掉的碎屑。纳米 SiO_2 改性 SAP 内养生混凝土的耐磨性采用单位面积磨损量 G_c 表征,计算公式见式(9-5)。

$$G_c = \frac{m_1 - m_2}{0.0125} \tag{9-5}$$

式中:G_c——单位面积磨损量,kg/m^2;

m_1——试件磨损前初始质量,kg;

m_2——试件磨损后质量,kg;

0.0125——试件磨损面积,m^2。

纳米 SiO₂ 改性 SAP 内养生混凝土耐磨性试验方案　　　　表 9-24

编号	纳米 SiO₂ 掺量/%	SAP 掺量/%	试件尺寸/mm	混凝土等级	冻融循环次数/次	测试龄期/d	评价指标
JZ	0						
NS-2%	2	0.19	150×150×150	C40	0/100	28	单位面积磨损量
NS-3%	3						
NS-4%	4						

图 9-26　磨耗试验机

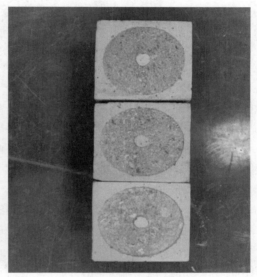

图 9-27　部分磨耗试件

9.6.3　纳米 SiO₂ 掺量对 SAP 内养生混凝土耐磨性的影响

表 9-25 为不同纳米 SiO₂ 掺量下 SAP 内养生混凝土试件在 200N 荷载作用下单位面积磨损量测试结果,据表中数据绘制柱状图,如图 9-28 所示,以便更直观地分析纳米 SiO₂ 掺量对 SAP 内养生混凝土耐磨性的影响规律。

纳米 SiO₂ 改性 SAP 内养生混凝土单位面积磨损量测试结果　　　　表 9-25

编号	纳米 SiO₂ 掺量/%	SAP 掺量/%	单位面积磨损量/(kg/m²)
JZ	0		1.864
NS-2%	2	0.19	1.456
NS-3%	3		1.304
NS-4%	4		1.608

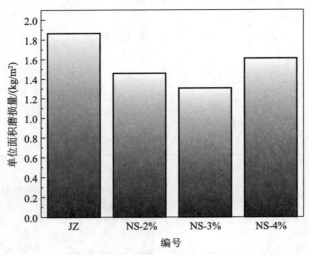

图 9-28　SAP 内养生混凝土单位面积磨损量随纳米 SiO_2 掺量变化

由图 9-28 可见,随纳米 SiO_2 掺量的增加,SAP 内养生混凝土单位面积磨损量呈现先减后增的规律,3% 纳米 SiO_2 掺量的改性 SAP 内养生混凝土单位面积磨损量最低,耐磨性最好。很明显,不同纳米 SiO_2 掺量对 SAP 内养生混凝土耐磨性均有不同程度的提升,相比基准 SAP 内养生混凝土,纳米 SiO_2 掺量为 2%、3%、4% 的改性混凝土耐磨性分别提升了 21.89%、30.04% 和 13.73%。纳米 SiO_2 的加入显著改善了 SAP 内养生混凝土的耐磨性,这主要是由于纳米 SiO_2 提高了水泥砂浆基体抗剪强度以及增强了集料和浆体之间的界面黏结性。但是和之前抗冻性等试验一样,纳米 SiO_2 掺量并非越多越好,耐磨性试验中,可观察到纳米 SiO_2 掺量最优为 3%,当纳米 SiO_2 掺量增加到 4% 时,SAP 内养生混凝土在 200N 荷载作用下的单位面积磨损量开始增加,尽管如此,相比基准 SAP 内养生混凝土,其耐磨性仍有所提高。这可能是因为当纳米 SiO_2 掺量过多时,纳米材料会在水泥浆中形成团聚效应,造成分散不均匀,大量团聚的纳米 SiO_2 需水量增大,从而使得混凝土干燥收缩增大,混凝土内部产生微裂纹、微孔隙,混凝土密实度下降,最终导致其耐磨性降低。

9.6.4　季冻区冻融循环对纳米 SiO_2 改性 SAP 内养生混凝土耐磨性的影响

表 9-26 为 200N 标准荷载作用下,冻融 0 次和冻融 100 次时基准 SAP 内养生混凝土及 3% 纳米 SiO_2 掺量的改性 SAP 内养生混凝土单位面积磨损量数据。

不同冻融循环次数下混凝土单位面积磨损量　　　　　　表 9-26

编号	纳米 SiO_2 掺量/%	作用荷载/N	单位面积磨损量/(kg/m^2)	
			冻融 0 次	冻融 100 次
JZ	0	200	1.864	2.015
NS-3%	3		1.304	1.392

从表9-26可以看出,在200N荷载作用下,基准SAP内养生混凝土冻融0次、冻融100次后单位面积磨损量分别为1.864kg/m²和2.015kg/m²,加入3%掺量的纳米SiO₂后,冻融0次和冻融100次后改性混凝土单位面积磨损量分别降低至1.304kg/m²和1.392kg/m²,可以说明纳米SiO₂对冻融前和冻融后SAP内养生混凝土耐磨性均有所改善。为了对比分析冻融循环对不同纳米SiO₂掺量的改性SAP内养生混凝土耐磨性的影响规律,据表9-26数据绘制柱状图,如图9-29所示。

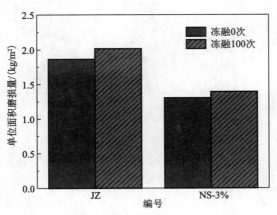

图9-29　冻融循环对混凝土耐磨性的影响

由图9-29可知,对立方体混凝土试件冻融100次,基准SAP内养生混凝土与3%纳米SiO₂掺量的改性混凝土单位面积磨损量均有所增加,但是增幅都不大,两组混凝土冻融100次后单位面积磨损量分别增加了8.10%和6.75%。这说明冻融循环对纳米SiO₂改性SAP内养生混凝土耐磨性影响较小,分析认为冻融循环虽然造成了混凝土表面砂浆剥落,使砂浆层厚度变小,但是裸露的水泥石及内部砂浆强度并未受到较大影响,所以其磨损量增加幅度不大。同时观察到冻融前后纳米SiO₂改性SAP内养生混凝土磨损量均低于基准SAP内养生混凝土,且冻融循环引起的磨损量增幅也小于基准SAP内养生混凝土,说明纳米SiO₂能够改善冻融循环作用下SAP内养生混凝土耐磨性。

9.6.5　不同荷载作用下混凝土耐磨性的变化

近年来,交通量的不断增加以及重载车比例的增大,促使了季冻区混凝土磨损的加快。受试验条件限制,本节通过简单调整磨耗配重来模拟不同交通荷载作用情形,试验结果见表9-27,据表中数据绘制柱状图,便于分析荷载作用对纳米SiO₂改性SAP内养生混凝土耐磨性的影响规律,如图9-30所示。

不同荷载作用下混凝土单位面积磨损量　　　　　　　　　　表9-27

编号	纳米SiO₂掺量/%	单位面积磨损量/（kg/m²）		
		荷载200N	荷载300N	荷载400N
JZ	0	1.864	2.988	4.880
NS-3%	3	1.304	1.915	3.032

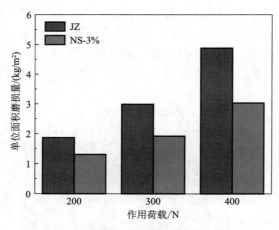

图9-30　作用荷载对混凝土耐磨性的影响

从图9-30可以看出,与理论分析结果一致,两组混凝土试件单位面积磨损量随作用荷载的增大不断增加。当作用荷载为200N时,基准SAP内养生混凝土试件单位面积磨损量为1.864kg/m²,当作用荷载增加至300N、400N时,其单位面积磨损量比200N时分别增加了60.30%和161.80%,说明作用荷载越大,混凝土单位面积磨损量增加幅度越大。而纳米SiO₂改性混凝土在200N荷载时,单位面积磨损量为1.304kg/m²,当荷载增加至300N、400N时,其单位面积磨损量增加了46.86%、132.52%,相比基准SAP内养生混凝土,纳米SiO₂改性SAP内养生混凝土在作用荷载增大时,其单位面积磨损量明显减小。同时在作用荷载分别为200N、300N、400N时,3%纳米SiO₂掺量的改性SAP内养生混凝土单位面积磨损量比基准SAP内养生混凝土减小了30.04%、35.91%及37.87%。

上述分析说明纳米SiO₂的加入能够明显降低基准SAP内养生混凝土磨损量,增强其耐磨性,且随作用荷载的加大,增强效果更明显。这主要是由于纳米SiO₂改善了水泥浆与粗集料间界面过渡区强度及微观形貌,减少了钙矾石晶体及Ca(OH)₂晶体含量,使得胶凝材料结合更紧密,当作用荷载加大时,纳米SiO₂改性SAP内养生混凝土界面过渡区结构更密实,更能抵抗车轮磨耗。

9.6.6　基于灰色预测模型预估季冻区混凝土磨损量

耐磨性是混凝土至关重要的一个路用性能,其直接影响车辆行驶安全,从上节耐磨性试验结果分析可知,3%掺量的纳米SiO₂能够显著提高SAP内养生混凝土耐磨性。尽管如此,在车辆荷载累计加载作用下,混凝土仍不可避免会产生磨耗,造成耐磨性下降,如果不及时处理,可能会引起车辆打滑、追尾等事故,影响行车安全。因此,本节选取3%掺量的纳米SiO₂改性SAP内养生混凝土,基于不同荷载对应的混凝土单位面积磨损量有限数据,通过建立灰色预测模型来预估混凝土磨损量,以便及时采取防护措施,对研究季冻区纳米SiO₂改性SAP内养生混凝土耐磨性具有重要意义。

9.6.6.1　灰色 GM(1,1) 模型的建立与检验

(1)建立模型

研究表明,灰色 GM(1,1) 模型可以对试验数据少、数据波动范围小的试验数据进行有效预测,在预测气候变化、季节性灾害以及混凝土碳化深度等众多领域得到广泛应用,具有预测精度高、模型简单易懂等优点,因此,本节将其用于预估路面混凝土磨损量。

首先,设混凝土历史单位面积磨损量数列为

$$X^{(0)} = \{x^{(0)}(1), x^{(0)}(2), \cdots, x^{(0)}(n)\} \tag{9-6}$$

其次,历史单位面积磨损量作一次累加产生 1-AGO 数列:

$$X^{(1)} = \{x^{(1)}(1), x^{(1)}(2), \cdots, x^{(1)}(n)\} \tag{9-7}$$

其中,$x^{(1)}(t) = \sum\limits_{i=1}^{t} x^{(0)}(i), t = 1, 2, \cdots, n$。

对一次累加数列作紧邻均值处理,得

$$Z^{(1)} = \{z^{(1)}(2), z^{(1)}(3), \cdots, z^{(1)}(n)\} \tag{9-8}$$

其中,$z^{(1)}(k) = 0.5x^{(1)}(k) + 0.5x^{(1)}(k-1)$。

按最小二乘法求解参数 a、b:

$$(a, b)^{\mathrm{T}} = (\boldsymbol{B}^{\mathrm{T}}\boldsymbol{B})^{-1}\boldsymbol{B}^{\mathrm{T}}\boldsymbol{Y}_N \tag{9-9}$$

其中,$\boldsymbol{B} = \begin{bmatrix} -\dfrac{1}{2}\{x^{(1)}(1) + x^{(1)}(2)\} & 1 \\ -\dfrac{1}{2}\{x^{(1)}(2) + x^{(1)}(3)\} & 1 \\ \vdots & \vdots \\ -\dfrac{1}{2}\{x^{(1)}(n-1) + x^{(1)}(n)\} & 1 \end{bmatrix}$,$\boldsymbol{Y}_N = \{x^{(0)}(2), x^{(0)}(3), \cdots, x^{(0)}(n)\}^{\mathrm{T}}$。

最终得出原始数列 $X^{(0)}$ 预测值:

$$\begin{cases} \hat{x}^{(1)}(k) = \left[x^{(0)}(1) - \dfrac{b}{a}\right]\mathrm{e}^{-a(k-1)} + \dfrac{b}{a} \\ \hat{x}^{(0)}(k+1) = \hat{x}^{(1)}(k+1) - \hat{x}^{(1)}(k) \end{cases} \tag{9-10}$$

(2)误差及精度检验

计算拟合值残差:

$$\xi = x^{(0)}(k) - \hat{x}^{(1)}(k) \quad (k = 1, 2, \cdots, n) \tag{9-11}$$

相对误差:

$$\theta = \frac{|\xi(k)|}{x^{(0)}(k)} \quad (k = 1, 2, \cdots, n) \tag{9-12}$$

混凝土历史单位面积磨损量序列 $X^{(0)}$,以及各时刻残差 ξ 平均值分别为

$$\overline{X^{(0)}} = \frac{\sum\limits_{k=1}^{n} x^{(0)}(k)}{n}, \overline{\xi} = \frac{\sum\limits_{k=1}^{n} \xi(k)}{n} \quad (k = 1, 2, \cdots, n) \tag{9-13}$$

混凝土历史单位面积磨损量序列方差 S_1^2 以及残差方差 S_2^2 分别为

$$S_1^2 = \frac{\sum_{k=1}^{n} \left[x^{(0)}(k) - \overline{x}^{(0)} \right]^2}{n}, S_2^2 = \frac{\sum_{k=1}^{n} \left[\xi(k) - \overline{\xi} \right]^2}{n} \quad (k = 1, 2, \cdots, n) \quad (9\text{-}14)$$

最终计算误差比值 C 及小误差概率 P：

$$C = \frac{S_2}{S_1}, P = P\{ |\xi(k) - \overline{\xi} < 0.6745 S_1| \} \quad (k = 1, 2, \cdots, n) \quad (9\text{-}15)$$

9.6.6.2 纳米 SiO_2 改性 SAP 内养生混凝土磨损量的预估

根据前面耐磨性试验结果分析可得不同荷载作用下 3% 掺量的纳米 SiO_2 改性 SAP 内养生混凝土试件单位面积磨损量,试验数据见表 9-28。

纳米 SiO_2 改性 SAP 内养生混凝土单位面积磨损量　　　　　表 9-28

序号	1	2	3	4
作用荷载/N	0	200	300	400
单位面积磨损量/(kg/m^2)	0	1.304	1.915	3.032

注:默认当作用荷载为 0 时,混凝土单位面积磨损量也为 0。

根据表 9-27 混凝土历史单位面积磨损量数列 $X^{(0)}$ 作一次累加可得 1-AGO 数列:

$$X^{(1)}(k) = \{0, 1.304, 3.219, 6.251\}$$

根据上述建模步骤,应用最小二乘法可得 $a = -0.425607, b = 0.9985$。

因此,可得纳米 SiO_2 改性 SAP 内养生混凝土单位面积磨损量预测模型:

$$\hat{x}^{(0)}(k+1) = 2.346253 e^{-0.425607k} \quad (k = 1, 2, \cdots, n)$$

对所得预测模型进行误差检验,计算结果见表 9-29。

误差检验　　　　　表 9-29

序号	2	3	4
$x^{(0)}(n)$	1.304	1.915	3.032
$\hat{x}^{(0)}(n)$	1.2447	1.9051	2.9158
$\xi(n)$	0.0593	0.0099	0.1162
$\theta(n)$	0.0455	0.0052	0.0383

由表 9-29 计算 $\theta(n)$ 平均值,可得 $\theta = 0.0297$,平均相对误差较小,说明纳米 SiO_2 改性 SAP 内养生混凝土单位面积磨损量预测模型可靠性较高。

最后,对预测模型进行精度检验,通过式(9-15),计算得到 $C = 0.0421$、$P = 1.00$。对比表 9-30 模型预测精度等级,可以发现 $C < 0.35$,$P > 0.95$,模型预测精度等级为 Ⅰ 级,说明所建模型能够较好地预测后续纳米 SiO_2 改性 SAP 内养生混凝土单位面积磨损量。

灰色 GM(1,1) 模型预测精度等级　　　　　表 9-30

预测精度等级	P	C
Ⅰ 级	$P \geqslant 0.95$	$C \leqslant 0.35$
Ⅱ 级	$0.8 \leqslant P < 0.95$	$0.35 < C \leqslant 0.5$
Ⅲ 级	$0.7 \leqslant P < 0.8$	$0.5 < C \leqslant 0.65$
Ⅳ 级	$P < 0.7$	$C > 0.65$

9.7　本章小结

本章基于季冻区混凝土实际工作环境,从混凝土渗透、腐蚀、磨损机理及影响因素出发,系统开展了纳米 SiO_2 改性 SAP 内养生混凝土收缩性能、抗渗性及耐磨性等研究,对不同纳米 SiO_2 掺量、冻融循环及作用荷载下改性 SAP 内养生混凝土的耐久性进行分析评价,研究各变量对混凝土性能的影响规律,主要结论如下:

(1)基准 SAP 内养生混凝土前 7d 龄期干缩率增长较小,从 1d 到 3d 龄期、3d 到 7d 龄期,干缩率分别增大了 137.5% 和 36.84%,这是由于 SAP 的内养生特性关键作用于前 7d,14d 龄期后 2% 掺量的纳米 SiO_2 改性 SAP 内养生混凝土干缩率增长幅度开始明显小于基准 SAP 内养生混凝土。

(2)以 10℃ 为温度梯度,温缩试验条件从 -30℃ 变化到 30℃,纳米 SiO_2 改性 SAP 内养生混凝土温缩系数先增大后减小,在 -10~0℃ 温度区间,四组混凝土温缩系数均达到最大,此时基准 SAP 内养生混凝土温缩系数为 $3.11 \times 10^{-6}/℃$,2%、3% 及 4% 纳米 SiO_2 改性混凝土温缩系数分别是基准组的 82.96%、77.49% 及 113.50%,说明适量纳米 SiO_2 掺量能有效改善 SAP 内养生混凝土温缩性能。

(3)纳米 SiO_2 改性 SAP 内养生混凝土氯离子扩散系数在冻融前与冻融后变化规律一致,均随着纳米 SiO_2 掺量的增加而逐渐减小,表明当纳米 SiO_2 掺量为 4% 时,冻融前的氯离子扩散系数只有 $0.1905 \times 10^{-12} m^2/s$,相比基准 SAP 内养生混凝土下降了 56.13%,抗渗性最好。但是经过冻融 50 次后,纳米 SiO_2 掺量为 4% 的改性 SAP 内养生混凝土氯离子扩散系数增幅却高达 48.87%,甚至高于基准 SAP 内养生混凝土。

(4)基准 SAP 内养生混凝土与纳米 SiO_2 改性 SAP 内养生混凝土试件质量损失率均随着最低冻结温度的降低而逐渐增大,相对动弹模量不断下降,最低冻结温度越低,混凝土抗冻性越差。同时无论在何种最低冻结温度下,纳米 SiO_2 改性 SAP 内养生混凝土抗冻性均优于基准 SAP 内养生混凝土。

(5)在 0~120 次盐冻循环内,纳米 SiO_2 改性 SAP 内养生混凝土抗腐蚀性从优到劣依次为 NS-3% > NS-4% > NS-2% > JZ,当盐冻循环次数大于 120 次时,4% 纳米 SiO_2 掺量的混凝土腐蚀破坏开始迅速增大,逐渐出现大于 2% 纳米 SiO_2 掺量组的趋势,后期混凝土试件抗腐蚀性从优到劣依次为 NS-3% > NS-2% > NS-4% > JZ。

(6)除冰盐浓度由 2% 增加到 8%,相同盐冻循环次数下,纳米 SiO_2 改性 SAP 内养生混凝土试件盐冻破坏程度并非随除冰盐浓度的增加而加重,整体呈先增加后降低的趋势,在除冰盐浓度为 4% 时,混凝土破坏最严重。

(7)混凝土单位面积磨损量随作用荷载的增大而增大,纳米 SiO_2 能够显著改善 200N 荷载作用下 SAP 内养生混凝土耐磨性,且作用荷载越大,改善效果越明显,作用荷载分别为 200N、300N 及 400N 时,3% 纳米 SiO_2 掺量的改性混凝土比基准 SAP 内养生混凝土单位面积磨损量分别降低了30.04%、35.91%及37.87%。

(8)通过建立灰色GM(1,1)模型,对纳米SiO_2改性SAP内养生混凝土单位面积磨损量进行预测,分别对预测模型进行误差及精度检验,结果显示,平均相对误差较小且预测精度等级为Ⅰ级,说明所建模型能够较好地预测后续纳米SiO_2改性SAP内养生混凝土单位面积磨损量。

● 本章参考文献

[1] 申爱琴.水泥与水泥混凝土[M].北京:人民交通出版社,2004.

[2] 申爱琴.道路工程材料[M].北京:人民交通出版社,2010.

[3] 丑涛.季冻区纳米SiO_2改性SAP内养生路面混凝土耐久性研究[D].西安:长安大学,2022.

[4] 朱长华,李享涛,王保江,等.内养护对混凝土抗裂性及水化的影响[J].建筑材料学报,2013,16(2):221-225.

[5] MA Xianwei,LIU Jianhui,WU Zemei,et al. Effects of SAP on the properties and pore structure of high performancecement-based materials[J]. Construction and building materials,2017,131(30):476-484.

[6] 王乾峰,贺誉,肖元杰.高性能混凝土裂缝控制研究综述[J].混凝土,2013(5):119-123.

[7] 桂习云.不同掺合料对陶粒混凝土路用性能的影响研究[D].重庆:重庆交通大学,2020.

[8] 闫景晨,王贵来,张欣.玄武岩纤维水泥固化风积砂材料温缩系数影响因素研究[J].混凝土与水泥制品,2021(1):57-60.

[9] 孙永清.考虑材料非均质特性的混凝土中氯离子扩散系数预测模型[J].材料科学与工程学报,2020,38(1):21-26,53.

[10] 王保忠.玄武岩纤维对橡胶混凝土抗渗性的试验研究[J].化学工程师,2019,33(7):96-99.

[11] 李晔,姚祖康,孙旭毅,等.铺面水泥混凝土冻融环境量化研究[J].同济大学学报(自然科学版),2004(10):1408-1412.

[12] 孙增智.道路水泥混凝土耐久性设计研究[D].西安:长安大学,2010.

[13] MATHER B. Concrete need not deteriorat[J]. Concrete international,1979,1(9):32-37.

[14] ROSLI A,HARNIK A. Improving the durability of concrete to freezing and deicing salts[J]. Durability of building materials and components,1980 1(4):21-18.

[15] 欧阳男.不同盐类环境下混凝土的抗冻性研究[J].公路交通技术,2018,34(3):24-28.

[16] 曹瑞实,田金亮.不同除冰盐冻融环境下对混凝土耐久性的影响[J].硅酸盐通报,2013,32(12):2632-2636.

[17] 徐慧宁,张锐,谭忆秋,等.季节性冰冻地区冬季路面温度分布规律[J].中国公路学报,2013,26(2):7-14.

[18] 陈瑜,张大千.水泥混凝土路面磨损机理及其耐磨性[J].混凝土与水泥制品,2004(2):16-19.

［19］ 刮俊.新疆高寒地区桥梁混凝土耐久性研究［D］.西安：长安大学,2010.

［20］ 高英力,何倍,邹超.纳米颗粒对道路粉煤灰混凝土耐磨性能的影响及作用机理［J］.硅酸盐通报,2018,37(2):441-448.

［21］ 熊剑平,申爱琴,宋婷,等.道路混凝土耐磨性试验研究［J］.混凝土,2011(2):134-138.

第10章 SAP内养生混凝土性能增强机理

水泥混凝土内部裂隙、孔隙及水泥石-集料界面过渡区（Interfacial Transition Zone，ITZ）等细微观结构的特征及损伤是决定混凝土耐久性损伤的内在本质因素。SAP内养生水分的持续释放使水泥石内部细微观结构相对复杂，其包含SAP释水残留孔、毛细孔、凝胶孔及水泥石因各种原因产生的微裂隙等。系统研究SAP内养生混凝土细微观结构的形成特点和演化规律，可更加深入地揭示SAP对水泥混凝土耐久性的增强机理，并通过细微观与宏观性能之间的定量关系，从原材料性能、配合比设计方面更科学地提升水泥混凝土耐久性。

本章将结合宏观性能测试数据，借助扫描电子显微镜（SEM）、X射线能谱仪（EDS）、压汞仪（MIP）等现代测试手段深入分析不同层位、不同SAP参数及龄期下内养生水泥混凝土的微观形貌、水泥石-集料界面过渡区特征及孔结构演化规律，并分别建立抗渗性能、抗冻性能与孔结构参数之间的定量关系模型，从多方面、多尺度、多阶段揭示SAP对水泥混凝土耐久性的增强机理。

10.1 SAP内养生混凝土细微观结构表征方法

在细观尺度上，硬化后的混凝土是由水泥石基体、集料及水泥石-集料界面过渡区构成的三相复合材料。

根据损伤力学观点，混凝土性能取决于其内部结构，包括缺陷和界面区薄弱环节，因此，混凝土细微观结构的研究深度主要依赖于细微观孔结构、裂缝结构以及界面区结构表征方法。目前，关于混凝土的细微观结构表征手段有光学显微法、压汞法、氮气吸附法、扫描电子显微分析法及无损检测技术等多种方法，但不同方法都有一定的应用局限性，需要根据不同研究目的进行合理的选择。

10.1.1　水泥石及界面过渡区微观形貌表征方法

混凝土的性能与水泥石及界面过渡区的微观形貌密切相关,包括微裂缝的宽度、长度及水泥的水化程度等。混凝土内部微观形貌,可间接反映混凝土宏观性能。下面对水泥石及界面过渡区微观形貌表征方法进行介绍。

10.1.1.1　界面区结构及性能表征方法

集料与浆体的界面过渡区是普通混凝土材料中最为薄弱的环节,裂缝容易从界面区产生和扩展,离子迁移和溶液渗透也容易将界面过渡区作为快速通道。界面区结构表征主要包括界面区结构表征和界面区性能表征两种。

(1)界面区结构表征

界面区微观结构的研究主要是针对界面区形貌以及矿物组成分布特征进行表征,从而获得界面区孔隙分布、裂缝分布以及元素分布等信息。

X射线衍射(XRD)是目前研究晶体结构,如分子、原子或离子及其基团的种类和位置分布最常用的方法,采用XRD来定量分析钙矾石(AFt)和氢氧化钙(CH)的晶体尺寸、相对含量以及分布情况是较早研究混凝土界面区结构的方法。通过X射线衍射法对样品进行测试,可以确定该材料的成分(定性分析),即确定该材料中所含的结晶材料的结晶状态;通过对X射线的衍射强度加以计算完成衍射图,可以定量分析物质的物相组成,比如采用X射线衍射仪可以定量测定集料-水泥石之间的界面区CH晶体择优取向程度以及AFt和CH晶体晶面法线方向的平均尺寸。

国内外科研人员采用SEM技术对水泥混凝土的界面过渡区进行了大量研究,研究发现采用SEM可以观测水泥石及界面过渡区的形貌和微观结构特征。电镜扫描最大的优点是景深大,并且所观察试样不需要磨平。因此,SEM可以在保持材料原始形状的条件下直接观察试样表面形貌。

此外,应用能谱仪可以分析界面区的元素组成,而且,将扫描电镜和能谱仪结合应用,还可以研究集料颗粒和水泥胶浆界面区的微观结构特征以及Ca、K、Si、Fe等元素分布情况。

由界面过渡区的形成机理可知,界面过渡区中$Ca(OH)_2$富集且定向排列,水化硅酸钙(C—S—H)含量较少,而在水泥石区C—S—H凝胶含量较多。不同区域的$Ca(OH)_2$、C—S—H的含量是不同的,这将导致区域内的钙硅比(Ca/Si)不同。因此,通过能谱仪对混凝土粗集料和水泥石之间的Ca、Si元素的含量进行分析,可以计算出Ca/Si,Ca/Si结构越低,说明该区域的$Ca(OH)_2$含量越低,C—S—H含量越高,反之亦然。最后根据Ca/Si大小可以确定界面过渡区的宽度,界面过渡区宽度表征界面区的扩展程度,反映了界面区薄弱环节覆盖的范围。

由此可见,选择现有分析测试方法中的一种或者几种结合,能够很好地完成界面区结构的表征,目前应用较多的方法是采用扫描电镜结合能谱分析进行界面区结构研究。

(2)界面区性能表征

界面区性能主要以力学性能为研究对象,其中界面强度研究方法之一是利用专门制作的含界面试件进行界面抗拉黏结强度和界面抗剪黏结强度试验,例如河海大学采用圆柱体试件,仅在一端浇筑砂浆,通过取芯方式得到集料,在试件两端粘贴中心有螺孔钢板,测试时通过MTS进行加载来进行界面的静态和动态抗拉强度试验;此外,也可以采用劈裂拉伸试验和推出试验来测量界面抗拉强度和抗剪切强度。综合来看,这种研究方法试验操作难度较大。

而通过界面区抵抗变形能力可以间接反映混凝土界面区性能。自20世纪60年代开始,研究人员用显微硬度测试技术发现在靠近集料表面位置硬度较小,而向基体方向发展硬度逐渐增大,大约100μm处硬度为常数。近年来,显微硬度仪在界面区性能表征研究中得到了广泛应用,通过施加一定荷载后压头的压入深度来计算得到界面区硬度,从而反映界面区刚度大小。

10.1.1.2 裂缝分类及结构表征方法

水泥混凝土自成型硬化后在其内部已存在微裂缝,根据不同形成原因,微裂缝可分为以下几类:因浇筑时原料密度差异产生的塑性塌落裂缝、水泥硬化过程中体积减小产生的化学收缩裂缝、表面和内部水分干燥速度不同产生的塑性收缩裂缝以及表面水分蒸发产生的干燥收缩裂缝等。此外,混凝土在使用过程中,由于荷载以及环境等因素的作用可能还会出现新生微裂缝。目前,混凝土微裂缝的检测表征手段主要有光学显微技术、声发射技术、电子扫描电镜法、CT无损测试法等,其中比较适合进行混凝土微观结构裂缝研究的方法为电子扫描电镜法和CT无损测试法。

(1)光学显微技术和声发射技术

光学显微技术是最早用来观察混凝土内部裂缝存在和发展的技术,但该方法受限于光学显微放大倍数,只能对较大的微裂缝进行研究。

声发射技术始于20世纪30年代,目前已在各国得到了应用。通过建立声发射特征参数与损伤变量之间的关系,可以量化评估混凝土的损伤大小。目前,该方法在应用过程中遇到的主要问题仍是如何解析声发射参数与混凝土损伤之间的对应关系。

(2)电子扫描电镜法

电子扫描电镜是广泛被用来观察研究混凝土内部结构的一种分析测试方法。其放大倍数从几倍到几十万倍,它不仅可以分析混凝土内部的水化产物,对纳米、微米尺度的裂缝也能很好地进行检测,用其进行混凝土裂缝的研究已经得到广泛应用,充分证实了该方法分析微裂缝的可行性。

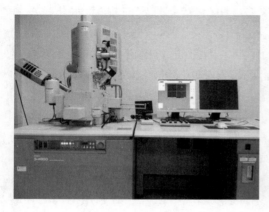

图10-1 扫描电子显微镜

(3)CT无损测试法

1980年,Morgan首次采用医用CT对混凝土试件进行研究,并获得了清晰的混凝土截面图像。随着CT技术的成熟,采用CT技术进行混凝土内部裂缝研究的技术趋于成熟。通过CT技术,科研人员可以对混凝土中的裂缝区域以及微观孔隙进行定量表征,研究混凝土的细观破裂过程。

本研究采用Hitachi S-4800型场发射扫描电子显微镜(图10-1)并结合仪器配备的X射线能谱仪对SAP释水残留孔周围、冻融循环前后水泥混凝土的微观形貌进行表征。通过SEM所得出的二次电子、背散射电子及能谱等物理信息,可以清晰、直观地判断各龄期水化产物的形貌以及 SAP 释水残留孔周围的具体形态,进而能够分析 SAP 对水泥混凝土水化产物及集料-水泥石界面过渡区结构特征(宽度、Ca/Si)的影响规律。

仪器二次电子分辨率为 1.0nm(15kV)、2.0nm(1kV);背散射电子分辨率为 3.0nm(15kV);试验过程中的成像方式根据需要从以上两种成像方式中选择;放大倍率为 ×20 ~ ×800000;EDS 的元素分析范围为 Be4 ~ U92。

10.1.2 孔结构分类及表征方法

10.1.2.1 孔结构分类模型确定

SAP 吸水凝胶在水泥混凝土中会产生一定数量的残留孔,并在离子浓度差驱动作用下及时释放水分,持续促进残留孔周边胶凝材料水化,以上行为必然会对水泥混凝土拌和、振捣及水化硬化过程中因水分蒸发、消耗等所产生孔隙的尺寸、数量及结构造成影响。孔结构与水泥混凝土抗渗性能、抗冻性能等耐久性密切相关,对 SAP 内养生水泥混凝土的孔隙进行科学分类,是研究耐久性与孔结构关系的基础。目前典型的孔结构模型主要包括 Powers-Brunauer 模型、Feldman-Sereda 模型、近藤连一和大门正机模型、布特模型等。

Powers-Brunauer 模型将水泥混凝土的孔隙划分为凝胶孔、过渡孔、毛细孔及气孔。凝胶孔是指水化产物 C—S—H 凝胶颗粒相互连通的孔(3 ~ 4nm),不会对水泥混凝土强度造成不利影响;过渡孔是存在于内部水化产物与外部水化产物中的孔(4 ~ 100nm);毛细孔是指水填充后的剩余空间,存在于部分水化的水泥颗粒(100 ~ 1000nm)中。Feldman-Sereda 模型将水化产物视为不完整层状结构,其不认为水泥混凝土中存在大量凝胶孔。而近藤连一和大门正机对该模型提出了质疑,并对孔结构重新进行了分类,将孔隙分为毛细孔(>250nm)、过渡孔(4.4 ~ 250nm)、凝胶微晶间孔(2.2 ~ 4.3nm)和凝胶微晶内孔(<2.2nm)。

P. K. Mehla 将水泥混凝土中的孔分为四级:小于 4.5nm、4.5 ~ 50nm、50 ~ 100nm 及大于 100nm,指出大于 100nm 的毛细孔对各项性能有较大影响。吴中伟院士按照不同孔径的孔对水泥混凝土强度和耐久性的影响程度,将孔隙分为无害孔(<20nm)、少害孔(20 ~ 50nm)、有害孔(50 ~ 200nm)与多害孔(>200nm),提出孔径为 50nm 以上的孔隙对混凝土强度和耐久性危害较大,应增加无害孔和少害孔比例。

布特等按照孔径大小也将水泥混凝土中的孔分为四级,分别为凝胶孔(<10nm)、过渡孔(10 ~ 100nm)、毛细孔(100 ~ 1000nm)和大孔(>1000nm)。虽然该分类方法较为简单,但大量研究表明,采用此分类方法能够建立水泥混凝土宏观性能与孔径分布的联系,其中凝胶孔主要影响试件收缩及抗裂性能,过渡孔和毛细孔主要影响抗渗性能及抗冻性能,而大孔主要影响力学性能。因此,若要建立 SAP 内养生水泥混凝土耐久性与孔结构之间的定量关系,采用布特模型较为合适。

10.1.2.2 孔结构测试方法及参数确定

目前常用的测试多孔介质孔结构的方法包括压汞法、等温吸附法、核磁共振法以及小角度 X 射线散射(SAXS)法等。对于不同研究目的,要求所测孔大小不同,适用方法也不同。压汞

图 10-2　压汞仪

法是将与试样材料不浸润的汞在压力作用下压入试样孔隙中,通过孔的压入量-压力的关系,基于 Washburn 方程来获得孔结构参数,该法具有测试孔范围广、所得参数多、操作简便等优点。本节将采用重庆大学材料科学与工程学院的 AutoPore Ⅳ 9510 型全自动压汞仪(图 10-2)对 SAP 内养生水泥混凝土的孔结构进行测试,压汞仪可直接对孔结构特征参数进行输出。孔径测试范围为 0.003 ~ 1000μm。压汞试验试样从规定龄期、部位处的水泥混凝土试件中选取,体积约为 1cm³。

由于水泥石孔结构的形态与分布特征较为复杂,因此在研究水泥石内部孔结构时需通过大量相关参数对其进行表征。水泥混凝土的孔结构参数分为孔隙参数和孔径分布参数。孔隙参数主要用于表征孔隙的整体性能,包括孔隙率、总孔隙量及平均孔径等。孔隙率是指孔隙体积与混凝土表观体积的比值;平均孔径是指以混凝土内部孔的柱状模型为基础,以混凝土 4 倍孔所占体积除以混凝土内部孔表面积所得的值,即 $D = 4V/S$。

孔径分布,即孔级配,能够表征不同孔径尺寸孔(凝胶孔、过渡孔、毛细孔、大孔)的搭配情况。孔径分布是指孔半径为 r 的孔隙体积在水泥混凝土内所有开口孔隙总体积中所占的百分比,孔径分布函数 $\varphi(r)$ 见式(10-1)。

$$\varphi(r) = \frac{\mathrm{d}V}{V_{T0}\mathrm{d}r} = \frac{p}{rV_{T0}} \times \frac{\mathrm{d}(V_{T0} - V)}{\mathrm{d}p} = \frac{p^2}{2\sigma\cos\theta V_{T0}} \times \frac{\mathrm{d}(V_{T0} - V)}{\mathrm{d}p} \qquad (10\text{-}1)$$

式中:$\varphi(r)$——孔径分布函数;

$\qquad V$——半径小于 r 的所有开口孔体积;

$\qquad V_{T0}$——总开口孔体积;

$\qquad p$——将汞压入半径为 r 的孔所需要的压力;

$\qquad \sigma$——汞表面张力;

$\qquad \theta$——汞与水泥混凝土的接触角。

孔径分布参数包括最可几孔径、临界孔径等。最可几孔径是指在混凝土中出现概率最大的孔径,孔径分布微分曲线峰值所对应孔径即为最可几孔径,小于该孔径则不能形成连通孔道;临界孔径是指压汞体积明显增加时所对应的最大孔径,能够反映孔隙的连通性和渗透路线的曲折性。

10.1.3　细微观试验方案

10.1.3.1　微观形貌分析及孔结构分析试验方案

通过前面章节所得 SAP 掺量、目数等内养生参数对水泥混凝土各项性能的作用效果结果发现:对于 C40 及 C50 水泥混凝土,均是 40 ~ 80 目及 100 ~ 120 目 SAP 内养生效果最佳。本节将根据性能的优劣对内养生参数择优选取,以最小的试验量获取最具代表性的试验结果,进而开展细微观试验及相关耐久性损伤遏制机理分析。此外,路面混凝土沿板垂直方向存在非线性湿度梯度特征,混凝土从上至下各部位所对应的孔结构特征必然存在差异,因此还将对铺装混凝土不同层位处的孔结构参数进行分析。试验方案设计理念如下:

方案的设计充分考虑了水泥混凝土强度等级、SAP掺量、SAP粒径、养生龄期、冻融循环次数及取样部位等多因素对水泥混凝土细微观结构及其损伤演化规律的影响。在微观形貌研究中,SAP掺量及粒径根据性能优劣择优选取;SAP释水养生初期及达到标准养生龄期时的微观形貌最具代表性,因此选观测龄期为7d、28d;试件在经历多次冻融循环后,损伤较为严重,在取样过程中难免会产生较大误差,故在冻融循环次数为20次、30次时对试件进行取样;影响水泥混凝土内部微裂隙的因素众多,导致其分布存在一定的离散性与随机性,在垂直方向上不具有明显的分层特征,因此在微观形貌(水化产物、裂隙、ITZ)的研究中统一从路面水泥混凝土中层取样。

在孔结构研究中,为深入探索最佳内养生状态下,SAP内养生水泥混凝土与基准水泥混凝土孔结构之间的差异性,基准组与最佳SAP参数组的观测龄期均比其余组长;C50水泥混凝土水胶比低于C40水泥混凝土,其内部水分更易耗散,导致SAP的释水养生作用相对显著,因此在分析SAP对孔结构早期(7d)、中期(28d)、长期(60d)多阶段的影响时,以C50水泥混凝土为对象,此外,在孔结构的垂直空间分布状态研究方面也同上;C40水泥混凝土密实度相比C50水泥混凝土小,在盐冻环境下更易产生冻融破坏,故在研究冻融循环次数对孔结构的影响时以C40水泥混凝土为对象。具体试验方案见表10-1和表10-2。

微观形貌分析试验方案　　　　　　　　　　　　　　　表10-1

强度等级	SAP目数/目	SAP掺量/%	养生龄期/d	取样部位
C40	—	—	7、28	中层水泥石
	40~80	0.124		中层水泥石 SAP残留孔周
	100~120	0.125、0.145		
C50	—	—		中层水泥石
	40~80	0.160、0.180		中层水泥石 SAP残留孔周
	100~120	0.215		

孔结构分析试验方案　　　　　　　　　　　　　　　表10-2

强度等级	SAP目数/目	SAP掺量/%	养生龄期/d	养生28d后冻融循环次数/次	取样部位
C40	—	—	28	20、30	中层水泥石
	40~80	0.124		20、30	中层水泥石
	100~120	0.125		20、30	中层水泥石
	100~120	0.145		20、30	中层水泥石
C50	—	—	7、28、60	—	7d、60d为中层;28d为上、中、下层
	40~80	0.160	28	—	中层水泥石
	40~80	0.180	7、28、60	—	7d、60d为中层;28d为上、中、下层
	100~120	0.215	28	—	中层水泥石

10.1.3.2 水化热测试试验方案

水泥水化伴随着一个放热过程,释热量大小和释热时间长短因水泥品种、水灰比及外掺材料而不同,可用水化放热速率来表征。与普通混凝土相比,内养生混凝土的收缩阻裂性能得到较大提升。为了揭示 SAP 对混凝土性能的提升机理,本节采用微量热仪,结合广西地区气候特征,选取 20℃和 38℃两个水化温度,研究基准组和 SAP 组(100～120 目)胶凝材料的水化放热速率和放热量,旨在从胶凝材料早期水化反应进程角度揭示内养生混凝土性能提升机理。

试验采用美国 TA 公司生产的 TAM Air 型等温微量热仪,分别测定基准组和 SAP 组胶凝材料 72h 内的水化放热量和放热速率。其中,测试时间间隔为 30min,测试精度为 ±0.1℃。胶凝材料配合比见表 10-3,测试过程如图 10-3 所示。

胶凝材料早期水化热试验配合比 表 10-3

编号	水泥/g	水/g	SAP/mg	内养生额外引水量/g
基准组	5.5	1.815	—	—
SAP 组(100～120 目)	5.5	1.815	5.5	0.3267

图 10-3　胶凝材料早期水化热测试

10.2　内养生材料对胶凝材料早期水化热的影响

10.2.1　20℃水化温度下 SAP 对胶凝材料早期水化反应进程的影响

为了研究 SAP 对胶凝材料水化进程的影响,本节选用 100～120 目 SAP,测试了基准组和 SAP 组胶凝材料在 20℃水化温度下 72h 的水化放热速率及放热量,具体测试结果如图 10-4 所示。

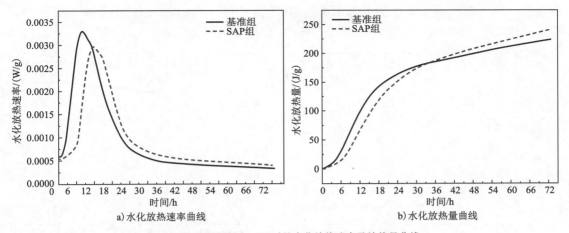

a) 水化放热速率曲线　　　　　　　　　　b) 水化放热量曲线

图 10-4　胶凝材料在 20℃时的水化放热速率及放热量曲线

分析图 10-4 可知：

（1）基准组和 SAP 组分别在 8.07083h 和 11.84685h 出现水化放热速率峰值，其峰值分别为 0.003298234W/g 和 0.002961417W/g。可见 SAP 的掺入不仅延长了水化放热速率峰值出现的时间，而且可以显著降低水化放热速率峰值，这对缓解混凝土内部温度的上升，对降低混凝土开裂的风险有极大的帮助。分析其原因在于，SAP 在初期除吸收加入的内养生水以外，还额外吸收部分拌合水，之后在离子浓度和湿度差增加的情况下，缓慢释放所吸收的水分，导致内养生浆体的初始有效水胶比小于基准组，进而使其水化速率较低，峰值出现时间较晚。

（2）基准组和 SAP 组在 72h 的累计放热量分别达到 223.780J/g 和 240.468J/g，其中 SAP 组 72h 的累计放热量为基准组的 1.07 倍。累计放热量能够在很大程度上表征水泥基材料的早期水化程度，即累计放热量越大，水泥基材料水化程度越高。可见在早期水化反应进程中，内养生组的水化程度前期较低，这与 SAP 延缓了水化放热速率峰值出现的时间并降低其峰值有直接关系，但随着 SAP 内养生水分的持续释放，内养生组始终保持较高的水化速率，以至于其累计放热量在 32h 后超过基准组，同时也表明其胶凝材料水化程度赶超基准组。这一结果与张珍林和 J. Justs 的研究成果相同。

10.2.2　38℃水化温度下 SAP 对胶凝材料早期水化反应进程的影响

为了更好地模拟高温环境下 SAP 对混凝土水化进程的影响，本节以广西地区高温环境为例进行模拟，将广西最不利温度（38℃）作为胶凝材料水化测试环境，分别测试了基准组和 SAP 组胶凝材料在 38℃水化温度下 72h 的水化放热速率及放热量，测试结果如图 10-5 所示。

分析图 10-5 可知：

（1）随着温度的上升，两组胶凝材料的水化进程大大加快，水化诱导期时间大幅降低，在较短时间内水化速率达到峰值，且峰值明显增高。其中基准组和 SAP 组分别在 5.05h 和 6.91h 出现水化放热速率峰值，其峰值分别为 0.010412337W/g 和 0.009183071W/g。尽管如此，内养生组的水化诱导时间仍然长于基准组，水化放热峰值出现的时间也晚于基准组，且峰值较低。这主要归功于 SAP 的吸水-释水特点,使得胶凝材料的水化速率得以稳步发展,避免受高温的影响,水化速率突然加快,致使混凝土内部温度迅速升高,水分散失加快,混凝土开裂的风险增大。

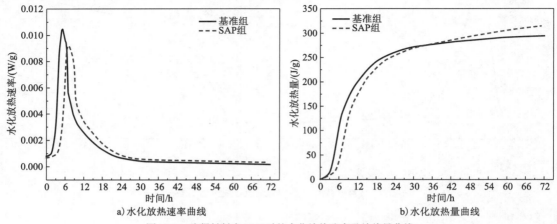

a) 水化放热速率曲线　　　　　　　b) 水化放热量曲线

图 10-5　胶凝材料在 38℃时的水化放热速率及放热量曲线

　　(2)随着温度的上升,水化放热速率快速增长,致使累计放热量快速增高。基准组和 SAP 组在 72h 的累计放热量分别达到 294.502J/g 和 312.172J/g,其中 SAP 组 72h 的累计放热量为基准组的 1.06 倍。虽然前期基准组的累计放热量快速升高,水化程度大大加深,远超 SAP 组,但随着 SAP 内养生水分的释放,SAP 组的水化速率始终保持较高水平,累计放热量及水化程度于 34h 赶超基准组,这对降低混凝土早期开裂风险大有裨益。

　　综上,通过对两组胶凝材料分别在 20℃、38℃下的 72h 水化进程进行分析,同时结合微观形貌分析,可以得到以下结论:由于 SAP 具有吸释水特点及较强的保水稳定性,内养生组胶凝材料前期的水化速率较低,且发展较缓慢,SAP 的掺入有效延缓了 SAP 放热速率峰值出现的时间并降低其峰值。这不仅减弱了短时间内混凝土内部热量的大量积聚,为热量散失争取了宝贵的时间,而且大大降低了因热量大量积聚、温度应力增强而导致混凝土收缩增大、开裂风险增大的危害。这与内养生混凝土收缩阻裂性能的研究结果一致。

　　但随着内养生水分的释放,内养生混凝土的水化放热速率始终保持较高的水平,水化进程大大加快,并于 34h 后赶超基准组,其水化程度也超过基准组。内养生组胶凝材料水化程度的加深,使得混凝土密实度增大,这通过混凝土微观形貌可以得到证明。随着内养生混凝土密实度增大,混凝土整体性得到加强,还可以阻断外界物质进入混凝土内部通道,有效抑制 CO_2、H^+ 和 SO_4^{2-} 等侵蚀性物质对混凝土的侵蚀。

10.3　湿度及温度收缩裂缝减缓效应

10.3.1　基于 SAP"释水补偿-减缩"作用的湿度收缩裂缝减缓效应分析

　　由 2.5 节中常温条件下 SAP 在水泥浆体内的释水行为可知,在 1d、2d、3d、5d 和 7d 龄期时,40～80 目 SAP 在水胶比为 0.31 浆体中的释水半径平均值分别为 0.08mm、0.28mm、0.62mm、0.67mm、0.71mm,SAP 随龄期的推移逐渐与水泥浆体出现间隙,自身体积因释水而缩小;另外,从第 4 章中得出,在 7d 龄期内,内养生浆体中的凝胶水含量相比基准浆体有一定提升,且 40～80 目 SAP 显著提升了水泥混凝土的相对湿度,大幅降低了湿度收缩应变。

图 10-6 为 C50-基准及 C50-40-0.180% 混凝土在 7d 龄期时的微观形貌,为 SAP 的减缩效果提供了有力的证据。

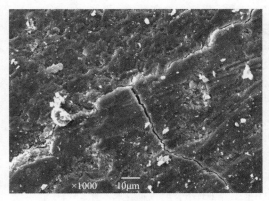

a) C50-基准

b) C50-40-0.180%

图 10-6　C50 基准及内养生水泥混凝土微观裂缝

由图 10-6 可见,在未掺加 SAP 时,水泥石中出现了大量微裂缝,而对于掺加 SAP 的水泥石,在 SAP 周边并未出现开裂现象。具体湿度收缩裂缝减缓机理分析如下:

(1)在合适的粒径下,溶胀后的 SAP 能够均匀分布在水泥混凝土内部,并在释水后产生一个附加湿度场。在混凝土内部湿度下降及离子浓度增大时,通过湿度差及离子浓度差释放水分,在较长时间内保持毛细孔的高湿状态,缓解因自干燥效应或干燥效应引发的毛细管负压力,减小早期湿度收缩。

(2)吸液后的 SAP 凝胶会在混凝土内部留下细小孔隙,当在内养生水分无法到达的区域出现湿度收缩微裂缝时,该孔隙能够有效释放微裂缝的扩展力,阻碍其进一步扩展。

(3)SAP 在早期的持续释水能够促进已有 $Ca(OH)_2$ 与粉煤灰中的活性氧化硅、活性氧化铝发生二次水化,不仅能够生成大量 C—S—H 凝胶填充混凝土内部孔隙,且能够消耗部分 $Ca(OH)_2$[$Ca(OH)_2$ 易产生层状解理,联结性较弱],使得结构更为致密,从而降低微裂缝出现概率。

10.3.2　基于水化放热峰值"降低-后移"作用的温度收缩裂缝减缓效应分析

由 10.2 节中内养生浆体的水化放热速率及放热量试验结果可知,SAP 不仅能够大幅降低浆体在 3d 龄期内的累计放热量,且能延长水化诱导期持续时间、推迟水化放热速率峰值出现时间,显著降低水化放热速率峰值。具体温度收缩裂缝减缓机理分析如下:

(1)除根据理论计算的内养生水外,SAP 在浆体拌和初期会额外吸持部分拌合水,致使内养生浆体的初始有效水胶比小于基准浆体,并持续缓慢地释放水分参与水化,避免了水化速率及水化温升速率迅速增大的现象,即内养生浆体能够在浆体抗拉强度达到一定水平后再出现水化放热加速期,对于减缓温度收缩裂缝和增强耐久性非常有利。

（2）SAP 在浆体中产生了若干孔隙,使得其温度传递能力小于基准浆体。除此之外,SAP 凝胶能够吸收部分水化反应热量,降低浆体内部温度。由于环境温度越低,水化反应速率峰值越小,SAP 的加入对胶凝材料的早期水化反应进程起到一定的延缓作用,有利于抑制早期因温度变形而产生的微裂缝。

10.4 基于"水化填充"作用的抗渗性能增强机理

10.4.1 内养生区域微观形貌及水化产物分析

SAP 在干燥状态以及在吸液溶胀过程中的微观形貌分别见图 10-7a)、c),相应 EDS 图谱见图 10-7b)、d)。可见,SAP 在溶胀前呈块状,由于 SAP 为聚丙烯酸钠,在干燥时 Na 元素含量较高。在溶胀过程中,SAP 呈"葡萄"状,能够在水泥混凝土中留下较为圆滑的孔洞,由于吸入了大量水分,O 元素含量迅速增大。

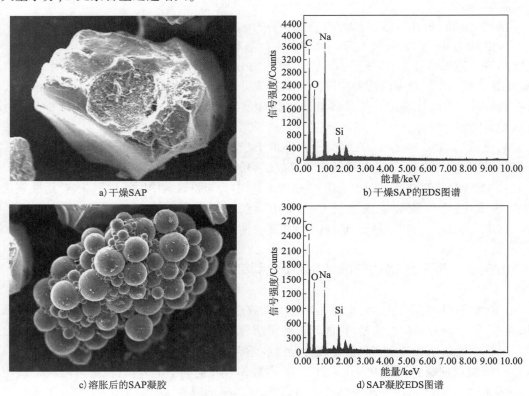

a)干燥SAP

b)干燥SAP的EDS图谱

c)溶胀后的SAP凝胶

d)SAP凝胶EDS图谱

图 10-7 SAP 溶胀前后微观形貌及 EDS 图谱(点扫)

以 C40 水泥混凝土的微观形貌及相应水化产物分析为例,进行内养生水泥混凝土的抗渗性能增强机理分析。图 10-8 为 C40-基准试件在 7d、28d 龄期时的 SEM。图 10-9～图 10-11 依次为 C40-40、C40-100-0.145% 试件在 7d、28d 龄期时内养生区域的 SEM。考虑路面水泥混凝土沿垂直方向存在梯度性差异,对于 C40-100-0.145% 试件,分别从试件上层及中层取样,对不同层位处的微观形貌和水化产物进行对比分析。

a) 7d

b) 28d

图 10-8　C40-基准中层水泥混凝土微观形貌

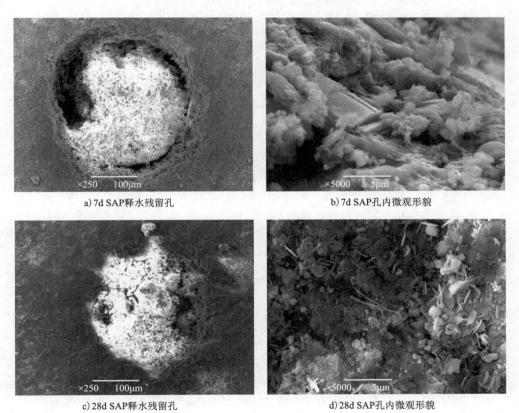

a) 7d SAP释水残留孔

b) 7d SAP孔内微观形貌

c) 28d SAP释水残留孔

d) 28d SAP孔内微观形貌

图 10-9　C40-40 中层水泥混凝土微观形貌

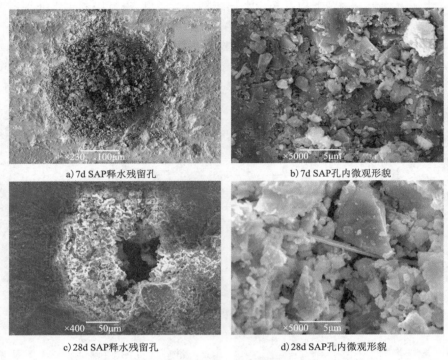

a) 7d SAP释水残留孔　　　　　　　b) 7d SAP孔内微观形貌

c) 28d SAP释水残留孔　　　　　　　d) 28d SAP孔内微观形貌

图 10-10　C40-100-0.145%上层水泥混凝土微观形貌

a) 7d SAP释水残留孔　　　　　　　b) 7d SAP孔内微观形貌

c) 28d SAP释水残留孔　　　　　　　d) 28d SAP孔内微观形貌

图 10-11　C40-100-0.145%中层水泥混凝土微观形貌

由图 10-8 可见,在不掺加 SAP 的情况下,C40 水泥混凝土在 7d 龄期时的微观结构较为疏松,即使在 28d 龄期时结构逐渐密实,水化产物种类也相对较少,主要为六方体状的 Ca(OH)₂晶体,且尺寸较为粗大,水化产物间的连接性较差。

结合图 10-9a)和 b)可见,当掺加 40～80 目 SAP 后,SAP 在 7d 龄期前持续释放的水分能够与胶凝材料充分反应,在孔中及孔周生成大量 Ca(OH)₂晶体,结构较为密实,并能够较好地填充释水残留孔洞;到 28d 龄期时,释水孔洞被水化产物进一步填充密实,水化产物与孔边界处的缝隙逐渐变小甚至完全结合[图 10-9c)]。由图 10-9d)可见,释水孔洞内部及周边结构致密,水化产物数量及种类明显增多,可清晰地观察到层状 Ca(OH)₂、絮状和纤维状 C—S—H凝胶以及针状 AFt,水化产物间相互搭接,形成密实的网状结构。究其原因:①7d 后 SAP 的继续释水能够供胶凝材料,尤其是粉煤灰的二次水化,使得 Ca(OH)₂晶体与粉煤灰中各活性物质产生火山灰效应,大幅降低材料原始损伤;②释水褶皱后的 SAP 能够形成一层包覆膜,阻碍外界物质侵入。以上为 SAP 内养生混凝土抗渗性能有所提升的根本原因。

由图 10-11a)和 b)发现,掺加 100～120 目 SAP 时,水化产物对其释水残留孔洞的填充效果优于掺 40～80 目 SAP,在 7d 时孔内所生成的 Ca(OH)₂晶体数量远比掺 40～80 目 SAP 时要多;在 28d 龄期时,水化产物能够完全填充释水孔洞,并与周边水泥石结为一体[图 10-11c)],孔中及周边水化产物包含大量层状 Ca(OH)₂、絮状和纤维状 C—S—H 凝胶及针状 AFt。分析是因为在同样的内养生引水量下,100～120 目 SAP 在混凝土中的分布更加均匀、广泛,释水持续时间更长,能够在较长时间内促进大部分区域胶凝材料的水化,并延长粉煤灰二次水化持续时间,所以该 SAP 粒径能够使混凝土达到最佳的抗渗性能。

对比 C40-100-0.145% 试件上层(图 10-10)及中层(图 10-11)处的微观形貌可知,上层混凝土中水化产物对 SAP 孔洞的填充效果不如中层混凝土,并与孔边界存在一定的间隙,如图 10-10a)所示;同时,生成的水化产物种类及密实度均不如中层混凝土。以上现象说明水泥混凝土上层水胶比相对较大,分布在试件上层的 SAP 在拌和期间吸液倍率较高,致使其在水泥石中形成的孔洞较大,同时,由于水胶比相对较高,因此在湿度差作用下 SAP 的释水速率相对较低,导致生成的水化产物数量也相对较少。

为进一步明确不同 SAP 粒径对水化产物组成的影响,对 C40-40 及 C40-100-0.145% 试件SAP 残留孔内及孔周内养生区域进行 EDS 线扫描,通过元素含量测试结果分析 SAP 粒径对28d 龄期水化产物组成的影响,扫描路径及图谱如图 10-12 和图 10-13 所示。

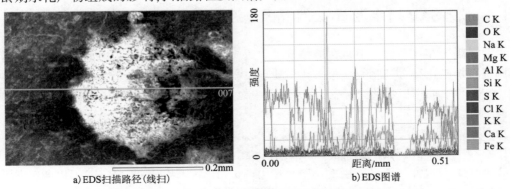

a)EDS扫描路径(线扫)　　　　b)EDS图谱

图 10-12　C40-40 中层水泥混凝土 EDS 扫描路径及图谱

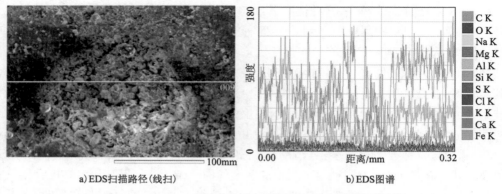

a)EDS扫描路径(线扫) b)EDS图谱

图 10-13　C40-100-0.145% 中层水泥混凝土 EDS 扫描路径及图谱

研究表明,水化产物中的 C—S—H 凝胶是水泥石强度的主要来源,而六方板状及层状的 $Ca(OH)_2$ 最易受到侵蚀,并对强度贡献较少。因此,C—S—H 凝胶数量的增多有利于水泥混凝土强度的增长。采用水化产物中的 Ca/Si 值可对水化产物的性能进行判定。根据图 10-12b) 和图 10-13b) 中的元素含量测试结果,可计算得出 Ca/Si 值在内养生区域范围内的变化情况,如图 10-14 所示。Ca/Si 值越大,说明 $Ca(OH)_2$ 晶体的相对含量越高,C—S—H 凝胶的相对含量越小,因此该指标的分布规律能够从很大程度上反映水化产物的强度和稳定性。

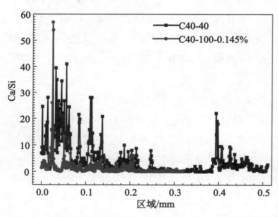

图 10-14　Ca/Si 值在不同 SAP 粒径混凝土内养生区域范围内的分布情况

由图 10-14 可见,在 SAP 释水孔外侧区域范围内,C40- 40 试件的 Ca/Si 值远大于 C40-100-0.145% 试件,即前者 C—S—H 凝胶的相对含量小于后者;在 SAP 释水孔内部,二者的 Ca/Si 值接近,但 C40-100-0.145% 试件的 Ca/Si 值始终大于 C40- 40 试件。测得 C40- 40 及 C40-100-0.145% 两组试件的 28d 平均抗弯拉强度分别为 5.56MPa 和 5.74MPa,这与 Ca/Si 值的分布特征高度吻合。

10.4.2　SAP 对水泥石-集料界面过渡区离子传输状态的改善作用

水泥混凝土在拌和过程中存在边壁及泌水效应,会在水泥石和集料之间形成界面过渡区,该区域具有水胶比高、强度低、疏松多孔等缺点,属混凝土中的最薄弱区域。界面过渡区内部孔隙易相互贯通而形成渗透路径,为外界环境中氯离子(Cl^-)等离子提供侵蚀通道,对混凝土耐久性不利。

水泥石-集料界面过渡区的微观形貌及宽度是决定水泥混凝土抗渗性能的关键因素。基于上述内容,本节将在观察 C40 内养生水泥混凝土界面过渡区微观形貌的基础上,结合 EDS 结果分析 SAP 对界面过渡区宽度的影响。图 10-15 列出了 C40-基准(中层)、C40-40(中层)及 C40-100-0.145%(上层及中层)试件界面过渡区微观形貌及随扫描路径的 Ca/Si 值。

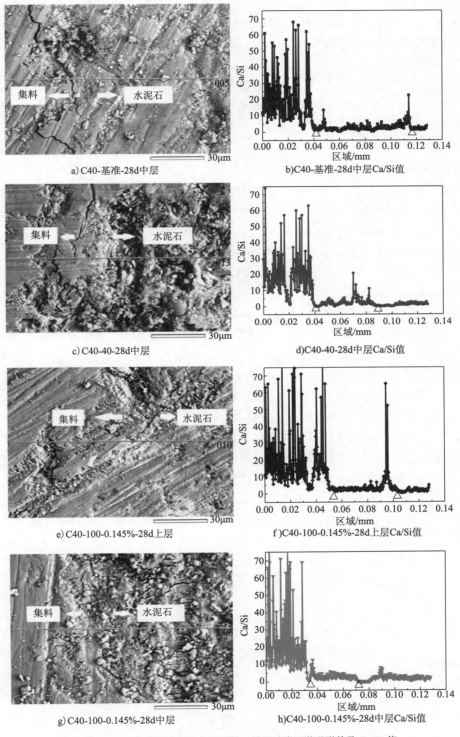

a) C40-基准-28d中层

b) C40-基准-28d中层Ca/Si值

c) C40-40-28d中层

d) C40-40-28d中层Ca/Si值

e) C40-100-0.145%-28d上层

f) C40-100-0.145%-28d上层Ca/Si值

g) C40-100-0.145%-28d中层

h) C40-100-0.145%-28d中层Ca/Si值

图 10-15　C40 基准及内养生水泥混凝土界面过渡区微观形貌及 Ca/Si 值

由图 10-15a)、c)、e)、g)可见,C40-基准试件在水泥石和集料之间出现了明显贯穿性裂纹,C40-40 试件所产生裂纹的长度和宽度相比 C40-基准试件有大幅减缓,而 C40-100-0.145%试件未产生明显裂纹,说明 SAP 的加入能够显著改善界面过渡区微观形貌,降低外界侵蚀性物质的渗入概率。

图 10-15b)、d)、f)、h)中列出了 Ca/Si 值随集料—界面过渡区—水泥石表面不同位置处的变化情况。研究表明,石灰岩集料的主要成分为 $CaCO_3$,故该区域 Ca/Si 值最大;水泥石-集料界面过渡区富含大量的 $Ca(OH)_2$,但 Ca 含量远低于石灰岩集料,故在该区域 Ca/Si 值迅速下降;水泥石中富含多种水化产物,C—S—H 凝胶数量较多,并富含一定量的 $Ca(OH)_2$,因此 Ca/Si 值再次有所下降,但下降幅度微小。通过以上 Ca/Si 值的变化情况,可计算并推断出各组试件界面过渡区的宽度,图 10-15b)中横坐标从左到右相继代表集料、界面过渡区及水泥石区域,其中△标识之间的范围即为界面过渡区范围。

经计算得出,C40-基准中层、C40-40 中层、C40-100-0.145%中层及 C40-100-0.145%上层试件的界面过渡区宽度分别为 75μm、48μm、37μm、48.5μm,其中 C40-40 中层和 C40-100-0.145% 中层的界面过渡区宽度仅为 C40-基准试件的 64.00% 和 49.33%,C40-100-0.145%上层界面过渡区宽度与 C40-40 中层接近。

究其原因,除内养生水以外,40～80 目和 100～120 目 SAP 在新拌混凝土中会吸收部分拌合水(包括聚集在界面过渡区中的水膜),降低界面过渡区水胶比,同时使区域内水化产物变得相对更加密实,孔隙率有所降低,并能够有效削减界面过渡区宽度,使得离子的传输通道更为狭窄;随着混凝土内部湿度的不断下降,内养生水会逐渐释放,以供未水化水泥及粉煤灰颗粒进行二次水化,生成更多的 C—S—H 凝胶以填充界面过渡区浆体,增强其致密性,从而有效阻断界面过渡区孔隙相互贯通形成的渗透路径,降低其离子传输性能。其中 100～120 目 SAP 持水性能更强,能够在较长周期内吸持界面过渡区水分,同时其颗粒数量相比 40～80 目 SAP 更多,因此能够更加均匀地对该区域进行释水养生,增大密实度。不同层位处界面过渡区宽度差距较大,这是由不同层位处水胶比的差异性造成的。以上就是 SAP 改善水泥混凝土界面过渡区微观形貌及宽度、增强抗渗性能的机理。

表 10-4 为上述各组水泥混凝土所对应的界面过渡区宽度及氯离子扩散系数,并建立了两者之间的定量关系,如图 10-16 所示。可见,氯离子扩散系数与界面过渡区宽度之间呈典型的线性关系,即 $D_{RCM} = 0.010d + 2.552$,相关系数高达 0.998。

C40 基准及内养生水泥混凝土界面过渡区宽度及抗渗性能测试结果 表 10-4

序号	水泥石-集料界面过渡区宽度 $d/\mu m$	氯离子扩散系数 $D_{RCM}/$ $(0.1 \times 10^{-12} m^2/s)$
C40-基准-中层	75.0	3.277
C40-40-中层	48.0	3.024
C40-100-0.145%-上层	48.5	3.043
C40-100-0.145%-中层	37.0	2.898

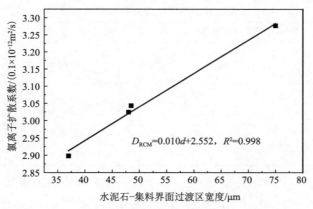

图 10-16　抗渗性能与集料-水泥石界面过渡区宽度之间的定量关系

10.4.3　不同层位及 SAP 参数、养生龄期下的孔结构特征参数研究

10.4.3.1　内养生水泥混凝土的分层孔结构特征参数分析

水泥混凝土成型过程中造成的结构分层特征对其孔结构具有较大影响,本小节以 28d 龄期的 C50 水泥混凝土为例,分别对其上层、中层、下层层位处的孔结构特征参数进行分析。所测孔隙参数见表 10-5,孔径分布曲线及孔径分布情况分别见图 10-17 和表 10-6。

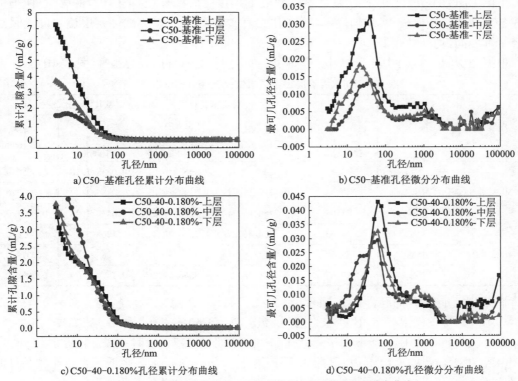

图 10-17　不同层位处基准 C50 及内养生水泥混凝土孔径分布曲线

C50 水泥混凝土不同层位处孔隙参数试验结果 表 10-5

序号	层位	总孔隙量/(mL/g)	总孔隙面积/(m²/g)	平均孔径/nm	孔隙率/%
C50-基准	上层	0.044	7.251	24.3	9.8635
	中层	0.021	1.533	53.5	5.0337
	下层	0.026	3.711	27.9	6.2131
C50-40-0.180%	上层	0.053	7.691	57.0	11.5413
	中层	0.045	4.978	45.9	10.1190
	下层	0.038	3.769	40.3	8.8708

通过表 10-5 中 C50 水泥混凝土试件上、中、下层的孔隙参数试验结果可知,各组试件的孔隙率相比试件上层减小。40~80 目 SAP 的掺入在一定程度上增大了水泥石孔隙率,主要体现在试件中层,C50-40-0.180%试件中层的孔隙率为 C50-基准试件的 2.01 倍,但同时,其总孔隙面积为 C50-基准试件的 3.25 倍,后者倍数大于前者。在总孔隙率相当的情况下,总孔隙面积越大,孔隙尺寸越小,可见 SAP 的加入对于孔隙尺寸有一定的细化作用,体现在 C50-40-0.180%试件中层的平均孔径为 C50-基准试件的 85.79%。

另外,C50-基准试件上、中、下层孔隙率之间的差异较大,分别为 9.8635%、5.0337% 和 6.2131%,而 SAP 的加入能够降低不同层位处孔隙率的差异,使得试件自上而下的孔隙率为 11.5413%、10.1190% 和 8.8708%。可见 SAP 能够通过其吸水-释水行为削弱水泥混凝土孔结构的分层特征,使各层位材料的结构和受力更加均匀。

由图 10-17b)、d) 可见,C50-基准试件的最可几孔径均小于 C50-40-0.180% 试件,但同样存在各层位孔径相差较大、均匀性不足的问题,而 C50-40-0.180% 试件各层位之间的最可几孔径基本相同,均衡性较好。

根据图 10-17a)、c) 中孔径累计分布曲线,可得到各组试件的临界孔径,见表 10-6。

C50 水泥混凝土不同层位处孔径分布情况 表 10-6

序号	层位	临界孔径/nm	各类型孔径进汞量/(mL/g)及其所占比例/%			
			凝胶孔 $d<10nm$	过渡孔 $10nm \le d <100nm$	毛细孔 $100nm \le d <1000nm$	大孔 $d \ge 1000nm$
C50-基准	上层	40.33	3.8234/52.73	3.3361/46.01	0.0858/1.18	0.0056/0.08
	中层	40.32	0.1719/11.21	1.3192/86.03	0.0381/2.49	0.0042/0.27
	下层	21.09	1.7346/46.74	1.9256/51.89	0.0459/1.24	0.0051/0.14
C50-40-0.180%	上层	31.65	1.7084/46.29	1.7864/48.40	0.1903/5.16	0.0056/0.15
	中层	29.64	1.9864/39.91	2.8577/57.41	0.1263/2.54	0.0075/0.15
	下层	20.07	1.7611/46.72	1.8566/49.26	0.1427/3.79	0.0088/0.23

临界孔径能够表征孔隙的连通性,临界孔径越小,孔隙连通性越弱。由表 10-6 可见,C50-40-0.180%试件上、中、下层的临界孔径分别为 C50-基准试件的 78.48%、73.51% 和 95.16%,说明 SAP 的掺入能够大幅降低孔隙的连通性,这与其抗渗性能提升的结果一致。

由各类型孔径所占比例可知,对于中层混凝土来说,SAP 的加入降低了大孔比例和过渡孔比例,同时增大了毛细孔和凝胶孔比例,但对于上、下层,该规律不明显。

综上,SAP 的掺入虽然增大了水泥混凝土整体孔隙率,但能够通过水化填充效应细化孔径尺寸,减弱孔隙连通性,并使各层位之间的孔结构更加均匀,从而增强抗渗性能。

10.4.3.2 SAP 参数对孔结构特征参数的影响

表10-7 为不同 SAP 参数下水泥混凝土的孔隙参数,图10-18 和表10-8 分别为孔径分布曲线及孔径分布情况。

不同 SAP 粒径及掺量下水泥混凝土孔隙参数试验结果　　　　　　　　　　　表 10-7

序号	总孔隙量/(mL/g)	总孔隙面积/(m²/g)	平均孔径/nm	孔隙率/%
C40-基准	0.034	2.095	65.4	8.0353
C40-40	0.018	1.228	58.2	4.4488
C40-100-0.125%	0.067	4.511	59.7	14.5728
C40-100-0.145%	0.074	7.760	37.9	15.2192
C50-基准	0.021	1.533	53.5	5.0337
C50-40-0.160%	0.036	2.517	56.6	8.3149
C50-40-0.180%	0.045	4.978	45.9	10.1190
C50-100	0.048	3.604	52.9	10.7967

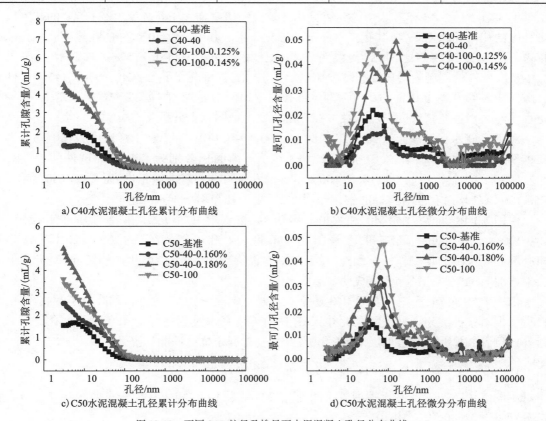

a) C40水泥混凝土孔径累计分布曲线　　　　b) C40水泥混凝土孔径微分分布曲线

c) C50水泥混凝土孔径累计分布曲线　　　　d) C50水泥混凝土孔径微分分布曲线

图 10-18　不同 SAP 粒径及掺量下水泥混凝土孔径分布曲线

不同 SAP 粒径及掺量下水泥混凝土孔径分布情况　　　　表 10-8

序号	临界孔径/nm	各类型孔径进汞量/(mL/g)及其所占比例/%			
		凝胶孔 $d<10nm$	过渡孔 $10nm \leqslant d<100nm$	毛细孔 $100nm \leqslant d<1000nm$	大孔 $d \geqslant 1000nm$
C40-基准	41.14	0.2711/12.94	1.7285/82.50	0.0904/4.31	0.0052/0.25
C40-40	33.56	0.1190/9.70	1.0435/85.00	0.0627/5.11	0.0024/0.20
C40-100-0.125%	21.67	1.2349/27.37	2.8031/62.13	0.4660/10.33	0.0075/0.17
C40-100-0.145%	18.45	3.3475/43.14	4.2195/54.38	0.1819/2.34	0.0109/0.14
C50-基准	40.32	0.1719/11.21	1.3192/86.03	0.0381/2.49	0.0042/0.27
C50-40-0.160%	23.45	0.8769/34.83	1.4971/59.47	0.1368/5.43	0.0066/0.26
C50-40-0.180%	29.64	1.9864/39.91	2.8577/57.41	0.1263/2.54	0.0075/0.15
C50-100	21.48	1.2680/35.18	2.1208/58.84	0.2091/5.80	0.0063/0.17

　　由表 10-7 可见,对于 C40 水泥混凝土,C40-40、C40-100-0.125% 和 C40-100-0.145% 试件的孔隙率分别为 C40-基准试件的 55.37%、1.81 倍和 1.89 倍,而总孔隙面积分别为 C40-基准试件的 58.62%、2.15 倍和 3.70 倍,可见总孔隙面积倍率均大于孔隙率,说明 SAP 的加入增大了孔隙的相对孔隙面积,对其孔径有一定的细化作用。其中 C40-40 试件的孔隙率和总孔隙面积占 C40-基准试件的比例相当,说明二者孔径相当;C40-100-0.125% 试件总孔隙面积占 C40-基准试件的比例为两试件孔隙率比例的 1.19 倍,即细化了孔径;C40-100-0.145% 试件总孔隙面积占 C40-基准试件的比例为两试件孔隙率比例的 1.96 倍,说明 SAP 掺量越大,孔径细化程度越大。各组试件的平均孔径可在一定程度上证明以上分析。

　　对于 C50 水泥混凝土,C50-40-0.160%、C50-40-0.180% 和 C50-100 试件的孔隙率分别为 C50-基准试件的 1.65 倍、2.01 倍和 2.14 倍,总孔隙面积分别为 C50-基准试件的 1.64 倍、3.25 倍和 2.35 倍。说明 C50-40-0.160% 试件的孔径尺寸与基准组相近,而 C50-40-0.180% 和 C50-100 试件均对孔径有良好的细化作用(二者平均孔径均小于基准组)。

　　由图 10-18 可见,C40-40 和 C40-100-0.145% 试件的最可几孔径与基准组接近,而 C40-100-0.125% 试件大于基准组,说明 40～80 目 SAP 和较大掺量下的 100～120 目 SAP 能够对孔隙起到优良的填充作用。此外,对于 C50 水泥混凝土,各组最可几孔径接近,说明 SAP 不会对水泥石的整体孔径尺寸造成明显影响。

　　由表 10-8 可知,无论是对于 C40 还是 C50 水泥混凝土,SAP 的加入均降低了其临界孔径,使得水泥石中孔隙连通性下降。此外,SAP 在内养生释水过程中降低了水泥石大孔比例和过渡孔比例,同时增大了毛细孔和凝胶孔所占比例,有利于抗渗性能的提升。

10.4.3.3　养生龄期对孔结构特征参数的影响

　　不同养生龄期下 C50 水泥混凝土的孔隙参数见表 10-9,相应孔径分布曲线和孔径分布情况分别见图 10-19 和表 10-10。

不同养生龄期内养生水泥混凝土孔隙参数试验结果　　　　　　　表 10-9

序号	总孔隙量/（mL/g）	总孔隙面积/（m²/g）	平均孔径/nm	孔隙率/%
C50-基准-7d	0.028	2.842	59.2	6.5515
C50-基准-28d	0.021	1.533	53.5	5.0337
C50-基准-60d	0.020	2.561	31.9	4.7901
C50-40-0.180%-7d	0.056	7.044	51.7	12.3905
C50-40-0.180%-28d	0.045	4.978	45.9	10.1190
C50-40-0.180%-60d	0.031	4.106	29.9	7.2048

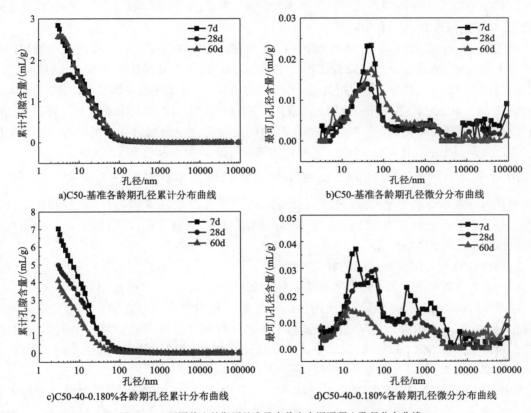

a)C50-基准各龄期孔径累计分布曲线　　　　　b)C50-基准各龄期孔径微分分布曲线

c)C50-40-0.180%各龄期孔径累计分布曲线　　　d)C50-40-0.180%各龄期孔径微分分布曲线

图 10-19　不同养生龄期下基准及内养生水泥混凝土孔径分布曲线

不同养生龄期内养生水泥混凝土孔径分布情况　　　　　　　表 10-10

序号	临界孔径/nm	各类型孔径进汞量/（mL/g）及其所占比例/%			
		凝胶孔 <10nm	过渡孔 10nm≤d<100nm	毛细孔 100nm≤d<1000nm	大孔 d≥1000nm
C50-基准-7d	45.68	1.2407/43.65	1.5530/54.64	0.0452/1.59	0.0033/0.12
C50-基准-28d	40.32	0.1719/11.21	1.3192/86.03	0.0381/2.49	0.0042/0.27
C50-基准-60d	18.99	1.0657/41.62	1.4146/55.25	0.0778/3.04	0.0025/0.10
C50-40-0.180%-7d	31.89	0.9195/41.74	1.2228/55.50	0.0566/2.57	0.0043/0.19
C50-40-0.180%-28d	29.64	1.9864/39.91	2.8577/57.41	0.1263/2.54	0.0075/0.15
C50-40-0.180%-60d	18.78	2.3176/56.45	1.7424/42.44	0.0398/0.97	0.0060/0.15

由表10-9可知,随着养生龄期的不断增加,各组混凝土的孔隙率均有所降低。C50-40-0.180%试件在7d、28d、60d的孔隙率分别为C50-基准试件的1.89倍、2.01倍、1.50倍,总孔隙面积分别为C50-基准试件的2.48倍、3.25倍和1.60倍,说明内养生组在各龄期下的整体孔径尺寸均小于基准组。C50-40-0.180%试件在7d、28d、60d的平均孔径分别为C50-基准试件的87.33%、85.79%和93.73%,随龄期呈先减小后增大的趋势,分析是因为在7~28d龄期之间,SAP的持续释水使得胶凝材料中未水化粉煤灰与Ca(OH)$_2$发生了二次反应,使得胶凝材料水化进程有所加快,水化产物对内部结构起到了二次填充作用,致使平均孔径迅速减小,因此内养生组早28d时的平均孔径只占基准组的85.79%;而在28~60d龄期之间,内养生水分已全部耗尽,故水化进程有所减慢。

由图10-19可见,C50-40-0.180%试件在7d和60d龄期时孔径微分分布曲线峰值相比基准组均大幅前移,说明SAP大幅降低了混凝土的最可几孔径,尤其是体现在60d长龄期。

根据表10-10中孔径分布情况可知,随着龄期的增长,各组试件的临界孔径均不断减小,内养生组在7d、28d、60d的临界孔径分别为基准组的69.81%、73.51%和98.89%,有效降低了孔隙连通性。除此之外,内养生组在7d、28d、60d龄期的凝胶孔含量分别为基准组的95.62%、3.56倍、1.36倍,同时毛细孔比例有所增大,过渡孔比例有所减小,孔结构得到了优化。

10.4.3.4 内养生水泥混凝土抗渗性能与孔结构参数定量关系研究

SAP内养生水泥混凝土的抗渗性能主要取决于其总孔隙量、孔隙率、平均孔径和孔径分布参数。本节将确定内养生混凝土孔结构与抗渗性能之间的定量关系,进而揭示其孔结构对试件抗渗性能的影响规律。

1)抗渗性能与孔隙参数之间的数学关系

图10-20为氯离子扩散系数与孔隙参数之间的数学关系。

由图10-20a)可见,内养生混凝土的氯离子扩散系数与总孔隙量之间大致呈二次函数关系,相关系数R^2高达0.962。整体来看,氯离子扩散系数整体上随总孔隙量的增大而增大,但当总孔隙量大于0.068 mL/g时,氯离子扩散系数开始减小,这是因为总孔隙量较大时对应的相对孔隙面积更大,从而导致整体孔径较小。

由图10-20b)、c)、d)可见,氯离子扩散系数与平均孔径、总孔隙面积、孔隙率之间均大致呈二次函数关系,对应R^2分别为0.908、0.832和0.649,并随孔隙参数的增大呈先减小后增大的规律。总体上来看,平均孔径越大,氯离子扩散系数越大,但在平均孔径最小时出现了氯离子扩散系数较大的情况,分析是因为孔径虽小,但孔隙连通性较大;总孔隙面积越大,说明孔径整体尺寸越小且孔隙分布更为复杂,由10-20c)可见,氯离子扩散系数总体随总孔隙面积的增大呈现先降低后增大趋势,但在总孔隙面积最大时,其氯离子扩散系数突然增大,这是因为此时孔隙率最大[图10-20d)];总体来说,孔隙率越大,氯离子扩散系数越大,但在孔隙率较小时出现氯离子扩散系数较大的现象,说明此时孔隙连通性较大。

2)抗渗性能与孔径分布参数之间的数学关系

图10-21为氯离子扩散系数与孔径分布参数之间的数学关系。

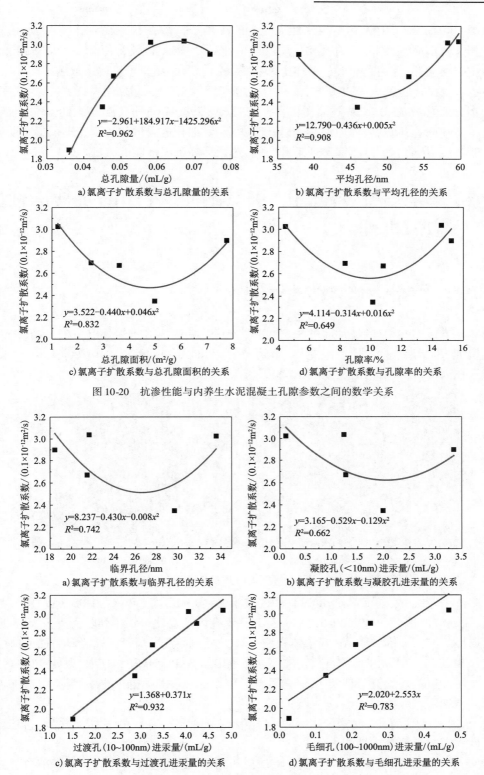

a) 氯离子扩散系数与总孔隙量的关系

b) 氯离子扩散系数与平均孔径的关系

c) 氯离子扩散系数与总孔隙面积的关系

d) 氯离子扩散系数与孔隙率的关系

图 10-20　抗渗性能与内养生水泥混凝土孔隙参数之间的数学关系

a) 氯离子扩散系数与临界孔径的关系

b) 氯离子扩散系数与凝胶孔进汞量的关系

c) 氯离子扩散系数与过渡孔进汞量的关系

d) 氯离子扩散系数与毛细孔进汞量的关系

图 10-21　抗渗性能与内养生水泥混凝土孔径分布参数之间的数学关系

由图 10-21a）、b）可知，内养生水泥混凝土的氯离子扩散系数与临界孔径、凝胶孔进汞量之间的相关性不高，可能是因为凝胶孔孔径较小、连通性较差且较为复杂。此外，混凝土的抗渗性能主要与大孔、连通孔有关。整体上来看，凝胶孔越大，氯离子扩散系数越小。

由图 10-21c）、d）可知，氯离子扩散系数与过渡孔、毛细孔进汞量之间大致呈典型线性关系，相关系数 R^2 分别为 0.932、0.783。过渡孔和毛细孔进汞越多，氯离子扩散系数越大，抗渗性能越差。

基于上述内容，降低内养生混凝土总孔隙含量、毛细孔进汞量和过渡孔进汞量有助于提升混凝土密实度，从而有效减小渗透通道和空间，这是提高抗渗性能的关键。

10.5 基于 SAP 释水孔"引气纳胀"作用的抗盐冻性能增强机理

10.5.1 "引气纳胀"微观形貌分析

已有研究表明，SAP 的掺加能够起到"引气"作用，从而提升水泥混凝土的抗盐冻性能，但在相关机理方面缺乏深入性。因此，本节对 C40-基准试件表面和 C40-100-0.145% 试件的 SAP 释水孔内部进行电镜扫描，如图 10-22 所示。

a）C40-基准　　　　　　　　　　　b）C40-100-0.145%SAP释水孔内

图 10-22　SAP 的引气微观形貌

观察图 10-22a）发现，C40-基准试件中的絮状 C—S—H 凝胶和六方体状 Ca(OH)$_2$ 晶体排布杂乱，缺乏方向性，而 C40-100-0.145% SAP 释水孔内的水化产物排列较为整齐，具有明显的向心指向性。究其原因，当 SAP 释水体积缩小时，对孔隙起到一个"抽气"作用，而 C40 混凝土水胶比仅为 0.37，结构相对较为致密，外部气体难以与 SAP 释水孔相连通，致使孔内气压小于外界大气压。以上现象充分证实了 SAP"引气"作用的完备性和准确性。相关抗盐冻性能增强机理分析如下：

（1）SAP 释水残留孔中水化产物均指向孔中心，能够起到稳固的"拱壳"作用，进而增强孔隙坚固性和混凝土抗盐冻性能。

（2）SAP 释水残留孔隙内部气压较小，属封闭球形气孔，这些气孔能够阻断部分毛细孔通路，在水泥混凝土结冰时有效缓解膨胀压力。

（3）封闭的球形气孔能够阻断毛细孔与外界之间的水分交换，一方面能够大幅度降低可冻水含量，另一方面能够减缓盐溶液化学腐蚀造成的内部结构黏结力下降等现象。

（4）SAP残留孔隙所含气量能够在一定程度上吸纳内部冻结水产生的体胀量，缓解体积膨胀压力，从而避免应力传递过于集中，有利于增强混凝土抗盐冻性能。

（5）在融化过程中，SAP能够进行二次吸液，减少毛细孔中的水分和Cl^-含量，从而降低下次冻融循环过程中的损伤程度。

10.5.2　释水残留孔洞分布特征研究

为清楚地观测SAP在水泥混凝土中各原材料（集料、砂等）之间的分布情况及孔内水化产物的填充程度，本节采用背散射电子（BSE）和二次电子两种模式对100~120目SAP在C40水泥混凝土中的分布情况进行了观测，详见图10-23。

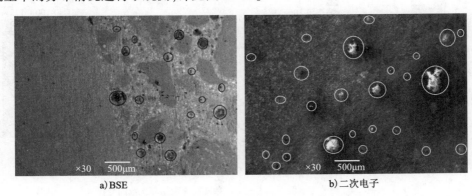

a）BSE　　　　　　　　　　　b）二次电子

图10-23　不同电镜扫描方法下的SAP分布状态对比图

由图10-23可见，SAP在水泥混凝土中的分布较为均匀，能够均匀分布在水泥石-集料界面过渡区和水泥石区域内，对于均匀提升混凝土抗盐冻性能非常有利。另外，SAP残留孔隙的间距大概为200~500μm，尺寸在20~200μm之间，并充满水化产物。

10.5.3　盐冻融循环前后孔结构演化特征研究

10.5.3.1　冻融循环次数对内养生水泥混凝土孔结构参数的影响

在10.4节的研究当中，已对SAP的孔结构优化效果进行了充分肯定。为探索其孔结构优化效果在不同盐冻融循环次数下的稳定性，分别对C40水泥混凝土在盐冻融循环20次和30次后的孔结构参数进行测试。内养生水泥混凝土孔隙参数随盐冻融循环次数的变化情况如图10-24所示，孔径分布参数则如图10-25所示。

由图10-24可见，随着盐冻融循环次数的增加，各组试件的孔隙率和总孔隙面积总体上不断增大，内部结构逐渐损伤；在平均孔径方面，内养生组试件平均孔径不断降低，而基准组试件的平均孔径先减小后出现小幅增大，分析是由SAP的反复吸水、释水对水泥石的水化促进作用所致。

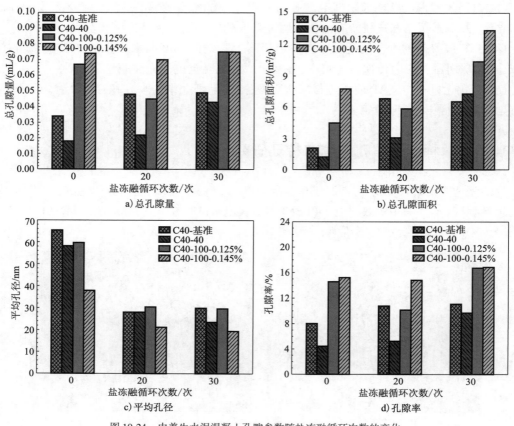

图 10-24　内养生水泥混凝土孔隙参数随盐冻融循环次数的变化

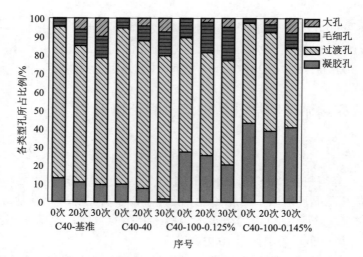

图 10-25　内养生水泥混凝土孔径分布参数随盐冻融循环次数的变化

经历 20 次冻融循环后,C40-40、C40-100-0.125%、C40-100-0.145% 试件的孔隙率分别为基准组的 48.74%、94.24%、1.37 倍,同时总孔隙面积分别为基准组的 45.19%、85.81%、1.92

倍,只有 C40-100-0.145% 试件的总孔隙面积倍率大于孔隙率倍率,说明 C40-100-0.145% 试件的整体孔径尺寸小于基准组,C40-40、C40-100-0.125% 试件则大于基准组。

当试件经历 30 次冻融循环后,C40-40、C40-100-0.125%、C40-100-0.145% 试件的孔隙率分别为基准组的 87.64%、1.51 倍、1.52 倍,总孔隙面积分别为基准组的 1.11 倍、1.58 倍、2.03 倍,可见此时各组的总孔隙面积倍率均大于孔隙率倍率,说明 SAP 对混凝土的冻融 30 次后的孔隙起到了细化作用,其中 C40-100-0.145% 的细化效果最佳,其次是 C40-40 和 C40-100-0.125%。

综上,冻融循环次数越大,SAP 对水泥混凝土孔结构的细化作用越明显,其中采用最细粒径且较大掺量 SAP 时效果最佳,说明 SAP 的"引气纳胀"抗盐冻性能增强机理可靠性较高。

由图 10-25 中的孔径分布参数可知,随着盐冻融循环次数的增加,各组试件的大孔、毛细孔所占比例逐渐增大,同时过渡孔和凝胶孔所占比例不断减小。

对比各组试件的孔径分布变化情况发现,各内养生组试件在冻融循环 20 次、30 次后的大孔、毛细孔含量均小于基准组试件。其中 C40-100-0.145% 对大孔和毛细孔含量的整体减少量最大,其次是 C40-40、C40-100-0.125%。

10.5.3.2 SAP 内养生水泥混凝土抗盐冻性能与孔结构参数的定量关系

1)抗盐冻性能与孔隙参数之间的定量关系

图 10-26 为冻融后断裂能损失率 D_{G_f} 与孔隙参数之间的定量关系。

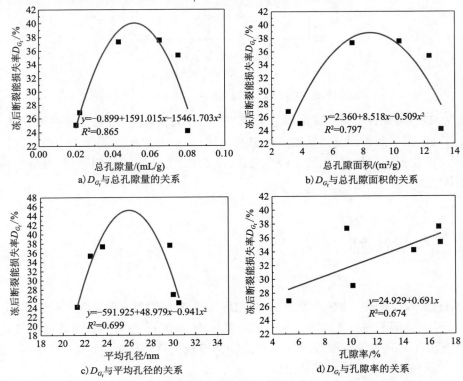

图 10-26 抗盐冻性能与内养生水泥混凝土孔隙参数之间的定量关系

由图 10-26 可见,D_{G_f} 与总孔隙量、总孔隙面积和平均孔径之间均大致呈二次函数关系,而与孔隙率大致呈线性关系。

2）抗盐冻性能与孔径分布参数之间的定量关系

图 10-27 为冻融后断裂能损失率 D_{G_f} 孔径分布参数之间的定量关系。

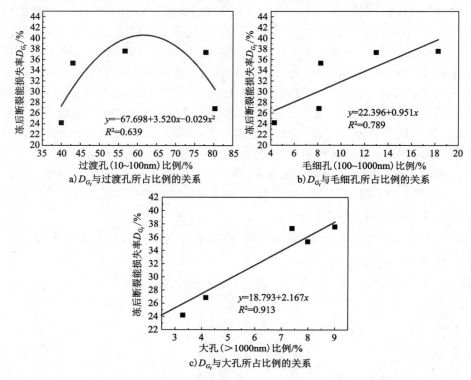

图 10-27　抗盐冻性能与内养生水泥混凝土孔径分布参数之间的定量关系

由图 10-27a）可见，D_{G_f} 与过渡孔所占比例之间的相关性较低，分析是由过渡孔孔径较小、连通性较差且分布形态较为复杂所致。由图 10-27b）、c）可知，水泥混凝土的抗盐冻性能与毛细孔、大孔所占比例密切相关，大致呈线性关系，毛细孔、大孔所占比例越高，混凝土的冻后断裂能损失率越大。

10.6　本章小结

本章结合宏观性能测试数据，借助 SEM、EDS、MIP 等现代测试手段深入探索了不同层位、SAP 参数及养生龄期下内养生水泥混凝土的微观形貌、水泥石-集料界面过渡区特征及孔结构演化规律，建立了宏观性能与微观结构参数之间的定量关系，从多方面揭示了 SAP 对水泥混凝土耐久性的增强机理，具体研究结论如下：

（1）SAP 的掺入不仅可以大幅延长水化诱导期的持续时间，并延迟水化放热速率峰值出现的时间，而且可以显著降低水化放热速率峰值，这对缓解混凝土内部温度的上升、降低混凝土开裂的风险有极大的帮助。此外，随着内养生水分的释放，水化进程大大加快，其水化程度赶超基准组,使得内养生混凝土密实度增大。

(2)SAP 能够在混凝土内部湿度下降及离子浓度增大时,通过湿度差及离子浓度差释放水分,在较长时间内保持毛细孔的高湿状态,缓解因自干燥效应或干燥效应引发的毛细管负压力,降低早期湿度收缩裂缝。

(3)SAP 的继续释水能够供胶凝材料尤其是粉煤灰二次水化,对孔隙起到良好的填充作用,大幅降低材料原始损伤;释水褶皱后的 SAP 能够形成一层包覆膜,阻碍外界物质侵入;内养生能够降低 Ca/Si 值,增大 C—S—H 凝胶相对含量,从而增强抗渗性能。

(4)SAP 在拌和时会吸收部分拌合水(包括聚集在界面过渡区中的水膜),降低界面过渡区水胶比,同时使区域内水化产物变得相对更加密实,孔隙率有所降低,并能够有效削减界面过渡区宽度,使离子的传输通道更为狭窄。

(5)SAP 的加入对于孔隙尺寸有一定的细化作用,C50-40-0.180% 试件的平均孔径为基准试件的 85.79%;SAP 虽增大了混凝土整体孔隙率,但能够通过水化填充效应减小孔隙连通性,并使各层位之间的孔结构更加均匀,从而增强抗渗性能。

(6)SAP 释水残留孔隙属封闭球形气孔,能够阻断部分毛细孔通路,有效缓解冻胀压力,避免应力传递过于集中;封闭的球形气孔能够阻断毛细孔与外界之间的水分交换,大幅度降低可冻水含量,减缓盐溶液化学腐蚀造成的内部结构黏结力下降等。

(7)在融化过程中,SAP 能够进行二次吸液,减少毛细孔中的水分和 Cl⁻ 含量,从而降低下次冻融循环过程中的损伤程度。

(8)经 20 次冻融循环后,C40-100-0.145% 试件的整体孔径尺寸小于基准组,C40-40、C40-100-0.125% 试件则大于基准组;经 30 次冻融循环后,各组孔隙均得到细化,其中 C40-100-0.145% > C40-40 > C40-100-0.125%;冻融循环次数越多,SAP 对水泥混凝土孔结构的细化作用越明显。

●本章参考文献

[1] 覃潇.SAP 内养生路面混凝土水分传输特性及耐久性研究[D].西安:长安大学,2019.

[2] 申爱琴,郭寅川.湿热地区 SAP 内养生桥梁混凝土收缩调控及抗裂性能研究[R].西安:长安大学,2020.

[3] 申爱琴,郭寅川.SAP 内养护桥梁混凝土水分传输特性、水化特征及性能增强机理研究[R].西安:长安大学,2020.

[4] 周胜波.荷载、温度和湿度耦合作用下路面水泥混凝土细观结构动态演化研究[D].西安:长安大学,2017.

[5] 王嘉.水泥石-石灰石集料界面过渡层结构和性能的研究[J].硅酸盐学报,1987(2):114-121.

[6] 胡曙光,王发洲,丁庆军.轻集料与水泥石的界面结构[J].硅酸盐学报,2005,33(6):713-717.

[7] 水中和,万惠文.老混凝土中骨料-水泥界面过渡区(ITZ)(Ⅱ)——元素在界面区的分布

特征[J].武汉理工大学学报,2002(5):22-25.

[8] 喻乐华.混凝土集料界面与强度关系的界面理论分析[J].华东交通大学学报,1999,16(4):14-19.

[9] CALISKAN S. Aggregate/mortar interface: influence of silica fume at the micro- and macro-level[J]. Cement and concrete composites,2003,25(4/5):557-564.

[10] 刘亚林,杨树桐,黄维平.混凝土与砂浆界面黏结性能试验方法研究[J].工程力学,2013,30(S1):217-220.

[11] 申爱琴,郭寅川.SAP内养护隧道混凝土组成设计、性能及施工关键技术研究[R].西安:长安大学,2020.

[12] MORGAN I L,ELLINGER H,KLINKSIEK R,et al. Examination of concrete by computerized tomography[J]. ACl Journal,1980,77(1):23-27.

[13] 田威,党发宁,陈厚群.基于CT图像处理技术的混凝土细观破裂分形分析[J].应用基础与工程科学学报,2012,20(3):424-431.

[14] 申爱琴,郭寅川.SAP内养护桥梁混凝土收缩及阻裂性能研究[R].西安:长安大学,2020.

[15] 申爱琴,郭寅川.水泥与水泥混凝土[M].2版.北京:人民交通出版社股份有限公司,2019.

[16] 秦子凡.水泥基材料裂缝修复技术研究[D].合肥:安徽建筑大学,2022.

[17] 覃潇,申爱琴,郭寅川,等.多场耦合下路面混凝土细观裂缝的演化规律[J].华南理工大学学报(自然科学版),2017,45(6):81-88,102.

[18] 朱宏平,徐文胜,陈晓强,等.利用声发射信号与速率过程理论对混凝土损伤进行定量评估[J].工程力学,2008(1):186-191.

[19] 张珍林.高吸水性树脂对高强混凝土早期减缩效果及机理研究[D].北京:清华大学,2013.

[20] JUSTS J,WYRZYKOWSKI M,BAJARE D,et al. Internal curing by superabsorbent polymers in ultra-high performance concrete[J]. Cement and concrete research,2015,76:82-90.

[21] MURRAY S J,SUBRAMANI V J,SELVAM R P,et al. Molecular Dynamics to Understand the Mechanical Behavior of Cement Paste[J]. Transportation research record: journal of the transportation research board,2010,2142(2142):75-82.

[22] FELDMAN R F,SEREDA P J. Sorption of water on compacts of bottle-hydrated cement. Ⅱ: Thermodynamic considerations and theory of volume change[J]. Journal of chemical technology and biotechnology,2007(14):93-104.

[23] 李文臣.硫酸盐对胶结充填体早期性能的影响及其机理研究[D].北京:中国矿业大学(北京),2016.

[24] 鲍俊玲,李悦,谢冰,等.水泥混凝土孔结构研究进展[J].商品混凝土,2009(10):18-20,58.

[25] RANGARAJU P R, OLEK J, DIAMOND S. An investigation into the influence of inter-aggregate spacing and the extent of the ITZ on properties of Portland cement concretes[J]. Cement and concrete research,2010,40(11):1601-1608.

第11章 | SAP内养生混凝土施工 关键技术及效益分析

为了从根本上解决混凝土早期收缩开裂、抗渗性不足等问题，并验证室内研究成果的应用价值，课题组在惠清高速公路、崇左高速公路铺筑了试验段，系统研究 SAP 内养生混凝土的施工关键技术，旨在形成相应的 SAP 内养生混凝土施工指南，为公路桥梁、隧道混凝土施工提供借鉴。

11.1 依托工程概况

11.1.1 惠清高速探塘大桥及南昆山隧道工程简介

惠清高速公路属于汕（头）湛（江）高速公路的其中一段，惠清项目全长 126.243km，路线起于惠州市龙门县龙华镇，接广河高速公路，分别与大广、京珠、广乐、清连等高速公路交叉，终于清远市清新区太和镇，顺接汕湛高速公路清远至云浮段，计划工期 4 年。惠州至清远段作为汕湛高速公路的重要组成部分，对完善广东省高速公路网布局，促进广东省东、西部区域经济社会协调发展，增强惠州、广州、清远 3 市之间的经济辐射力，加快区域对外开放具有重要的政治及经济意义。

其中，试验段 1（桥面整体化层试验段）位于惠清高速公路项目 TJ14 标探塘大桥左幅，共627.84m。TJ14 标桩号范围为 K150 + 097.800—K152 + 560.000，线路全长 2.4622km。主要包括北江特大桥，探塘大桥，飞来峡 A、B、C、D、E 互通立交匝道桥（匝道全长 2358.017m），互通以外主线通道，互通内涵洞以及改路工程 3 处。

试验段 2（湿接缝、横隔梁试验段）位于惠清高速公路项目 TJ5 标联溪大桥，累计长度约 400m。

试验段 3（二次衬砌）位于 TJ5 标南昆山桥头隧道左幅，共 200m。桥头隧道穿过丘陵地貌区,为分离式隧道,左线隧道起讫里程 ZK80＋662—ZK82＋452,长1790m,进口端洞门采用明洞式,洞口设计高程433.32m,出口端洞门采用端墙式,洞口设计高程397.31m,坡度为1.991%,隧道最大埋深约137.50m;右线隧道起讫里程 K80＋718—K82＋485,长1767m,进口端洞门采用端墙式,洞口设计高程433.06m,出口端洞门采用端墙式,洞口设计高程396.77m,坡度为2.0%,隧道最大埋深约135m。部分施工现场如图11-1所示。

图11-1　探塘大桥及南昆山隧道的部分施工现场

SAP 内养生桥梁混凝土应用部位及基本情况见表11-1。

SAP 内养生桥梁混凝土应用部位及基本情况　　　　表 11-1

序号	依托工程名称	地点	规模、任务
1	汕湛高速惠清段 TJ14 标探塘大桥	清远市	600m;完成项目成果在桥面铺装整体化层的应用
2	汕湛高速惠清段 TJ5 标联溪大桥	广州市	4 条湿接缝,共400m;横隔梁8块,完成项目成果在桥梁湿接缝及横隔梁的应用
3	汕湛高速惠清段 TJ5 标南昆山特长隧道	广州市	200m;完成项目成果在隧道二次衬砌的应用

11.1.2　崇左至水口高速公路工程简介

崇左至水口高速公路分为崇左至龙州段(№CS-CL1标段和№CS-CL2标段)、龙州至水口段(№CS-LS1标段和№CS-LS2标段)、崇左西环线段(№CS-XH标段)共3段,如图11-2所示。路线全长128.31km,设计速度100km/h,路基宽度26m。其中,崇左至龙州段设大桥669m/3座,分离式立交桥372m/4座,互通式立交桥1座,桥隧比为12%;崇左西环线段设大桥655.04m/2座,中桥66m/1座,涵洞47道,互通式立交桥2处,设主线上跨分离式立交桥295.95m/4座,通道34道,天桥4座,桥隧比为7.5%。

课题组基于室内研究成果,分别在№CS-XH合同段和№CS-CL1合同段项目部试验室进行配合比调整检验,并现场铺筑桥面整体化层进行验证。试验段分别位于:№CS-XH合同段高澎分离式立交桥右幅(RK14＋009.6),宽度为11.75m,长度为20m,平均厚度为10cm;№CS-CL1合同段弄村桥右幅(K8＋892),宽度为5.88m,长度为30m,平均厚度为10cm。

图 11-2　崇左至水口高速公路

11.2 原材料质量控制与施工配合比

11.2.1　探塘大桥桥梁试验段 C40、C50 水泥混凝土

1）原材料性能检验

汕湛高速探塘大桥及南昆山隧道工程试验段铺筑过程中所用的水泥、粗细集料及外加剂等原材料均严格依照《公路水泥混凝土路面施工技术细则》(JTG/T F30—2014)中的相关技术要求进行检验。SAP 的类型和粒径规格等均经厂家进行严格的出厂检验,具体原材料试验指标如下。

（1）水泥

水泥采用广东省英德海螺水泥有限责任公司生产的"海螺牌"P·O 42.5 普通硅酸盐水泥,其矿物组成和性能指标分别见表 11-2 和表 11-3。

P·O 42.5 普通硅酸盐水泥矿物组成　　　　表 11-2

矿物组成	C_3S	C_2S	C_3A	C_4AF	f-CaO
含量/%	57.46	21.88	7.03	13.14	0.59

P·O 42.5 普通硅酸盐水泥物理力学性能　　　　表 11-3

强度等级	细度/ (m^2/kg)	安定性/ mm	凝结时间/min		抗折强度/MPa		抗压强度/MPa	
			初凝	终凝	3d	28d	3d	28d
42.5	390	1.0	176	235	6.6	8.4	35.5	52.6

（2）粗、细集料

粗集料为广东省清远市晟兴石场生产的花岗岩碎石,最大公称粒径为 19mm,满足桥梁水泥混凝土合成级配要求,其详细技术指标见表 11-4。细集料为广东省清远市北江河砂,中砂,细度模数为 2.71,含泥量为 0.6%,表观密度为 2.625g/cm^3。两档粒径分别为 10～30mm 和

10～20mm 的粗集料,如图 11-3、图 11-4 所示。

粗集料技术指标 表 11-4

类型	岩性	表观密度/ (g/cm³)	含泥量/%	针、片状颗粒 总含量/%	压碎值/%	坚固性/%	有机物含量/ %(比色法)
反击式破碎机	花岗岩	2.71	0.3	2.3	6	5.8	0.2

 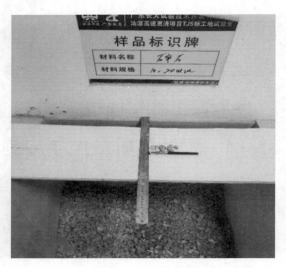

图 11-3　10～30mm 碎石图 11-4　10～20mm 碎石

(3)减水剂和水

减水剂采用广东强仕建材科技有限公司生产的 JB-ZSC 型聚羧酸高性能减水剂,减水率为 26%,含气量为 3.1%,推荐掺量为 0.8%～1.2%。水为市政自来水,氯离子含量为 10mg/L,碱含量为 10.2mg/L,pH = 7.5,符合《混凝土用水标准》(JGJ 63—2006)的要求。

(4)SAP 内养生剂

选用山东华迪联合新型材料有限公司生产的聚丙烯酸钠超吸水性树脂 SAP,试验段 1、2 粒径选取 100～120 目,试验段 3 粒径选取 80～120 目,如图 11-5 所示。SAP 材料的性能技术指标由山东华迪联合新型材料有限公司提供,具体见表 11-5。

图 11-5　SAP 内养生剂

SAP 材料的性能技术指标　　　　　　　　　　表 11-5

性能指标	单位	规格要求
外观	—	白色颗粒或粉末
公称粒径	μm	75
保水量	%	>96
含水量	%	<5
吸液倍率	g/g	450~550
吸0.9%生理盐水	mL/g	70~100
吸液速率	g/s	<28

2) 室内配合比设计

根据表11-6中SAP内养生桥梁混凝土各设计层次的主要控制指标及要求,经过适配得到表11-7所示桥面整体化层、湿接缝/横隔梁等部位SAP内养生混凝土室内配合比。

SAP 内养生桥梁混凝土各设计层次的主要控制指标及要求　　表 11-6

设计层次	控制指标	各强度等级对应的性能要求值			
		C40		C50	
		实测值	要求值	实测值	要求值
砂浆层次	28d 抗折强度/MPa	7.78	≥7.5	9.23	≥9.0
	3d 收缩率/%	0.0056	≤0.006	0.0051	≤0.006
	14d 收缩率/%	0.167	≤0.170	0.163	≤0.170
水泥混凝土层次	30min 坍落度损失率/%	15.26	≤15.50	15.80	≤16.00
	28d 抗弯拉强度/MPa	5.32	≥5.00	5.79	≥5.50
	28d D_{RCM}/(0.1×10^{-12} m^2/s)	3.393	≤3.40	3.094	≤3.20

SAP 内养生桥梁混凝土室内配合比　　　　　　表 11-7

强度等级	部位	各项材料用量/(kg/m³)								
		水泥	水	砂	大石	中石	小石	减水剂	SAP	内养生引水量
C40	桥面整体化层	389	159	684	781	—	334	4.015	0.486	13.61
C50	湿接缝/横隔梁	472	146	674	262	706	140	8.207	0.552	13.24

3) 生产配合比设计

考虑施工所需坍落度损失、弯拉强度、抗压强度等要求,以室内配合比为基础,最终得出SAP内养生桥梁混凝土生产配合比,见表11-8。

SAP 内养生桥梁混凝土生产配合比　　　　　　表 11-8

强度等级	部位	各项材料用量/(kg/m³)								
		水泥	水	砂	大石	中石	小石	减水剂	SAP	内养生引水量
C40	桥面整体化层	389	159	684	781	—	334	3.980	0.398	11.94
C50	湿接缝/横隔梁	472	146	674	262	706	140	8.024	0.378	10.58

11.2.2　南昆山隧道二次衬砌试验段 C30 水泥混凝土

考虑广东地区高温及干湿交替的气候环境及隧道衬砌施工的材料性能要求,南昆山隧道中二次衬砌部位所用的原材料参考 11.2.1 节,进行 SAP 内养生混凝土配合比试验,强度等级确定为 C30。其中采用的基准配合比为汕湛高速惠清段 TJ5 标项目经理部试验室提供的配合比,具体配合比见表 11-9。

C30 隧道二次衬砌 SAP 内养生混凝土基准配合比　　　　　　表 11-9

强度等级	水灰比	水泥/(kg/m³)	细集料/(kg/m³)	粗集料/(kg/m³)	水/(kg/m³)	外加剂/(kg/m³)
C30	0.43	386	750	1078	166	3.86

基于试验室的基准配合比,因为隧道二次衬砌结构所需要的混凝土性能(即其流动性)要求较高,故将 SAP 内养生混凝土的坍落度调整至 180 ~ 220mm,然后通过改变水性环氧树脂掺量及相应额外引水量,进行方案设计,得到坍落度和抗压强度均满足工程要求的配合比方案。具体配合比优化方案见表 11-10。

C30 隧道二次衬砌 SAP 内养生混凝土配合比优化试验方案(单位:kg/m³)　　表 11-10

试验组	水泥	细集料	粗集料	水	外加剂	内养生水	SAP 掺量
基准组	386	750	1078	166	3.86	—	—
SAP1	386	750	1078	166	3.86	10.808	0.386
SAP2	386	750	1078	166	3.86	16.212	0.579
SAP3	386	750	1078	166	3.86	21.616	0.772

根据表 11-10 配合比优化试验方案对不同 SAP 掺量的混凝土进行坍落度试验以及 3d、7d 龄期下的抗压强度试验,结果如图 11-6 和图 11-7 所示。

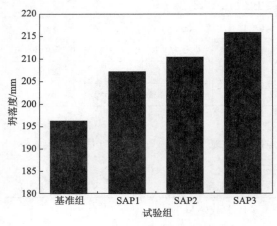

图 11-6　SAP 内养生混凝土坍落度

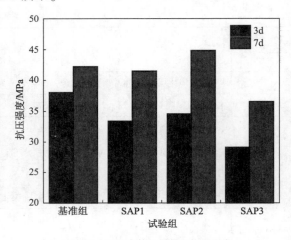

图 11-7　SAP 内养生混凝土抗压强度

由图 11-6、图 11-7 可以看到,随着 SAP 掺量增加,SAP 内养生混凝土的坍落度逐渐提高,满足混凝土的工作性要求;SAP 内养生混凝土的抗压强度随着 SAP 掺量的增加呈现先增大后减小的趋势,当SAP掺量为胶凝材料的0.15%时(即额外内养生水为16.212 kg/m³时),混凝土的抗压强度值最大,其3d时的抗压强度值比基准混凝土略低(为基准抗压强度值的91.11%),但7d时的抗压强度值较基准混凝土提高了6.43%,说明SAP有利于混凝土后期抗压强度的增长,促进了胶凝材料持续的水化过程,从而增强了混凝土的密实性,减少了收缩开裂。当SAP掺量为0.1%时,混凝土7d抗压强度相比于基准混凝土相差不大,但当SAP掺量增加到0.2%时,混凝土7d抗压强度比基准值降低了13.21%,说明SAP过度掺入会导致混凝土结构引入过多孔隙,导致强度的降低。结合上述工作性、抗压强度测试结果,最后优选第二种SAP掺量的配合比方案作为隧道二次衬砌施工配合比,其混凝土施工配合比见表11-11。

C30隧道二次衬砌SAP内养生混凝土施工配合比　表11-11

强度等级	基准水灰比	水泥/ (kg/m³)	细集料/ (kg/m³)	粗集料/ (kg/m³)	水/ (kg/m³)	减水剂/ (kg/m³)	SAP/ (kg/m³)	内养生水/ (kg/m³)
C30	0.43	386	750	1078	166	3.86	0.579	16.212

11.2.3　崇左至水口高速公路桥梁试验段C50水泥混凝土

混凝土所用原材料及施工配合比的确定对混凝土的施工及性能产生影响。本节基于№CS-XH合同段和№CS-CL1合同段桥梁整体化层工程实际所用混凝土原材料及配合比,测试100~120目SAP在水泥浆液中的实测吸液倍率,通过改变SAP掺量及相应额外引水量,研究SAP掺量对混凝土坍落度及抗压强度的影响,初步确定SAP掺量;以初选SAP掺量为基准,并进行微调,通过现场砂浆大板的早期开裂试验,最终确定应用于工程的内养生桥梁混凝土施工配合比。

1)原材料质量控制

本项目优选不规则的聚丙烯酸钠型100~120目SAP颗粒进行试验段的铺筑,其他原材料采用工程实际所用原材料,不同合同段原材料具体信息见表11-12。

不同合同段桥梁整体化层混凝土所使用原材料　表11-12

合同段名称	设计标号	水泥	砂	碎石	水	减水剂
№CS-XH	C50	扶绥新宁海螺水泥	合浦伸信砂厂 (河砂)	RK7+800左 200m碎石场	—	江苏苏博特新材料
		P·O 52.5	Ⅱ区 中砂	4.75~9.5mm/ 9.5~19mm	饮用水	PCA#-Ⅰ
№CS-CL1	C50	华润水泥	合浦伸信砂厂(河砂)	2号石场	—	重庆振渝
		P·Ⅱ52.5	Ⅱ区 中砂	4.75~9.5mm/ 9.5~19mm	左江 江水	PCA#-Ⅰ

2)普通桥梁混凝土施工配合比

№CS-XH合同段和№CS-CL1合同段桥梁整体化层混凝土施工配合比见表11-13。

合同段名称	设计标号	设计坍落度/mm	砂率/%	水灰比 W/C	基准配合比/(kg/m³)					
					水泥	砂	碎石1	碎石2	水	减水剂
№CS-XH	C50	140~180	40	0.33	479	733	330	770	158	3.8
№CS-CL1	C50	160~200	40	0.33	490	674	306	871	162	10.28

桥梁整体化层普通混凝土施工配合比　　　　表 11-13

3)内养生桥梁混凝土施工配合比设计

基于前文对 SAP 参数的研究,内养生混凝土施工配合比在工程施工配合比的基础上,通过引入额外引水量,并调整 100~120 目 SAP 的掺量来优化确定。其中,额外引水量根据 Powers 理论公式计算得到,即为 $0.0594B$(B 为胶凝材料的质量);SAP 的掺量,在 SAP 实测吸液倍率的基础上,通过混凝土工作性能和力学性能试验及砂浆薄板早期开裂试验综合确定。

以实际工程中所采用桥梁整体化层混凝土原材料及施工配合比为基础,配制相应的水泥浆液(包括水泥、水、额外引水量和减水剂),得到更接近内养生混凝土拌和时的净浆溶液作为测试浆液。采用3.5.1节的方法进行 SAP 吸液倍率测试(图11-8),测得 SAP 最终吸液倍率分别为№CS-XH 59.72 倍、№CS-CL1 58.97 倍。

图 11-8　SAP 吸液倍率测试

在不改变实际工程桥梁混凝土配合比的基础上,针对№CS-XH 合同段和№CS-CL1 合同段工程中所用的原材料,首先以 SAP 掺量及相应额外引水量为变量,研究 SAP 掺量对内养生桥梁混凝土工作性及力学性能的影响,得到坍落度满足施工要求,抗压强度满足工程要求的最佳 SAP 掺量及其相应的额外引水量;然后以优选出来的最佳 SAP 掺量为基准,微调 SAP 掺量,并对 SAP 内养生桥梁混凝土试件进行室内混凝土早期开裂试验,最终确定出工作性、力学性能满足工程要求且抗裂效果最好的配合比。

(1)№CS-XH 合同段试验段铺筑

在№CS-XH 合同段,利用现场原材料进行室内配合比验证。随着 SAP 掺量的增加,内养生桥梁混凝土工作性及力学性能试验结果如表11-14 和图11-9 所示。

SAP 掺量/%	出机坍落度/mm	早期抗压强度/MPa	
		3d	7d
0	160	—	49.0
0.08	163	37.3	42.5
0.09	170	36.4	46.3
0.10	175	38.9	49.2
0.11	180	37.5	46.1

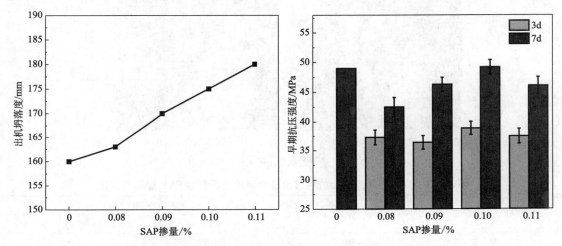

图 11-9　№CS-XH 合同段 SAP 掺量对混凝土出机坍落度和早期抗压强度的影响

从表 11-14 和图 11-9 中可以看出,随着 SAP 掺量的增加,内养生混凝土工作性逐渐提高,均高于普通混凝土的工作性,且坍落度均满足 140～180mm 的设计要求;随着 SAP 掺量的增加,内养生混凝土抗压强度则呈先增大后减小的趋势,其中,当 SAP 掺量为 0.10% 时,混凝土 3d、7d 的抗压强度均达到最大值,分别为 38.9 MPa 和 49.2MPa,7d 抗压强度与普通混凝土 7d 抗压强度 49 MPa 基本持平,满足工程要求。因此,项目组选择坍落度满足要求且 3d 和 7d 抗压强度均最高的内养生组(即 SAP 掺量为 0.10% 的组)进行下一步早期开裂试验研究。

以 0.10% 的 SAP 掺量为基准,上下微调 0.005% 后进行室内砂浆薄板早期开裂试验,连续观察并记录砂浆薄板的开裂情况,选出抗裂效果最好的配合比方案作为工程实际铺装的内养生桥梁混凝土配合比,试验结果如图 11-10 所示。

由图 11-10 可明显看出,当 SAP 掺量为 0.100% 时,砂浆薄板未发现肉眼可见的微裂缝,其余薄板均出现不同程度的开裂情况。因此,选择阻裂效果最好的组(即 SAP 掺量为 0.100%)用于№CS-XH 合同段实体工程的铺筑。

(2)№CS-CL1 合同段试验段铺筑

在№CS-CL1 合同段,同样利用该合同段现场原材料进行室内配合比验证。随着 SAP 掺量的增加,内养生桥梁混凝土工作性及力学性能试验结果如表 11-15 和图 11-11 所示。

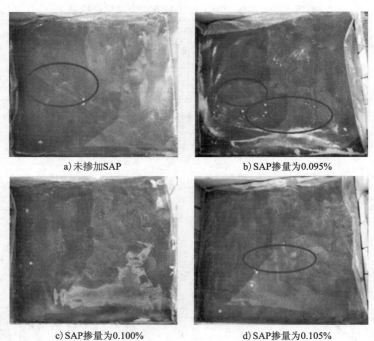

a) 未掺加SAP　　　　　　　　　　b) SAP掺量为0.095%

c) SAP掺量为0.100%　　　　　　　d) SAP掺量为0.105%

图 11-10　SAP 掺量对混凝土阻裂性能的影响(一)

№CS-CL1 合同段混凝土出机坍落度及早期抗压强度随 SAP 掺量的变化　　表 11-15

SAP 掺量/%	出机坍落度/mm	早期抗压强度/MPa	
		3d	7d
0	190	50.9	56.9
0.08	182	50.0	55.9
0.09	187	53.0	60.9
0.10	190	54.5	58.1
0.11	194	48.1	54.0

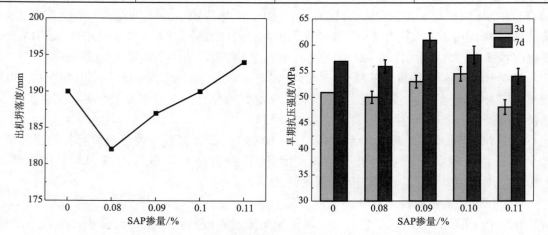

图 11-11　№CS-CL1 合同段 SAP 掺量对混凝土出机坍落度和早期抗压强度的影响

从表 11-15 和图 11-11 中可以看出,随着 SAP 掺量增加,内养生混凝土工作性逐渐提高,且坍落度均满足 160~200mm 的设计要求;随着 SAP 掺量增加,内养生混凝土抗压强度则呈先增大后减小的趋势,其中,当 SAP 掺量为 0.09% 时,混凝土 3d、7d 抗压强度分别达到 53.0 MPa 和 60.9 MPa,均优于普通混凝土的 50.9 MPa 和 56.9 MPa,满足工程要求。因此,项目组选择坍落度满足要求并且 3d 和 7d 抗压强度均较高的内养生组(即 SAP 掺量为 0.09%)进行下一步早期开裂试验研究。

以 0.09% 的 SAP 掺量为基准,上下微调 0.005% 后进行室内砂浆薄板早期开裂试验,连续观察并记录砂浆薄板的开裂情况,选出抗裂效果最好的配合比方案作为工程实际铺装的内养生桥梁混凝土配合比,试验结果如图 11-12 所示。

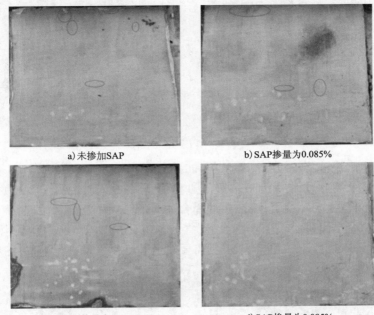

a) 未掺加SAP　　　　　　　　　b) SAP掺量为0.085%

c) SAP掺量为0.090%　　　　　　d) SAP掺量为0.095%

图 11-12　SAP 掺量对混凝土阻裂性能的影响(二)

由图 11-12 可明显看出,当 SAP 掺量为 0.095% 时,砂浆薄板未发现肉眼可见的微裂缝,其余薄板均出现不同程度的开裂情况。因此,选择阻裂效果最好的组(即 SAP 掺量为 0.095%)用于№CS-CL1 合同段实体工程的铺筑。

11.3　SAP 内养生混凝土拌和及运输工艺

11.3.1　SAP 内养生桥梁混凝土

1)SAP 内养生材料掺加方式及时机

在拌和前一天进行 SAP 材料的准备工作,SAP 的掺入采用干掺法,即与胶凝材料、集料等材料一起掺入,工作人员会站在拌合楼的投放口将前一天称量好的 SAP 倒入,按照每份 SAP1.5m³混凝土的用量称取。为避免在 SAP 投放过程中产生质量损失,影响内养生混凝土的最终养生效果,SAP 内养生材料的投放应从搅拌仓上边的投料口投入,如图 11-13 所示,不应将其直接放在传送带上投放,避免因为风和传送带的黏结等外界不利影响引起 SAP 内养生材料的损失。

图 11-13 SAP 内养生材料的投放

2)SAP 内养生水泥混凝土投料顺序及拌和时间

SAP 吸液为一个动态过程,并且在其吸液过程中,将影响新拌混凝土实时的和易性能。所以,必须结合原材料特性及环境气候特点,选择合适的投料顺序及拌和时间,确保 SAP 在达到饱和吸液状态拌和后再出机。根据现场经验,拌和时间不应少于180s,并且当经过较长拌和时间后,若和易性还未能控制在理想状态,则需要对内养生引水量进行调整。SAP 内养生混凝土拌和监测如图 11-14 所示。

图 11-14 SAP 内养生混凝土拌和监测

3)新拌混凝土的运输及坍落度测试

混凝土由搅拌车直接运输至桥梁施工部位,采用自卸小车在桥面上水平运输至浇筑部位。应在30min内将料运入现场,并测试现场坍落度,保证非泵送混凝土出机坍落度在 140 ~ 180mm 范围内,泵送混凝土出机坍落度在 180 ~ 200mm 范围内,如图 11-15 所示。

a)混凝土搅拌车　　　　　　　　　　　　　　b)现场卸料

c)现场坍落度测试准备　　　　　　　　　　d)现场坍落度测试

图 11-15　新拌混凝土的运输及现场测试过程

SAP 内养生桥面铺装混凝土运输过程的注意事项同普通铺装混凝土,具体如下:

①混凝土自搅拌机中卸出后,应及时运至浇筑地点;

②道路尽可能平坦且运距尽可能短,混凝土从搅拌机卸出后到浇筑完毕的延续时间不宜过长,应使混凝土在初凝之前浇筑完毕;

③尽量减少混凝土转运次数,或不转运。

11.3.2　SAP 内养生隧道混凝土

1)SAP 拌和工艺

(1)投放方式

SAP 内养生混凝土的投放工艺至今还没有任何可以参考的依据和基础,尚需要技术人员经过长时间的实践进行经验积累和总结。而最为关键的因素则是 SAP 的添加,其添加的方式和时间都会对混凝土产生不同的作用和影响。在实验过程中,人们更多的是将其首先与水进行融合,而后将之添加到混凝土中,此种方式有一定的作用,但有时也有一些弊端,那就是饱水后的 SAP 会受到渗透压的影响,因为在混凝土搅拌的过程中内孔已经吸水,所以在混凝土中会过早释水,在保持水分方面的作用和影响不足。另外,SAP 在吸水之后呈现凝胶状态,加入混凝土之中难以分散均匀。由于 SAP 粒径较小,因此其投放原则是能够让自身在混凝土体系中充分混合。一般来说,SAP 与胶凝材料、集料等材料一起干掺加入,可以让其在混凝土中得到充分的分散,最大限度地提升其在混凝土中的作用。因此,经现场多次比选优化,选择以干粉的状态进行添加。工作人员会站在拌合楼的投放口将前一天称量好的 SAP 倒入传送带,每份 SAP 按照 1m³ 混凝土的用量称取,如图 11-16 和图 11-17 所示。

图 11-16　袋装称料

图 11-17　SAP 传送带投放

(2)投放顺序

投料顺序的不同对混凝土会产生不同的影响,对其性能会产生一定的作用。这是因为 SAP 加入之后,其会在混凝土中吸收水分,使混凝土拌合物的工作性能受到影响,同时也难以让 SAP 在其中进行分散,充分发挥自身的价值和功效。基于拌合楼的结构设计,混凝土各项原材料将通过传送带送入拌料仓,最后加水将其混合均匀。但至今并没有一个特别针对 SAP 的入料仓,这是由于 SAP 掺量相对于水泥很少,单独增设一个入料仓可能会造成浪费。

经过现场试验人员在混凝土拌和过程各个位置放料试验,发现在源头仓放料最高效且安全。这是由于源头仓为砂仓,在预设时间内,当砂仓下放砂料时,提前投放 SAP 入传送带,SAP 被传送到砂仓下方时,砂料刚好可以铺盖 SAP,克服了 SAP 质量轻易在大风环境被吹散的缺点,保证了其稳定地被传送至塔顶的拌锅,同时也使得 SAP 料在混凝土中尽可能地均匀分散,发挥内养生功效。当然,理论上最均匀拌和的方式是试验人员爬上拌合楼顶层的拌锅处,将 SAP 和水泥混合之后进行干料搅拌,但这会带来极为严重的安全隐患。因此,如何高效且安全地将 SAP 投放并使其均匀分散于混凝土中,是值得科研工作者进一步探索的难题。

(3)塔台控制

SAP 的动态吸液过程会实时影响新拌混凝土和易性能,因此,必须在拌合楼控制台实时关注监测数据。如前所述,根据现场经验,拌和时间不应少于180s,如果经过较长拌和时间,和易性还未能控制在理想范围内,则需要对额外引水量进行微调,保证出机坍落度在 180～220mm 范围内,同时做好各项数据记录,实时动态监控 SAP 的内养生效率。

2)SAP 内养生隧道混凝土运输

由于夏季施工温度较高,混凝土坍落度损失较快,所以应根据施工进度及时与混凝土搅拌站联系,采取必要的措施进行处理,减少运输时间,以免影响混凝土质量。SAP 内养生混凝土采用搅拌运输车运输时,应在途中以 2 ~ 4r/min 的慢速进行搅动,在卸料前应以常速再次搅拌,同时在运输时,车辆需要加盖篷布并适当洒水,以防止混凝土在大气作用下很快干硬。此外,混凝土由搅拌车直接运输至隧道二次衬砌施工部位,且应在 30min 内将料运入现场,并测试现场坍落度,保证现场坍落度在 160 ~ 200mm 范围内。隧道混凝土卸料过程如图 11-18 所示。

图 11-18　隧道混凝土卸料过程

11.4　SAP 内养生混凝土现浇层施工工艺

11.4.1　SAP 内养生桥梁混凝土

11.4.1.1　总体施工流程

现浇湿接缝、横隔梁施工流程见图 11-19,桥面整体化层浇筑流程见图 11-20。

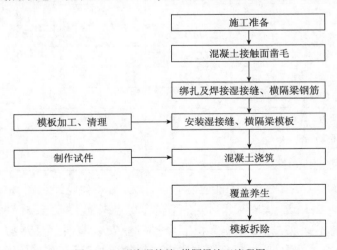

图 11-19　现浇湿接缝、横隔梁施工流程图

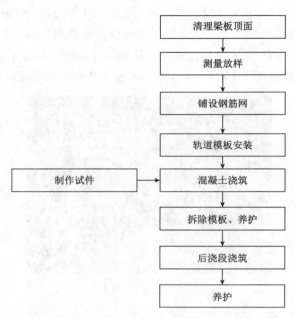

图 11-20　桥面整体化层浇筑流程图

11.4.1.2　施工设备及施工前准备工作

施工现场电力线路的架设、配电箱的配置、导线选择等严格按照电力施工有关规范要求及《电力建设工程施工安全监督管理办法》要求,配备专职电工。对所有的临时用电进行统一管理,并对各种用电设备进行日常维护。主要机械设备配置情况如表 11-16 所示。

主要机械设备配置情况　　　　　　　　　　　　　　　　表 11-16

序号	设备名称	规格型号	单位	数量	备注
1	汽车泵	37m	辆	1	—
2	汽车起重机	QY25K	辆	2	—
3	半挂车	12m	辆	2	物资运输
4	混凝土搅拌站	HZS90/HZS120	台	2/1	混凝土供应
5	轮式装载机	CLG850H	辆	2	物资运输
6	混凝土搅拌车全自动桁架式分体	—	辆	2	混凝土运输
7	辊轴摊铺机(六辊轴摊铺机)	—	台	1	—
8	钢筋加工设备	—	套	2	钢筋加工
9	测量仪器	—	套	1	测量控制
10	钢筋保护层测定仪	—	台	1	保护层检测

湿接缝、横隔梁施工准备:①施工前应熟悉设计文件,领会设计意图,核对工程量及图纸中的错、漏项,对高程及湿接缝、横隔梁尺寸进行复核;②组织施工队伍、材料、设备进场,并对施工班组进行安全、技术交底,现场操作人员需经过专业安全培训,合格后方可进入现场施工;③对混凝土接触面进行凿毛,必须按照要求凿出新鲜的混凝土面,并将接触面部分松散混凝土

全部凿掉,浇筑混凝土前保证接触面清洁、湿润。

　　桥面整体化层施工准备:①桥面铺装施工前认真仔细复测梁顶高程,确保桥面铺装层厚度满足图纸和相关规范要求;②施工前仔细检查桥面,将表面浮浆、油污、松散的石子或混凝土块清除干净,对于凿毛不彻底的地方继续凿毛至满足相关规范要求为止,然后冲洗干净,确保梁体表面混凝土与桥面铺装混凝土能有效结合;③对桥面预埋剪力筋进行检查,确保剪力筋数量、位置、尺寸符合设计图纸要求。

11.4.1.3　内养生桥梁混凝土的浇筑、摊铺、收面及养护

1)湿接缝、横隔梁浇筑(非泵送)成型及养护

(1)钢筋制安

①进场钢筋具有出厂合格证和产品质量检验报告单,并进行抽样检验。钢筋应存放在固定的胎架上,并有防雨措施,存放时应分类码放整齐,并设置明显的标牌。

②钢筋下料、加工前应对钢筋的下料长度、钢筋尺寸等进行复核。钢筋下料时采用切断机进行切断,切口端面应与钢筋轴线垂直,钢筋弯曲加工时,应按设计一次弯曲成型,不得反复弯折或调直后再弯。

③钢筋单面搭接焊缝长度应大于钢筋直径的10倍长,双面搭接焊缝长度应大于钢筋直径的5倍长;同一截面的钢筋接头数不超过钢筋总数的1/2。

④钢筋绑扎采用直径0.7~1.2mm的扎丝隔点交叉绑扎,扎丝绑扎时丝头朝向钢筋骨架内侧,防止丝头进入混凝土保护层,产生锈蚀。

⑤钢筋骨架的保护层采用梅花形高强砂浆垫块,其强度不得低于结构混凝土强度,绑扎应牢固可靠,垫块布置的数量应不少于4个/m²,且应避免布置在同一断面。

⑥钢筋绑扎完毕后,全面检查钢筋位置、间距、骨架尺寸、预埋件位置及尺寸、数量等项目,如有不符合要求的,及时补充、调整、复位,全部检查合格后方可进入下一道工序。

(2)模板安装

①模板进场后进行检查,保证接头无缝隙、错台、弯折,面板无毛刺、凹陷、变形扭曲等,表面无混凝土残渣等污染物。

②现浇湿接缝模板每侧包边宽度不小于10cm,为保证模板安装方便,单块模板长度为1.2m。每块模板设置三道横向5×10cm方木,单根方木长0.75m。中间横担方木上设置2根φ12拉杆,两边横担方木上设置1根φ12拉杆,将底模吊于翼板底部。

③横隔梁模板每侧包边宽度不小于10cm。施工时首先安装底模,可设置4根底托做支撑撑于盖梁上,或设置6根φ12拉杆将底模吊于桥面上;侧模应紧贴梁体顶板底面,侧模竖向背楞用5×10cm方木,间距为30cm;横担方木为5×10cm方木,间距为50cm,每道横担方木上设置2根φ12拉杆将两侧模板对拉。

④模板安装应保证顺直、无错台。各模板接缝处用厚双面胶粘牢,以防止漏浆;模板与梁体之间的缝隙应堵严密,防止漏浆。

(3)混凝土浇筑

①钢筋安装完成,经现场监理工程师检查、验收合格后,方可进行混凝土浇筑。

②混凝土施工前应对原材料进行检测,合格后方可使用;砂石含水率每工作班测定一次,

根据测定数据将理论配合比换算为施工配合比,并严格按照配合比进行配料,不得随意更改。

③内养生混凝土最短搅拌时间不应小于180s,拌合物应搅拌均匀,颜色一致,不得有离析和泌水现象。

④采用非泵送的形式进行浇筑,内养生混凝土坍落度宜为140~180mm,最大不能超过200mm。应在搅拌地点和浇筑地点分别取样检测,当出料至浇筑时间少于15min时,可仅在搅拌地点检测。

⑤振捣采用φ30插入式振捣器振捣。振捣器位移间距不超过振捣器作用半径的1.5倍,与侧模应保持50~100mm的距离,且插入下层混凝土中的深度宜为50~100mm。每一振点的振捣延续时间宜为20~30s,以混凝土停止下沉、不出现气泡、表面呈现浮浆为度。

⑥当浇筑横隔梁时应分层浇筑振捣,分层厚度控制在30cm,必须保证在初凝时间内上层混凝土覆盖下层混凝土。

⑦浇筑完成后,应对混凝土表面进行二次收浆抹平以消除裂纹,抹面采用木抹进行,并于最后进行表面拉毛处理。

SAP内养生混凝土横隔梁以及湿接缝浇筑过程如图11-21和图11-22所示。

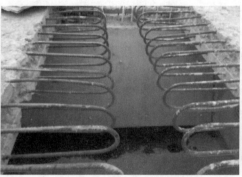

a) 横隔梁表面形貌　　　　　　　　　　　　b) 横隔梁整体外观

图 11-21　SAP内养生混凝土横隔梁

a) 入模　　　　　　　　　　　　　　　　b) 抹平

图　11-22

c)浇筑完成　　　　　　　　　　　　　　　d)湿接缝原始表面

e)湿接缝表面拉毛　　　　　　　　　　　　f)湿接缝整体外观

图11-22　SAP内养生混凝土湿接缝浇筑过程

（4）模板拆除及养护

①待混凝土的强度达到拆模要求时即开始拆除。拆模是支模的逆过程，先支的模板后拆，后支的模板先拆，模板拆除时不得生拉硬撬，避免混凝土缺边掉角；禁止将拆开的模板挂在构造物或支架上，以防坠落伤人，如黏结力太大，不能强拆。

②拆下的模板不得随意向下抛掷，已经松动易掉的模板一次连续拆完方可停歇，以免落下伤人；拆除区域下方应设警戒线，以免有人误入被砸伤。

③SAP内养生混凝土浇筑完成初凝后及时洒水养护，养护派专人进行，并采用土工布覆盖进行洒水养护，养护用水为淡水。养护期为14d，特别注意前7d的养护，确保养护质量。

2）桥面整体化层浇筑（泵送）成型及养护

（1）测量放样

测量放样时先对梁顶的宽度、高程、轴线进行验收，合格后才能进行桥面整体化层工作。桥面整体化层混凝土浇筑高程带平面控制直线内按5m一个点放样，曲线段加密测量点。

（2）钢筋加工及安装

钢筋进场时必须具有产品质量证明书，并检查其外观质量是否符合要求。进场后，根据规定频率现场取样做相关试验，检验合格后方可用于工程。钢筋下垫枕木，上面用彩条布覆盖，确保钢筋堆放整齐，防止钢筋生锈。

所有钢筋在钢筋加工场地按图纸准确下料成型，拖车运至现场进行绑扎。绑扎桥面钢筋时,在桥面铺装范围内均匀焊接钢筋的保护层支撑钢筋(采用粗钢筋头),防止钢筋骨架整体或局部下挠,施工人员及机具不得随意踩踏钢筋网,确保钢筋位置准确,使钢筋保护层厚度满足设计及规范要求。

钢筋绑扎过程中,必须确保纵向钢筋连续,若主筋采用焊接,则单面焊焊接长度应大于钢筋直径 10 倍长;双面焊焊缝长度应大于钢筋直径的 5 倍长。在进行桥面铺装混凝土施工时,按照设计图纸位置预留好伸缩缝隙工作槽和伸缩缝预埋钢筋。

(3)焊接桥面高程点

桥面钢筋绑扎完成后,分别在两侧护栏处焊接两条高程点,在桥面中部焊接一条高程点。高程按 5m 间距控制,对桥面设计高程的计算应反复核查,由于桥面测设点位较多,应严格遵守精测程序,确保测量结果无误。同时为减小测量误差,在高程测设完成后,拉线取多点控制的方法,以保证混凝土顶面高程的有效控制。

(4)轨道模板安装

混凝土振捣梁轨道制作按照轨道的工艺要求,根据桥面铺装施工工艺的特点进行制作,轨道采用 $\phi 20$ 钢筋沿桥纵向铺设在两侧护栏内侧。轨道支撑筋由 $\phi 16$ 钢筋制作,为保证振捣梁轨道具有足够的刚度和稳定性,单条轨道每 0.5m 布设一道支撑筋。采用 3.5cm×5cm 的槽钢作为轨道,轨道高度应与混凝土面层板厚度相同,目的是保证轨道高度稳定可靠,支撑筋焊接成三角形。振动梁放置于轨道上,以保证桥面铺装混凝土的厚度。轨道的顶面与混凝土板顶面齐平,并应与设计高程一致。

模板拟采用 10cm 高梳齿板,模板高度应与混凝土面层板厚度相同。模板与桥面钢筋固定牢固,模板的顶面与混凝土板顶面齐平,并应与设计高程一致,模板底面应与桥面紧贴,模板至护栏内侧距离控制在 30~60cm。

模板安装完毕后,宜再检查一次模板相接处的高差以及模板内侧是否有错位和不平整等情况,若存在高差,则应及时进行调整。

(5)混凝土浇筑及养护

整体化层混凝土标号为 C40,由拌合站集中拌制,混凝土罐车运输,汽车泵泵送入仓。浇筑混凝土之前梁板顶面必须洒水,充分湿润以后再进行混凝土浇筑。混凝土进行分幅浇筑,浇筑宽度根据振捣梁尺寸设定。混凝土浇筑前,应对轨道的间隔、高度、润滑、支撑稳定情况、润湿情况,以及钢筋的位置等进行全面检查。

混凝土应连续浇筑,从一孔桥面的一端向另一端进行,混凝土铺设要均匀,铺设厚度略高于桥面铺装。混凝土振捣先用提浆整平机拖振,以适宜的速度推进,边振实边找平,直到表面平整密实为止。接下来用提浆整平机拖压,一般沿纵向拖压 3~4 次,起到进一步柔压和二次提浆的作用,如果遇到露石子处,则在该处反复滚动数次直至平整。

混凝土采用驾驶型抹光机进行收面,收面后及时覆盖、定时洒水,养护期必须保证湿润。铺装混凝土成型后的桥面,做好成品保护,严禁人员上其表面踩踏,造成桥面铺装层出现脚窝。

养护完成之后,及时采用小型铣刨机对桥面进行麻面处理。

混凝土浇筑宜避开高温时段及大风天气,并应防止混凝土表面过快失水而导致开裂。

(6)后浇段施工

待桥面铺装混凝土强度达到设计要求后,将两侧轨道梁及梳齿板拆除,并将后浇段接触混凝土面进行凿毛并清理干净,浇筑前保证后浇段表面湿润。

　　混凝土浇筑时由混凝土罐车直接运输至浇筑部位,采用自卸方式进行浇筑,振捣采用插入式振捣棒进行振捣,浇筑时应保证浇筑面与已浇筑桥面铺装高程一致,接缝严密顺畅。

　　混凝土浇筑完成后,应及时进行收面和拉毛处理,并按要求进行覆盖洒水养护,整个浇筑及养护过程如图 11-23 所示。

a) 泵送

b) 振捣棒振捣

c) 全自动桁架式分体辊轴摊铺机摊铺

d) 收面、拉毛处理

e) 覆盖薄膜养护

图 11-23　桥面整体化层浇筑及养护过程

11.4.2　SAP 内养生隧道混凝土

在进行浇筑之前,需要对拌和设备做好相应的预湿工作,防止干燥设备对混凝土内部的水分加以吸收,从而导致水灰比的失调。同时,需要保证 SAP 加入时是干粉状态,施工中对于SAP 的掺入量需要严格控制,因为较小的掺量变化将会带来巨大的水灰比变化。此外,也应该遵循尽量在 SAP 吸水前与水泥等干料充分拌和均匀的原则,防止 SAP 干料提前吸水结团,引入不良孔隙。

另外,由于 SAP 在拌和早期大量吸水,造成混凝土内离子浓度渗透压发生较大变化,因此,保持 SAP 在释水前的新拌混凝土离子浓度稳定很有必要。离子浓度从本质来说取决于混凝土内水泥干料和水的比例,在隧道衬砌施工过程中,由于其浇筑时洞顶部和围岩周边常有地下渗水引入,导致有效水灰比变化,不利于离子浓度和 SAP 吸水的稳定,进而影响混凝土内养生实效。因此,在衬砌施工前,需从以下几个方面对隧道中的渗水进行提前处理,以避免对内养生的不良扰动。

(1)洞内防水与排水

隧道衬砌混凝土采用防水混凝土 C30,其抗渗标号不小于 P8。隧道洞身、人行横通道、车行横通道及其他各种附属洞室,衬砌背后均设置防水层,防水层采用土工布 + EVA 防水板。隧道衬砌管沟盖板以上的所有纵、横施工缝:有仰拱地段,仰拱与边墙及仰拱间横向施工缝均设置钢板腻子止水带;沉降缝设置在隧道地质明显变化处或明洞和隧道暗洞分界处,沉降缝在衬砌中部埋设遇水膨胀型止水带。

在两侧边墙底部,衬砌混凝土与喷射混凝土之间沿隧道纵向全长各设一根 100mm 盲沟排水半圆管。隧道环向基本按 20m 一处在围岩与喷射混凝土之间设置横向 140mm×30mm 扁形排水盲沟。隧道二次衬砌环向施工缝处,在其背后喷射混凝土与防水板之间设置 140mm×30mm 扁形排水盲沟。在隧道路面基层下设置纵横 60mm×50mm 扁形盲沟,横向盲沟间距沥青路面为 3m,水泥混凝土路面为 9m。衬砌背后集中出露的小面积股水,可用聚氯乙烯管将其直接引入侧沟内排出。

(2)防水板铺设

当衬砌紧跟开挖时,衬砌前端的防水板采取保护措施,防止爆破飞石砸破防水板;开挖、挂防水板、衬砌三者平行作业时,铺设防水层地段距开挖面不小于爆破安全距离,并在施工中做好防水板铺挂成形地段防水板的保护。绑扎钢筋时,钢筋头加装保护套;焊接钢筋时在焊接作业与防水板之间加设防护板,焊接完成焊缝冷却后取出;防水层安装后严禁在其上凿眼打孔;振捣混凝土时,振捣棒不得接触防水板。在浇筑二次衬砌混凝土前,检查防水层铺设质量和焊接质量,如发现破损情况,必须进行处理。防水板需要修补时,修补防水层的补丁不得过小,补丁形状要剪成圆角,不应有长方形、三角形等的尖角。

隧道 SAP 内养生混凝土的浇筑过程与一般隧道施工浇筑过程类似。主要按以下两个步骤进行。

(1)台车就位

根据测量放线位置,移动台车就位。台车拆模后应及时对表面进行清理,有变形或焊缝开裂现象应及时处理,涂刷脱模剂时注意均匀,不能有油下滴及聚集一团的现象。在有钢筋段时,要对钢筋加设垫块,保证保护层厚度。然后行走台车就位,通过调整油缸丝杆调整台车的空间定位,正确对准测量所放的就位线。就位时主要检查钢轨安放的位置误差不能超过3cm,钢轨误差不超过1cm,枕木摆放满足刚度要求,同时就位时要用铁鞋卡住车轮,保证台车在浇筑过程中不位移。就位后按要求检查台车位置、高程、净空、二次衬砌厚度、丝杆、止水带、预留洞室模板安装,预埋件预埋,以及42mm×4mm注浆管安装情况(台车上预先设置好相关装置)。经检查合格并经监理签证后,方可进入混凝土浇筑施工。

止水带及挡头模板的安装:预埋件主要为背贴式止水带及中埋式止水带,止水带采用U形钢筋固定在挡头模板上,一半嵌入模板,一半弯曲90°固定在模板上。拆模后应及时将止水带拆开,防止其被破坏。

(2)混凝土灌注

衬砌混凝土采用C30强度等级,抗渗等级不低于P8,掺加防水剂。在混凝土灌注前,检查输送泵是否完好,拌合站运转是否正常,混凝土罐车数量能否满足施工要求,各种机具是否准备好等,如果中间停电是否有相应的应急措施,使衬砌满足质量要求,达到内实外美,不渗、不漏、不裂和混凝土表面无湿渍的质量标准。

混凝土运输车开到隧道浇筑处时,搅拌好的混凝土应在规定时间内及时用完,当气温为20~30℃时,不超过1h,气温为10~19℃时,不超过1.5h。拆模时的压强应不小于8.0MPa。混凝土拆模后,由于引入SAP内养生材料,结构物无须强制额外喷洒水分进行外部养护。混凝土浇筑过程如图11-24所示。

图11-24　混凝土浇筑过程

11.5 施工质量检测及评价

11.5.1 SAP内养生桥梁混凝土

1)现场坍落度及出机坍落度测试

经现场测试,惠清高速公路项目试验段非泵送混凝土出机坍落度均在140~180mm范围内,泵送混凝土出机坍落度均在 180～200mm 范围内,满足相关规范要求。

2)桥面整体化层平整度测试及早期开裂程度评定

建设完成后 3 天,对惠清高速公路项目试验段桥面整体化层的平整度进行测试,如图 11-25 所示,满足要求;经 3 个月观测,桥面无宏观裂缝,如图 11-26 所示。

图 11-25　桥面整体化层平整度测试　　　　图 11-26　桥面整体化层外观

3)各龄期力学性能监测

强度是桥梁混凝土最重要的质量控制指标,是桥梁构筑物安全、耐用的保证。因此,为进一步检验内养生混凝土 28d 强度是否满足工程要求,课题组在混凝土拌和完成出料时,对崇左至水口高速公路试验段 C50 混凝土进行取样并成型、养护,对其 28d 抗压强度进行测试,发现:№CS-XH 合同段,内养生混凝土 28d 平均抗压强度为 65.3MPa;№CS-CL1 合同段,内养生混凝土 28d 平均抗压强度为 69.7MPa,均满足工程要求。

对惠清高速公路项目试验段湿接缝、横隔梁及桥面整体化层混凝土强度进行测试,得出湿接缝、横隔梁基准混凝土 28d 平均抗压强度分别为 60.48MPa、62.13MPa,SAP 内养生混凝土抗压强度分别为 63.82MPa、65.42MPa;整体化层基准混凝土 28d 平均抗压强度为 62.48MPa,SAP 内养生混凝土抗压强度为 65.83MPa,满足相关规范要求。

4)外观裂缝观测

为了进一步评价试验段的早期抗裂性能,课题组对崇左至水口高速公路试验段的铺筑情况进行了跟踪观测,发现:№CS-XH 合同段,内养生混凝土无肉眼可见裂缝出现,普通混凝土出现多处微裂缝;№CS-CL1 合同段,内养生混凝土出现一条裂缝,普通混凝土出现大量早期裂缝。具体开裂情况如图 11-27 所示。

a)№CS-XH 合同段内养生混凝土铺筑效果

图　11-27

b) №CS-XH 合同段普通混凝土铺筑效果

c) №CS-CL1 合同段内养生混凝土铺筑效果

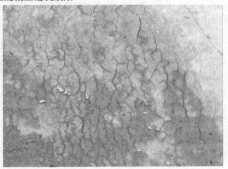

d) №CS-CL1 合同段普通混凝土铺筑效果

图 11-27　崇左至水口高速公路试验段铺筑效果

11.5.2　SAP 内养生隧道混凝土

1) 泵送过程控制

为了避免 SAP 内养生混凝土出现泌水和分布不均匀现象, 应适当延长其拌和时间, 为 SAP 提供足够的饱和吸水时间。同时也要适当缩短振动和捣固时间, 这是因为 SAP 密度较小, 若振捣过久, SAP 会出现上浮现象, 影响其均匀分布。相比于普通混凝土, SAP 内养生混凝土运送到达泵送地点后, 需倒入小型泵送罐中继续拌和不少于 3min, 而振捣成型时间要缩短 30s, 即混凝土表面出现泛浆即可。

SAP 内养生混凝土在泵送前应先泵送清水清洗管道,再泵送砂浆润滑管道,最后泵送 SAP 内养生混凝土。泵送过程中尽量避免停泵,当遇特殊情况需要短时间停泵时,要保证 SAP 内养生混凝土处于运动状态,避免离析;若停泵时间较长,则应将管内混凝土排出,并进行清洗。

2)二次衬砌厚度及双缝控制

隧道二次衬砌在施工过程中要按照设计要求严格控制其混凝土浇筑厚度,不得擅自更改厚度设计参数,同时在施工完成后采用衬砌厚度检测仪对其厚度进行全方位多点检测,对于厚度不合格的区域要进行返工处理。施工缝、变形缝双缝的处理也是二次衬砌质量控制的要点,施工缝通常为企口凸缝形式,宜铺设止水带进行防水处理;对于变形缝,宜采用整条橡胶或橡胶止水带,接缝处理宜采取焊接或胶结的方式。

3)二次衬砌表面观测评价

为了进一步评估试验段的施工质量,本研究对拆模后的二次衬砌结构物进行了跟踪观测,并对比了未引入 SAP 的普通隧道衬砌混凝土。观测结果表明:在试验段铺筑完成后,高温多雨的环境下,基准混凝土表面出现了少许干缩龟裂,而 SAP 内养生段衬砌表面没有出现龟裂等破坏现象,使用效果好,如图 11-28 所示。

a)普通混凝土 b)内养生混凝土

图 11-28　二次衬砌结构表面观测

11.6　SAP 内养生混凝土经济效益分析

SAP 内养生技术作为一种新型的混凝土抗裂、减缩技术,其混凝土与普通混凝土相比具有显著的性能优势,若要大规模应用,则需进行科学、合理的经济效益评价。本节按照全寿命周期费用(Life Cycle Cost,LCC)的分析方法,以汕湛高速公路惠清项目 TJ14 标和崇左至水口高速公路№CS-XH 合同段为代表,对内养生桥梁混凝土在整段高速公路工程应用中的经济效益进行分析。额外添加的 SAP 内养生材料对初始建设成本和后期使用维护成本都将产生影响。这里的初始建设成本是指建设阶段混凝土的材料费用,后期使用维护成本主要指使用和维护阶段的使用费用、养护费用。本节分别就普通混凝土和内养生混凝土的经济与社会效益展开分析。

11.6.1 汕湛高速公路探塘大桥

1) SAP 内养生混凝土与普通混凝土初期投资成本分析

通过对工程所在地各原材料市场价格进行实地调研,惠清项目 TJ14 标试验路段所用原材料及单价见表 11-17。

惠清项目 TJ14 标试验路段所用原材料及单价   表 11-17

原材料	水泥	河砂	碎石	减水剂	SAP
	广东英德海螺水泥 (P·O 42.5)	清远北江 (中砂)	晟兴石场 (4.75~19mm 花岗岩)	广东强仕建材 (PCA#-Ⅰ减水剂)	100~120 目
单价/ (元/t)	360	100	45	2300	15000

惠清项目 TJ14 标桥梁整体化层所采用普通混凝土和内养生混凝土的基准配合比及单价见表 11-18。

惠清项目 TJ14 标桥梁整体化层普通混凝土及内养生混凝土基准配合比及单价   表 11-18

强度等级	混凝土类型	基准配合比/(kg/m³)					单价/ (元/m³)
		水泥	砂	碎石	减水剂	SAP	
C40	普通混凝土	398	684	1115	3.980	—	271
	内养生混凝土	398	684	1115	3.980	0.398	277
C50	普通混凝土	472	674	1108	8.024	—	306
	内养生混凝土	472	674	1108	8.024	0.378	312

从表 11-18 中可以看出,由于 SAP 内养生材料掺量较少,故每立方米内养生混凝土的造价与普通混凝土较为接近,仅相差 6 元。据不完全统计,合同段桥梁总长 15121.6m/41 座,其中特大桥 6198.8m/6 座,大桥 8664.8m/29 座,桥梁单幅设计宽度平均为 15.25m,桥梁整体化层设计厚度为 10cm。整段公路的桥面整体化层混凝土工程量及总造价见表 11-19。

TJ14 标桥梁整体化层混凝土工程量及总造价   表 11-19

强度等级	水泥混凝土类型	工程量/m³	单价/(元/m³)	初始建设成本/万元
C40	普通水泥混凝土	45333.98	271	1228.55
	内养生水泥混凝土	45333.98	277	1255.75

从表 11-19 中可以看出,使用普通混凝土和内养生混凝土进行桥面整体化层浇筑时的初始建设成本分别为 1228.55 万元和 1255.75 万元。与普通混凝土相比,使用内养生混凝土的初始建设成本只增加了 27.2 万元,比普通混凝土总造价提高了 2.21%。

2) 基于早期抗裂效果及力学性能的使用维护成本计算

依据《公路工程混凝土结构耐久性设计规范》(JTG/T 3310—2019)的规定,桥梁构筑物设计使用寿命为 100 年。根据对广东地区养护单位的调研及相关单位提供的数据得知,普通混凝土构造物每年的养护费用约占建设费用的 3%~4%。因此,在计算混凝土使用维护成本时,取其均值 3.5%。

由于影响混凝土耐久性能的因素较多,且较复杂,因此,本项目选取前文研究的混凝土收缩性能、抗渗性能及疲劳性能作为不同类型混凝土耐久性能及养护费用的差异指标。通过前文研究结果可知,C40 内养生桥梁混凝土收缩性能、抗渗性能及疲劳性能分别较普通混凝土提高了 62.63%、31.38%、25.99%;C50 内养生桥梁混凝土收缩性能、抗渗性能及疲劳性能分别较普通混凝土提高了 45.64%、25.78%、38.34%。可见内养生混凝土耐久性能较普通混凝土至少提升了 25%。因此预估其年养护费用可降低至少 25%。TJ14 标桥梁整体化层两种 C40 混凝土的养护费用见表 11-20。

TJ14 标桥梁整体化层两种 C40 混凝土养护费用(单位:万元) 表 11-20

养护费用	普通混凝土	内养生混凝土
年养护费用	43	32.15
设计年限内的总养护费用	4300	3215

由表 11-20 可知,100 年的设计年限内,内养生混凝土的养护费用较普通混凝土节约了 1085 万元,即节省了 25% 的养护费用,远远大于初始建设成本差 27.2 万元。

3)全寿命周期费用对比

综上,汕湛高速公路惠清项目 TJ14 标桥梁桥面整体化层普通混凝土和内养生混凝土的全寿命周期费用见表 11-21。

TJ14 标桥梁整体化层两种 C40 混凝土全寿命周期费用(单位:万元) 表 11-21

混凝土类型	初始建设成本	使用维护成本	全寿命周期费用
普通混凝土	1228.55	4300	5528.55
内养生混凝土	1255.75	3215	4470.75

由表 11-21 可知,将内养生技术应用于广东湿热地区桥梁桥面整体化层混凝土中,虽然使初始建设成本增加 2.21%,但后期使用维护成本降低了 25%,在桥梁混凝土全寿命周期内至少节省费用 1057.8 万元,减少 19.13%。SAP 内养生技术不仅提高了混凝土的耐久性能,延长了桥梁使用寿命,而且大大降低了混凝土的后期使用维护成本。SAP 内养生技术在广东地区的应用与推广,将会产生极大的经济效益,成为推动广东地区公路交通快速发展的新动力。

4)社会及环境效益分析

SAP 内养生混凝土具有优异的抗裂性能、耐久性能以及疲劳性能,将其应用于桥面整体化层、湿接缝及横隔梁,能够在不影响混凝土工作性、力学性能的前提下,显著提高混凝土的早期抗裂性能,延长桥梁结构的使用寿命,减少后期大中修或改扩建所带来的交通不便,全面提升高速公路服务水平,增加公路经营效益。此外,便利的交通可完善广东省交通基础设施条件,增强外来投资吸引力,对于推动资源的开放利用,优化地方产业结构,促进省内经济发展具有重要意义。同时,后期养护维修次数的减少能有效减少施工对环境的污染。因此,本项目的研究具有重要的社会意义以及良好的社会及环境效益。

11.6.2 崇左至水口高速公路试验段桥梁整体化层

1）初始建设成本

通过对工程所在地各原材料市场价格进行实地调研，№CS-XH 合同段试验路段所用原材料及单价见表 11-22。

№CS-XH 合同段试验路段所用原材料及单价 表 11-22

原材料	水泥	河砂	碎石	减水剂	SAP
	扶绥新宁海螺水泥（P·O 52.5）	合浦伸信砂厂（中砂）	碎石场（4.75~19mm 石灰岩）	苏博特（PCA#-Ⅰ减水剂）	济南华迪工贸（100~120 目）
单价/（元/t）	360	100	45	2300	15000

№CS-XH 合同段桥梁整体化层所采用普通混凝土和内养生混凝土的基准配合比及单价见表 11-23。

№CS-XH 合同段桥梁整体化层普通混凝土及内养生混凝土基准配合比及单价 表 11-23

混凝土类型	基准配合比/（kg/m³）					单价/（元/m³）
	水泥	砂	碎石	减水剂	SAP	
普通混凝土	479	733	1100	3.8	—	304
内养生混凝土	479	733	1100	3.8	0.479	311

从表 11-23 中可以看出，由于 SAP 内养生材料掺量较少，每立方米内养生混凝土的造价与普通混凝土较为接近，仅相差 7 元。据不完全统计，崇左至水口高速公路共有桥梁 16 座，桥梁单幅设计宽度平均为 11.75m，桥梁总长 2731.984m，桥梁整体化层设计厚度为 10cm。整段公路的桥面铺装混凝土工程量及总造价见表 11-24。

№CS-XH 合同段桥面铺装混凝土工程量及总造价 表 11-24

混凝土类型	工程量/m³	单价/（元/m³）	初始建设成本/万元
普通混凝土	6420.1624	304	195.17
内养生混凝土	6420.1624	311	199.67

从表 11-24 中可以看出，使用普通混凝土和内养生混凝土进行桥面整体化层浇筑时的初始建设成本分别为 195.17 万元和 199.67 万元。与普通混凝土相比，使用内养生混凝土的初始建设成本只增加了 4.50 万元，比普通混凝土增加 2.31%。

2）使用维护成本

考虑到影响混凝土耐久性能的因素较多，且较复杂，因此，本项目选取前文详细研究的混凝土收缩阻裂性能、抗碳化性能及耐酸雨腐蚀性能作为不同类型混凝土耐久性能及养护费用的差异指标。通过前文研究结果可知，内养生桥梁混凝土收缩阻裂性能、抗碳化性能及耐酸雨腐蚀性能分别较普通混凝土提高了 60.47%、83.29%、53.21% 和 54.02%。可见内养生混凝土耐久性能较普通混凝土至少提升了 50%。因此预估其年养护费用可降低至少 50%。№CS-XH 合同段桥梁整体化层两种混凝土的养护费用见表 11-25。

No CS-XH 合同段桥梁整体化层两种类型混凝土养护费用对比　　　表 11-25

养护费用	普通混凝土	内养生混凝土
年养护费用/万元	6.83	3.49
设计年限内的总养护费用/万元	683	349

由表 11-25 可知，100 年的设计年限内，内养生混凝土的养护费用较普通混凝土节约了334 万元，即节省了 48.90% 的养护费用，远远大于增加的初始建设成本 4.5 万元。

3）全寿命周期费用对比

综上，崇左至水口高速公路 No CS-XH 合同段桥梁桥面整体化层普通混凝土和内养生混凝土的全寿命周期费用见表 11-26。

No CS-XH 合同段桥梁整体化层两种类型混凝土全寿命周期费用（单位：万元）　　表 11-26

混凝土类型	初始建设成本	使用维护成本	全寿命周期费用
普通混凝土	195.17	683	878.17
内养生混凝土	199.67	349	548.67

由表 11-26 可知，将内养生技术应用于广西湿热地区桥面铺装混凝土中，虽然初始建设成本增加了 2.31%，但后期使用维护成本降低了 48.90%，在混凝土全寿命周期内节省成本329.5 万元，减少 37.52%。因此，SAP 内养生技术不仅提高了混凝土的耐久性能，延长了桥梁使用寿命，而且大大降低了混凝土的后期使用维护成本。这对于公路交通建设正在极速发展，但桥梁病害较为严重的广西地区，无疑是"妙手回春"之举。SAP 内养生技术在广西地区的应用与推广，将会产生极大的经济效益，成为推动广西地区公路交通快速发展的新动力。

11.7　本章小结

（1）课题组依托惠清高速公路、崇左至水口高速公路，将内养生混凝土技术应用于桥梁湿接缝、横隔梁及桥面整体化层结构中，对现场拌和、运输、泵送及浇筑、摊铺方法及施工后现场处治提出了具体的方法及要求，对抗压强度、平整度、力学性能、外观裂缝等进行了测试，测试结果均满足使用要求。

（2）课题组依托汕湛高速惠清项目铺筑了试验段，将 SAP 内养生混凝土技术应用于实际的隧道衬砌施工中，并从原材料质量检测与施工配合比，SAP 内养生混凝土现场施工工艺，以及施工质量检测及评价三个方面总结提出了隧道 SAP 内养生混凝土施工关键技术，为 SAP 内养生技术的推广和应用积累了大量工程经验和提供了理论支撑。

（3）对普通混凝土和内养生混凝土两种桥梁构造物材料的成本及全寿命周期内的日常养护维修费用进行了研究分析，将内养生技术应用于广西湿热地区桥面铺装混凝土中，在其全寿命周期内节省成本 37.52%，共计 329.5 万元。SAP 内养生技术不仅提高了混凝土的耐久性能，延长了桥梁使用寿命，而且大大降低了混凝土的后期使用维护成本。因此认为内养生混凝土在全寿命周期内具有优良的经济效益、社会效益和环境效益。

● 本章参考文献

[1] 申爱琴,梁军林,熊建平.道路水泥混凝土的结构、性能与组成设计[M].北京:人民交通出版社,2011.

[2] 申爱琴.水泥与水泥混凝土[M].北京:人民交通出版社,2000.

[3] 申爱琴.道路工程材料[M].北京:人民交通出版社股份有限公司,2016.

[4] 中华人民共和国交通部.公路工程水泥及水泥混凝土试验规程:JTG E30—2005[S].北京:人民交通出版社,2005.

[5] 中华人民共和国交通部.公路水泥混凝土路面施工技术规范:JTG F30—2003[S].北京:人民交通出版社,2003.

[6] 中华人民共和国交通运输部.公路路基路面现场测试规程:JTG 3450—2019[S].北京:人民交通出版社股份有限公司,2019.

[7] 中华人民共和国交通运输部.公路工程混凝土结构耐久性设计规范:JTG/T 3310—2019[S].北京:人民交通出版社股份有限公司,2019.

[8] 中华人民共和国住房和城乡建设部,中华人民共和国国家质量监督检验检疫总局.岩土锚杆与喷射混凝土支护工程技术规范:GB 50086—2015[S].北京:人民交通出版社股份有限公司,2015.

[9] 中华人民共和国建设部.混凝土用水标准:JGJ 63—2006[S].北京:中国建筑工业出版社,2006.

[10] 申爱琴,等.基于SAP内养护的桥梁隧道混凝土抗裂性能研究[R].西安:长安大学,2020.

[11] 申爱琴,等.SAP内养生隧道混凝土组成设计、性能及施工关键技术研究[R].西安:长安大学,2020.

[12] 申爱琴,等.广西湿热地区SAP内养生桥梁混凝土组成设计与性能研究[R].西安:长安大学,2020.